高圧ガス
丙種・乙種

よくわかる
計算問題の解き方

法則・原理を実例で理解する

第4次改訂版

KHK
高圧ガス保安協会

監修のことば

毎年行われる高圧ガス製造保安責任者試験の丙種、乙種の出題では、選択形式の問題となっているが、この中に計算問題も多く出題される。記述内容を判断する選択式は、正しいかどうかを判断する能力を問う問題であるが、計算問題では当然のことながら自分で計算して正しい答えを見付ける必要がある。特に学識の科目では、必ずしも保安に特化した問題に限られず、保安の問題を理解するための基本的な学識も含まれている。従って試験に合格するためには、対象となる現象を正しく理解し、更にはそれを数式で表現する方法を習得しなければならない。

残念ながら、例年の試験の成績には、受験者にとって計算問題は苦手であることが顕著に現れている。恐らく多くの受験者は、授業で勉強して以来、計算式を取り扱わなければならないような業務につく機会は多くないように思われるが、この種の問題は暗記することではなく、理解することであるので、現象とその取り扱いを正しく理解してしまえば答えは自然に導き出せるものである。

本書では、それぞれの項目について過去に出された問題を具体的に示しているので、これから挑戦する受験者にとってはポイントを示した有効な参考書となっているが、そればかりではなく、保安管理に必要な学識を学ぶための一般的な解説書でもある。演習問題は、答えを見る前に自分で解くことが重要であり、それによって理解が深まるだけではなく、計算そのものも苦にならなくなるはずである。現場での保安管理に携わる作業者の実力向上のために、本書を有効に活用して頂きたい。

東京工業大学名誉教授
大島榮次

はじめに

高圧ガスを安全に取り扱い、製造するための法定資格「高圧ガス製造保安責任者」のうち、丙種、乙種（以下単に「丙、乙」という）はそれぞれ初級、中級の資格として毎年多数の人が受験している。この資格をもつ人は、法令、学識、保安管理技術の３科目を学習していることから、単に高圧ガスを取り扱う仕事のみならず、広く工場・事業場の仕事を安全、確実に遂行・リードできる人材としても評価される資格者といえる。

この資格試験の合格には、前述の３科目とも合格点に達する必要があり、その中でも「学識」の壁を突破することに受験者は苦労していると思われる。

最近の「学識」の問題のうち、計算問題の出題率は、

丙（丙種化学液石、丙種化学特別）30％～40％
乙（乙種化学、乙種機械）　　　　30％～50％

であり、決してその比重は軽くなく、計算問題の理解は合格に必須であるともいえる。

丙と乙を比べてみると、出題内容はもちろん丙のほうがやさしく、基礎的な問題であり、乙はこの基礎の上に応用および複数の知識の組合せなどより高度なものになっている。しかし、出題実績からいえば、出題される範囲はそれほど大きく違わないので、本書は初級、中級用として、丙・乙の計算問題を一括して編集してある。

本書は、丙・乙資格をめざす人の参考書として、過去20年位遡（さかのぼ）って出題された計算問題を分類、整理し、典型的な解き方、着眼点、数学的展開の解説などをやさしいものから順を追って説明したものである。例題で典型的な問題の解き方を理解し、豊富な演習問題で応用力を高められるようになっており、また、演習問題の解答も丁寧（ていねい）に説明するようにしたつもりである。丙を受験する人は、乙の領域にも少し入って「基礎＋α」の学習で自信をつけ、また乙を狙う人は、丙にも出題されている基礎をしっかり学習して、より高度な問題に取り組むなど、本書の長所を活かして利用してほしい。

読者の便宜を図るため、丙および乙のよく出題されている節に区別してマーキングをしてある。また、よく使われる数学の公式や面積・体積の計算式、ならびに指数計算に使える対数尺の使い方などを付録に掲げた。

受験用以外に、社内技術教育のテキストなどとしても活用し

て頂き、より多くの人が学習、啓発され、少しでも高圧ガス製造にかかわる人のレベル向上に役立つことを期待している。また、計算問題の根本にある法則を本書の具体的な例で理解を深め、それが現場の技術資料や作業標準などの理解に役立ち、保安管理に活かされることを併せて願うものである。

2008年3月11日
宇野　洋　　田中　豊

本書の使用にあたっての注意事項

1. 収録範囲

本書は、丙種化学液石、丙種化学特別、乙種化学および乙種機械の計算問題の解き方を解説したものです。学識の問題には計算問題以外に、文章形式の択一式問題が出題されていますので、本書以外に講習テキストなども併せて学習される必要があります。

2. 例題、演習問題の形式

実際の問題は、択一式で出題されていますが、本書は計算問題の演習本であり、答の解き方に主眼をおいていますので、例題および演習問題は択一式の形式はとっていないものがほとんどです。

3. 問題の種類の区別

丙種または乙種について、出題頻度の高かった節および例題・演習問題の出典を次のように表示してあります。狙う資格または目的に応じて活用してください。

ただし、印のないところから出題されないということではありません。

丙種化学液石 → 丙化
丙種化学特別 → 丙特
乙種化学 → 乙化
乙種機械 → 乙機

なお、実際には出題されていない創作問題については、著者の判断で相当すると思われる資格の種類を（丙化）のように括弧書きで示してあります。

4. 例題の表示

目次には例題の内容がわかるように示してありますので、特に学習したい部分の選択などに活用してください。

5. 出題された出典の表示

次のように表しています。

なお、出題された問題の分割、簡略化、または表現を変えて使用しているものは、「類似」としています。

(1) 国家試験の表示例

昭和63年度 丙種化学液石 → S 63 丙化国家試験
平成24年度 丙種化学特別 → H 24 丙特国家試験
平成29年度 乙種化学 → H 29 乙化国家試験

令和３年度 乙種機械　→　Ｒ３ 乙機国家試験

⑵　講習・検定の表示例

昭和63年度第１回 丙種化学液石　→　Ｓ63－１ 丙化検定

平成24年度第２回 丙種化学特別　→　Ｈ24－２ 丙特検定

平成29年度第１回 乙種化学　→　Ｈ29－１ 乙化検定

令和３年度第１回 乙種機械　→　Ｒ３－１ 乙機検定

目次

目次

6章 流　動 191

1章 単位

高圧ガスの計算は、「世界共通に使える実用単位系」の国際単位系（SI 単位）が主に用いられる。単位は計算の基本であるので、乙種では化学、機械を問わず理解することが必要である。また、丙種では、液石、特別を問わず、力、圧力の定義に関係するものや絶対圧力とゲージ圧力の関係、セルシウス温度と絶対温度の関係など基礎的なものが出題されている。

1・1 基本単位、組立単位および接頭語

丙化 丙特 乙化 乙機

高圧ガスでは右表のように5個の**基本単位**が使用される。この単位を組み合わせることによって、必要な単位（組立単位）を表すことができる。

SI 基本単位

量	名称	記号
時間	秒	s
長さ	メートル	m
質量	キログラム	kg
熱力学温度（絶対温度）	ケルビン	K
物質量	モル	mol

SI 基本単位にはこの表のほかに、電流のアンペア（A）、光度のカンデラ（cd）がある。

組立単位は、基本単位を組み合わせていろいろな量、状態を表す単位であり、例えば、密度のように「単位体積当たりの質量」を基本単位を使って kg/m^3 で表す。このように、単位の意味と組立単位の構成を連動して覚えるように訓練するとよい。

圧力の単位の Pa（パスカル）のように、固有の名称がつけられているものもあり、同様に単位の記号と基本単位の組立ての意味を理解する。

高圧ガスの計算でよく使われる組立単位の代表的なものを次表に示す。

代表的な SI 組立単位

量	固有の名称	記号	備考（基本単位表示）
速さ		m/s	
加速度		m/s^2	
密度		kg/m^3	
モル質量		kg/mol	
モル体積		m^3/mol	
流量（体積流量）		m^3/s	
力	ニュートン	N	$m \cdot kg \cdot s^{-2}$
圧力、応力	パスカル	Pa	$N/m^2 = m^{-1} \cdot kg \cdot s^{-2}$
エネルギー、仕事、熱量	ジュール	J	$N \cdot m = m^2 \cdot kg \cdot s^{-2}$
工率、仕事率、動力	ワット	W	$J/s = m^2 \cdot kg \cdot s^{-3}$
粘度		Pa・s	$m^{-1} \cdot kg \cdot s^{-1}$
モル熱容量		J/(mol・K)	$m^2 \cdot kg \cdot s^{-2} \cdot K^{-1} \cdot mol^{-1}$

なお、時間の単位である時（h）、分（min）や体積のリットル（L）などは、SI 単位ではないが併用が認められている。使用を避けることが望ましいとされる単位（atm、cal など）はテキストなどで確認しておくとよい。

ここで接頭語について簡単に触れておこう。

数値が小さなもの、または大きなものに対応して、単位に付記して使うキロ（k）、ミリ（m）などの**接頭語**がある。

例えば、100000 m = 100 × 10^3 m = 100 km（キロメートル）のように使われる。

高圧ガスの計算によく使われる接頭語を次表に示す。これ位は使い慣れておきたいものである。

よく使われる接頭語

量	名称	記号
10^9	ギガ	G
10^6	メガ	M
10^3	キロ	k
10^{-2}	センチ	c
10^{-3}	ミリ	m
10^{-6}	マイクロ	μ

例題 1－1

接頭語の意味および数値の比較

丙化 丙特 乙化 乙機

次の記述のうち正しいものはどれか。

イ．kPa、MPa のように圧力や応力の単位の Pa に付記して使われる SI 接頭語 k、M は、それぞれ乗数 10^3、10^6 を示す。（R1－2 乙機検定 類似）

ロ．SI 接頭語の n（ナノ）は 10^{-9}、μ（マイクロ）は 10^{-6} を表す。（R1、R2 乙機国家試験 類似）

ハ．14.7 MPa は、1.47 × 10^5 Pa と表すことができる。（R3－2 丙特検定）

ニ．1 GPa は 10^9 Pa である。（H30－2 乙化検定 類似）

ホ．1 MPa は 100000 Pa である。（H23－1 丙化検定 類似）

ヘ．面積 1 km^2 は 1 $(km)^2$ であるから、1 × 10^6 m^2 であって、1 × 10^3 m^2 ではない。（H30－2 乙機検定 類似）

解説

接頭語の意味する乗数を表などから理解しておく。表には掲げなかったが、n（ナノ：10^{-9}）、h（ヘクト：10^2）も出題されることがあるので、併せて記憶するとよい。

イ．（○）題意のとおり k（キロ）は 10^3、M（メガ）は 10^6 を表している。したがって、1 kPa は 1 Pa の 10^3（千）倍、1 MPa は 1 Pa の 10^6（百万）倍の圧力を表す。また、M と k の関係は $\frac{M}{k} = \frac{10^6}{10^3} = 10^3$ であるので、1 MPa = 10^3 kPa であることも理解しておく。

1章◎単位

ロ．(○) 微小な数値を表現するのに便利な n（ナノ）や μ（マイクロ）が接頭語として使われている。それぞれ 10^{-9}、10^{-6} を意味している。

ハ．(×) M は 10^{6} であるから

$$14.7\ \mathrm{MPa} = 14.7 \times 10^{6}\ \mathrm{Pa} = 1.47 \times 10^{7}\ \mathrm{Pa}$$

ニ．(○) G は 10^{9} を示す接頭語である。

ホ．(×) M は 10^{6} であるから

$$1\ \mathrm{MPa} = 10^{6}\ \mathrm{Pa} = 1000000\ \mathrm{Pa}$$

ヘ．(○) $1\ \mathrm{km}^2$ は図のように1辺が 1 km の面積である。すなわち

$$1\ \mathrm{km}^2 = 1\ \mathrm{km} \times \mathrm{km} = 1\ (\mathrm{km})^2 = (10^3)^2\ \mathrm{m}^2 = 10^6\ \mathrm{m}^2$$

1 km
1 km²
1 km

このように、単位についている指数は、接頭語に及ぶことに注意する。

（答　イ、ロ、ニ、ヘ）

例題 1-2

基本単位と組立単位の選別

丙化 乙機

単位に関する次の記述のうち、正しいものはどれか。

イ．SI は質量の kg（キログラム）、長さの m（メートル）、時間の s（秒）、電流の A（アンペア）、熱力学温度（絶対温度）の K（ケルビン）の5つをもって基本単位とする。

（R1 丙化国家試験　類似）

ロ．N（ニュートン）および Pa（パスカル）は SI 単位の基本単位である。

（H23 丙化国家試験　類似）

ハ．エネルギー（J）、仕事率（W）、平面角（rad）は、すべて SI 組立単位である。

（H30-1 乙機検定　類似）

ニ．質量の単位のキログラム（kg）は、その名称の中に接頭語の k を含んでいるので、基本単位とはみなされず、グラム（g）が質量の基本単位である。

（H29-1 乙機検定　類似）

解説

計算問題ではないが、基本単位と組立単位を理解するのによい問題である。基本単位は表に示した5つと電流のアンペア（A）、光度のカンデラ（cd）の計7つなので記憶しておく。

イ．(×) 解説の冒頭に記したように、SI 基本単位は7つである。

ロ．(×) 固有の名称をもつ N および Pa は組立単位である。

ハ．(○) エネルギーのジュールは J = N·m、仕事率ワットは W = J/s、平面角ラジア

ンは rad = m·m^{-1}（= 1）で表される組立単位である。

ニ．（×）質量の基本単位は kg である。kg は歴史的な理由からキロ（k）を含んでいるが、基本単位として扱われる。なお、質量の単位に他の接頭語（m、M など）をつける場合は、グラム（g）につけることもあわせて理解しておく。　　　（答　ハ）

例題 1-3

SI と併用できる単位など

丙特 乙機

次の記述のうち正しいものはどれか。

イ．atm、mmHg、cal などの単位は、SI 単位との併用が認められていない。
（H28 丙特国家試験）

ロ．温度の単位であるセルシウス度（℃）は SI 単位ではないため、熱力学温度のケルビン（K）と併用してはいけない。　（R3-2 乙機検定）

ハ．角度の単位である度（°）は SI 単位ではないが、SI と併用される単位であり、組立単位である平面角の単位ラジアン（rad）との間に 1° =（180 / π）rad の関係がある。
（H30-2 乙機検定 類似）

ニ．時間の単位である分（min）は SI 単位ではないが、SI 単位と併用してよい。
（H29-2 乙機検定 類似）

解説

時間の時（h）、分（min）や角度の度（°）、体積のリットル（L）、質量のトン（t）などは、SI ではないが併用が認められている単位である。一方、気圧の atm、Torr、熱量の cal、粘度の P などは併用が認められていないので注意する。テキストで確認しておく。

イ．（○）過去に使われていた圧力の単位である atm や mmHg（Torr）および熱量の単位である cal などは、SI 単位と併用が認められていない。特殊な分野には使用はされている。また、過去の文献などを読む際にその意味を理解しておくことも必要である。1 atm = 760 mmHg = 0.1013 MPa = 標準大気圧、1 cal ≒ 4.18 J の値は記憶しておくとよい。

ロ．（×）セルシウス度（℃）は SI 組立単位である。熱力学温度（絶対温度）（K）とともによく使用される。

ハ．（×）角度の度（°）は SI と併用される単位であり、この部分の記述は正しい。しかし、度と SI 単位のラジアン（rad）との関係が誤りである。半径 $r = 1$ の単位円において、円弧の長さ l と平面角 θ（rad）の関係は

$$\theta = \frac{l}{r} = l \quad (\because \quad r = 1)$$

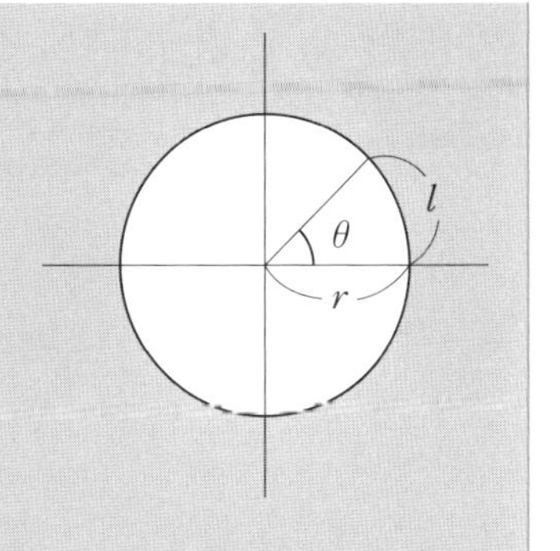

360°のときの円周 l は 2π であるから、1°を rad で表すと

$$1° = \frac{2\pi}{360} = \frac{\pi}{180}\,(\mathrm{rad})$$

ニ．(○) SI 単位と併用される単位として、時間の時 (h)、分 (min) や角度の度 (°)、体積のリットル (L)、質量のトン (t) などがある。

（答　イ、ニ）

次の記述のうち正しいものはどれか。

イ．熱力学温度 (K) および物質量 (mol) は SI 基本単位である。

（R2 丙化国家試験 類似）

ロ．SI 基本単位は、時間 (s)、長さ (m)、質量 (kg)、熱力学温度 (K) およびアンペア (A) の 5 つのみである。（R2−1 乙機検定 類似）

ハ．圧力の単位 $\mathrm{N/m^2}$ は SI 組立単位であり、固有の名称パスカル (Pa) が与えられている。したがって、1 メガパスカル (1 MPa) は $1\,\mathrm{MN/m^2} = 10^6\,\mathrm{N/m^2}$ である。（R3−1 乙機検定 類似）

ニ．仕事率の単位である W (ワット) は、SI 組立単位である。

（H29 乙機国家試験 類似）

次の記述のうち正しいものはどれか。

イ．時間の時 (h)、分 (min) は、SI の原則である 10 進法から外れるが、いろいろな領域で広く使われているため、SI 単位の 1 つとして認められている。（R1−1 乙機検定 類似）

ロ．粘度の P (ポアズ)、圧力の Torr、mmHg、atm、熱量の cal は、SI 単位と併用が認められていない。（H28 乙機国家試験）

ハ．13.2 MPa は、1.32×10^3 kPa と表すことができる。

（H30−1 丙特検定 類似）

ニ．$1\,\mathrm{MPa^2}$ は $10^6\,\mathrm{kPa^2}$ である。（H20−1 乙化検定 類似）

ホ．$1\,\mathrm{mm^2}$ は $1 \times (10^{-3})^2\mathrm{m^2} = 1 \times 10^{-6}\,\mathrm{m^2}$ である。

（H26−1 乙機検定 類似）

1・2 温度、力、圧力および熱量(仕事)の単位

丙化 丙特 乙化 乙機

1) 温度

気体の性質、熱力学、化学反応、動力などの計算には、主として絶対温度(熱力学温度)が用いられる。

セルシウス温度(t ℃)と**絶対温度**(TK)の関係は次式のとおりである。

$$T = t + 273.15^{※} \quad \cdots\cdots (1.1)$$

すなわち、セルシウス温度は、0℃をゼロとし、絶対温度は絶対零度(−273.15℃)をゼロとしてお互いに同じ間隔の目盛で表されている。したがって、温度差はどちらの温度目盛を使っても同じになる。

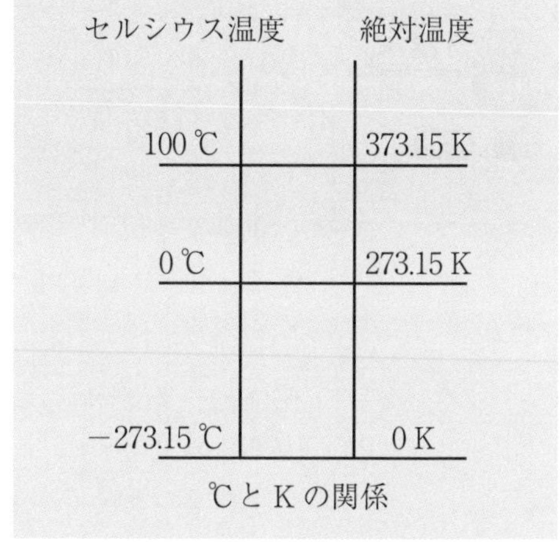

℃とKの関係

2) 力および圧力

前述のように、力の単位はN(**ニュートン**)であり、圧力の単位はPa(**パスカル**)である。

力Fは、質量(m)と加速度(α)の積であり、次の式で表される。

$$F = m\alpha \quad \cdots\cdots (1.2)$$

この式は、式を誘導するための基本であるから使い慣れておく。

ここで、質量1kgの物体に加速度1 m/s²を与える力が1Nである。式(1.2)から

$$1\,\mathrm{N} = 1\,\mathrm{kg} \times 1\,\mathrm{m/s^2} = 1\,\mathrm{kg \cdot m \cdot s^{-2}}$$

圧力は単位面積にかかる力として定義されるから、力Fが面積Aにかかっているとすると、圧力pは次式で表される。

$$p = \frac{F}{A} \quad \cdots\cdots (1.3)$$

したがって、圧力の単位Paは次のとおりである。

$$\mathrm{Pa} = \frac{\text{力の単位(N)}}{\text{面積の単位}(\mathrm{m^2})} = \mathrm{N/m^2}$$

地表は大気で押されており、平均的に**標準大気圧**として接頭語を使って表される。

標準大気圧 $= 101.3 \times 10^3\,\mathrm{Pa} = 101.3\,\mathrm{kPa}$(キロパスカル)

$= 0.1013 \times 10^6\,\mathrm{Pa} = 0.1013\,\mathrm{MPa}$(メガパスカル)

また、絶対真空をゼロとした尺度(絶対圧力)の他に、大気圧をゼロとした尺度(**ゲージ圧力**)が使われる。絶対圧力p、ゲージ圧力p_g、大気圧p_aの関係は次のとおりである。

$$p_g = p - p_a \quad \cdots\cdots (1.4)$$

※ 通常の計算では、273を用いても誤差は少ない。

3）熱量、仕事

熱量と仕事は熱力学の章で説明するように等価のものであるので単位はいずれも **J（ジュール）** で表される。

1 J は 1 N の力で物体を 1 m 動かすときの仕事なので

$$\mathrm{J} = \mathrm{N \cdot m} \quad \cdots\cdots (1.5)$$

である。

また、工率（仕事率・動力・伝熱速度）の単位の **1 W（ワット）** は、**1 J の仕事（熱）を 1 秒（s）で行う**ことであり

$$\mathrm{W} = \mathrm{J/s} \quad \cdots\cdots (1.6)$$

である。

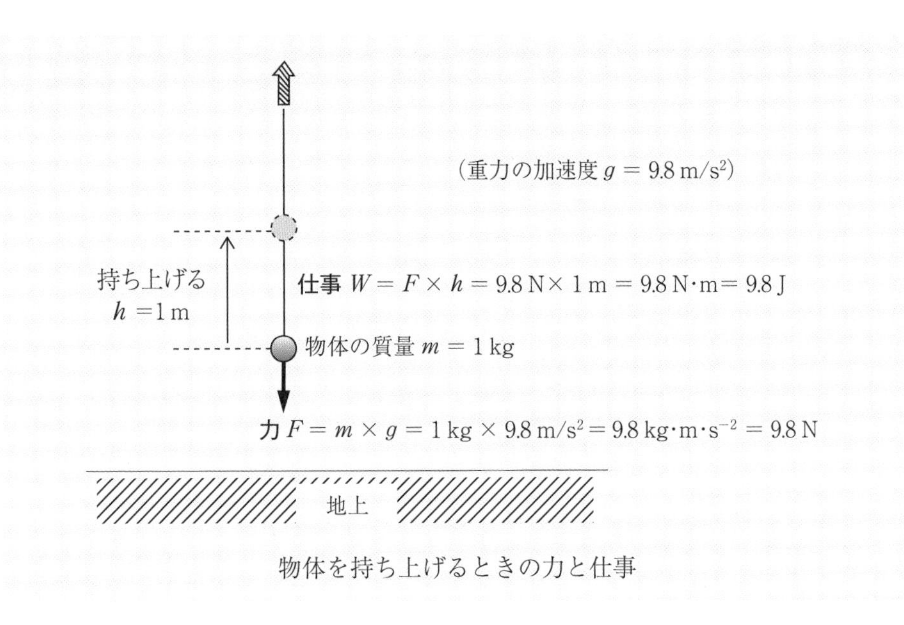

物体を持ち上げるときの力と仕事

例題 1-4

セルシウス温度と絶対温度の相互関係を比較する 丙化 丙特 乙機

次の記述のうち正しいものはどれか。

イ．セルシウス温度で基準となる 0℃ は、標準大気圧下で純水がすべて氷となり、純水が存在しない温度であり、熱力学温度では −273 K である。

（H29-2 丙化検定 類似）

ロ．セルシウス度（℃）で表した温度の数値 t と、ケルビン（K）で表した熱力学温度の数値 T との関係は、$T = t - 273.15$ である。

（R1 丙特国家試験、R2-1 乙機検定 類似）

ハ．絶対零度は熱力学的に考えうる最低の温度で、−273 ℃（厳密には −273.15 ℃）で

ある。（H20 丙化国家試験）

ニ．熱交換器の冷却水の入口温度が 15.6 ℃ で出口温度が 27.2 ℃ のとき、出口と入口の温度差は、熱力学温度で表すと 11.6 K である。（R3-1 丙特検定）

ホ．セルシウス温度 100 ℃ は、熱力学温度ではおよそ 373 K である。

（R2 丙化国家試験 類似）

解説

イ．（×）セルシウス温度 0 ℃ は、標準大気圧下で純水の液体と固体（氷）が共存する温度であり、100 ℃ は沸騰する温度である。したがって、記述の前段は誤りである。また、熱力学温度 T K とセルシウス温度 t ℃ の関係から

$$T = t + 273 = 0 + 273\ (\mathrm{K}) = 273\ \mathrm{K}$$

であるので、後段も誤りである。なお、熱力学温度（絶対温度）は 0 K 以下の値（マイナスの値）はない。

ロ．（×）T と t の関係は式 (1.1) のとおり

$$T = t + 273.15 \quad \cdots\cdots ①$$

設問の式と式①を比較すると、273.15 の符号が異なっており誤りである。

熱力学温度（絶対温度）とセルシウス温度の関係式（式①）は覚えておく。

ハ．（○）記述のとおり、熱力学的に考えられる最低の温度が絶対零度（0 K）である。

式 (1.1) に $T = 0$ (K) を代入すると

$$0 = t + 273.15$$

$$\therefore\ t = -273.15\ (℃)$$

となり、記述は正しい。

セルシウス温度のゼロ点（基準）は 0 ℃ ＝ 273 K、絶対温度のゼロ点は絶対零度（0 K ＝ －273 ℃）であることを記憶しておくとよい。

ニ．（○）熱力学温度（絶対温度）T とセルシウス温度 t の 1 度の目盛幅（刻み）は等しいので、温度差（Δt、ΔT）はどちらの尺度を用いても同じ数値になる。すなわち

$$\Delta t = \Delta T$$

したがって、設問から

$$\Delta t = (27.2 - 15.6)\ ℃ = 11.6\ ℃ = 11.6\ \mathrm{K}$$

ホ．（○）式 (1.1) に $t = 100$ (℃) を代入する。273.15 ≒ 273 として

$$T = t + 273 = (100 + 273)\ (\mathrm{K}) = 373\ \mathrm{K}$$

（答　ハ、ニ、ホ）

例題 1-5

力、圧力の定義および絶対圧力とゲージ圧力の関係の計算 丙化 丙特 乙機

次の記述のうち正しいものはどれか。

イ．質量 2 kg の物体に 1 m/s^2 の加速度を生じさせる力は 2 N である。
(H23-2 乙機検定 類似)

ロ．トリチェリの実験で水銀柱を 76 cm 押し上げる圧力は標準大気圧である。
(R2 丙化国家試験 類似)

ハ．面積 1 cm^2 の面に 1 N の力が加わるときの圧力は 1 kPa である。
(H26-1 丙特検定 類似)

ニ．標準大気圧において、ゲージ圧力 1 MPa を kPa 単位の絶対圧力で表すと、およそ 1101.3 kPa である。
(R3-1 丙化検定 類似)

ホ．大気圧が 950 hPa（絶対圧力）であるとき、0.234 MPa（ゲージ圧力）は 0.329 MPa（絶対圧力）と等しい圧力である。
(H24-1 丙特検定 類似)

解説

イ．(○) 力は式 (1.2) のとおり質量と加速度の積である。質量 (m) の単位を kg、加速度 (a) の単位を m/s^2 とすると、力 (F) はニュートン (N) となる。

$$F = ma = 2\,\mathrm{kg} \times 1\,\mathrm{m/s^2} = 2\,\mathrm{N}$$

ロ．(○) 一端を密封したガラス管を真空にして水銀液の中に立てると、大気圧が水銀を押し上げて水銀柱ができる。トリチェリが行った実験で有名である。元来、水銀柱の高さが 760 mm (76 cm) のときの大気圧を標準大気圧とした (760 mmHg = 0.101325 MPa)。

ハ．(×) 式 (1.3) のとおり、1 N の力 (F) が 1 m^2 の面積 (A) にかかるときの圧力 (p) が 1 Pa である。

面積 1 cm^2 を m^2 で表すと

$$1\,\mathrm{cm^2} = 10^{-2}\,\mathrm{m} \times 10^{-2}\,\mathrm{m} = 10^{-4}\,\mathrm{m^2}$$

この面積に 1 N の力がかかるときの圧力 p は

$$p = \frac{F}{A} = \frac{1\,\mathrm{N}}{10^{-4}\,\mathrm{m^2}} = 10^4\,\mathrm{N/m^2} = 10 \times 10^3\,\mathrm{Pa} = 10\,\mathrm{kPa}$$

ニ．(○) ゲージ圧力 p_g は、大気圧を零とした圧力の尺度であり、それに大気圧 p_a (ここでは標準大気圧 101.3 kPa) を加えると絶対圧力 p になおすことができる。したがって、1 MPa は 1000 kPa であるから

$$p = p_g + p_a = (1000 + 101.3)\,\mathrm{kPa} = 1101.3\,\mathrm{kPa} \quad \text{(絶対圧力)}$$

ホ．(○) 絶対圧力を p、ゲージ圧力を p_g、大気圧を p_a とすると、式 (1.4) から

$p_g = p - p_a$

$\therefore \quad p = p_g + p_a$ ……………………………………………… ①

接頭語 h（ヘクト）は 100 を表すから、p_a および p_g のそれぞれの値は

$p_a = 950\ \text{hPa} = 950 \times 100\ \text{Pa} = 0.095\ \text{MPa}$（絶対圧力）

$p_g = 0.234\ \text{MPa}$（ゲージ圧力）

式①に代入して

$p = (0.234 + 0.095)\ \text{MPa} = 0.329\ \text{MPa}$（絶対圧力）

このようにゲージ圧力と絶対圧力の具体的数値の比較問題は、よく初級の資格試験に出題されているので、絶対圧力に数値を揃えて比較するように訓練しておく。

（答　イ、ロ、ニ、ホ）

例題 1-6

圧力の単位 Pa を N、J などで表す

（丙化 丙特 乙化 乙機）

1 Pa を表す単位の組立てとして正しいものはどれか。

イ．$1\ \text{Pa} = 1\ \text{N/m}^2$

ロ．$1\ \text{Pa} = 1\ \text{N}\cdot\text{m}^2$

ハ．$1\ \text{Pa} = 1\ \text{J/m}^3$

ニ．$1\ \text{Pa} = 1\ \text{J}\cdot\text{m}^3$

解説

Pa と J 相互の関係を問う問題でもある。式 (1.3)、(1.5) を使う。

$\text{Pa} = \text{N/m}^2$ ……………………………………………… ①

$\text{J} = \text{N}\cdot\text{m}$ ……………………………………………… ②

イ．(○) 式①のとおりである。

ロ．(×) 式①にならない。

ハ．(○) 式②を変形して $\text{N} = \text{J/m}$ であるから

式①に代入すると

$\text{Pa} = (\text{J/m})/\text{m}^2 = \text{J/m}^3$

となり、正しい。

なお、この式を変形すると、$\text{Pa}\cdot\text{m}^3 = \text{J}$ となり、これは気体の性質、動力および熱力学計算などによく使われるので、記憶しておく。

ニ．(×) ハの式にならない。

（答　イ、ハ）

例題 1-7

水柱の高さから底面の圧力を計算する （乙化 乙機）

平底開放タンクに底面から高さ 10 m の水が入っているとき、タンクの底面が受ける水の圧力は何 kPa か。

解説

密度が絡む問題ではあるが、常識的に 1 L（リットル）の水の質量は 1 kg であるので、ここではこれを使って底面にかかる重量（質量 × 重力の加速度）を計算する（重量は力である）。

底面 1 m² の上にある水柱の体積 V は

$$V = 1\,\mathrm{m}^2 \times 10\,\mathrm{m} = 10\,\mathrm{m}^3 = 10 \times 10^3\,\mathrm{L}$$

→その質量 $m = 10 \times 10^3\,\mathrm{kg}$

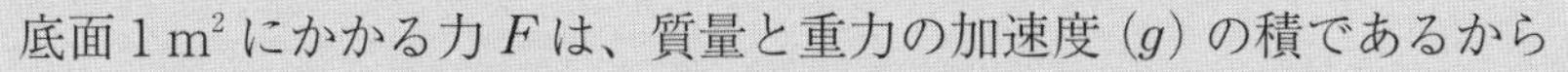

底面 1 m² にかかる力 F は、質量と重力の加速度（g）の積であるから

$$F = mg = 10 \times 10^3\,\mathrm{kg} \times 9.8\,\mathrm{m/s^2} = 98 \times 10^3\,\mathrm{N}$$

したがって、底面にかかる圧力 p は、1 m² にかかる力であるから

$$p = 98 \times 10^3\,\mathrm{N/m^2} = 98 \times 10^3\,\mathrm{Pa} = 98\,\mathrm{kPa}$$

10 m の水柱の底面の水圧はおよそ 100 kPa であることがわかる。 （答 **98 kPa**）

なお、開放タンクの底面にかかるすべての圧力 p' は、大気圧も加わるので

$$p' = 水圧 + 大気圧 = 98\,\mathrm{kPa} + 101.3\,\mathrm{kPa} \fallingdotseq 200\,\mathrm{kPa}$$

である。

例題 1-8

熱量の単位 J を N、Pa などを使って表す （丙化 丙特 乙化 乙機）

仕事、熱量の単位であるジュール（J）と同じものは次のうちどれか。

イ．N·m

ロ．W/s

ハ．Pa·m³

ニ．N/m²

解説

式、(1.3)、(1.5) を使って判断する。

イ．（○）式 (1.5) であるので正しい。

ロ．（×）W ＝ J/s であるから

$$W/s = (J/s)/s = J/s^2$$

であり、J にはならない。

ハ．（○）式（1.3）の $Pa = N/m^2$ をハの式に代入すると

$$Pa \cdot m^3 = N/m^2 \times m^3 = N \cdot m = J$$

これは、例題 1-6 で強調したところである。

ニ．（×）$N/m^2 = Pa$ であり、J ではない。（答　イ、ハ）

例題 1-9

熱、仕事、仕事率の単位と数値

丙化 丙特 乙機

次の記述のうち正しいものはどれか。

イ．1 N の力が物体に作用し、1 m の距離を動かすときの仕事は 1 J であり、1 J ＝ 1 N·m である。（R2-1 丙化検定 類似）

ロ．1 kg の物体を高さ 1 m 持ち上げるときの仕事は 1 J である。

（H22 乙機国家試験 類似）

ハ．仕事率の単位は W（ワット）であり、1 W ＝ 1 J·s である。

（H23-2 乙機検定 類似）

ニ．10 kW で発熱する電熱線ヒータを使って 10 秒間加熱を行うと、100 kJ の熱量が発生する。（R2 丙特国家試験）

解説

仕事と熱は熱力学上等価のものであり、単位にはジュール（J）が用いられる。また、1 秒間の仕事量（熱量）が仕事率であり、単位はワット（W）が使われる。

イ．（○）式（1.5）の説明のとおりである。単位の J は力（N）と移動距離のかけ算となり、1 J ＝ 1 N·m である。

ロ．（×）地球上で物を持ち上げるときに働く加速度は、重力の加速度 $g = 9.8\,m/s^2$ であるので、1 kg を持ち上げる力（F）は

$$F = 1\,kg \times 9.8\,m/s^2 = 9.8\,N$$

したがって、なされる仕事は、式（1.5）のとおり

$$仕事 = 力 \times 移動距離 = 9.8\,N \times 1\,m = 9.8\,J$$

となるので、記述は誤りである。

ハ．（×）ワット（W）は 1 秒（s）当たりのエネルギー量であるから、式（1.6）のとおり

$$1\,W = 1\,J/s$$

である。

ニ．（○）仕事率の単位のワット（W）は1秒（s）当たりの仕事量（熱量）J であるから、ここでは電熱線の使用する時間（秒：s）に kW をかけたものが発生熱量 kJ になることを理解する。10 kW = 10 kJ/s であるから

発生熱量 = 10 kJ/s × 10 s = 100 kJ

この設問では時間が秒（s）で与えられているが、分（min）、時間（h）の場合には SI 単位の秒（s）になおし、仕事率をかけて熱量を計算する。（答　イ、ニ）

例題 1-10

組立単位を基本単位で表す

乙化

次のうち正しいものはどれか。

イ．$1\,N = 1\,kg \cdot m \cdot s^{-2}$

ロ．$1\,Pa = 1\,kg \cdot m^{-2} \cdot s^{-2}$

ハ．$1\,J = 1\,kg \cdot m^{2} \cdot s^{-3}$

ニ．$1\,W = 1\,kg \cdot m^{2} \cdot s^{-2}$

（R1 および R2 乙化国家試験 混合）

解説

組立単位の中身である基本単位をすべて覚えることは至難であるが、組立単位の内容を理解していれば容易に誘導できる。そのためには、すでに説明した次の関係を使えるように訓練しておく。

① 力（N）＝（質量）×（加速度）＝ $kg \cdot m \cdot s^{-2}$

② 圧力（Pa）＝ 力 / 面積 ＝ $N \cdot m^{-2}$

③ 熱量、仕事（J）＝（力）×（移動距離）＝ $N \cdot m$

④ 仕事率（工率）（W）＝（単位時間当たりの仕事（熱量））＝ J/s ＝ $J \cdot s^{-1}$

すなわち、これらの単位は力（N）との関係をつなぐと基本単位に移すことができる。

イ．（○）①のとおり力 N は質量（kg）と加速度（$m \cdot s^{-2}$）の積である。$1\,N = 1\,kg \cdot m \cdot s^{-2}$

ロ．（×）②のとおり

$$1\,Pa = 1\,N \cdot m^{-2} = 1\,(kg \cdot m \cdot s^{-2}) \times m^{-2} = 1\,kg \cdot m^{-1} \cdot s^{-2}$$

ハ．（×）③のとおり

$$1\,J = 1\,N \cdot m = 1\,(kg \cdot m \cdot s^{-2}) \times m = 1\,kg \cdot m^{2} \cdot s^{-2}$$

ニ．（×）④のとおり

$$1\,W = 1\,J \cdot s^{-1} = 1\,(N \cdot m) \times s^{-1} = 1\,(kg \cdot m \cdot s^{-2}) \times m \times s^{-1} = 1\,kg \cdot m^{2} \cdot s^{-3}$$

（答　イ）

演習問題 1.3
丙化 丙特

次の記述のうち正しいものはどれか。

イ．絶対温度（K）はセルシウス温度（℃）と 273（厳密には 273.15）との和で表される。（H28 丙化国家試験）

ロ．プロパンの沸点を熱力学温度で約 231 K とすると、標準大気圧において約 －10 ℃ の液体プロパンとして貯蔵が可能である。

（R3－2 丙化検定 類似）

ハ．冷却水の入口温度が 7 ℃ で出口温度が 22 ℃ のとき、出口と入口の温度差を絶対温度で表すとおよそ 288 K である。（H27－1 丙特検定 類似）

ニ．絶対温度 420 K をセルシウス温度で表すと、およそ 133 ℃ である。

（R2－2 丙特検定）

演習問題 1.4
丙化 丙特 乙機

次の記述のうち正しいものはどれか。

イ．1 kg の物体に 1 N の力が加えられると、その物体に生ずる加速度は 1 m/s^2 である。（H19－2 乙機検定 類似）

ロ．貯槽に充てんされた液状のプロパンの圧力は、貯槽内のいずれの箇所でも同じである。（H27－2 丙化検定 類似）

ハ．大気圧が 980 hPa のとき、圧力計が 0.245 MPa（ゲージ圧力）を示している貯槽内のガスの絶対圧力は 0.343 MPa である。（R1 丙特国家試験）

ニ．1 m^2 当たり 3 N の力が垂直に均一に作用するときの圧力は、3 MPa（絶対圧力）である。（H23－2 乙機検定 類似）

演習問題 1.5
丙化 丙特 乙機

次の記述のうち正しいものはどれか。

イ．1.0 kW の電熱線ヒータを使って 30 分間加熱を行ったときに発生する熱量は、1.8 MJ である。（R3－2 丙特検定）

ロ．物体に力 $F = 1$ N が働いて、距離 $l = 1$ m を動かす仕事 W は、SI 基本単位だけで表すと

$$W = Fl = 1\,\mathrm{N} \times \mathrm{m} = 1\,\mathrm{N{\cdot}m}$$

である。（R2－2 乙機検定 類似）

ハ．1 J は 1 N の力が物体に作用し、1 m の距離を動かすときの仕事である。（H30 丙化国家試験）

ニ．1 秒（s）当たりのエネルギーが 1 ジュール（J）であるときの仕事率は 1 ワット（W）である。（27－1 丙特検定 類似）

演習問題 1.6　丙特 乙化 乙機

次の記述のうち正しいものはどれか。

イ．面積 1 cm^2 の面に垂直で均一に 1 ニュートン（N）の力が加わるときの圧力は、10 kPa である。　（R2-2 丙特検定）

ロ．1 N の力で物体を距離 1 m 動かすときの仕事は 1 N·m で、N·m を SI 基本単位で表すと $kg \cdot m^2 \cdot s^{-2}$ となる。　（R3-2 乙機検定 類似）

ハ．$1\ Pa = 1\ J \cdot m^{-3} \cdot s^{-1}$ である。　（H29-1 乙化検定 類似）

ニ．圧力および応力の単位である Pa（パスカル）は SI 組立単位であり、SI 基本単位だけで表すと $kg/(m \cdot s^2)$ である。　（R1 乙機国家試験）

ホ．圧力は単位面積に垂直にかかる力であり、その単位は Pa で、$1\ Pa = 1\ N/mm^2$ の関係にある。　（H20-1 乙機検定）

演習問題 1.7　乙化 乙機

次のうち正しいものはどれか。

イ．Pa を SI 基本単位だけで表すと $kg/(m \cdot s^2)$ である。　（R2 乙機国家試験 類似）

ロ．$1\ W = 1\ kg \cdot m^2/s^2$　（H27-1 乙機検定 類似）

ハ．$1\ J = 1\ m^3 \cdot kg \cdot s^{-2}$　（R2-2 乙化検定）

ニ．$1\ N = 1\ kg \cdot m \cdot s^{-2}$　（R2 乙化国家試験）

演習問題 1.8　乙化 乙機

次の記述のうち正しいものはどれか。

イ．$1\ Pa = 1\ J \cdot m^{-3}$ である。　（R2-2 乙化検定 類似）

ロ．$1\ J = 1\ N \cdot m = 1\ Pa \cdot m^3$ である。　（H27-1 乙機検定 類似）

ハ．$1\ J = 1\ Pa \cdot m^2$ である。　（R3-2 乙化検定 類似）

ニ．$1\ N = 1\ Pa \cdot m^{-1}$ である。　（R1-2 乙化検定 類似）

ホ．$1\ W = 1\ N \cdot m \cdot s^{-1}$ である。　（R1-1 乙化検定 類似）

2章 気体の一般的性質

気体の計算を行う上で基礎となるものであり、丙種（丙特、丙化）、乙種（化学、機械）を問わず理解をしておく必要がある。

2·1 理想気体

2·1·1 原子、分子およびアボガドロの法則

丙化 丙特 乙化 乙機

(1) 原子と元素記号

物質は単位粒子である**原子**からできている。原子は原子核（陽子、中性子）とその周りを回っている電子によって構成されており、大きさや質量は原子の種類によって異なる。水素、酸素、鉄などを物質の成分としてみる場合に**元素**という。この元素を表現するのに約100種類の**元素記号**があるが、下表などを参考に計算でよく使われる元素記号を使い慣れておくとよい。

(2) 分子と分子式

物質としての性質をもつ最小粒子を**分子**といい、原子から成り立っている。1個の原子の分子（アルゴンなど）を単原子分子、2個のそれ（酸素など）を2原子分子、3個以上（アンモニアなど）を多原子分子という。例えば、多原子分子のアンモニアは水素原子3個と窒素原子1個の結合によってアンモニアの性質をもつ物質となる。これがアンモニアの分子である。

この分子を元素記号の組合せによって表したのが**分子式**である。アンモニアはNH_3、酸素分子は酸素原子が2個結合しているのでO_2、水は水素原子2個と酸素原子1個の結合体なのでH_2Oのように分子式が書かれる。

(3) 原子および分子の質量

原子は質量をもっている。しかし、その質量は極めて小さな値であるため相対質量としての**原子量**が使われる。すなわち、炭素原子※の質量を12（無単位）として基準の値とし、他の元素の原子の相対的質量の値が原子量である。各原子量には端数がついているが、実用上は端数を省略して、水素（H）＝1、炭素（C）＝12、酸素（O）＝16のように計算基礎として使用しても誤差は少ない。

少なくともよく使われる表に示した原子の原子量は記憶しておく。

元素名	元素記号	原子量
水素	H	1
炭素	C	12
窒素	N	14
酸素	O	16
塩素	Cl	35.5
硫黄	S	32

元素記号と概略の原子量

分子は決まった元素の原子で成り立っているから、分子の質量も原子量をもとに決められる。分子

※ 地球上の炭素は、質量が12の炭素のほかに質量13など（同位体または同位元素）が少量混合した状態であり、正確には炭素12（^{12}C）という原子が基準になっている。

の相対質量を**分子量**といい、分子中の原子の原子量の総和で表される。例えば水(H_2O)の分子量は、

$$H \times 2 + O \times 1$$
$$= 1 \times 2 + 16 \times 1 = 18$$

となる。

よく使われる気体の分子と分子式を表に記す。分子量は計算で確かめるとよい演習になる。

代表的な分子と概略分子量

物質名	分子式	分子量
水素	H_2	2
酸素	O_2	32
窒素	N_2	28
塩素	Cl_2	71
メタン	CH_4	16
アセチレン	C_2H_2	26
エチレン	C_2H_4	28
エタン	C_2H_6	30
プロピレン	C_3H_6	42
プロパン	C_3H_8	44
ブテン(ブチレン)	C_4H_8	56
ブタン	C_4H_{10}	58
アンモニア	NH_3	17
水	H_2O	18
一酸化炭素	CO	28
二酸化炭素	CO_2	44
空気	$(O_2 + N_2)$	(29)

(4) 物質量およびアボガドロの法則

分子量にグラム(g)をつけた質量に相当する分子の集団を**1モル**(mol)※といい、molは**物質量**の単位(SI基本単位)である。

このモルと物質の質量を関係づけるのが**モル質量**(1 mol当たりの質量(gまたはkg))である。

質量(m kg)、その物質量(n mol)とモル質量(M kg/mol)の関係は

$$n = \frac{m}{M} \qquad \text{(2.1 a)}$$

となる。実際の質量から物質量(モル数)を求める際(またはその逆)などによく使われる。

各物質のモル質量は、分子量から簡単に算出できる。簡略にいうと、分子量にグラム(g)をつけると1 molであり、質量の基本単位がkgであるから

モル質量 M = 分子量の数値 g/mol = 分子量の数値 $\times 10^{-3}$ kg/mol

であることがわかる。

例えば、メタン(CH_4)のモル質量M_{CH_4}は、メタンの分子量が16であるので

$$M_{CH_4} = 16 \text{ g/mol} = 16 \times 10^{-3} \text{ kg/mol}$$

である。

次に、気体の質量および体積と分子量をつなぐ重要な法則として、**アボガドロの法則**がある。

「すべての気体において、同じ温度、同じ圧力のもとで、同じ体積中に含まれる分子の数は同じである」

モルを使って実用的に言い替えると、アボガドロの法則は次のようになる。

「標準大気圧(0.1013 MPa)および0℃の状態(これを**標準状態**という。)において、**1 mol**

※ 1 molは6.02×10^{23}個(正確には$6.02214076 \times 10^{23}$個)(アボガドロ定数という。)の要素粒子(分子など)を含む系の物質量である。

の気体はおよそ 22.4 L (22.4 × 10^{-3} m^3) **の体積を占める**」

別な表現をすれば、標準状態における**モル体積**（1 mol 当たりの体積）は、22.4 L/mol または 22.4 × 10^{-3} m^3 /mol であり、気体の体積 V をモル体積 V_m で除すことによって物質量（モル数）n が計算できる。

$$n = \frac{V}{V_m} \quad \cdots\cdots (2.1\ b)$$

例題 2-1

原子量、分子量およびその比較

丙化 丙特

次の記述のうち正しいものはどれか。

イ．分子量は、その分子を構成するすべての原子の原子量の総和で表される。
（R2 丙化国家試験）

ロ．水の分子量はおよそ 18 である。（H25-2 丙特検定 類似）

ハ．二酸化炭素（CO_2）とプロパン（C_3H_8）の分子量はほぼ等しい。
（H28-1 丙化検定 類似）

ニ．原子量は炭素原子（^{12}C）を標準にしてその質量を 12 と定め、ほかの原子の質量をこの炭素原子の質量と比較した数値で表す。（R3-2 丙化検定 類似）

解説

分子量の計算では、分子式が示されない場合が多い。分子式を書いて計算するとよい。表「代表的な分子と概略分子量」に掲げた物質の分子式は書けるようにしておく。

イ．（○）分子量は、記述のとおりそれを構成する原子の原子量の総和である。これを理解していないと分子量は求められない。

ロ．（○）水の分子式は H_2O であり、原子量を水素 1、酸素 16 として

水（H_2O）の分子量 $= 1 \times 2 + 16 \times 1 = 18$

ハ．（○）それぞれの分子式は示されており、原子量を水素 1、炭素 12、酸素 16 として

CO_2 の分子量 $= 12 \times 1 + 16 \times 2 = 44$

C_3H_8 の分子量 $= 12 \times 3 + 1 \times 8 = 44$

であるので正しい。

ニ．（○）原子量の説明のとおりである。各種の原子量、分子量が ^{12}C に対する相対質量であることを理解しておく。

（答　イ、ロ、ハ、ニ）

例題 2-2

アボガドロの法則

丙化 丙特 乙化 乙機

次の記述のうち正しいものはどれか。

イ．メタン 1 kg が温度 273 K、圧力 0.1 MPa で占める体積は、およそ 22.4 m^3 である。
（H23 乙機国家試験 類似）

ロ．アボガドロの法則によれば、気体 1 mol は、標準状態（0 ℃、0.1013 MPa）でおよそ 22.4 L の体積を占める。
（R2 丙化国家試験）

ハ．理想気体 1 mol に含まれる粒子（分子など）の数は、温度が変化するとその気体の体積に比例して変わる。
（R3-2 丙特検定 類似）

ニ．温度および圧力が同じであれば、同数の分子を含む気体の体積は気体種が異なっても等しい。これはアボガドロの法則である。
（R1-1 乙化検定 類似）

解説

アボガドロの法則を正しく理解する。

イ．（×）アボガドロの法則では、物質量（モル数）1 mol の気体は、標準状態（0 ℃、標準大気圧）において 22.4 L（22.4×10^{-3} m^3）を占める。メタン（CH_4）の分子量は 16 であるから、1 mol の質量（モル質量） $M = 16 \times 10^{-3}$ kg/mol であり、1 kg の物質量 n は

$$n = \frac{m}{M} = \frac{1\,\text{kg}}{16 \times 10^{-3}\,\text{kg/mol}} = 62.5\,\text{mol}$$

設問では、ほぼ標準状態での体積 V を問うているので、モル体積を V_m として

$$V = nV_m = 62.5\,\text{mol} \times 22.4 \times 10^{-3}\,\text{m}^3/\text{mol} = 1.4\,\text{m}^3 \text{（標準状態）}$$

ロ．（○）イの前段の説明のとおり、標準状態における 1 mol の気体の体積はおよそ 22.4 L である。

ハ．（×）物質量 1 mol に含まれる粒子（分子など）の数は決まっており（アボガドロ定数）、温度や圧力の変化で体積が変化しても粒子の数が変わることはない。

ニ．（○）アボガドロの法則において、同温度、同圧力、同体積の気体中の分子数は等しい。気体種が異なっても成り立つ。
（答 ロ、ニ）

例題 2-3

物質量から質量を計算する

丙特

窒素 10 mol とオゾン 10 mol の質量（g）を求めよ。
（H29-1 丙特検定 類似）

解説

物質量 n と質量 m、モル質量（1 mol の質量）M の関係の式（2.1 a）を使いこなそう。すなわち、分子式から分子量、モル質量を求め、式（2.1 a）を変形して適用する。

窒素（N_2）の分子量 $= 14 \times 2 = 28$ → モル質量 $M_{N_2} = 28$ g/mol

オゾン（O_3）の分子量 $= 16 \times 3 = 48$ → モル質量 $M_{O_3} = 48$ g/mol

式（2.1 a）を質量 m を求める形にして

$$m = nM \quad \cdots\cdots ①$$

式①に数値を代入して

窒素（N_2）の質量 $m_{N_2} = n_{N_2}M_{N_2} = 10\ \text{mol} \times 28\ \text{g/mol} = 280\ \text{g}$

オゾン（O_3）の質量 $m_{O_3} = n_{O_3}M_{O_3} = 10\ \text{mol} \times 48\ \text{g/mol} = 480\ \text{g}$

（答　$m_{N_2} = 280$ g、$m_{O_3} = 480$ g）

例題 2-4

標準状態の気体の体積から質量を計算する　丙化

標準状態で 2800 L の体積を占める気体のプロパンの質量は何 g か。アボガドロの法則を用いて計算せよ。（R2-2 丙化検定 類似）

解説

「標準状態の気体 1 mol は、ガス種を問わず 22.4 L を占める（モル体積 $V_m = 22.4$ L/mol）」というアボガドロの法則を適用して計算する。

物質量 n は体積を V として式（2.1 b）から求められる。

$$n = \frac{V}{V_m} \quad \cdots\cdots ①$$

n が決まればモル質量を M として、式（2.1 a）から質量 m が計算できる。

$$m = nM \quad \cdots\cdots ②$$

式①に数値を代入すると

$$n = \frac{V}{V_m} = \frac{2800\ \text{L}}{22.4\ \text{L/mol}} = 125\ \text{mol}$$

プロパン（C_3H_8）の分子量は

分子量 $= 12 \times 3 + 1 \times 8 = 44$

であるから、そのモル質量 M は $M = 44$ g/mol である。

式②よりプロパンの質量 m は

$$m = nM = 125\ \text{mol} \times 44\ \text{g/mol} = 5500\ \text{g}$$

（答　5500 g）

式①、②を合わせて一気に計算すると

$$m = nM = \frac{VM}{V_m} = \frac{2800\ \mathrm{L} \times 44\ \mathrm{g/mol}}{22.4\ \mathrm{L/mol}} = 5500\ \mathrm{g}$$

この例では、体積がLで示され質量はgで要求されているので、モル質量Mの単位はg/mol、モル体積V_mはL/molを用いたが、質量がkg、体積がm^3の場合には、Mはkg/mol、V_mはm^3/molを用いると便利である。また、この例題のように、式に単位を書き入れて計算する習慣をつけると、桁違いや単位の誤りなどを見つけやすい。

例題 2-5

気体の質量から標準状態の体積を求める 丙特

6.0 kgの液体プロパンが気化して気体になった。この気体の体積は標準状態で何m^3か。プロパンの分子量は44とし、この気体はアボガドロの法則に従うものとする。

（R1 丙特国家試験 類似）

解説

質量mを物質量nに換算し、モル体積（$V_m = 22.4 \times 10^{-3}\ \mathrm{m^3/mol}$）を用いて標準状態の体積$V$を計算する。

(1)プロパンの物質量 n

プロパンの分子量は44であるから、モル質量Mは$M = 44 \times 10^{-3}$ kg/molである。

このプロパンの物質量は、式(2.1 a)を用いて

$$n = \frac{m}{M} = \frac{6.0\ \mathrm{kg}}{44 \times 10^{-3}\ \mathrm{kg/mol}} = 0.1364 \times 10^3\ \mathrm{mol}\ (= 136.4\ \mathrm{mol})$$

(2)標準状態の体積 V

式(2.1 b)を変形して

$$V = nV_m \quad \cdots\cdots ①$$

アボガドロの法則により$V_m = 22.4 \times 10^{-3}\ \mathrm{m^3/mol}$であるから、式①は

$$V = nV_m = 0.1364 \times 10^3\ \mathrm{mol} \times 22.4 \times 10^{-3}\ \mathrm{m^3/mol} = 3.06\ \mathrm{m^3} \fallingdotseq 3.1\ \mathrm{m^3}$$

（**答　3.1 m^3**）

なお、(1)と(2)を合わせて一気に計算すると

$$V = nV_m = \frac{mV_m}{M} = \frac{6.0\ \mathrm{kg} \times 22.4 \times 10^{-3}\ \mathrm{m^3/mol}}{44 \times 10^{-3}\ \mathrm{kg/mol}} = 3.05\ \mathrm{m^3}$$

別解

後述する理想気体の状態方程式（2.5 c）を用いて一気に計算する。

$$pV = \frac{m}{M}RT$$

$$\therefore \quad V = \frac{m}{M} \cdot \frac{RT}{p} \quad \cdots\cdots ②$$

式②に単位を統一して標準状態の数値を代入する（R は気体定数）。

$$V = \frac{6.0\ \text{kg}}{44 \times 10^{-3}\ \text{kg/mol}} \times \frac{8.31\ \text{Pa} \cdot \text{m}^3/(\text{mol} \cdot \text{K}) \times 273\ \text{K}}{101.3 \times 10^3\ \text{Pa}} = 3.05\ \text{m}^3$$

演習問題 2.1

次の記述のうち正しいものはどれか。

イ．酸素の原子量は、アルゴンの原子量より大きい。　（R2-1 丙化検定）

ロ．炭素の元素記号は C、窒素の元素記号は N、硫黄のそれは S で表される。（H30-2、R2-1 丙化検定 混合）

ハ．原子量は、窒素原子（N）を標準にしてその質量を 14 と定め、当該原子の質量をこれと比較した数値で表す。　（R2 丙化国家試験 類似）

ニ．一酸化炭素の分子量は、窒素のそれとほぼ同じである。（R3-1 丙化検定 類似）

演習問題 2.2

次の記述のうち正しいものはどれか。

イ．気体の分子量は、g/mol で表したモル質量と数値的に等しい。（H22-2 乙機検定 類似）

ロ．アボガドロの法則は、「すべての気体 1 mol は標準状態でおよそ 22.4 L の体積を占める」といい表せる。　（R2 丙特国家試験）

ハ．理想気体では、一定の体積に含まれる分子の数は、温度、圧力が同じであっても、気体の種類によって異なる。　（R3-1 乙化検定 類似）

ニ．プロパン 1 mol の質量は 44 g であり、水 1 mol の質量は 18 g である。（R1 丙化国家試験）

演習問題 2.3

標準状態において、次の気体の体積から質量（g）を求めよ。気体はアボガドロの法則に従うものとする。

①二酸化炭素 200 L　　②プロパン 150 L　（H29-1 丙特検定 類似）

演習問題 2.4

標準状態の次の物質について、物質量の大きいものから小さいものへ順に並べよ。

イ．酸素　4 kg

ロ．二酸化炭素　3 m^3

ハ．窒素　　　　　　3 kg

ニ．エチレン　　　　4 kg　　　　　　（R3−1 丙特検定 類似）

11.6 kg の液状プロパンがすべて蒸発してガスになった。このガスは標準状態で何 L の体積になるか。アボガドロの法則を用いて計算せよ。

（R2−1 丙化検定 類似）

2·1·2 ボイル−シャルルの法則、理想気体の状態方程式

気体の計算の基礎であるので、丙化、丙特、乙種（化学、機械）を問わず理解しておく必要がある。

気体が空間を何も束縛されないで自由に運動できる状態を想定した**理想気体**は、一定の法則に基づいた挙動をする。簡単にいうと、後に述べる**理想気体の状態方程式**に当てはまる気体をいう。高温の気体、希薄な（低圧の）気体は理想気体に近い挙動をする。

以下、重要な法則を簡潔に述べるが、例題でよく理解して使い方に習熟するとよい。

(1) ボイルの法則

「一定温度における気体の体積は、圧力に反比例して変わる。」（**ボイルの法則**）

これを式に表すと

$$pV = \text{一定} \quad \cdots\cdots (2.2)$$

p（圧力）と V（体積）の関係を図に示す。

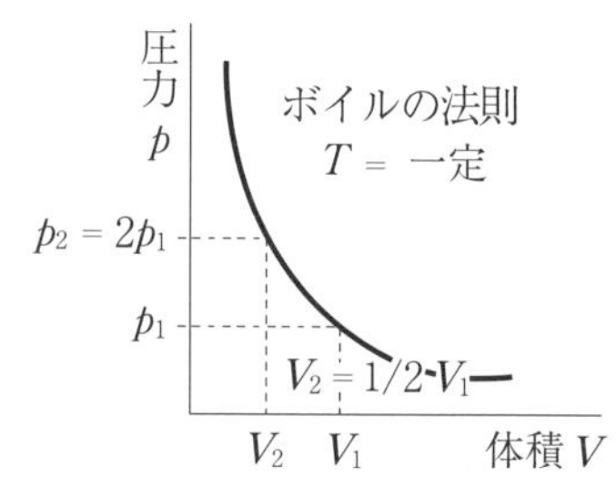

すなわち、圧力が 2 倍になれば、体積は $\frac{1}{2}$ になることがわかる。

(2) シャルルの法則

「一定圧力における一定量の気体の体積は、絶対温度に比例して変わる。」（**シャルルの法則**）

これを式に書くと

$$\frac{V}{T} = \text{一定} \quad \cdots\cdots (2.3)$$

V（体積）と T（絶対温度）の関係を図に示す。

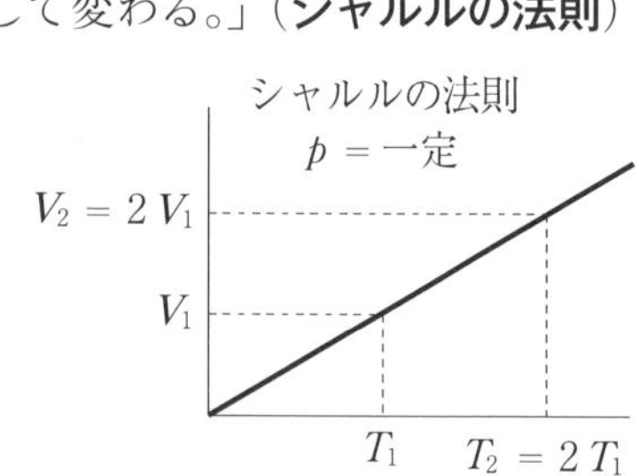

すなわち、絶対温度が 2 倍になれば体積も 2 倍になる関係にあることがわかる。

(3) ボイル−シャルルの法則

ボイルの法則とシャルルの法則から次の式が導かれる。

$$\frac{pV}{T} = 一定 \qquad (2.4\,\mathrm{a})$$

または

$$\frac{p_1 V_1}{T_1} = \frac{p_2 V_2}{T_2} \qquad (2.4\,\mathrm{b})$$

この式は、「一定量の気体の体積は、圧力に反比例し、絶対温度に比例して変化する」ことを表している。（**ボイル-シャルルの法則**）

式（2.4 b）の添字は、1の状態（圧力、温度、体積の状態）から2の状態に変化したときのそれぞれの値を表している。

(4) 理想気体の状態方程式

ボイル-シャルルの法則およびアボガドロの法則から次の式が導かれる。

$$pV = nRT \qquad (2.5\,\mathrm{a})$$

この式を**理想気体の状態方程式**という。n は気体の物質量、R は**気体定数**といい、R はガス種に無関係の定数である。

1 mol の理想気体の体積（モル体積）を V_m とすると、式（2.5 a）は

$$pV_\mathrm{m} = RT \qquad (2.5\,\mathrm{b})$$

気体定数 R は重要な値であり、大略の数字は単位も含めて記憶しておく必要がある。

$$R = 8.31\ \mathrm{Pa \cdot m^3/(mol \cdot K)} = 8.31\ \mathrm{J/(mol \cdot K)}$$

モル質量を M（kg/mol）、質量を m（kg）とすると式（2.5 a）は

$$pV = \frac{m}{M}RT \qquad (2.5\,\mathrm{c})$$

となり、圧力、温度、体積、質量の重要な関係式である。

これらの気体の法則を使う計算では、圧力は絶対圧力、温度は絶対温度を使うことを忘れてはならない。

例題 2-6

理想気体の法則の理解

丙化 丙特 乙機

理想気体について、次の記述のうち正しいものはどれか。

イ．一定量の理想気体が示す絶対圧力は、体積に比例し、熱力学温度に反比例する。

（R3-1 丙化検定）

ロ．気体の体積および温度が一定ならば、その絶対圧力は物質量に比例して変化する。

（H30-2 丙特検定　類似）

ハ．圧力一定のもとで、0℃ の気体を 546℃ まで加熱すると、体積は 3 倍になる。

（R1 乙機国家試験　類似）

ニ．絶対圧力と熱力学温度の比が一定ならば、一定量の気体の体積は変化しない。

（R1-1 丙特検定　類似）

解説

イ．（×）ボイル-シャルルの法則の式 (2.4 a) を用い、定数を a として変形すると

$$p = a \cdot \frac{T}{V}$$

この式は、「圧力 p は体積 V に反比例し、熱力学温度 T に比例する。」ことを表している。また、状態方程式 $pV = nRT$ を用いても同様である。

ロ．（○）理想気体の状態方程式は、式 (2.5 a) のとおり

$$pV = nRT$$

変形して

$$p = n \cdot \frac{RT}{V} \quad \cdots\cdots ①$$

題意により V も T も一定であるので、式①の右辺の項 $\frac{RT}{V}$ は一定となる。

したがって、n が 2 倍になれば p も 2 倍になるように、圧力は物質量 n と比例関係にあるといえる。

ハ．（○）シャルルの法則では、体積は絶対温度に比例する。一定圧力で 0℃（273 K）の気体の体積が 3 倍になる絶対温度は、初期の温度の 3 倍であるから

$$273\,\mathrm{K} \times 3\,(\text{倍}) = 819\,\mathrm{K} = 546\,℃$$

となり、設問の値と一致する。

また、シャルル則の式 (2.3) を用い、最初の状態を 1、加熱後を 2 とすると

$$\frac{V_1}{T_1} = \frac{V_2}{T_2} \quad \cdots\cdots ②$$

$\frac{V_2}{V_1}$を求める形に式②を変形して、絶対温度の値を代入すると

$$\frac{V_2}{V_1} = \frac{T_2}{T_1} = \frac{(546 + 273)\,\mathrm{K}}{273\,\mathrm{K}} = 3\,(倍)$$

ニ.（○）ボイル-シャルルの法則の式 $\frac{p_1 V_1}{T_1} = \frac{p_2 V_2}{T_2}$から、絶対圧力と熱力学温度の比が一定ならば体積は変化しない（$V_1 = V_2$）。

（答　ロ、ハ、ニ）

例題 2-7

温度変化による容器内圧力変化

丙特

真空にした内容積 100 L の容器に理想気体を温度 18.0 ℃、圧力 12.5 MPa（ゲージ圧力）まで充てんした。容器内の温度が 30.0 ℃ になったとき、その圧力は何 MPa（ゲージ圧力）になるか。内容積に変化はないものとする。（R2-2 丙特検定 類似）

解説

一定量の理想気体の圧力 p と温度 T の変化の計算であるので、ボイル-シャルルの法則を適用する。

充てんをした状態を 1、温度が変化した状態を 2 の添字で表すと、式（2.4 b）のように体積を V として

$$\frac{p_1 V_1}{T_1} = \frac{p_2 V_2}{T_2}$$

内容積は与えられているが、変化しない（$V_1 = V_2$）ので、上式から消去できる。

$$\therefore \quad p_2 = \frac{T_2}{T_1} \cdot p_1 \quad \cdots\cdots ①$$

示された値を整理すると

変化前	変化後
$T_1 = 18.0\,℃ = 291\,\mathrm{K}$	$T_2 = 30.0\,℃ = 303\,\mathrm{K}$
$p_1 = 12.5\,\mathrm{MPa}$（ゲージ圧力）	$p_2 =$ 求める圧力
$\fallingdotseq 12.6\,\mathrm{MPa}$（絶対圧力）	

式①に代入して

$$p_2 = \frac{T_2}{T_1} \cdot p_1 = \frac{303\,\mathrm{K}}{291\,\mathrm{K}} \times 12.6\,\mathrm{MPa} = 13.1\,\mathrm{MPa}\,（絶対圧力）$$

ゲージ圧力 p'_2 になおして

$p'_2 =$ (13.1 − 0.10) MPa = 13.0 MPa（ゲージ圧力）

（答　**13.0 MPa（ゲージ圧力）**）

なお、気体の状態変化などの計算には、温度は絶対温度（熱力学温度）、圧力は絶対圧力を用いることを忘れない。また、大気圧には通常、標準大気圧（0.1013 MPa）が用いられる。

別解

状態方程式を利用する。初期の内容積 100 L = 0.1 m³ の気体の物質量 n は

$$n = \frac{pV}{RT} = \frac{12.6 \times 10^6 \text{ Pa} \times 0.1 \text{ m}^3}{8.31 \text{ Pa}\cdot\text{m}^3/(\text{mol}\cdot\text{K}) \times 291 \text{ K}} = 521 \text{ mol}$$

$T_2 = 303$ K のときの圧力 p_2（絶対圧力）は

$$p_2 = \frac{nRT_2}{V} = \frac{521 \text{ mol} \times 8.31 \text{ Pa}\cdot\text{m}^3/(\text{mol}\cdot\text{K}) \times 303 \text{ K}}{0.1 \text{ m}^3} = 13.1 \times 10^6 \text{ Pa}$$

以下ゲージ圧力になおすのは前述のとおり。

例題 2-8

二つの状態変化についてボイル-シャルル則の適用　乙機

温度 27 ℃、圧力 8.0 MPa、体積 1.0 m³ の気体について、圧力を変えずに温度を 127 ℃ にしたときの体積と、温度を変えずに圧力を変えたときの体積が等しくなった。ボイル-シャルルの法則が成り立つとして、このときの圧力は何 MPa か。

（H27-1 乙機検定 類似）

解説

圧力 p、温度 T、体積 V の気体の状態変化について、図に示すような状態0から状態1、状態2への変化を式で表す。

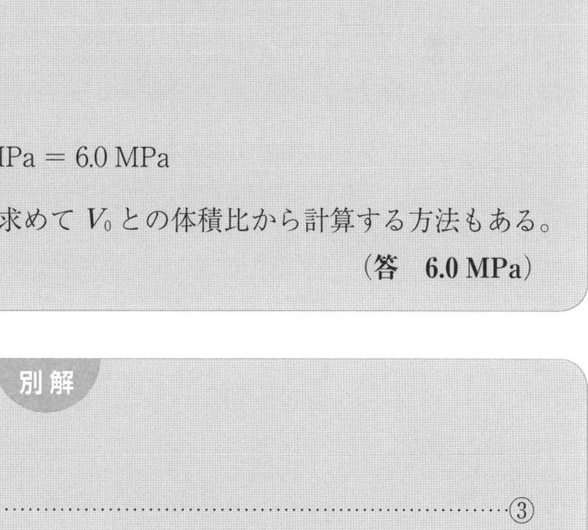

ボイル－シャルル則から

$$\frac{p_0V_0}{T_0}=\frac{p_1V_1}{T_1}=\frac{p_0V_1}{T_1}\quad\cdots\cdots①$$

$$\frac{p_0V_0}{T_0}=\frac{p_2V_2}{T_2}=\frac{p_2V_1}{T_0}\quad\cdots\cdots②$$

状態1と状態2の $\dfrac{pV}{T}$ の値はボイル－シャルル則により等しい（① ＝ ②）から

$$\frac{p_0V_1}{T_1}=\frac{p_2V_1}{T_0}$$

V_1 が消去されて

$$\frac{p_0}{T_1}=\frac{p_2}{T_0}$$

$$\therefore\quad p_2=\frac{T_0}{T_1}\cdot p_0=\frac{300\,\text{K}}{400\,\text{K}}\times 8.0\,\text{MPa}=6.0\,\text{MPa}$$

なお、V_0 が与えられているので、V_1 を求めて V_0 との体積比から計算する方法もある。

（答　**6.0 MPa**）

別解

状態方程式を用いて計算する。

$$p_1=p_0=\frac{nRT_1}{V_1}\quad（状態1）\cdots\cdots③$$

$$p_2=\frac{nRT_0}{V_1}\quad（状態2）\cdots\cdots④$$

④／③として整理すると

$$p_2=\frac{T_0}{T_1}\cdot p_0=\frac{300\,\text{K}}{400\,\text{K}}\times 8.0\,\text{MPa}=6.0\,\text{MPa}$$

例題 2-9

状態方程式を用いて気体の物質量を求める

乙化

圧力 1.0 MPa、温度 30 ℃ の窒素ガスが内容積 5.0 L の容器に入っている。この気体の物質量はいくらか。理想気体として計算せよ。（H26-2 乙化検定 類似）

解説

理想気体の状態方程式(2.5 a)を用いて計算する。圧力 p、体積 V、温度 T が決まると、物質量（モル数）n が決まることをこの例題を通して確認する。あわせて、物質量はその気体のモル質量に関係なく決まることも確認する。式 (2.5 a) から

$$pV = nRT$$

n を求める形に変形して

$$n = \frac{pV}{RT} \quad \cdots\cdots ①$$

ここで

$$p = 1.0\ \text{MPa} = 1.0 \times 10^6\ \text{Pa}$$

$$V = 5.0\ \text{L} = 5.0 \times 10^{-3}\ \text{m}^3$$

$$T = 30\ ℃ = 303\ \text{K}$$

これらを式①に代入する。気体定数 R はこの例題のように与えられないことがあるので、3 桁の数値は記憶しておく。

$$n = \frac{pV}{RT} = \frac{1.0 \times 10^6\ \text{Pa} \times 5.0 \times 10^{-3}\ \text{m}^3}{8.31\ \text{Pa}\cdot\text{m}^3/(\text{mol}\cdot\text{K}) \times 303\ \text{K}} = 0.0020 \times 10^3\ \text{mol} = 2.0\ \text{mol}$$

（答　**2.0 mol**）

別解

ボイル－シャルル則とアボガドロ則を用いて解く。

標準状態の p、V、T をそれぞれ p_0、V_0、T_0 とすると、式 (2.4 b) から

$$\frac{p_0 V_0}{T_0} = \frac{pV}{T} \quad \cdots\cdots ②$$

V_0 を求めるとアボガドロ則から物質量 n が計算できるので、式②を変形して

$$V_0 = \frac{p}{p_0} \cdot \frac{T_0}{T} \cdot V = \frac{1.0\ \text{MPa}}{0.1013\ \text{MPa}} \times \frac{273\ \text{K}}{303\ \text{K}} \times 5.0\ \text{L} = 44.47\ \text{L} \quad \text{（標準状態）}$$

標準状態におけるモル体積 $V_m = 22.4$ L/mol を用いて、式 (2.1 b) から

$$n = \frac{V_0}{V_m} = \frac{44.47\ \text{L}}{22.4\ \text{L/mol}} = 2.0\ \text{mol}$$

例題 2-10

状態方程式を用いて容器内気体の質量を計算する　丙化

内容積 118 L の LP ガス容器にすべてガス化したプロパンが 0.50 MPa（ゲージ圧力）で残っている。容器内の温度が 30 ℃ であるとき、容器内のプロパンの質量は何 kg か。理想気体として計算せよ。　（R1 丙化国家試験 類似）

解説

温度 T、圧力 p、体積 V が与えられ、物質がプロパンであるのでモル質量 M も決まる。したがって、状態方程式(2.5 c)を用いると、未知数は質量 m のみであることに気づく。

$$pV = \frac{m}{M}RT$$

変形して、質量 m を求める形にすると

$$m = \frac{pVM}{RT} \quad \cdots\cdots ①$$

ここで

$$p = 0.50\ \mathrm{MPa}\ (\text{ゲージ圧力}) \fallingdotseq 0.60\ \mathrm{MPa}\ (\text{絶対圧力})$$

$$= 0.60 \times 10^6\ \mathrm{Pa}$$

$$V = 118\ \mathrm{L} = 118 \times 10^{-3}\ \mathrm{m^3}$$

$$T = 30\ ℃ = 303\ \mathrm{K}$$

$$M = 44 \times 10^{-3}\ \mathrm{kg/mol}$$

式①に代入して

$$m = \frac{pVM}{RT} = \frac{0.60 \times 10^6\ \mathrm{Pa} \times 118 \times 10^{-3}\ \mathrm{m^3} \times 44 \times 10^{-3}\ \mathrm{kg/mol}}{8.31\ \mathrm{Pa \cdot m^3/(mol \cdot K)} \times 303\ \mathrm{K}} = 1.24\ \mathrm{kg}$$

（答　1.24 kg）

もちろん、ボイル-シャルルの法則とアボガドロの法則を用いても計算できる。

例題 2-11

状態方程式を用いて充てん容器内の分子数を計算する　乙化

空気が内容積 50.0 L の容器に温度 35.0 ℃、圧力 15.0 MPa で充てんされている。この充てん空気中に含まれる空気（窒素 + 酸素）の分子の数はおよそいくらか。理想気体として計算せよ。

ただし、アボガドロ数は 6.02×10^{23} とする。（H18-1 乙化検定 類似）

解説

1 mol 中に含まれる分子数は、アボガドロ数（定数）の個数であるから、容器内の物質量がわかれば計算できることに着目する。また、空気は窒素と酸素の混合物であるが、理想気体の状態方程式はガス種に無関係である。

(1) 容器内の物質量

状態方程式（2.5 a）から空気の物質量 n_{air} は

$$n_{air} = \frac{pV}{RT} \quad \cdots\cdots ①$$

題意から、次の値を式①に代入する。

$p = 15.0\ \text{MPa} = 15.0 \times 10^6\ \text{Pa}$

$V = 50.0\ \text{L} = 50.0 \times 10^{-3}\ \text{m}^3$

$T = 35.0\ ℃ = 308\ \text{K}$

$R = 8.31\ \text{Pa·m}^3/(\text{mol·K})$

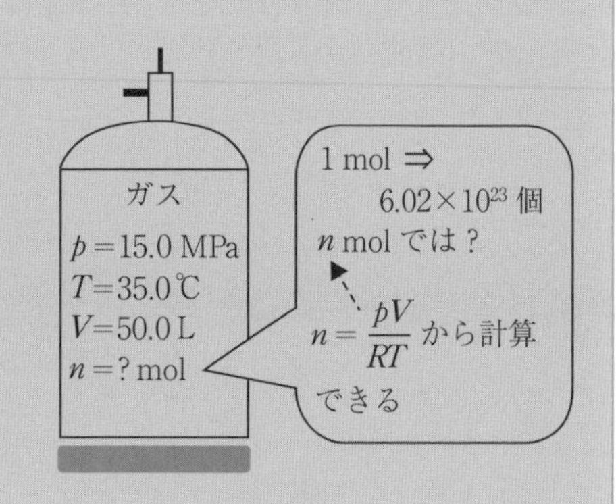

$$n_{air} = \frac{15.0 \times 10^6\,\text{Pa} \times 50.0 \times 10^{-3}\,\text{m}^3}{8.31\,\text{Pa·m}^3/(\text{mol·K}) \times 308\,\text{K}}$$

$$= 0.293 \times 10^3\,\text{mol} = 293\,\text{mol}$$

(2) 空気の分子数の計算

アボガドロの法則によって、1 mol 中には 6.02×10^{23} 個の分子があるので、293 mol 中の分子数 N_{air} は

$$N_{air} = 293\ \text{mol} \times 6.02 \times 10^{23}\ 個/\text{mol} = 1764 \times 10^{23}\ 個 \fallingdotseq 1.76 \times 10^{26}\ 個$$

（答　1.76×10^{26} 個）

演習問題 2.6　丙特

真空にした内容積 25.0 L の容器に、ある理想気体を温度 10.0 ℃ で圧力 6.25 MPa（ゲージ圧力）まで充てんした。この気体の温度が 45.0 ℃ になると、容器内の圧力は何 MPa 増加するか。内容積の変化はないものとする。

（R3-1 丙特検定 類似）

丙化 丙特 乙機

理想気体について、次の記述のうち正しいものはどれか。

イ．密閉容器内の理想気体の温度を 27 ℃から 117 ℃に上昇させると、気体の絶対圧力は昇温前の 1.3 倍になる。　　　　（R3 丙特国家試験 類似）

ロ．圧力を 0.5 倍、熱力学温度を 2 倍にすれば、その体積はもとの体積の 2.5 倍になる。　　　　（H29 丙化国家試験）

ハ．状態方程式の気体定数 R［J/(mol·K)］は、温度、圧力が一定ならば体積に比例して変化する。　　　　（H30-2 丙特検定）

ニ．温度 20 ℃、圧力 15 MPa の理想気体 4.7×10^{-2} m^3 は、標準状態ではおよそ 6.5 m^3 の体積を占める。　　　　（H26 乙機国家試験 類似）

演習問題 2.8　丙化

内容積 118 L の LP ガス容器に、すべてガス化したプロパンが 0.60 MPa（ゲージ圧力）で残っている。このときの温度は 25 ℃であった。この容器内にあるプロパンの質量は何 kg か。プロパンを理想気体として計算せよ。

（H27 丙化国家試験 類似）

演習問題 2.9　乙化

分子量 17 の気体 A 25.5 g、分子量 28 の気体 B 61.6 g と分子量 44 の気体 C 105.6 g からなる混合気体が、内容積 2.0 L の容器に入っている。この混合気体の温度が 500 ℃のとき、容器内の圧力は何 MPa になるか。気体は理想気体とする。　　　　（H29-2 乙化検定 類似）

演習問題 2.10　乙機

温度 27 ℃、圧力 6.0 MPa（絶対圧力）、体積 1.0 m^3 の理想気体がある。この気体を、圧力一定で温度を 127 ℃まで加熱する体積と、温度 27 ℃一定である圧力に変化させたときの体積が等しくなった。このときの圧力は何 MPa か。　　　　（R2 乙機国家試験 類似）

演習問題 2.11　乙機

1.0 kg の窒素（理想気体）が内容積 1.0 m^3 の密閉容器に入っており、窒素の温度が 450 ℃であった。容器内の圧力（ゲージ圧力）はおよそ何 kPa か。

（R3-1 乙機検定 類似）

2·1·3 熱容量と比熱容量

丙化 丙特 乙化 乙機

熱量の計算をする上で熱容量、比熱容量を理解することは、丙種および乙種ともに重要である。また、理想気体では、後に述べる熱力学の計算に重要な関係（マイヤーの関係）や比熱容量の比（γ）が重要であるので、特に乙種では理解しておく。

(1) 熱容量の種類とその意味

i）**熱容量**（C）は、物質の温度を1℃（1 K）上昇させるのに必要な熱量をいう（単位：kJ/K など）。

ii）**比熱容量**（c）（比熱ともいう。）は、単位質量当たりの熱容量をいう（単位：kJ/(kg·K) など）。

したがって、m kgの物質を T_1（℃ またはK）から T_2 に加熱するのに必要な熱量 Q は

$$Q = mc\,(T_2 - T_1) = mc\Delta T \quad \cdots\cdots (2.6\,\mathrm{a})$$

iii）**モル熱容量**（C_m）は、1 mol当たりの熱容量をいう（単位：J/(mol·K) など）。

したがって、n molの物質を T_1（℃ またはK）から T_2 に加熱するのに必要な熱量 Q は

$$Q = nC_\mathrm{m}\,(T_2 - T_1) = nC_\mathrm{m}\Delta T \quad \cdots\cdots (2.6\,\mathrm{b})$$

iv）定圧、定容比熱容量

気体の場合には、一定圧力下で加熱する場合と一定体積の下で加熱する場合では熱量は異なる（理由は熱力学の章を参照）。

よく使われる比熱容量およびモル熱容量には次のものがある。

a）**定圧比熱容量**（c_p）：一定圧力下の比熱容量（単位　kJ/(kg·K) など）
b）**定圧モル熱容量**（$C_{\mathrm{m},p}$）：一定圧力下のモル熱容量（単位　J/(mol·K) など）
c）**定容比熱容量**（c_V）：一定体積の下の比熱容量（単位　kJ/(kg·K) など）
d）**定容モル熱容量**（$C_{\mathrm{m},V}$）：一定体積の下のモル熱容量（単位　J/(mol·K) など）

(2) 定圧熱容量と定容熱容量の関係

理想気体では、$C_{\mathrm{m},p}$ と $C_{\mathrm{m},V}$ は次の関係にある（**マイヤーの関係**）。

$$C_{\mathrm{m},p} - C_{\mathrm{m},V} = R \quad \cdots\cdots (2.7\,\mathrm{a})$$

すなわち、$C_{\mathrm{m},p}$ は $C_{\mathrm{m},V}$ より R だけ大きく、また、どちらか一方がわかれば他を計算できる関係にある。

物質量 n、質量 m、モル質量 M の関係は式(2.1)から $m = nM$ であるから

式(2.7 a)は

$$(c_p - c_V)\,M = R \quad \cdots\cdots (2.7\,\mathrm{b})$$

(3) 比熱容量の比（γ）

比熱容量の比 γ は、気体の断熱圧縮などの計算によく使われるので、ここでは定義を記憶しておく。

$$\gamma = \frac{c_p}{c_V} = \frac{C_{\mathrm{m},p}}{C_{\mathrm{m},V}} \quad \cdots\cdots (2.8)$$

例題 2-12

モル熱容量と温度差から熱量を計算する

丙特

定圧モル熱容量が 29.1 J/(mol·K) の理想気体 3.5 mol がある。これを圧力一定条件で 25 ℃ から 110 ℃ まで加熱するのに必要な熱量は何 kJ か。　(R1-1 丙特検定 類似)

解説

ある物質量の気体の加熱、冷却における必要熱量を計算するとき、使用するモル熱容量は、圧力が一定の場合は定圧モル熱容量 ($C_{m,p}$)、体積が一定の場合は定容モル熱容量 ($C_{m,V}$) である。この例題では、圧力一定条件での熱量を求めているので、定圧モル熱容量 ($C_{m,p}$) を用いるが、設問に値が示されている。さらに、物質量 n および温度差 ΔT も与えられているので、熱量 Q は式 (2.6 b) から

$$Q = nC_{m,p}\Delta T \quad \cdots\cdots ①$$

ここで

$$n = 3.5\ \mathrm{mol}$$

$$C_{m,p} = 29.1\ \mathrm{J/(mol\cdot K)}$$

$$\Delta T = (110 - 25)\ ℃ = 85\ ℃ = 85\ \mathrm{K}$$

式①に代入して

$$Q = nC_{m,p}\Delta T = 3.5\ \mathrm{mol} \times 29.1\ \mathrm{J/(mol\cdot K)} \times 85\ \mathrm{K} = 8.66 \times 10^3\ \mathrm{J} \fallingdotseq 8.7\ \mathrm{kJ}$$

(答　8.7 kJ)

例題 2-13

比熱容量、マイヤーの関係などの理解

丙化 乙機

次の記述のうち正しいものはどれか。

イ．気体の比熱には定圧比熱 (c_p) と定容比熱 (c_V) があり、同一温度、圧力下における同じ気体の c_p は c_V より大きい。　(R3-2 丙化検定 類似)

ロ．25 ℃ の大気圧下において、水(液体)1 g の温度を 1 ℃ 上昇させるのに必要な熱量は、鉄 1 g の温度を 1 ℃ 上昇させるのに必要な熱量より大きい。(H28-1 丙化検定 類似)

ハ．理想気体における定圧モル熱容量 ($C_{m,p}$) と定容モル熱容量 ($C_{m,V}$) の差は、温度に関係なく一定である。　(R1-2 丙化検定 類似)

ニ．定圧比熱容量 (c_p) と定容比熱容量 (c_V) の比は、定圧モル熱容量 ($C_{m,p}$) と定容モル熱容量 ($C_{m,V}$) の比と等しい。　(H29-1 乙機検定 類似)

解説

計算問題ではないが、熱量計算を行う上で重要な比熱容量（比熱）やマイヤーの関係をこの例題を通して理解しておく。

イ．（○）気体の比熱（比熱容量）には、記述のように定圧比熱（c_p）と定容比熱（c_V）の2種類がある。同一気体の場合には、膨張するためのエネルギーが加わる c_p のほうが c_V より必ず大きい。マイヤーの関係とともに理解をしておく。

ロ．（○）単位質量の物体（物質）の温度を1℃（K）上昇させるのに必要な熱量が比熱容量（比熱）であり、水の比熱容量は鉄のそれより大きい。水の比熱は金属に比べて大きく、加熱するときの熱量を多く必要とするが冷めにくい。湯たんぽにお湯が使われる理由の一つである。

ハ．（○）理想気体ではマイヤーの関係が成り立ち、式（2.7 a）のとおり

$$C_{m,p} - C_{m,V} = R = \text{一定}$$

この関係は温度に無関係に成立する。実在気体ではずれが生じ、特に高圧や低温の状態では補正が必要になるので注意する。

ニ．（○）c_p と c_V の比と $C_{m,p}$ と $C_{m,V}$ の比は、それぞれ比熱容量の比（γ）、モル熱容量の比（γ）であり値は同じである。比熱容量とモル熱容量の関係は、モル質量を M として $c_pM = C_{m,p}$、$c_VM = C_{m,V}$ であるから

$$\frac{C_{m,p}}{C_{m,V}} = \frac{c_pM}{c_VM} = \frac{c_p}{c_V} = \gamma$$

（答　イ、ロ、ハ、ニ）

例題 2-14

比熱容量の比 γ からモル熱容量を計算する。（乙化 乙機）

比熱容量の比 γ が 1.41 の水素の定圧モル熱容量 $C_{m,p}$ および定容モル熱容量 $C_{m,V}$ を求めよ。水素は理想気体として取り扱えるものとする。

解説

理想気体は、$C_{m,p}$、$C_{m,V}$ および γ のいずれかの値がわかると、他の値も決まることをこの例題を通して理解する。

比熱容量の比 γ は式（2.8）のとおりモル熱容量の比でもある。

$$\gamma = \frac{C_{m,p}}{C_{m,V}} \left(= \frac{c_p}{c_V} \right) \quad \cdots\cdots ①$$

また、理想気体では式（2.7 a）のとおり、マイヤーの関係が成り立つ。

$$C_{m,p} - C_{m,V} = R \quad \cdots\cdots ②$$

式①から、$C_{m,p} = \gamma C_{m,V}$ として式②に代入し整理すると

$$C_{m,V} = \frac{R}{\gamma - 1} \quad \cdots\cdots ③$$

$\gamma = 1.41$ であるから式③は

$$C_{m,V} = \frac{R}{\gamma - 1} = \frac{8.31\ \mathrm{J/(mol \cdot K)}}{1.41 - 1} = 20.27\ \mathrm{J/(mol \cdot K)} \fallingdotseq 20.3\ \mathrm{J/(mol \cdot K)}$$

したがって

$$C_{m,p} = \gamma C_{m,V} = 1.41 \times 20.27\ \mathrm{J/(mol \cdot K)} = 28.58\ \mathrm{J/(mol \cdot K)} \fallingdotseq 28.6\ \mathrm{J/(mol \cdot K)}$$

または、式②から

$$C_{m,p} = C_{m,V} + R = (20.27 + 8.31)\ \mathrm{J/(mol \cdot K)} = 28.58\ \mathrm{J/(mol \cdot K)} \fallingdotseq 28.6\ \mathrm{J/(mol \cdot K)}$$

水素のモル熱容量のそれぞれの値は、実測値に近い数値となっている。

（答　**$C_{m,p} = 28.6\ \mathrm{J/(mol \cdot K)}$、$C_{m,V} = 20.3\ \mathrm{J/(mol \cdot K)}$**）

例題 2-15

マイヤーの関係を用いて加熱後の温度を計算する　乙化

温度20℃の窒素5.6 kgに体積一定のもとで500 kJの熱量を加えた。窒素の温度は何℃になったか。窒素は理想気体とし、定圧比熱容量 c_p を 1.040 kJ/(kg·K) とする。

（R2-1 乙化検定 類似）

解説

窒素の質量を m、初期温度を T_0 (℃)、加熱後の温度を T (℃)、定容比熱容量（定容比熱）を c_V とすると、体積一定で加熱に用いた熱量 Q は、式 (2.6 a) を応用して

$$Q = mc_V (T - T_0)$$

$$\therefore \quad T = \frac{Q}{mc_V} + T_0 \quad \cdots\cdots ①$$

設問に定容比熱容量 c_V の値は示されていないので、定圧比熱容量 c_p を用いて次のマイヤーの関係から求める。式 (2.7 b) から

$$(c_p - c_V) M = R$$

$$\therefore \quad c_V = c_p - \frac{R}{M} \quad \cdots\cdots ②$$

単位を合わせ、以下の数値を式②に代入すると c_V は

$$c_p = 1.040\ \mathrm{kJ/(kg \cdot K)}$$

$$R = 8.31\ \mathrm{J/(mol \cdot K)} = 8.31 \times 10^{-3}\ \mathrm{kJ/(mol \cdot K)}$$

$$M = 28 \times 10^{-3}\,\text{kg/mol}$$

$$\therefore \quad c_V = c_p - \frac{R}{M} = 1.040\,\text{kJ/(kg·K)} - \frac{8.31 \times 10^{-3}\,\text{kJ/(mol·K)}}{28 \times 10^{-3}\,\text{kg/mol}}$$

$$= (1.040 - 0.297)\,\text{kJ/(kg·K)} = 0.743\,\text{kJ/(kg·K)} = 0.743\,\text{kJ/(kg·℃)}$$

式①から加熱後の温度 T（℃）を計算する。

ここで

$$Q = 500\,\text{kJ}$$

$$m = 5.6\,\text{kg}$$

$$T_0 = 20\,℃$$

を代入して

$$T = \frac{Q}{mc_V} + T_0 = \frac{500\,\text{kJ}}{5.6\,\text{kg} \times 0.743\,\text{kJ/(kg·℃)}} + 20\,℃ = 140\,℃$$

（答　140 ℃）

2.12 気体 4.0 mol を圧力一定条件で加熱し、20 ℃ から 50 ℃ にするための必要な熱量が 4.2 kJ であった。この気体の定圧モル熱容量 $C_{m,p}$ を求めよ。

（R3−2 丙特検定 類似）

2.13 定圧比熱容量が 5 kJ/(kg·K) の気体 1 kg を、圧力 0.2 MPa 一定で加熱して温度を 100 K 上昇させるには、何 kJ の熱量が必要か。

（H28 乙機国家試験 類似）

2.14 次の記述のうち正しいものはどれか。

イ．気体の比熱は、単位体積の気体を単位温度だけ上げるのに必要な熱量である。（R3−2 丙化検定 類似）

ロ．25 ℃、大気圧におけるプロパンの定圧比熱 c_p の値は、定容比熱 c_V の値より大きい。（R2 丙化国家試験 類似）

ハ．物質の温度を単位温度だけ上昇させるのに必要な熱量は熱容量 C [J/K] である。したがって、物質の温度を ΔT [K] だけ変化させるのに必要な熱量 Q [J] は $C\Delta T$ である。（R1−2 乙機検定 類似）

ニ．理想気体の定圧モル熱容量と定容モル熱容量の差は、温度に関係なく、気体の種類にもよらず一定である。（R3−2 乙化検定 類似）

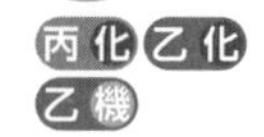

2.15 比熱容量の比（比熱比）γ が 7/5 である理想気体の定圧モル熱容量 $C_{m,p}$ は気体定数（モル気体定数 R）の何倍か。（H29 乙機国家試験 類似）

温度 300 K の理想気体 n mol を体積一定の条件で 430 K まで加熱するのに必要な熱量は、この気体 n mol を圧力一定の条件で 300 K から温度 T まで加熱するのに必要な熱量と同じであった。この温度 T は何 K か。この気体の定容モル熱容量 $C_{m,V}$ は 27.2 J/(mol·K) で一定とする。

(R2-2 乙機検定 類似)

2·1·4 密度、比体積およびガス比重

丙化 丙特 乙化 乙機

(1) 密 度

単位体積当たりの質量を**密度**という。気体の場合は kg/m^3、液体の場合は kg/L の単位がよく用いられる。

密度 ρ（ロー）は、体積 V と質量 m を関係づける重要なものである。

$$m = \rho V \quad \text{または} \quad \rho = \frac{m}{V} \quad \cdots\cdots (2.9\text{ a})$$

また、1 mol について考えると、モル質量 M（1 mol の質量）、モル体積 V_m（1 mol の体積）と密度 ρ の関係は、式 (2.9 a) から

$$M = \rho V_m \quad \text{または} \quad \rho = \frac{M}{V_m} \quad \cdots\cdots (2.9\text{ b})$$

標準状態における 1 mol の気体（分子量 $= A$）の密度を考えてみると、モル質量 M は $A \times 10^{-3}$ kg/mol であり、これはアボガドロの法則によって 22.4×10^{-3} m^3 の体積を占めるから、密度（ガス密度）ρ は

$$\rho = \frac{A \times 10^{-3}\,\text{kg/mol}}{22.4 \times 10^{-3}\,\text{m}^3/\text{mol}} = \frac{A}{22.4}\,\text{kg/m}^3 \quad (\text{標準状態}) \quad \cdots\cdots (2.10)$$

例えば、酸素 O_2 の標準状態の密度 ρ_{O_2} は、分子量が 32 であるから

$$\rho_{O_2} = \frac{32}{22.4} = 1.43\,(\text{kg/m}^3)$$

であり、分子量がわかれば標準状態のガス密度が計算できることを理解する。

(2) 比体積

単位質量当たりの物質が占める体積を**比体積**といい、比体積 v は

$$v = \frac{1}{\rho} \quad \cdots\cdots (2.11)$$

すなわち、密度の逆数である。

気体の場合は m^3/kg、液体の場合は L/kg がよく使われる（単位も密度の逆数になっていることに注意）。

比体積 v は、密度と同様に体積 V と質量 m を関係づける重要なものである。

$$v = \frac{V}{m} = \frac{V_m}{M} \quad \text{または} \quad m = \frac{V}{v} \quad \cdots\cdots (2.12)$$

(3) 比　重

ある物質の密度と基準になる物質の密度の比を**比重**（または相対密度）という。

通常、気体の場合は標準状態の空気の密度を基準として**ガス（の）比重**が使われ、液体の場合は、4℃ の水の密度（1 kg/L）を基準にした**液比重**が使われる。

ガスの比重で保安上重要なことは、ガスが空気中に漏れたとき、ガスが軽ければ（比重＜1）上昇・拡散し、重ければ（比重＞1）下方で滞留することの判別に用いられる。このガスの比重は分子量の大きさで判断できることを理解する。

すなわち、標準状態において、理想気体（分子量 ＝ A）のガス密度 ρ_A は式（2.10）のとおり

$$\rho_A = \frac{A}{22.4}\,\mathrm{kg/m^3}$$

であり、空気の密度 ρ_{air} は

$$\rho_{air} = \frac{29}{22.4}\,\mathrm{kg/m^3}\quad（空気の平均分子量 = 29）$$

である。

したがって、この理想気体のガスの比重は

$$ガスの比重 = \frac{\rho_A}{\rho_{air}} = \frac{\dfrac{A}{22.4}}{\dfrac{29}{22.4}} = \frac{A}{29}\ （標準状態）\quad\cdots\cdots(2.13)$$

となり、分子量の比のみで表されることを理解する。

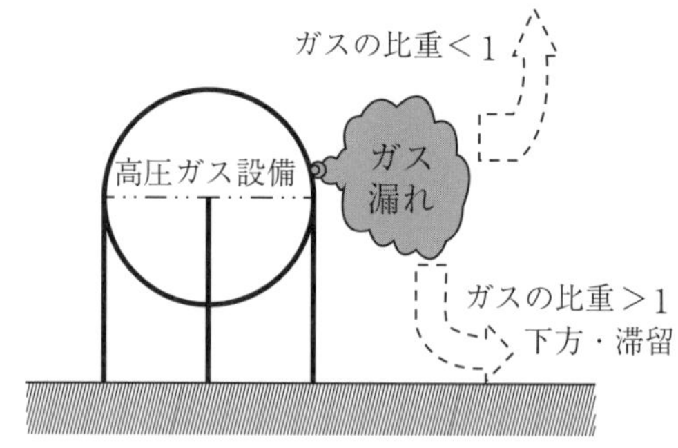

ガスの比重と挙動

例題 2-16

標準状態におけるガスの密度を比較する　丙特

次に示す気体について、標準状態における密度の小さいものから大きなものへ順に並べよ。　イ．酸素　ロ．アンモニア　ハ．プロパン　ニ．水素

（H29 丙特国家試験 類似）

解説

各気体の 1 mol について式（2.9 b）を適用し、モル質量 M をモル体積 V_m で除してガス密度を計算し比較する。標準状態では $V_m = 22.4 \times 10^{-3}$ m^3/mol を使用する。

次のように表中で計算すると

物質名	分子量	モル質量 M $\times 10^{-3}$ kg/mol	モル体積 V_m $\times 10^{-3}$ m^3/mol	密度 ρ（標準状態）M/V_m　kg/m^3
イ．酸素（O_2）	32	32	22.4	1.43
ロ．アンモニア（NH_3）	17	17	22.4	0.76
ハ．プロパン（C_3H_8）	44	44	22.4	1.96
ニ．水素（H_2）	2	2	22.4	0.09

したがって、ニ＜ロ＜イ＜ハ の順になる。　**（答　ニ＜ロ＜イ＜ハ）**

別解

単に分子量の大きさの比較で判断する。

式（2.10）のとおり、分子量 A を 22.4 で除すと標準状態のガス密度 ρ が得られるので、分子量の大きな気体ほど ρ の値が大きくなる。

したがって、分子量の小さいものから順番に並べて　ニ＜ロ＜イ＜ハ　が得られる。

例題 2-17

質量から体積を求めてガス密度を計算する　丙化

プロパン 40 kg とブタン 10 kg からなる LP ガスの標準状態における密度は何 kg/m^3 か。気体はアボガドロの法則に従うものとする。　（R3-2 丙化検定 類似）

解説

プロパンをP、ブタンをBの添字で表す。プロパンとブタンの質量からそれぞれの物質量（n_P、n_B）が計算できるので、その合計物質量 n から標準状態における合計の体積 V を求めることができる。質量の合計 m は計算できるので、求めるガスの密度 ρ は式 (2.9 a) から

$$\rho = \frac{m}{V} \quad \cdots\cdots ①$$

それぞれの物質量は、モル質量を M として

$$n_P = \frac{m_P}{M_P} = \frac{40\ \text{kg}}{44 \times 10^{-3}\ \text{kg/mol}} = 0.9091 \times 10^3\ \text{mol}$$

$$n_B = \frac{m_B}{M_B} = \frac{10\ \text{kg}}{58 \times 10^{-3}\ \text{kg/mol}} = 0.1724 \times 10^3\ \text{mol}$$

物質量の合計 n は

$$n = n_P + n_B = (0.9091 + 0.1724) \times 10^3\ \text{mol} = 1.082 \times 10^3\ \text{mol}$$

LPガスの体積 V は、モル体積を V_m として

$$V = nV_m = 1.082 \times 10^3\ \text{mol} \times 22.4 \times 10^{-3}\ \text{m}^3/\text{mol} = 24.24\ \text{m}^3 \quad \text{（標準状態）}$$

したがって、求めるガスの密度 ρ は、式①から

$$\rho = \frac{m}{V} = \frac{(40 + 10)\ \text{kg}}{24.24\ \text{m}^3} = 2.06\ \text{kg/m}^3 \quad \text{（標準状態）}$$

（答　2.06 kg/m³）

別解

後述する混合ガスの平均分子量 A_{mix} から ρ を求める。

各成分のモル分率（x_P、x_B）は、質量の 1/1000 の数値を用いて（g 単位に）

$$x_P = \frac{n_P}{n_P + n_B} = \frac{\dfrac{m_P}{M_P}}{\dfrac{m_P}{M_P} + \dfrac{m_B}{M_B}} = \frac{\dfrac{40\ \text{g}}{44\ \text{g/mol}}}{\dfrac{40\ \text{g}}{44\ \text{g/mol}} + \dfrac{10\ \text{g}}{58\ \text{g/mol}}} = 0.8406$$

$$x_B = 1 - x_P = 1 - 0.8406 = 0.1594$$

$$\therefore \quad A_{mix} = x_P A_P + x_B A_B = 0.8406 \times 44 + 0.1594 \times 58 = 46.23$$

式 (2.10) から、ガスの密度 ρ は

$$\rho = \frac{A_{mix}}{22.4}\ (\text{kg/m}^3) = \frac{46.23}{22.4}\ (\text{kg/m}^3) = 2.06\ \text{kg/m}^3 \quad \text{（標準状態）}$$

例題 2-18

気体のガス密度、比体積の挙動とその計算

丙化 丙特 乙化

次の記述のうち正しいものはどれか。

イ．ガス密度は、温度が一定のとき圧力が大きくなるほど大きくなる。

（R1 丙化国家試験）

ロ．圧力 1.00 MPa、温度 298 K の酸素ガスが 2.00 L の容器に入っている。酸素ガスを理想気体とすると、この気体の密度はおよそ 12.9 kg/m^3 である。（H23-1 乙化検定 類似）

ハ．物質の単位質量当たりの体積を比体積といい、密度に正比例する。

（H29 丙化国家試験 類似）

ニ．理想気体の密度は気体の分子量に比例する。（R1 丙特国家試験 類似）

解説

密度、比体積の定義式（2.9 a、b）、(2.12）について、体積（V、V_m）のボイル - シャルルの式や状態方程式による変化の関係を理解しておく。

イ．（○）ガス密度 ρ は、質量を m、体積を V として、式（2.9 a）のとおり

$$\rho = \frac{m}{V}$$

式中の分母にある体積 V は、温度一定で圧力を高くしていくとボイル則により圧力に反比例して小さい値になるので、ガス密度 ρ は大きくなる。一方、比体積 v の場合は、密度と逆数の関係にあるので、圧力との関係は逆になることも併せて理解をしておく。

ロ．（○）理想気体の状態方程式を用いて、気体の質量 m を計算する。

$$m = \frac{pVM}{RT} = \frac{1.00 \times 10^6\,\text{Pa} \times 2.00 \times 10^{-3}\,\text{m}^3 \times 32 \times 10^{-3}\,\text{kg/mol}}{8.31\,\text{Pa·m}^3/(\text{mol·K}) \times 298\,\text{K}}$$

$$= 0.0258\,\text{kg}$$

$$\therefore\quad \text{ガス密度}\rho = \frac{m}{V} = \frac{0.0258\,\text{kg}}{2.00 \times 10^{-3}\,\text{m}^3} = 12.9\,\text{kg/m}^3$$

（または、状態方程式を変形して、$\dfrac{pM}{RT} = \dfrac{m}{V} = \rho$ から直接計算できる。）

ハ．（×）前段の比体積の説明は正しいが、後段は誤りである。比体積 v は密度 ρ の逆数であり$\left(v = \dfrac{1}{\rho}\right)$、$\rho$ が 2 倍になると v は 1 /2 になるので反比例の関係になる。

ニ．（○）分子量の異なる理想気体（モル質量 M の異なる気体）について考える。ガス密度を ρ、モル体積を V_m として、式（2.9 b）は

$$\rho = \frac{M}{V_m}$$

この式は、ρ は M に比例し V_m に反比例することを示している。気体の状態が決まれば V_m は一定であり、M が2倍になれば ρ も2倍になる。ρ は M すなわち分子量に比例する。　**（答　イ、ロ、ニ）**

例題 2-19

密度から容器の内容積に占める液の割合を計算する　丙化

内容積 47 L の容器にプロパン 90 wt% とブタン 10 wt% からなる LP ガス 20 kg を充てんした。このとき、液状の LP ガスが容器の内容積に占める体積の割合は何 % か。ただし、充てん時のプロパンおよびブタンの液密度は、それぞれ 0.50 kg/L、0.58 kg/L とし、気相部の質量は無視する。　（H29-2 丙化検定 類似）

解説

液密度 ρ が示されているので、液の質量 m とその体積 V は、式 (2.9 a) の関係から

$$V = \frac{m}{\rho} \quad \cdots\cdots ①$$

題意から、充てんされた LP ガスはすべて液であると考えてよいので、プロパンを P、ブタンを B の添字で表すと

$$m_P = 20\ \mathrm{kg} \times 0.9 = 18.0\ \mathrm{kg}$$

$$m_B = 20\ \mathrm{kg} \times 0.1 = 2.0\ \mathrm{kg}$$

それぞれの成分（液）が占める体積 V_P、V_B は、式①から

$$V_P = \frac{m_P}{\rho_P} = \frac{18.0\ \mathrm{kg}}{0.50\ \mathrm{kg/L}} = 36.0\ \mathrm{L}$$

$$V_B = \frac{m_B}{\rho_B} = \frac{2.0\ \mathrm{kg}}{0.58\ \mathrm{kg/L}} = 3.45\ \mathrm{L}$$

液の全体積 V は

$$V = V_P + V_B = (36.0 + 3.45)\ \mathrm{L} = 39.45\ \mathrm{L}$$

したがって、容器の内容積 47 L に対して液が占める割合は

$$\frac{V}{\text{内容積}} \times 100 = \frac{39.45\ \mathrm{L}}{47\ \mathrm{L}} \times 100 = 83.9\ \%$$　**（答　83.9 %）**

例題 2-20

密度から気体のモル質量を計算する　乙化

温度 27 ℃、圧力 0.1 MPa の理想気体の密度が 1.12 kg/m^3 のとき、そのモル質量は何 kg/mol か。　(R2 乙化国家試験 類似)

解説

物質量 1 mol について考えると、モル質量 M、モル体積 V_m、ガス密度 ρ の関係は、式 (2.9 b) から

$$\rho = \frac{M}{V_m}$$

$$\therefore \quad M = \rho V_m \cdots\cdots ①$$

温度を T、圧力を p とし、理想気体の状態方程式 (2.5 b) を用いて

$$T = 27\ ℃ = 300\ \mathrm{K} \qquad p = 0.1\ \mathrm{MPa} = 10^5\ \mathrm{Pa}$$

におけるモル体積 V_m を求めると

$$V_m = \frac{RT}{p} = \frac{8.31\ \mathrm{Pa \cdot m^3/(mol \cdot K)} \times 300\ \mathrm{K}}{10^5\ \mathrm{Pa}} = 24.93 \times 10^{-3}\ \mathrm{m^3/mol}$$

したがって、式①は

$$M = \rho V_m = 1.12\ \mathrm{kg/m^3} \times 24.93 \times 10^{-3}\ \mathrm{m^3/mol} = 27.9 \times 10^{-3}\ \mathrm{kg/mol}$$

(答　27.9 × 10^{-3} kg/mol)

別解

理想気体の状態方程式 (2.5 c) を変形して ρ と M の関係式を誘導し、一気に計算する。

$$pV = \frac{m}{M}RT$$

$$\therefore \quad M = \frac{m}{V} \cdot \frac{RT}{p} = \rho \cdot \frac{RT}{p} \qquad \left(\because \quad \frac{m}{V} = \rho\right)$$

数値を代入して

$$M = \rho \cdot \frac{RT}{p} = 1.12\ \mathrm{kg/m^3} \times \frac{8.31\ \mathrm{Pa \cdot m^3/(mol \cdot K)} \times 300\ \mathrm{K}}{10^5\ \mathrm{Pa}} = 27.9 \times 10^{-3}\ \mathrm{kg/mol}$$

演習問題 2.17 (丙特 丙化)

標準状態における次の気体の密度 (kg/m^3) を求めよ。気体は理想気体とする。

酸素　　メタン　　ブタン　　プロパン

演習問題 2.18 乙機

圧力 0.1013 MPa、温度 20 ℃ の二酸化炭素の密度は何 kg/m³ か。

(H28 乙機国家試験 類似)

演習問題 2.19 丙化

次の記述のうち正しいものはどれか。

イ．プロパンの液比体積は、温度 20 ℃ でおよそ 2 L/kg である。

(H25 丙化国家試験 類似)

ロ．ブタンの標準状態におけるガスの比体積はおよそ 0.4 m³ /kg である。

(H27-2 丙化検定 類似)

ハ．密閉容器内に気液平衡状態にある LP ガスの液密度は、温度が上昇すると小さくなる。 (R1 丙化国家試験 類似)

ニ．ガスの比重は、ある体積を占めるガスの質量と、同体積の 15 ℃、標準大気圧における空気の質量との比である。 (R2 丙化国家試験 類似)

演習問題 2.20 丙化

プロパン 35 kg とブタン 15 kg からなる LP ガスの標準状態におけるガス密度は何 kg/m³ か。気体は理想気体とする。 (R1-2 丙化検定 類似)

演習問題 2.21 丙化

内容積 47 L の LP ガス容器に誤って液化プロパンを 21 kg 充てんした。この容器が液状のプロパンで充満する温度は何 ℃ か。図より求めよ。

(H28 丙化国家試験 類似)

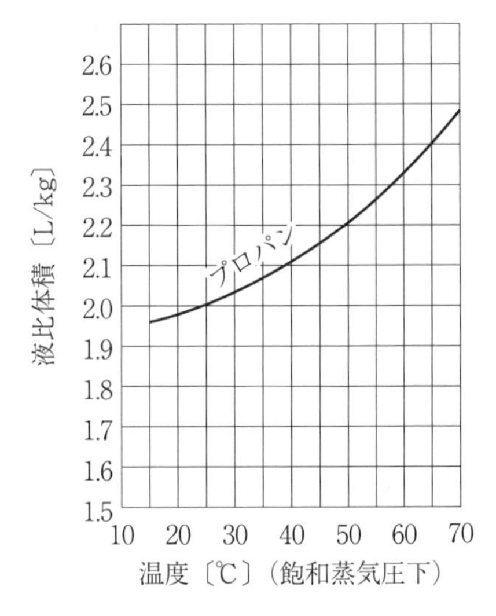

プロパンの液比体積と温度の関係

2·1·5 混合気体

丙化 丙特 乙化 乙機

丙種、乙種を問わず、試験（検定）問題は混合成分の状態で出題されることが多いので、計算の基礎力として理解し習熟しておく。

(1) 分圧およびモル分率

成分 1、2、3……i の混合気体（理想気体）が、全圧 p、体積 V であるとき、それぞれの成分が同じ温度で体積 V を占めるときの圧力をその成分の**分圧**という。

それぞれの物質量を n_1、n_2、n_3……n_i、その分圧を p_1、p_2、p_3……p_i、温度を T とすると、それぞれの成分は理想気体の状態方程式に従う。

$$p_1V = n_1RT \quad \cdots\cdots ①$$

$$p_2V = n_2RT \quad \cdots\cdots ②$$

$\frac{①}{②}$ より

$$\frac{p_1}{p_2} = \frac{n_1}{n_2} \quad \cdots\cdots (2.14)$$

であり、分圧の比は物質量の比（モル比）に等しい。他の成分間の関係も同様である。

もちろん、状態方程式はガス種に無関係であるから

$$pV = (n_1 + n_2 + \cdots + n_i)RT \quad \cdots\cdots (2.15)$$

が成り立つ。

また、「混合気体の全圧 p は、成分の分圧 p_i の和に等しい」という**ドルトンの分圧の法則**がある。式にすると

$$p_1 + p_2 + \cdots + p_i = p \quad \cdots\cdots (2.16)$$

また、混合気体または液体中の全物質量に対するある成分 i の物質量の割合を i 成分の**モル分率**といい

$$\text{成分 } i \text{ のモル分率} \quad x_i = \frac{n_i}{n_1 + n_2 + \cdots + n_i} \quad \cdots\cdots (2.17)$$

である。

このモル分率と分圧 p_i、全圧 p の関係は、状態方程式とドルトンの分圧の法則から

$$p_i = \frac{n_i}{n_1 + n_2 + \cdots + n_i}\, p = x_i p \quad \cdots\cdots (2.18)$$

(2) 質量分率、体積分率およびモル分率

混合気体（理想気体）の i 成分の物質量、質量、分圧を n_i、m_i、p_i で表し、混合気体中の同温、同圧で占める i 成分の体積を V_i、モル質量を M_i として、モル分率 x_i との関係を以下に記す。

a）体積分率　（全体積に占める i 成分の体積の割合）

$$\frac{n_i}{n_1+n_2+\cdots+n_i}=\frac{V_i}{V_1+V_2+\cdots+V_i}=\frac{V_i}{V}=\frac{p_i}{p}=x_i \quad \cdots\cdots\cdots(2.19)$$

b）質量分率　（全質量に対する i 成分の質量の割合）

$$\frac{m_i}{m_1+m_2+\cdots+m_i}=\frac{n_iM_i}{n_1M_1+n_2M_2+\cdots+n_iM_i} \quad \cdots\cdots\cdots(2.20)$$

(3) 混合ガスの熱容量など

それぞれの成分のモル分率とその成分の熱容量などの積の総和を求めて算出する。

a）混合ガスの分子量（**平均分子量**）

各成分のモル分率と分子量をそれぞれ x_i、A_i とすると

$$\text{平均分子量} = x_1A_1+x_2A_2+\cdots+x_iA_i \quad \cdots\cdots\cdots(2.21\ \text{a})$$

b）混合ガスのモル質量

同様に

$$\text{混合ガスのモル質量}\ M_{\text{mix}} = x_1M_1+x_2M_2+\cdots+x_iM_i \quad \cdots\cdots\cdots(2.21\ \text{b})$$

c）混合ガスの（モル）熱容量

同様に

$$\text{混合ガスのモル熱容量}\ C_{\text{m,mix}} = x_1C_{\text{m},1}+x_2C_{\text{m},2}+\cdots+x_iC_{\text{m},i} \quad \cdots\cdots\cdots(2.21\ \text{c})$$

d）混合ガスの密度、比重

同様に

$$\text{混合ガスの密度}\ \rho_{\text{mix}} = x_1\rho_1+x_2\rho_2+\cdots\cdots+x_i\rho_i \quad \cdots\cdots\cdots(2.21\ \text{d})$$

また、標準状態の空気の密度を ρ_{air} として両辺を ρ_{air} で除すと

$$\frac{\rho_{\text{mix}}}{\rho_{\text{air}}}=x_1\frac{\rho_1}{\rho_{\text{air}}}+x_2\frac{\rho_2}{\rho_{\text{air}}}+\cdots+x_i\frac{\rho_i}{\rho_{\text{air}}} \quad \cdots\cdots\cdots(2.21\ \text{e})$$

となり、これはガスの比重の式になる。

例題 2-21

vol％で示される混合ガスの密度の計算　丙特

標準状態において、次に示す組成の混合気体（理想気体）の密度は何 kg/m^3 か。

成分	N_2	O_2	CO_2	C_3H_8
vol%	55	12	25	8

（R2-2 丙特検定 類似）

解説

1 mol について各成分の質量 m を計算し、それを標準状態のモル体積 V_{m} で割って密度 ρ を計算する。

物質量を n、モル質量を M とし、各成分を分子式の添字で表す。理想気体では、体積分率はモル分率に等しいので、1 mol 中の各成分の質量 m は

$$m_{N_2} = n_{N_2}M_{N_2} = 1\ \text{mol} \times 0.55 \times 28\ \text{g/mol} = 15.4\ \text{g}$$
$$m_{O_2} = n_{O_2}M_{O_2} = 1\ \text{mol} \times 0.12 \times 32\ \text{g/mol} = 3.84\ \text{g}$$
$$m_{CO_2} = n_{CO_2}M_{CO_2} = 1\ \text{mol} \times 0.25 \times 44\ \text{g/mol} = 11.0\ \text{g}$$
$$m_{C_3H_8} - n_{C_3H_8}M_{C_3H_8} = 1\ \text{mol} \times 0.08 \times 44\ \text{g/mol} = 3.52\ \text{g}$$

混合ガス1molの質量 m_{mix} はこれらの合計であり、これはモル質量 M_{mix} の数値である。

$$m_{mix} = m_{N_2} + m_{O_2} + m_{CO_2} + m_{C_3H_8} = (15.4 + 3.84 + 11.0 + 3.52)\text{g}$$
$$= 33.76\ \text{g}(= M_{mix})$$

ガス密度 ρ は、式 (2.9 b) から

$$\rho = \frac{M_{mix}}{V_m} = \frac{33.76\ \text{g/mol}}{22.4\ \text{L/mol}} = 1.51\ \text{g/L} = 1.51\ \text{kg/m}^3\ (\text{標準状態})$$

（**答　1.51 kg/m³**）

なお、混合ガス 1 m³ 中の各成分の質量を求めてガス密度 ρ を計算することもできる。

別解

体積分率 ＝ モル分率として、式 (2.21 a) を用いて混合ガスの平均分子量を求めるとモル質量 M_{mix} が決まり、それをモル体積 V_m で割るとガス密度 ρ が得られる（式(2.9 b)）。

$$\text{平均分子量} = 28 \times 0.55 + 32 \times 0.12 + 44 \times 0.25 + 44 \times 0.08 = 33.76$$
$$\therefore \quad M_{mix} = 33.76 \times 10^{-3}\ \text{kg/mol}$$

ガス密度 ρ は

$$\rho = \frac{M_{mix}}{V_m} = \frac{33.76 \times 10^{-3}\text{kg/mol}}{22.4 \times 10^{-3}\text{m}^3\text{/mol}} = 1.51\ \text{kg/m}^3\ (\text{標準状態})$$

別解

純物質のガス密度を計算し、モル分率を用いて加成性の式(2.21 d)から ρ を計算する。

$$\rho_{N_2} = \frac{M_{N_2}}{V_m} = \frac{28\ \text{g/mol}}{22.4\ \text{L/mol}} = 1.250\ \text{g/L} = 1.250\ \text{kg/m}^3$$
$$\rho_{O_2} = \frac{M_{O_2}}{V_m} = \frac{32\ \text{g/mol}}{22.4\ \text{L/mol}} = 1.429\ \text{g/L} = 1.429\ \text{kg/m}^3$$
$$\rho_{CO_2} = \frac{M_{CO_2}}{V_m} = \frac{44\ \text{g/mol}}{22.4\ \text{L/mol}} = 1.964\ \text{g/L} = 1.964\ \text{kg/m}^3$$
$$\rho_{C_3H_8} = \frac{M_{C_3H_8}}{V_m} = \frac{44\ \text{g/mol}}{22.4\ \text{L/mol}} = 1.964\ \text{g/L} = 1.964\ \text{kg/m}^3$$

モル分率を x として、式 (2.21 d) から混合ガスのガス密度 ρ は

$$\rho = x_{N_2}\rho_{N_2} + x_{O_2}\rho_{O_2} + x_{CO_2}\rho_{CO_2} + x_{C_3H_8}\rho_{C_3H_8}$$

$$= (0.55 \times 1.250 + 0.12 \times 1.429 + 0.25 \times 1.964 + 0.08 \times 1.964)\ \mathrm{kg/m^3}$$

$$= 1.51\ \mathrm{kg/m^3}\ (\text{標準状態})$$

例題 2-22

モル分率を質量分率に変換して計算する

丙化

プロパン 20 mol %、ブタン 80 mol % の混合ガス 50 kg 中のプロパンは何 kg か。

（R2 丙化国家試験 類似）

解説

混合ガスの組成が mol %（モル分率）で与えられ、全質量が既知であるから、プロパンの質量分率が計算できれば解決する。

質量を m、物質量を n、モル質量を M として、プロパンを P、ブタンを B の添字で表す。混合ガス 1 mol について、プロパンの質量分率は式 (2.20) のように

$$\text{プロパンの質量分率} = \frac{m_P}{m_P + m_B} = \frac{n_P M_P}{n_P M_P + n_B M_B}$$

$$= \frac{1\ \mathrm{mol} \times 0.2 \times 44\ \mathrm{g/mol}}{1\ \mathrm{mol} \times 0.2 \times 44\ \mathrm{g/mol} + 1\ \mathrm{mol} \times 0.8 \times 58\ \mathrm{g/mol}}$$

$$= 0.1594$$

したがって、50 kg 中のプロパンの質量は、50 kg に質量分率を乗じて

$$\text{プロパンの質量} = 50\ \mathrm{kg} \times 0.1594 = 7.97\ \mathrm{kg} \fallingdotseq 8.0\ \mathrm{kg}$$

（答　8.0 kg）

なお、設問とは逆に質量分率からモル分率 x を求める場合は、1 g または 1 kg について

$$x_P = \frac{n_P}{n_P + n_B} = \frac{\dfrac{m_P}{M_P}}{\dfrac{m_P}{M_P} + \dfrac{m_B}{M_B}}$$

を利用するとよい。

別解

平均分子量を計算し、混合ガスのモル質量から 50 kg を物質量 mol に変換して、プロパンの物質量を求める。

$$\text{混合ガスの平均分子量} = 0.2 \times 44 + 0.8 \times 58 = 55.2$$

$$\therefore \quad \text{混合ガスのモル質量}\ M_{mix} = 55.2 \times 10^{-3}\ \mathrm{kg/mol}$$

混合ガス 50 kg の物質量 n_{mix} は

$$n_{mix} = \frac{m_{mix}}{M_{mix}} = \frac{50\ \mathrm{kg}}{55.2 \times 10^{-3}\ \mathrm{kg/mol}} = 0.906 \times 10^3\ \mathrm{mol}$$

したがって

$$\text{プロパンの質量} = n_{mix}x_P M_P = 0.906 \times 10^3\ \mathrm{mol} \times 0.2 \times 44 \times 10^{-3}\ \mathrm{kg/mol}$$
$$= 7.97\ \mathrm{kg}$$

例題 2-23

分圧も状態方程式に従う

乙機

酸素 1 mol と窒素 4 mol の混合気体が、27℃ で 5 L の容器に入っている。この混合気体中の酸素分圧は何 kPa か。気体は理想気体とする。　（H29 乙機国家試験 類似）

解説

成分 i の分圧 p_i は、i 成分のみで混合気体の体積 V を占めたときの圧力であるから、i 成分の温度 T、圧力および体積の関係も p_i と i 成分の物質量 n_i を用いて理想気体の状態方程式で表すことができる。すなわち

$$p_i V = n_i RT \qquad \cdots\cdots ①$$

設問では、酸素の物質量 n_{O_2} および V、T が示されているので、式①を酸素分圧 p_{O_2} を求める形にして

$$p_{O_2} = \frac{n_{O_2}RT}{V} = \frac{1\ \mathrm{mol} \times 8.31\ \mathrm{Pa \cdot m^3/(mol \cdot K)} \times 300\ \mathrm{K}}{5 \times 10^{-3}\ \mathrm{m^3}}$$
$$= 499 \times 10^3\ \mathrm{Pa} \fallingdotseq 500\ \mathrm{kPa}$$

（答　**500 kPa**）

別解

設問では全成分の物質量 n が示されているので、全圧 p とモル分率 x を計算し、次の分圧と全圧の関係式 (2.18) から分圧を求めることができる。

$$p_{O_2} = x_{O_2}p \qquad \cdots\cdots ②$$

全圧 p は状態方程式を適用して

$$p = \frac{nRT}{V} = \frac{(1+4)\ \mathrm{mol} \times 8.31\ \mathrm{Pa \cdot m^3/(mol \cdot K)} \times 300\ \mathrm{K}}{5 \times 10^{-3}\ \mathrm{m^3}}$$
$$= 2493 \times 10^3\ \mathrm{Pa}$$

混合気体中の酸素のモル分率 x_{O_2} は、式 (2.17) から

$$x_{O_2} = \frac{n_{O_2}}{n_{O_2} + n_{N_2}} = \frac{1\ \mathrm{mol}}{(1+4)\ \mathrm{mol}} = 0.20$$

式②から酸素分圧 p_{O_2} は

$$p_{O_2} = x_{O_2}p = 0.20 \times 2493 \times 10^3\,\mathrm{Pa} = 499 \times 10^3\,\mathrm{Pa} \fallingdotseq 500\,\mathrm{kPa}$$

例題 2-24

混合気体の法則、挙動の理解

乙化 乙機

混合気体（理想気体）について、次の記述のうち正しいものはどれか。

イ．2種類以上の成分からなる混合気体では、成分気体の体積分率とモル分率は等しい。

（R3-1 乙化検定 類似）

ロ．混合気体の全圧は、各成分の分圧の和に等しい。これをヘンリーの法則という。

（H29-1 乙化検定）

ハ．混合気体の各成分の分圧は、全圧と各気体のモル分率の積となる。

（H29-2 乙機検定）

ニ．混合気体における成分気体の分圧は、成分気体が単独で混合気体と同温度、同体積で存在するときに示す圧力である。 （R2-1 乙機検定 類似）

解説

計算問題ではないが、混合気体の計算に使われる法則などを理解しておくことは重要である。

イ．（○）理想気体の混合ガスでは、成分気体の体積比とモル比は等しいので、式（2.19）のように体積分率とモル分率は等しい。また、式（2.14）で説明のとおり、成分の分圧比とモル比は等しい。この関係はよく使われるので理解をしておく。

ロ．（×）ドルトンの分圧の法則は式（2.16）のように、全圧は全成分の分圧の和となる。前段は正しいが、後段は「ヘンリーの法則」ではない。

ハ．（○）式（2.18）のように、i 成分の分圧 p_i は全圧を p、モル分率を x_i として

$$p_i = x_i p$$

で表され、全圧とモル分率の積となる。

ニ．（○）分圧の定義として理解、記憶しておく。 **（答 イ、ハ、ニ）**

例題 2-25

分圧の法則を用いて成分気体の分子量を計算する　乙化

気体 A 22.0 g と気体 B 32.7 g の混合気体の全圧が 100 kPa であるとき、気体 A の分圧は 30 kPa であった。気体 A の分子量が 44 であるとき、気体 B の分子量（整数）はいくらか。ドルトンの分圧の法則が成り立つものとする。　（R3 乙化国家試験 類似）

解説

物質量を n、質量を m、モル質量を M、圧力を p、モル分率を x とし、成分 A、B を A、B の添字で表す。

設問は成分 B の分子量を要求しているので、B のモル質量 M_B がわかると解決する。質量、物質量、モル質量の関係から M_B は

$$M_B = \frac{m_B}{n_B} \quad \cdots\cdots ①$$

であるから、B の物質量 n_B を求めるとよいことになる。

ドルトンの分圧の法則から

$$p_B = p - p_A = (100 - 30)\ \mathrm{kPa} = 70\ \mathrm{kPa}$$

また、A の物質量 n_A は

$$n_A = \frac{m_A}{M_A} = \frac{22.0\ \mathrm{g}}{44\ \mathrm{g/mol}} = 0.50\ \mathrm{mol}$$

である。

式 (2.14) から物質量 n_A と n_B の比は分圧 p_A と p_B の比に等しいので

$$\frac{n_A}{n_B} = \frac{p_A}{p_B}$$

$$\therefore \quad n_B = n_A \cdot \frac{p_B}{p_A} = 0.50\ \mathrm{mol} \times \frac{70\ \mathrm{kPa}}{30\ \mathrm{kPa}} = 1.167\ \mathrm{mol}$$

式①から、成分 B のモル質量 M_B は

$$M_B = \frac{m_B}{n_B} = \frac{32.7\ \mathrm{g}}{1.167\ \mathrm{mol}} = 28.0\ \mathrm{g/mol}$$

したがって、気体（成分）B の分子量（整数）は 28 である。　（**答　28**）

また、n_A と p_B を同様にして求め、次式の分圧 p_B と全圧 p の関係

$$p_B = \frac{n_B}{n_A + n_B} \cdot p$$

から n_B を誘導しても計算できる。

$$n_B = \frac{n_A p_B}{p - p_B}$$

もう一つ別の方法として、成分 A について次の方程式を立て、直接モル質量 M_B

(g/mol) を求めることもできる。すなわち

$$x_A = \frac{n_A}{n_A + n_B} = \frac{p_A}{p}$$

から

$$\frac{\dfrac{22.0\ \text{g}}{44\ \text{g/mol}}}{\dfrac{22.0\ \text{g}}{44\ \text{g/mol}} + \dfrac{32.7\ \text{g}}{M_B\ (\text{g/mol})}} = \frac{30\ \text{kPa}}{100\ \text{kPa}}$$

演習問題 2.22 丙特

標準状態において、次の組成の混合気体（理想気体）の密度は何 kg/m^3 か。

成分	N_2	O_2	CO_2	H_2
vol%	38	12	22	28

（R3-2 丙特検定 類似）

演習問題 2.23 丙化

プロパン 70 mol % とブタン 30 mol % からなる LP ガス 50 kg 中のプロパンの質量は何 kg か。（R1 丙化国家試験 類似）

演習問題 2.24 丙化 乙化 乙機

次の記述のうち正しいものはどれか。

イ．プロパン 45 kg とブタン 5 kg からなる LP ガスの標準状態における密度はおよそ 2.0 kg/m^3 である。（H28-1 丙化検定 類似）

ロ．混合ガス（理想気体）の各成分の分圧は、全圧と質量分率の積で与えられる。（H26 乙機国家試験 類似）

ハ．複数の理想気体からなる混合気体において、各成分気体の体積分率は、各成分気体のモル分率に等しい。（R2-1 乙化検定）

ニ．エチレン 20 mol %、プロパン 50 mol %、ブタン 30 mol % からなる混合ガスのブタンの質量分率はおよそ 0.25 である。

（H27 丙化国家試験 類似）

演習問題 2.25 丙化

標準状態で体積 2016 L のプロパンとブタンの混合ガスの質量が 4520 g であった。このガスに含まれるブタンの物質量は何 mol か。アボガドロの法則を用いて計算せよ。（R3-1 丙化検定 類似）

演習問題 2.26 乙化

分子量 44 の理想気体 A と分子量 28 の理想気体 B の混合気体がある。この全圧が 100 kPa で、理想気体 A の質量が 17.6 g、分圧が 40 kPa のとき、理想気体 B の質量はおよそいくらか。（H23 乙化国家試験 類似）

圧力 50 kPa で体積 10 L の理想気体 A と、圧力 82 kPa で体積 5 L の理想気体 B とを内容積 V の容器に入れたところ、全圧が 26 kPa になった。この容器の内容積 V は何 L か。温度は 300 K で一定とする。

（R2-1 乙機検定 類似）

2・2 実在気体の性質

この節の計算問題は、乙種化学によく出題されている。

特に、実在気体の状態方程式として、ファン・デル・ワールスの式および圧縮係数zを用いる補正式について理解をする。

2・2・1 臨界定数とファン・デル・ワールスの式 乙化

実在気体では、次の図のように、飽和蒸気線と飽和液線が存在し、その間の領域は液体と蒸気の混在状態となり、等温線上で圧力pは体積Vに反比例しない。

ある温度になると、飽和蒸気線と飽和液線が一致する点があり、この温度以上では気体は液化しない。この点を**臨界点**と呼び、臨界点の温度を**臨界温度** T_C、圧力を**臨界圧力** p_C、1 molの体積を**臨界モル体積** $V_{m,C}$という。これらを総称して**臨界定数**という。

ファン・デル・ワールスの式は、分子の大きさと分子間引力を考慮して理想気体の状態方程式を変形したものである。

1 molの気体について、圧力、体積、温度をp、V_m、Tおよび物質に固有の定数a、bを使って表す。

$$\left(p+\frac{a}{V_m^2}\right)(V_m-b)=RT \quad \cdots\cdots (2.22\text{ a})$$

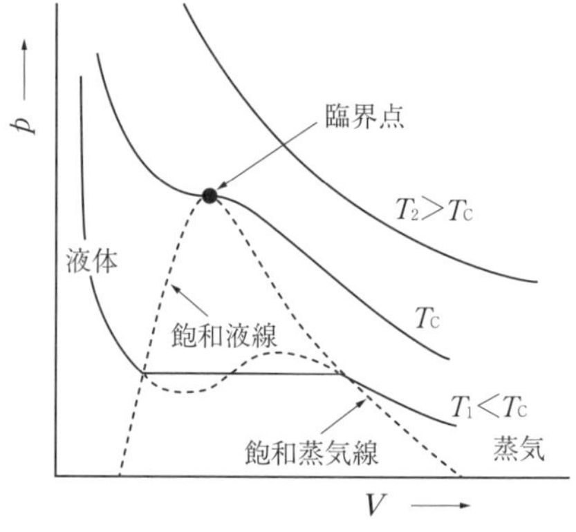

実在気体のpVT関係（p-V）

$\frac{a}{V_m^2}$は分子間引力補正、bは分子の大きさ（剛体球）の体積補正を意味する。

n molの気体については$V_m=\frac{V}{n}$を上式に代入して次の式を得る。

$$\left\{p+a\left(\frac{n}{V}\right)^2\right\}(V-nb)=nRT \quad \cdots\cdots (2.22\text{ b})$$

式(2.22 a)から式(2.22 b)が誘導できるように訓練をしておく。

例題 2-26

ファン・デル・ワールス式を用いて圧力を計算する　乙化

密閉容器に二酸化炭素 CO_2 がガス密度 88 kg/m^3 で充塡されている。容器内の温度が 25 ℃ のときの圧力は何 MPa か。次のファン・デル・ワールス式を用いて計算せよ。

$$\left(p+\frac{a}{V_m{}^2}\right)(V_m-b)=RT \quad \cdots\cdots ①$$

CO_2 のファン・デル・ワールス定数は $a = 0.3654$ Pa·m^6/mol^2、$b = 42.8 \times 10^{-6}$ m^3/mol とする。（R3-2 乙化検定 類似）

解説

示されたファン・デル・ワールス式①は 1 mol に対応するものであり、モル体積 V_m をガス密度から計算できると、未知数は圧力 p だけになる。

CO_2 1 mol について、ガス密度 ρ、モル質量 M、モル体積 V_m の関係は式 (2.9 b) から

$$\rho=\frac{M}{V_m}$$

V_m を求める形にして数値を代入する。CO_2 のモル質量 M を 44×10^{-3} kg/mol として

$$V_m=\frac{M}{\rho}=\frac{44\times10^{-3}\ \text{kg/mol}}{88\ \text{kg/m}^3}=0.50\times10^{-3}\ \text{m}^3\text{/mol}$$

式①に数値を代入すると

$$\left\{p+\frac{0.3654\ \text{Pa}\cdot\text{m}^6/\text{mol}^2}{(0.50\times10^{-3}\ \text{m}^3/\text{mol})^2}\right\}\times\{(0.50\times10^{-3}-42.8\times10^{-6})\ \text{m}^3/\text{mol}\}$$
$$=8.31\ \text{Pa}\cdot\text{m}^3/(\text{mol}\cdot\text{K})\times298\ \text{K}$$

各項を整理して

$$(p+1.462\times10^6)\ \text{Pa}\times457.2\times10^{-6}\ \text{m}^3/\text{mol}=2476\ \text{Pa}\cdot\text{m}^3/\text{mol}$$
$$\therefore\quad p=4.0\times10^6\ \text{Pa}=4.0\ \text{MPa}$$

（**答　4.0 MPa**）

理想気体の場合の圧力 p について、状態方程式 (2.5 c) を用いて計算してみると

$$pV=\frac{m}{M}RT$$
$$\therefore\quad p=\frac{m}{V}\cdot\frac{RT}{M}=\rho\cdot\frac{RT}{M}=88\ \text{kg/m}^3\times\frac{8.31\ \text{Pa}\cdot\text{m}^3/(\text{mol}\cdot\text{K})\times298\ \text{K}}{44\times10^{-3}\ \text{kg/mol}}$$
$$=5.0\times10^6\ \text{Pa}=5.0\ \text{MPa}$$

となり、実在気体との差がでる。

280 kg の窒素を 1.0 m³ の容器に充てんした。温度が 200 K のときの圧力はおよそいくらか。ファン・デル・ワールス式を用いて求めよ。ただし、ファン・デル・ワールス式は次式で表される。

$$\left(p + \frac{a}{V_m^{\ 2}}\right)(V_m - b) = RT$$

ここで、窒素に関するファン・デル・ワールス定数は以下のように与えられる。

$$a = 0.1369\ \mathrm{Pa \cdot m^6/mol^2}、\qquad b = 38.6 \times 10^{-6}\ \mathrm{m^3/mol}$$

(H19-1 乙化検定 類似)

2·2·2 対応状態原理と圧縮係数 z

乙化

(1) 対応状態原理と対臨界値

実在気体の温度、圧力、モル体積を臨界値で除した値を**対臨界値**といい、これを使って気体の種類に無関係に成り立つ関係がある。これを**対応状態原理**と呼ぶ。

対臨界値は次のように表される。

対臨界温度 $T_r = \dfrac{T}{T_c}$ ……(2.23 a)

対臨界圧力 $p_r = \dfrac{p}{p_c}$ ……(2.23 b)

対臨界モル体積 $V_r = \dfrac{V_m}{V_{m,c}}$ ……(2.23 c)

(2) 圧縮係数

実在気体の pVT 関係の表し方として、**圧縮係数 z** を用い、対応状態原理に基づき理想気体の状態方程式を補正する方法がある。

1 mol の気体について

$$pV_m = zRT \quad \cdots\cdots(2.24\ \mathrm{a})$$

n mol の気体について

$$pV = nzRT \quad \cdots\cdots(2.24\ \mathrm{b})$$

ここで、臨界点における圧縮係数を z_c（臨界圧縮係数）として、z は次の対臨界値を用いた式になる。

$$z = z_c \frac{p_r V_r}{T_r} \quad \cdots\cdots(2.25)$$

この z_c の値は 90 % のガス種で 0.24 ～ 0.30 であるので、$z_c = 0.27$ とした**一般化 z 線図**が作られている。これを用いて種々の状態における pVT 計算がなされる。

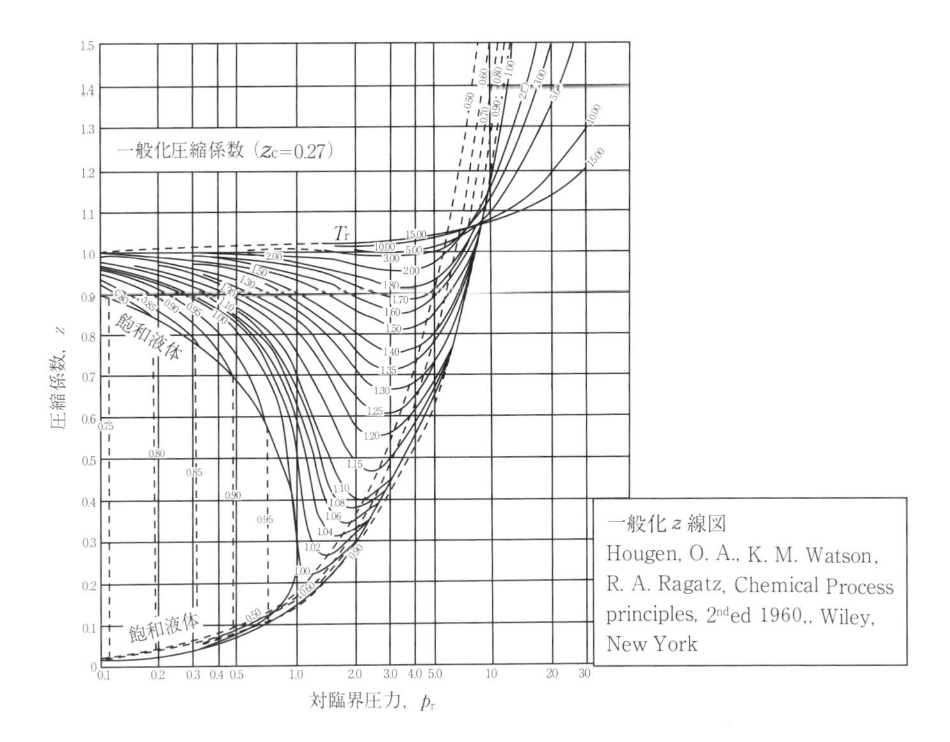

参考

式 (2.25) は次のように導くことができる。

z_c は臨界点における z であるので、式 (2.24 a) を臨界定数で表して変形すると

$$R = \frac{p_c V_{m,c}}{z_c T_c}$$

これを式 (2.24 a) に代入すると

$$p V_m = z \frac{p_c V_{m,c}}{z_c T_c} T \quad \cdots\cdots ①$$

ここで、p、V、T を対臨界値に置き換えると

$$\frac{p}{p_c} = p_r \quad \rightarrow \quad p = p_c p_r \qquad \frac{T}{T_c} = T_r \quad \rightarrow \quad T = T_c T_r$$

$$\frac{V_m}{V_{m,c}} = V_r \quad \rightarrow \quad V_m = V_{m,c} V_r$$

これらを式①に代入して

$$p_c p_r V_{m,c} V_r = z \frac{p_c V_{m,c}}{z_c T_c} T_c T_r$$

整理して

$$z = z_c \frac{p_r V_r}{T_r}$$

例題 2-27

圧力、温度および密度から圧縮係数 z を求める　乙化

温度 304 K、絶対圧力 7.37 MPa の二酸化炭素の密度は 470 kg/m^3 である。このときの二酸化炭素の圧縮係数 z はおよそいくらか。ただし、圧縮係数 z は次式で定義される。

$$pV_m = zRT$$

ここで、p は圧力、V_m はモル体積、R は気体定数、T は温度である。

（H22 乙化国家試験 類似）

解説

密度 ρ、モル質量 M およびモル体積 V_m の関係から V_m を求め、定義式より z を計算する。

二酸化炭素 1 mol について、式（2.9 b）より

$$\rho = \frac{M}{V_m}$$

$$\therefore \quad V_m = \frac{M}{\rho} = \frac{44 \times 10^{-3}\,\mathrm{kg/mol}}{470\,\mathrm{kg/m^3}} = 0.936 \times 10^{-4}\,\mathrm{m^3/mol}$$

示された定義式を変形して

$$z = \frac{pV_m}{RT} \quad \cdots\cdots ①$$

ここで

$$p = 7.37\,\mathrm{MPa} = 7.37 \times 10^6\,\mathrm{Pa}$$

$$V_m = 0.936 \times 10^{-4}\,\mathrm{m^3/mol}$$

$$T = 304\,\mathrm{K}$$

を式①に代入して

$$z = \frac{7.37 \times 10^6\,\mathrm{Pa} \times 0.936 \times 10^{-4}\,\mathrm{m^3/mol}}{8.31\,\mathrm{Pa \cdot m^3/(mol \cdot K)} \times 304\,\mathrm{K}} = 0.273 \fallingdotseq 0.27$$

（答　**0.27**）

例題 2-28

z 線図を用いて容器内の実在気体の物質量を計算する　乙化

エチレンが圧力 6.05 MPa、温度 296.5 K の条件で内容積 2.0 L の容器に充てんされている。エチレンの物質量（mol）を下図の一般化 z 線図を用いて求めよ。エチレンの臨界圧力 p_c は 5.04 MPa、臨界温度 T_c は 282.3 K である。

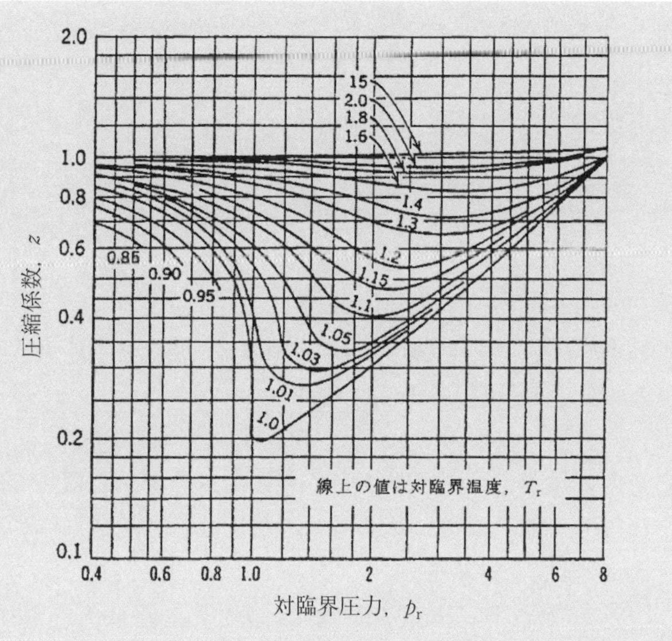

（R1-2 乙化検定 類似）

解説

対応状態原理に則り、対臨界値（p_r、T_r）を求め、z 線図から圧縮係数 z の値を読み取ることができればこの問題は解ける。圧力を p、温度を T として

$$\text{エチレンの対臨界圧力}\ p_r = \frac{p}{p_c} = \frac{6.05\ \text{MPa}}{5.04\ \text{MPa}} = 1.20$$

$$\text{エチレンの対臨界温度}\ T_r = \frac{T}{T_c} = \frac{296.5\ \text{K}}{282.3\ \text{K}} = 1.05$$

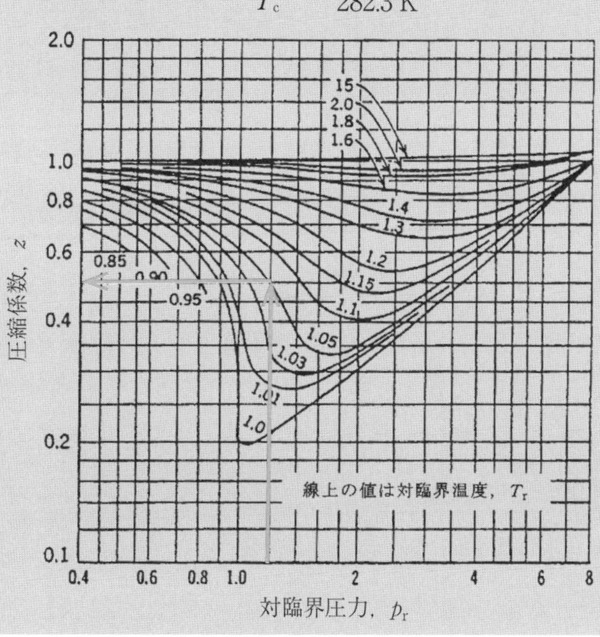

図の横軸 $p_r = 1.2$ の位置の垂直線と $T_r = 1.05$ の曲線との交点の z の値を読み取る。

$$z = 0.50$$

式 (2.24 b) を変形して、物質量 n を求める。

$$n = \frac{pV}{zRT} = \frac{6.05 \times 10^6\,\mathrm{Pa} \times 2.0 \times 10^{-3}\,\mathrm{m^3}}{0.50 \times 8.31\,\mathrm{Pa \cdot m^3/(mol \cdot K)} \times 296.5\,\mathrm{K}} = 9.8\,\mathrm{mol}$$

(答　9.8 mol)

温度 0 ℃、圧力 30 MPa におけるメタン 3 mol の体積は $2.0 \times 10^{-4}\,\mathrm{m^3}$ であった。このときの圧縮係数 z の値を求めよ。　(R3 乙化国家試験 類似)

演習問題 2.30 乙化

内容積 50.0 L の容器に充てんしたエチレンが温度 38 ℃ で絶対圧力 10.1 MPa を示した。このエチレンの質量はおよそいくらか。下に示した一般化 z 線図により計算せよ。

ただし、$pV = nzRT$ であり、充てんしたエチレンの臨界温度 T_c と臨界圧力 p_c は次のとおりである。

臨界温度 T_c　282.34 K

臨界圧力 p_c　5.04 MPa

なお、図中の T_r は対臨界温度である。

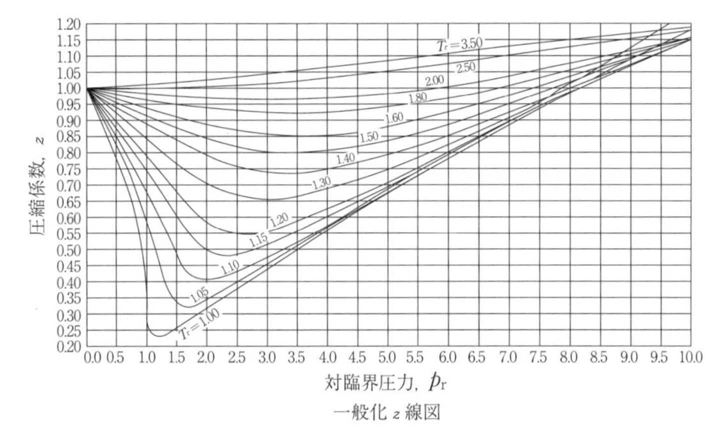

一般化 z 線図

(H18 乙化国家試験)

圧力 8.3 MPa、温度 −5.7 ℃ のメタン 3.0 mol の体積はおよそいくらか。一般化 z 線図を用いて答えよ。ただし、$pV = nzRT$ であり、メタンの臨界圧力 p_c は 4.6 MPa、臨界温度 T_c は 191 K、気体定数は $8.314\,\mathrm{J \cdot mol^{-1} \cdot K^{-1}}$ とする。

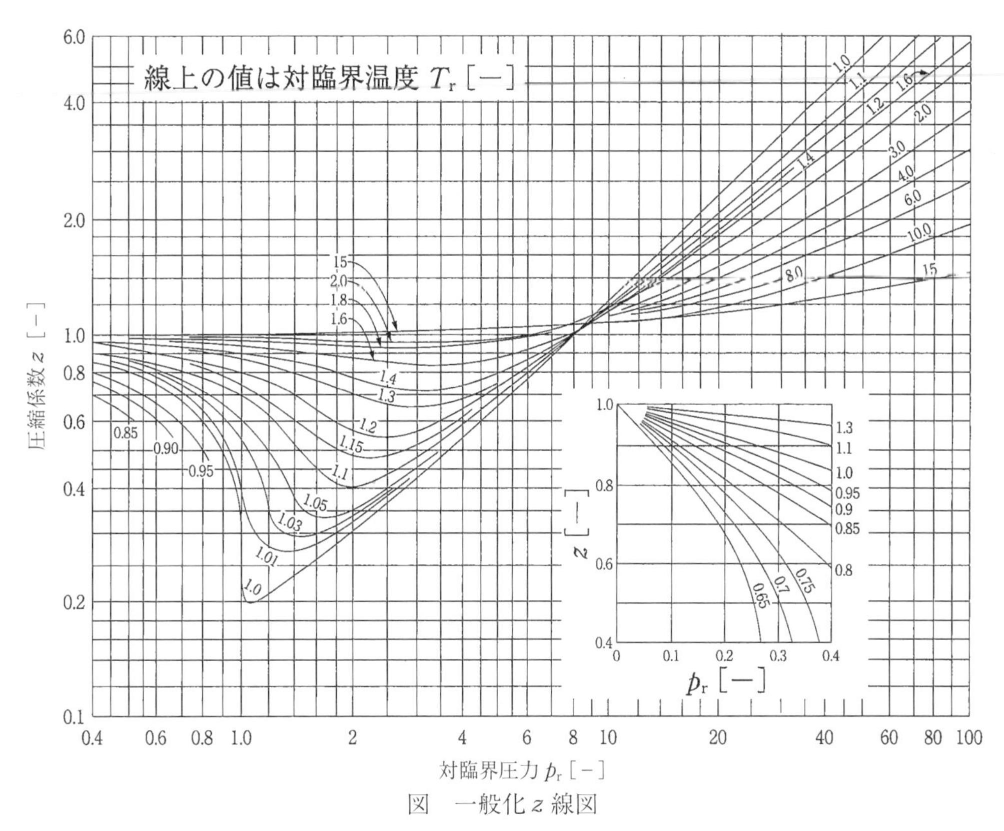

図　一般化 z 線図

（H25 乙化国家試験 類似）

2·3 気液平衡および体積膨張など

この節は、丙種（特に丙化）では蒸発熱（蒸発潜熱）、ラウールの法則を用いる計算問題などが出題されている。乙種では、全般的に乙化によく出題されており、乙機にはあまり出題されていないが、蒸気圧、蒸発熱および体膨張係数など基礎的なことはよく理解しておくとよい。

2·3·1 相変化—蒸気圧および蒸発熱

丙化 丙特 乙化 乙機

(1) 融点、沸点

物質は圧力、温度を変えていくと、一般に固体、液体、気体の3つの状態（相）に変化する。その3相の状態図（模式図）を示す。

圧力と温度によって各相の境界は決まる。

相変化で重要な温度として、**融点**と**沸点**がある。固体を加熱していけば液体になる（融解する）温度である融点（水では0℃／標準大気圧）になり、さらに、液体が沸騰する温度の沸点（水では100℃／標準大気圧）に達する。

純物質は、いずれも圧力が一定ならば、図のように決まった一定の融点、沸点をもつ。標準大気圧下の沸点を**標準沸点**という。

純物質の状態図

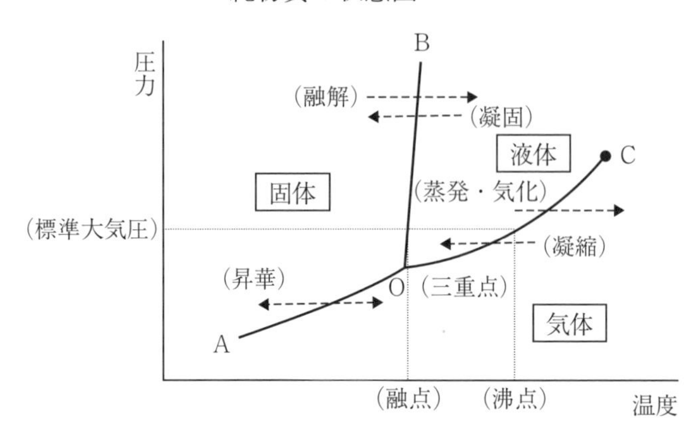

(2) 蒸気圧

液体を容器などの密封空間に入れて、十分長い時間一定温度に保つと、容器内部では蒸発しようとする分子と再び凝縮しようとする分子が釣り合った状態（平衡状態）になって一定の圧力を示す。これを**飽和蒸気圧**（または単に**蒸気圧**）という。

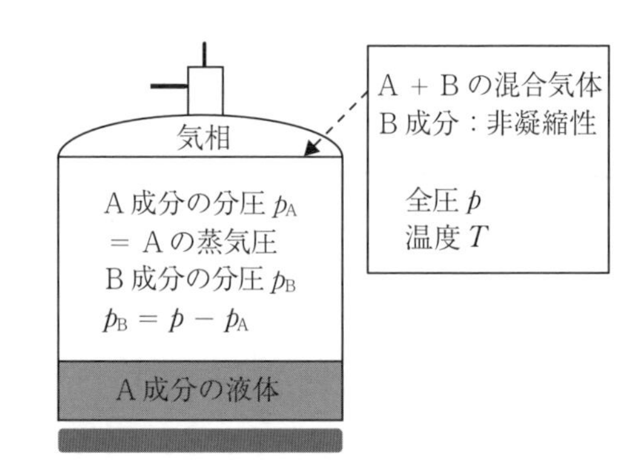

液体が存在する気相（混合気体）の分圧

純物質ではある温度では決まった飽和蒸気圧をもっている。混合液体では、組成と温度が決まると決まった飽和蒸気圧になる。

また、混合気体を冷却していくと、ある温度で凝縮が始まり露を結ぶ。この温度が**露点**である。

気液平衡状態における蒸気圧を用いる計算で留意するいくつかの事項をあげると

① 沸点における蒸気圧は、その液体の表面にかかっている圧力に等しい。

② 一定の圧力下では、純物質の沸騰中の温度は一定である。

③ A 成分の液体が存在する A、B（B は非凝縮性）両成分の気相部分では、A 成分の分圧はその温度における A の蒸気圧である（図を参照）。

④ 臨界温度以下の温度（気体が液化可能な条件下）では、気体の圧力はその飽和蒸気圧を超えない。

飽和蒸気圧力 ≧ 気体のみで存在する圧力

(3) 蒸発熱などの潜熱

液体は蒸発（気化）するときに熱を周りから吸収する。これを**蒸発熱**（または気化熱）といい、温度一定では、単位質量当たりの蒸発熱は物質ごとに決まった値になる。

単位物質量（1 mol）当たりのその熱を**モル蒸発熱**という。

逆に、気体（蒸気）が凝縮するときは同じ熱量を放出するが、これを**凝縮熱**という。

このように、相が変化するときに吸収したり放出したりする熱のことを**潜熱**といい、蒸発熱のことを蒸発潜熱ともいう。潜熱には、蒸発熱や凝縮熱のほか、固体から液体になるときの融解熱やその逆の凝固熱などがある。

一方、相変化がなく物質の温度上昇にのみ使われる熱を**顕熱**といい、前述の2・1・3の式（2.6 a）、（2.6 b）で取り扱っている熱はこれである。

純物質の液体が蒸発している間の温度変化はないので、ある温度で液体がすべて蒸発し、同温度の気体になる場合の熱量を Q、質量を m、物質量を n、蒸発熱を λ、モル蒸発熱を λ_m とすると次の関係になる。

$$Q = m\lambda \quad \cdots\cdots (2.26\ a)$$

$$Q = n\lambda_m \quad \cdots\cdots (2.26\ b)$$

例題 2-29

相変化と潜熱、蒸気圧などに関する理解度を問う　丙化 丙特 乙化 乙機

次の記述のうち正しいものはどれか。

イ．物質の相変化のみに使われる熱量を顕熱という。（R3-2 丙特検定 類似）

ロ．同じ物質であれば、凝縮熱の値のほうが蒸発熱の値より小さい。（H28 丙化国家試験）

ハ．水が沸騰する温度は、平地に比べて富士山の山頂では低くなる。（R2-2 丙特検定 類似）

ニ．水蒸気と空気が共存している場合、その気体の全圧が低くなるほど水の飽和蒸気圧は低くなる。（H27 乙機国家試験 類似）

ホ．純物質の三重点の圧力は、温度が変われば変化する。（H26-1 乙化検定）

解説

物質の相変化に関する知識は計算を進める上でも基礎になるので、正確に理解しておく。

イ．（×）液体が気体に変化（蒸発、気化）したり、固体が液体になる（融解）などの現象が相変化である。このときその物質と周囲で熱の授受が行われる。この熱が潜熱といわれるものである。相変化なしに単にその物質の温度変化のみに使われる熱が顕熱である。蒸発熱、凝縮熱や融解熱などの関係は「純物質の状態図」などで、吸収・放出なども含めて理解しておく。

ロ.（×）ある物質の固体から液体、液体から気体または固体から気体へ相変化するときの潜熱と、その逆に進むときの潜熱との値は同じである。「吸収する」か「放出する」かの違いである。イと同様、「純物質の状態図」で確認しておく。

ハ.（○）液体の物質は、ある温度で決まった飽和蒸気圧（蒸気圧）をもっており、温度の上昇とともに蒸気圧も高くなる。液面の圧力と同じ蒸気圧の温度になると沸騰し、その温度が沸点である（水の沸点は標準大気圧下で 100 ℃）。高地では液面を押す圧力である大気圧が低くなるので、平地より低い温度で沸騰する。

ニ.（×）物質の飽和蒸気圧は温度によって決まる。全圧には無関係である。なお、温度が上昇すると飽和蒸気圧は上昇することも「純物質の状態図」で確認しよう。

ホ.（×）三重点は物質により決まるものである。状態図では、温度 − 圧力座標の 1 点を示している。 **（答　ハ）**

例題 2-30

顕熱と潜熱の合計

丙特

標準大気圧下で 25.0 ℃ の水 20.0 kg を加熱して沸騰させ、すべて気化するには何 MJ の熱が必要か。水の比熱容量と蒸発熱は、それぞれ、4.19 kJ/(kg·K)、2260 kJ/kg とする。

（R1 丙特国家試験 類似）

解説

標準大気圧下の水の沸点は 100 ℃ であるから、25.0 ℃ から 100 ℃ まで加熱に要する顕熱 Q_1 と、100 ℃ ですべて気化するのに要する潜熱 Q_2 の合計熱量 Q を求める。

質量を m、比熱容量を c、温度差を ΔT、蒸発熱を λ として、顕熱 Q_1 は式 (2.6 a) および潜熱 Q_2 は式 (2.26 a) のとおり

$$Q_1 = mc\Delta T \quad \cdots\cdots ①$$

$$Q_2 = m\lambda \quad \cdots\cdots ②$$

ここで

$$m = 20.0\ \text{kg}$$

$$\Delta T = (100 - 25.0)\ ℃ = 75.0\ ℃ = 75.0\ \text{K}$$

を式①、②に代入して

$$Q_1 = mc\Delta T = 20.0\ \text{kg} \times 4.19\ \text{kJ/(kg·K)} \times 75.0\ \text{K} = 6285\ \text{kJ}$$

$$Q_2 = m\lambda = 20.0\ \text{kg} \times 2260\ \text{kJ/kg} = 45200\ \text{kJ}$$

合計熱量 Q は

$$Q = Q_1 + Q_2 = (6285 + 45200)\ \text{kJ} = 51485\ \text{kJ} \fallingdotseq 51.5\ \text{MJ}$$

（答　51.5 MJ）

例題 2-31

融解熱を用いた水温の計算

乙化

90℃の水5Lの中に0℃の氷400gを入れると、水の温度はおよそ何℃となるか。

ただし、氷の融解熱は6.0 kJ/mol、水のモル熱容量は75.4 J/(mol·K)とし、熱の損失は無視する。 (H8 乙化検定 類似)

解説

図のように、5Lの90℃の水がt℃まで下がって放出する熱量Q_1と、400gの0℃の氷が融解して0℃の水になるときの潜熱（吸収）Q_2および0℃の水がt℃まで暖められるための顕熱（吸収）Q_3との和が等しいことに着目する。すなわち

$$Q_1 = Q_2 + Q_3 \quad \cdots\cdots\cdots\cdots ①$$

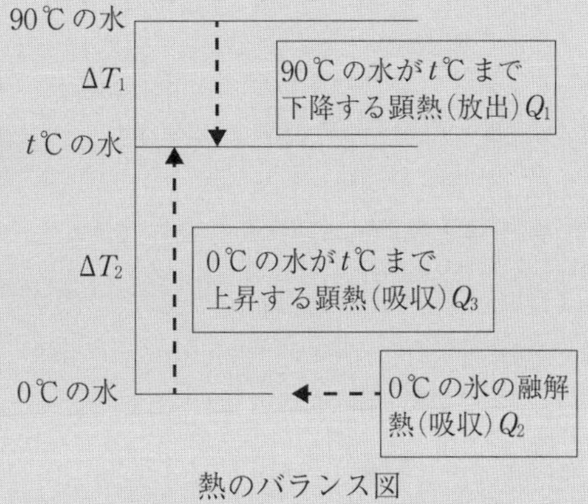

熱のバランス図

融解熱等が1 mol当たりの数値で与えられているので、水および氷の質量を物質量になおす（熱容量および融解熱をg当たりの単位になおしてもよい）。

水1Lは1kgであり、水の質量m_w、モル質量$M_w = 18 \times 10^{-3}$ kg/molとして5Lの水の物質量n_wは

$$n_w = \frac{m_w}{M_w}$$

$$= \frac{5\,\text{kg}}{18 \times 10^{-3}\,\text{kg/mol}} = 277.8\,\text{mol}$$

同様に、400gの氷の物質量n_iは

$$n_i = \frac{0.4\,\text{kg}}{18 \times 10^{-3}\,\text{kg/mol}} = 22.2\,\text{mol}$$

式(2.6 b)を用いて顕熱であるQ_1、Q_3は求められ、式(2.26 b)を用いて潜熱であるQ_2が計算できる。求める水の温度をt℃、水のモル熱容量をC_m、温度差をΔTとして、$C_m = 75.4$ J/(mol·K) $= 75.4 \times 10^{-3}$ kJ/(mol·K)であるから

$$Q_1 = n_w C_m \Delta T_1 = 277.8\,\text{mol} \times 75.4 \times 10^{-3}\,\text{kJ/(mol·K)} \times (90 - t)\,\text{K}$$

$$= 20.95\,(90 - t)\,\text{kJ}$$

$$Q_2 = n_i \lambda_m = 22.2\,\text{mol} \times 6.0\,\text{kJ/mol} = 133.2\,\text{kJ}$$

$$Q_3 = n_i C_m \Delta T_2 = 22.2\,\text{mol} \times 75.4 \times 10^{-3}\,\text{kJ/(mol·K)} \times (t - 0)\,\text{K}$$

$$= 1.67\,t\,\text{kJ}$$

熱量の単位はkJに揃えている。

式①に代入して

$$20.95\,(90 - t)\ \mathrm{kJ} = (133.2 + 1.67\,t)\ \mathrm{kJ}$$

これを解いて

$$t = \frac{1752.3}{22.62} = 77.5\ ℃$$

（答　**77.5 ℃**）

例題 2-32

蒸気圧から等温加圧後の空気中の水蒸気濃度を求める　乙化

20 ℃ の水の蒸気圧は 2.34 kPa である。水蒸気で飽和した 20 ℃ の空気を等温的に 10.13 MPa に加圧し、凝縮してきた水を除去した。この高圧空気中の水蒸気の濃度はおよそ何 mol % か。ただし、理想気体として計算せよ。　（H7 乙化検定 類似）

解説

水が飽和している空気を加圧すると、全圧の上昇に伴い水蒸気の分圧も上昇しようとするが、空気中の水蒸気は飽和蒸気圧を超えて存在はできないので、凝縮して空気中の物質量を減少してバランスする。すなわち、加圧によって水の一部は凝縮し、水の分圧は飽和蒸気圧を維持している。問題の記述にある「凝縮してきた水を除去した」ということは、この現象をいっている。

このように、加圧によって液体の水が存在する状態の水の分圧は、20 ℃ の飽和水蒸気圧であることに気がつくとこの問題は解決する。

加圧後の水蒸気の分圧　$p_w = 2.34\ \mathrm{kPa} = 2.34 \times 10^{-3}\ \mathrm{MPa}$

加圧後の（空気 + 水蒸気の）全圧　$p = 10.13\ \mathrm{MPa}$

式 (2.19) により、理想気体のモル分率はその成分の分圧と全圧の比に等しいから、ある体積中の水蒸気の物質量を n_w、飽和した空気の物質量（全物質量）を n で表すと

$$\text{空気中の水のモル分率}\quad x_w = \frac{n_w}{n} = \frac{p_w}{p} = \frac{2.34 \times 10^{-3}\ \mathrm{MPa}}{10.13\ \mathrm{MPa}} = 0.23 \times 10^{-3}$$

したがって、

加圧後の水の mol % $= x_w \times 100 = 0.023$ (mol %)　（答　**0.023 mol %**）

例題 2-33

凝縮性蒸気を含む気体の温度変化に伴う圧力の計算 乙化

容積一定の密閉容器にシクロヘキサンで飽和した空気があり、温度 310 K で全圧が 101.3 kPa であった。これを 273 K に冷却したとき、シクロヘキサンを含む空気の全圧は何 kPa になるか。ただし、気体は理想気体とし、凝縮したシクロヘキサンの体積は無視できるものとする。また、273 K と 310 K におけるシクロヘキサンの飽和蒸気圧はそれぞれ 3.7 kPa、21.7 kPa である。　（H17-1 乙化検定 類似）

解説

凝縮性のあるシクロヘキサンの蒸気は、温度が低下するとき一部が凝縮して気体中の濃度が変化するので、次のことを考慮すると式の組立てができる。

・いずれも飽和状態なので、空気中のシクロヘキサンの分圧は、その温度における飽和蒸気圧である。

・空気は凝縮しないので、理想気体の法則に従って変化する。

(1)　変化前（310 K）の各成分の分圧

空気の分圧を p_{air}、シクロヘキサンの分圧を p_{CH}、全圧を p として

$$p_{CH} = \text{シクロヘキサンの飽和蒸気圧} = 21.7\ \text{kPa}$$

空気の分圧 p_{air} は、ドルトンの分圧の法則から

$$p_{air} = p - p_{CH} = (101.3 - 21.7)\ \text{kPa} = 79.6\ \text{kPa}$$

(2)　変化後（273 K）の各成分の分圧および全圧

空気の分圧を p'_{air}、シクロヘキサンの分圧を p'_{CH}、全圧を p' として

$$p'_{CH} = \text{シクロヘキサンの飽和蒸気圧} = 3.7\ \text{kPa}$$

空気はボイル-シャルルの法則に従うので

$$p'_{air} = p_{air} \times \frac{273\ \text{K}}{310\ \text{K}} = 79.6\ \text{kPa} \times \frac{273\ \text{K}}{310\ \text{K}} = 70.1\ \text{kPa}$$

したがって、全圧 p' は分圧の法則から

$$p' = p'_{air} + p'_{CH} = (70.1 + 3.7)\ \text{kPa} = 73.8\ \text{kPa}$$

（答　**73.8 kPa**）

別解

変化前の条件から混合気体 1 mol の体積 V を求め、変化後の空気の分圧 p'_{air} を理想気体の状態方程式を用いて計算する。

$$V = \frac{nRT}{p} = \frac{1\ \text{mol} \times 8.31\ \text{Pa·m}^3/(\text{mol·K}) \times 310\ \text{K}}{101.3 \times 10^3\ \text{Pa}} = 25.43 \times 10^{-3}\ \text{m}^3$$

混合気体 1 mol 中の変化後の空気の物質量 n'_{air}（変化前と同じ）は、変化前の条件から

$$n'_{air} = 1\,\text{mol} \times \frac{p_{air}}{p} = 1\,\text{mol} \times \frac{79.6\,\text{kPa}}{101.3\,\text{kPa}} = 0.786\,\text{mol}$$

$$\therefore \quad p'_{air} = \frac{n'_{air}RT'}{V} = \frac{0.786\,\text{mol} \times 8.31\,\text{Pa·m}^3/(\text{mol·K}) \times 273\,\text{K}}{25.43 \times 10^{-3}\,\text{m}^3}$$

$$= 70.1 \times 10^3\,\text{Pa} = 70.1\,\text{kPa}$$

$$p' = p'_{air} + p'_{CH} = (70.1 + 3.7)\,\text{kPa} = 73.8\,\text{kPa}$$

演習問題 2.32 丙特

温度 30 ℃ の水 20.0 kg を標準大気圧下で加熱して沸騰させ、すべて気化させるために必要な最少の熱量は何 MJ か。水の比熱容量と蒸発熱は、それぞれ、4.19 kJ/(kg·K)、2260 kJ/kg とする。　(R2−2 丙特検定 類似)

演習問題 2.33 乙機

モル蒸発熱が 40.7 kJ/mol、モル質量が 18×10^{-3} kg/mol である水 0.1 kg を全量蒸発させるために必要な潜熱は何 kJ か。

(H25 乙機国家試験 類似)

演習問題 2.34 乙化

水蒸気を飽和した空気が容器に充てんされていて、温度 100 ℃ のときの容器内の気体の全圧は 400 kPa であった。この容器の温度を 60 ℃ に下げたとき、容器内の気体の圧力はおよそいくらになったか。なお、右の図は水の飽和蒸気圧と温度の関係を示す。　(H17 乙化国家試験)

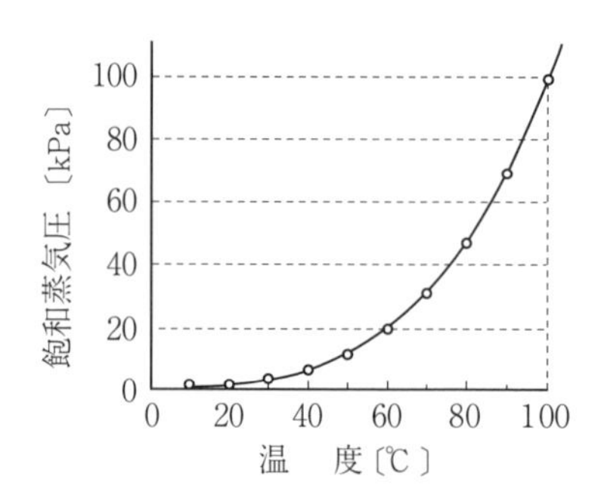

演習問題 2.35 丙特 丙化 乙化 乙機

次の記述のうち正しいものはどれか。

イ．容器内にある液体（純物質）の飽和蒸気圧は、温度が一定であれば液量の多少で変化しない。　(R3−1 丙特検定 類似)

ロ．同一物質の蒸発熱または気化熱の値は、同一温度で気体から液体に変化するときに放出する凝縮熱の値に等しい。　(H29 丙化国家試験 類似)

ハ．大気中の水蒸気について、露点では水蒸気の圧力（分圧）がその温度における水の飽和蒸気圧に等しくなっている。　(R3−2 丙化検定 類似)

ニ．沸点は液体の飽和蒸気圧が液面上の全圧に等しくなる温度であり、その温度は全圧が高くなるほど低くなる。　(R1−2 乙機検定 類似)

ホ．純物質の三重点における蒸発熱はゼロである。(H27−1 乙化検定 類似)

演習問題 2.36 乙化

温度 T_1 と T_2 で水の飽和蒸気圧がそれぞれ p_1 と p_2 のとき、モル蒸発熱を λ_V、気体定数を R として次の関係が成立するものとする。

$$\ln\left(\frac{p_2}{p_1}\right) = -\frac{\lambda_V}{R}\left(\frac{1}{T_2} - \frac{1}{T_1}\right) \quad \cdots\cdots ①$$

水の飽和蒸気圧が 100 ℃ で 101.3 kPa、105 ℃ で 120.5 kPa であった。モル蒸発熱 λ_V はこの温度範囲で一定として、λ_V の値を求めよ。以下の表の数値を使用してもよい。

A	0.841	1.013	1.048	1.190	3.287
$\ln A$	− 0.173	0.0129	0.0469	0.174	1.19

（H28-2 乙化検定 類似）

2·3·2 気液平衡—ラウールの法則、ヘンリーの法則 丙化 乙化

丙化にはラウール則を用いたLPガスの蒸気圧計算がよく出題されており、乙化にはラウール則、ヘンリー則に関するものが出題されている。

(1) ラウールの法則

混合溶液の組成と気液平衡にある気相部（混合気体）の組成および圧力の関係を表す**ラウールの法則**がある。

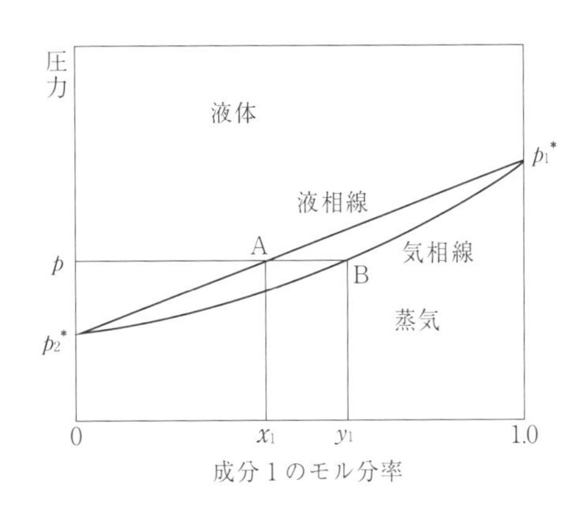

ラウールの法則に従う系の圧力-組成図

これは、液体の凝集力が等しい分子の混合溶液（理想溶液）の法則であるが、プロパンとブタン、ベンゼンとトルエンなどの性状の似た混合溶液で近似的に成り立ち、計算でよく使われている。

ラウールの法則は、混合溶液中の i 成分について、次式で表される。

$$p_i = x_i p^*_i \quad \cdots\cdots (2.27\ \mathrm{a})$$

ここに

p_i　は気相中の i 成分の分圧

x_i　は液相中の i 成分のモル分率

p^*_i は純 i 成分のその温度における飽和蒸気圧

理想気体では、気相中の i 成分のモル分率を y_i、全圧を p とすると、$p_i = y_i p$ であるから、式 (2.27 a) は

$$p_i = x_i p^*_i = y_i p \quad \cdots\cdots (2.27\ b)$$

また、2成分系においてモル分率は

$$x_1 + x_2 = 1$$

$$y_1 + y_2 = 1$$

であり、これらを用いて液組成から気相の圧力、組成などの計算がなされる。

(2) ヘンリーの法則

気体中の i 成分の液体への溶解度と気相の i 成分の分圧との関係を表す**ヘンリーの法則**がある。

希薄溶液において、溶解した i 成分のモル分率または濃度 c_i と、それと平衡な気相中の i 成分の分圧 p_i は比例関係にある。

このヘンリーの法則を式にすると

$$p_i = Hc_i \quad \cdots\cdots (2.28)$$

ここに、H は比例定数で**ヘンリー定数**という。

ヘンリー定数は、溶質、溶媒が同じで温度が同じであれば、一定の値である。したがって、ある温度、圧力条件の実績値をもとに、新しい条件での圧力、濃度、溶解量などの計算に使われている。

例題 2-34

2成分系の気液平衡図を読む

丙化

図は、容器に充てんされたプロパンとn-ブタンからなるLPガスの20℃における気液平衡時の気相、液相のプロパン濃度と圧力の関係を表している。

この図について、次の記述のうち正しいものはどれか。

イ．低沸点成分がプロパンであることを示している。

ロ．液体中のプロパン濃度が40 mol%のとき、気体中のプロパン濃度はおよそ70 mol%である。

ハ．液体中のプロパン濃度が40 mol%のとき、容器内のゲージ圧力はおよそ0.35 MPaである。

ニ．20℃における単一成分のプロパンの蒸気圧は、およそ0.22 MPa（絶対圧力）である。

（H26 丙化国家試験 類似）

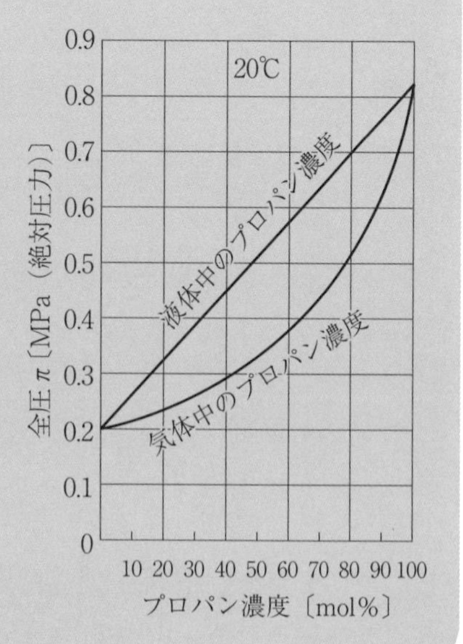

解説

設問の図は、ラウールの法則が成り立つ混合液（理想溶液）の２成分系気液平衡の典型的なものである。液相線、気相線とその濃度および圧力の関係をこの例題から読み取れるように訓練をするとよい。

イ．（○）この図のように線が右上がりの場合、底辺（横軸）に示す濃度は低沸点成分（この場合はプロパン）の濃度を表している。（設問ではプロパン濃度として表示されているが、「成分 1」などとして成分名が示されない場合がある。）

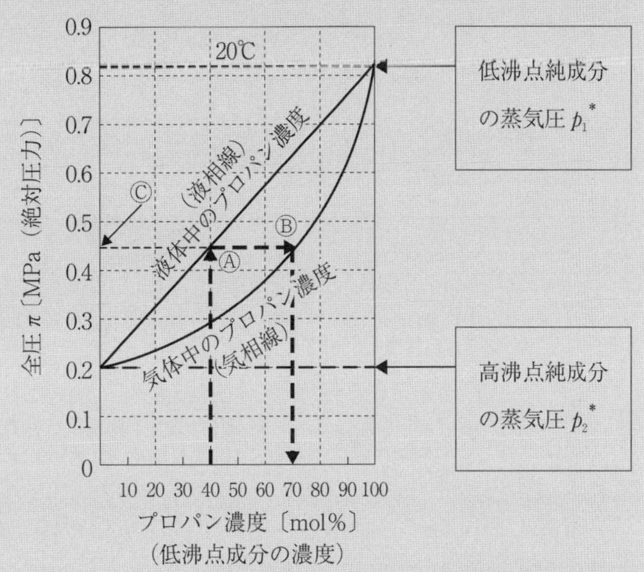

これは、成分が 100 % のときの圧力（蒸気圧）p_1^* と 0 % のときの圧力 p_2^* との関係が $p_1^* > p_2^*$ であることから判別できる。100 %（純成分）で高い蒸気圧をもつほうが低沸点成分であるからである。なお、プロパン 0 % のときの圧力 p_2^* は、高沸点成分である n- ブタンの蒸気圧を表す。

ロ．（○）液相のプロパン 40 mol % の図上の位置は、液相線上の 40 mol % の点Ⓐである。これと平衡となる気相中のプロパン濃度は、Ⓐから水平に延ばした線と気相線との交点Ⓑの位置の濃度となり、70 mol % と読み取れる。この逆の道筋で、気相の濃度からそれと平衡な液相濃度を求めることができる。

また、このときの混合溶液の圧力（蒸気圧）は、点Ⓐ、Ⓑから水平に伸ばした線と圧力を示す縦軸との交点Ⓒの値となる。

ハ．（○）ロの後段の説明のとおり、点Ⓐ、Ⓑのときの蒸気圧（気相の圧力）は、点Ⓒの値であり、0.45 MPa（絶対圧力）と読み取れる。ゲージ圧力になおして

ゲージ圧力 ＝ (0.45 − 0.10) MPa ＝ 0.35 MPa（ゲージ圧力）

ニ．（×）イの説明のとおり、プロパンの蒸気圧は p_1^* の値であり、0.82 MPa と読み取れる。なお、n- ブタンの蒸気圧は p_2^* の値であり、0.20 MPa と読み取れる。

（答　イ、ロ、ハ）

例題 2-35

混合液体の組成から蒸気圧を計算する 丙化

プロパン 70 mol %、n- ブタン 30 mol % からなる液状の LP ガスの 10 ℃ における飽和蒸気圧はゲージ圧力で何 MPa か。ただし、この温度における純プロパン、n- ブタンの飽和蒸気圧（絶対圧力）は、それぞれ 0.63 MPa、0.15 MPa とし、ラウールの法則が適用できるものとする。　（R3-2 丙化検定 類似）

解説

ラウールの法則を用いて、混合液体の気相部の蒸気圧（全圧）や組成を求める計算が丙化、乙化に出題されている。

i 成分の分圧を p_i、気相部の蒸気圧（全圧）を p とし、プロパンを P、n- ブタンを B の添字で表すと、分圧の法則により

$$p = p_P + p_B \quad \cdots\cdots ①$$

各成分の分圧（p_P、p_B）はラウールの法則から計算できる。液中のモル分率を x、純物質の飽和蒸気圧を p^* で表し、値を代入すると

$$p_P = x_P p^*_P = 0.70 \times 0.63\ \text{MPa} = 0.441\ \text{MPa}$$

$$p_B = x_B p^*_B = 0.30 \times 0.15\ \text{MPa} = 0.045\ \text{MPa}$$

したがって、混合液体の飽和蒸気圧（全圧）p は、式①から

$$p = p_P + p_B = (0.441 + 0.045)\ \text{MPa} = 0.486\ \text{MPa}\ （絶対圧力）$$

ゲージ圧力 p' になおして

$$p' = (0.486 - 0.101)\ \text{MPa} = 0.385\ \text{MPa} \fallingdotseq 0.39\ \text{MPa}\ （ゲージ圧力）$$

（答　**0.39 MPa**）

なお、密閉容器の気相中のプロパン、n- ブタンのモル分率（y_P、y_B）は

$$y_P = \frac{p_P}{p} = \frac{0.441\ \text{MPa}}{0.486\ \text{MPa}} = 0.907 \quad (= 90.7\ \text{mol}\ \%)$$

$$y_B = 1 - y_P = 0.093 \quad (= 9.3\ \text{mol}\ \%)$$

と計算できることも併せて理解しておく。液相に比べて低沸点成分のプロパンの濃度が高くなる。

例題 2-36

液相中のモル分率から気相中のモル分率を計算する 乙化

メタノール・エタノール混合溶液とその蒸気が互いに平衡になっており、平衡温度

346 K でメタノールの液相中のモル分率は 0.355 であった。メタノールの気相中のモル分率はいくらか。なお、346 K におけるメタノールとエタノールの蒸気圧は、それぞれ 137.8 kPa、81.2 kPa であり、混合溶液は理想溶液として取り扱えるものとする。

（H27-1 乙化検定 類似）

解説

混合溶液は理想溶液であるから、ラウールの法則が適用できる。すなわち、成分 i の気相中の分圧 p_i および気相の全圧 p は当該法則から計算できるので、式（2.19）の関係から気相中のモル分率 y_i が求められる。

液相中のモル分率を x、気相中のモル分率を y、純成分の飽和蒸気圧を p^* とし、メタノールを M、エタノールを E の添字で表し、ラウールの法則と分圧の法則を適用すると

$$p_M = x_M p^*_M = 0.355 \times 137.8\ \mathrm{kPa} = 48.92\ \mathrm{kPa}$$

$$p_E = x_E p^*_E = (1 - 0.355) \times 81.2\ \mathrm{kPa} = 52.37\ \mathrm{kPa}$$

$$p = p_M + p_E = (48.92 + 52.37)\ \mathrm{kPa} = 101.29\ \mathrm{kPa}$$

低圧の蒸気は理想気体として扱えるものとして、メタノールのモル分率 y_M は、式(2.19)のとおり

$$y_M = \frac{p_M}{p} = \frac{48.92\ \mathrm{kPa}}{101.29\ \mathrm{kPa}} = 0.483$$

（答　**0.483**）

例題 2-37

標準状態の溶解度から空気中の酸素の溶解量を求める　乙化

20 ℃ で 101.3 kPa の純酸素ガスが液体の水に接し平衡を保っているとき、酸素ガスは、1 m^3 の水に 1.4 mol 溶ける。では、20 ℃ で標準大気圧の空気が水と接している場合、酸素ガスは 1 m^3 の水におよそ何 g 溶けるか。ただし、気体と水は平衡を保っており、ヘンリーの法則が成り立つものとする。　（H14-1 乙化検定 類似）

解説

純酸素ガスの状態において、酸素の分圧 p_{O_2} と水中の酸素濃度 c_{O_2} は、ヘンリーの法則で比例関係にあるから

$$p_{O_2} = Hc_{O_2} \quad \cdots\cdots ①$$

ここで

$p_{O_2} = 101.3\,\text{kPa}$

$c_{O_2} = 1.4\,\text{mol/m}^3$

であるから、式①は

$$101.3\,\text{kPa} = H \times 1.4\,\text{mol/m}^3 \quad \cdots\cdots ②$$

同温度、標準大気圧で空気が接しているときの酸素の分圧 p'_{O_2} は、空気中の酸素濃度を 21 vol % として

$$p'_{O_2} = 101.3\,\text{kPa} \times 0.21 = 21.3\,\text{kPa}$$

であるから、水 1 m^3 中の物質量を n (mol/m^3) として式①は

$$21.3\,\text{kPa} = H \times n \quad \cdots\cdots ③$$

$\frac{②}{③}$ から

$$n = 1.4\,\text{mol/m}^3 \times \frac{21.3\,\text{kPa}}{101.3\,\text{kPa}} = 0.294\,\text{mol/m}^3$$

質量単位の濃度 m (g/m^3) になおして

$$m = nM = 0.294\,\text{mol/m}^3 \times 32\,\text{g/mol} = 9.4\,\text{g/m}^3$$

（答　**9.4 g**）

例題 2-38

平衡溶解量からヘンリー定数を計算する

乙化

溶解度の小さい気体が液体と接して気液平衡状態にあるとき、気相中のその気体の分圧 p は次のように表される。

$$p = Hx$$

ここで、x は液相中に溶解しているその気体のモル分率、H はヘンリー定数である。

温度 20 ℃ における標準大気圧の酸素の 1 m^3 の水に対する平衡溶解量は 1.4 mol である。この温度での酸素の水に対するヘンリー定数はおよそ何 MPa か。

（H16 乙化国家試験 類似）

解説

酸素分圧 p がわかっているので、水中の溶解酸素のモル分率が算出できれば解決する。

題意から、水 1 m^3 中の酸素の物質量 n_{O_2} は 1.4 mol、水 1 m^3 の質量 m は 1000 kg であるから、1 m^3 の水の物質量 n_W は

$$n_W = \frac{m}{M} = \frac{1000\,\text{kg}}{18 \times 10^{-3}\,\text{kg/mol}} = 55.6 \times 10^3\,\text{mol}$$

したがって、溶解酸素のモル分率 x は

$$x = \frac{n_{O_2}}{n_W + n_{O_2}} \fallingdotseq \frac{n_{O_2}}{n_W} = \frac{1.4\ \mathrm{mol}}{55.6 \times 10^9\ \mathrm{mol}} = 25.2 \times 10^{-6}$$

与えられた式　$p = Hx$　から

$$H = \frac{p}{x} = \frac{101.3 \times 10^3\ \mathrm{Pa}}{25.2 \times 10^{-6}} = 4.02 \times 10^9\ \mathrm{Pa} = 4020\ \mathrm{MPa}$$ （**答　4020 MPa**）

丙化

ある温度で、密閉容器内のプロパンとn-ブタンからなる液状LPガスの飽和蒸気圧が0.80 MPa（ゲージ圧力）であるとき、この混合液（理想溶液）中のプロパン濃度は何mol％か。

この温度における純プロパン、純n-ブタンの飽和蒸気圧（絶対圧力）は、それぞれ1.07 MPa、0.28 MPaとする。　（R3-1丙化検定 類似）

乙化

ベンゼン ＋ トルエンの混合系が標準大気圧、365 Kで気液平衡状態にある。ベンゼンの気相組成（モル分率）はいくらか。365 Kにおけるベンゼンとトルエンの蒸気圧は、それぞれ143.5 kPa、57.5 kPaであり、溶液は理想溶液、蒸気は理想気体とする。　（H29-1乙化検定 類似）

乙化

20 ℃、標準大気圧の二酸化炭素がある。これを常に同じ温度になるように加圧して、20 ℃、0.1 $\mathrm{m^3}$の水に、20 ℃、標準大気圧で0.5 $\mathrm{m^3}$の二酸化炭素を溶解させたい。これを行うために必要な最低圧力はおよそいくらか。ただし、20 ℃、標準大気圧における二酸化炭素の水への溶解度は39 $\mathrm{mol/m^3}$（水）とし、ヘンリーの法則が成り立つものとして計算せよ。

（H18-2乙化検定）

丙化 乙化 乙機

次の記述のうち正しいものはどれか。

イ．気液平衡状態にある混合液（理想溶液）中のある成分の蒸気圧は、同じ温度でその成分の純物質の飽和蒸気圧とその成分の液相におけるモル分率の積に等しい。　（H30-2乙機検定 類似）

ロ．プロパンとブタンからなるLPガスの飽和蒸気圧は、温度が同じ場合、液体中のプロパンの含有率が減少すると高くなる。

（R3-2丙化検定 類似）

ハ．ヘンリーの法則によれば、一定温度で一定量の液体に溶ける気体の質量は、その分圧によらず一定である。　（H26乙化国家試験 類似）

ニ．ヘンリー定数は、温度によらず一定である。　（H26-2乙化検定）

ホ．ヘンリーの法則を実際に適用するとき、溶解する気体の濃度が高い場合によく成り立つ。　（R3-1乙機検定 類似）

2·3·3 体膨張係数と圧縮率

丙化 乙化 乙機

(1) 体積膨張係数

一般に、液体も圧力一定のもとで温度を上げると膨張する。これを熱膨張という。

温度が t から Δt 上昇したとき、体積 V の液体の体積が ΔV 増加したとすると、体積増加の割合（熱膨張の割合）は $\dfrac{\Delta V}{V}$ である。

温度の狭い範囲において、体積増加の割合 $\dfrac{\Delta V}{V}$ は、次式のように温度差 Δt に比例する。

$$\frac{\Delta V}{V} = \alpha_V \Delta t \quad \cdots\cdots (2.29\ \mathrm{a})$$

比例定数 α_V は温度 t における**体積膨張係数**（**体膨張係数**）といい、単位は K^{-1} である。

式 (2.29 a) を変形して

$$\alpha_V = \frac{1}{V}\left(\frac{\Delta V}{\Delta t}\right) \quad \cdots\cdots (2.29\ \mathrm{b})$$

式 (2.29 a)、(2.29 b) は次に述べる圧縮率と関係して、液封の圧力計算などに利用される。

(2) 圧縮率

液体は圧縮していくと、気体のように大きくはないが体積が減少する。

一定温度で体積 V の液体の圧力 p を増加して $p + \Delta p$ になったとき、体積が ΔV 増加したとすると、体積の減少割合は $\left(-\dfrac{\Delta V}{V}\right)$ である。

圧力変化の狭い範囲において、体積の減少割合 $\left(-\dfrac{\Delta V}{V}\right)$ は、次式のように圧力差 Δp に比例する。

$$-\frac{\Delta V}{V} = \kappa_T \Delta p \quad \cdots\cdots (2.30\ \mathrm{a})$$

比例定数 κ_T は、この液体の**圧縮率**（等温圧縮率）といい、単位は Pa^{-1} である。

式 (2.30 a) を変形して

$$\kappa_T = -\frac{1}{V}\left(\frac{\Delta V}{\Delta p}\right) \quad \cdots\cdots (2.30\ \mathrm{b})$$

液体の圧縮率（1 Pa 当たり圧縮される割合）は、一般に 10^{-9} オーダーの値であり、体積膨張係数（1 ℃（K）当たり膨張する割合）のほうは、10^{-3} オーダーであることから、密封された空間の液体が温度上昇すると、圧縮量よりも膨張量のほうが大きいため圧力が急速に上昇する。すなわち、α_V、κ_T を使って液封の危険性を数値で知ることができる。

例題 2-39

理想気体の体膨張係数を求める　乙化

圧力一定の条件下で温度が T のときの体積を V とし、温度が上昇して $T+\Delta T$ となったときに体積が $V+\Delta V$ に膨張したとすると、そのときの体膨張係数 α_V は次式で定義される。

$$\alpha_V = \frac{1}{V}\left(\frac{\Delta V}{\Delta T}\right)$$

300 K の理想気体の体膨張係数 α_V は、およそいくらか。ただし、300 K から 301 K に温度が 1 K 上昇したときの体積変化から計算せよ。　(H9 乙化検定 類似)

解説

理想気体の状態方程式を用いて、300 K (状態 1) から 301 K (状態 2) に変化したときの体積増加 ΔV を計算し、与えられた体積増加割合と温度差の関係式から体膨張係数を算出する。

状態方程式から、状態 1 と状態 2 の一定圧力 p における n mol の理想気体の体積 V は

$$V_1 = \frac{nRT_1}{p} \quad \cdots\cdots ①$$

$$V_2 = \frac{nRT_2}{p} \quad \cdots\cdots ②$$

② − ①より

$$\Delta V = V_2 - V_1 = \frac{nR}{p}(T_2 - T_1) = \frac{nR\Delta T}{p} \quad \cdots\cdots ③$$

題意から、$T_1 = 300$ K、$\Delta T = 1$ K であるので、③ / ①より

$$\frac{\Delta V}{V_1} = \frac{\dfrac{nR\Delta T}{p}}{\dfrac{nRT_1}{p}} = \frac{\Delta T}{T_1} = \frac{1\,\mathrm{K}}{300\,\mathrm{K}} = \frac{1}{300}$$

与えられた式から

$$\alpha_V = \frac{1}{V_1}\left(\frac{\Delta V}{\Delta T}\right) = \frac{\dfrac{\Delta V}{V_1}}{\Delta T} = \frac{\dfrac{1}{300}}{1\,\mathrm{K}} = \frac{1}{300}\,\mathrm{K}^{-1} = 3.3 \times 10^{-3}\,\mathrm{K}^{-1}$$

(**答　3.3×10^{-3} K^{-1}**)

例題 2-40

圧縮率を用いて液体の体積変化から圧力を計算する 乙機

圧力 3.0 MPa で 2.0 m^3 の液体がある。温度一定で圧力を増し、この液体の体積を 1.0 % 減少させたとき、この液体の圧力はおよそいくらか。ただし、圧縮された割合 $\left(\frac{\Delta V}{V}\right)$ は圧力差 Δp に比例するものとし、この液体の圧縮率を $0.6 \times 10^{-9}\,\mathrm{Pa}^{-1}$ とする。（H15-2 乙機検定）

解説

液体のもとの体積 V、体積変化（増加）ΔV、圧縮率 κ_T、および圧力差 Δp の温度一定での関係は、題意により

$$-\frac{\Delta V}{V} = \kappa_T \Delta p$$

変形して

$$\Delta p = \frac{-\frac{\Delta V}{V}}{\kappa_T} \quad \cdots\cdots ①$$

ここで

$$-\frac{\Delta V}{V} = 0.01$$

$$\kappa_T = 0.6 \times 10^{-9}\,\mathrm{Pa}^{-1}$$

を式①に代入すると、差圧 Δp が得られる。

$$\Delta p = \frac{0.01}{0.6 \times 10^{-9}\,\mathrm{Pa}^{-1}} = 0.0167 \times 10^{9}\,\mathrm{Pa} = 16.7 \times 10^{6}\,\mathrm{Pa} = 16.7\,\mathrm{MPa}$$

加圧前の圧力が 3.0 MPa であるから、この液体の圧力 p は

$$p = (3.0 + 16.7)\,\mathrm{MPa} = 19.7\,\mathrm{MPa}$$

（答　**19.7 MPa**）

例題 2-41

液封圧の値から体膨張係数の計算 乙化

液化ガスを 35 ℃ で容器に気相部分がなくなるまで充てんした。温度を 2 K 上昇させたところ、圧力は 1.4 MPa だけ上昇した。この液化ガスの圧縮率 κ_T が $4.16 \times 10^{-9}\,\mathrm{Pa}^{-1}$ のとき、体膨張係数 α_V の値はおよそいくらか。ただし、容器の膨張はないものとする。（H24 乙化国家試験 類似）

解説

式 (2.29 a) によって液化ガスの熱膨張する体積 $(V + \Delta V)$ が容器の内容積が変わらないため、式 (2.30 a) に従って圧縮され、もとの体積 V に戻ると考えて式を誘導する。

(1)　定圧下での自由膨張

体膨張係数 α_V の液化ガスの体積 V (= 容器の内容積) が、Δt の温度上昇により ΔV だけ自由膨張したとして、式 (2.29 a) から

$$\frac{\Delta V}{V} = \alpha_V \Delta t$$

変形して

$$\Delta V = V\alpha_V\Delta t \quad \cdots\cdots ①$$

(2)　もとの体積 V に戻すための圧縮

圧縮率 κ_T のこの液化ガスについて、(1) の状態の体積 $(V + \Delta V)$ が Δp だけ加圧されて体積が減少 (ΔV の増加) し、もとの体積の V になるとして、式 (2.30 a) のように

$$\frac{-\Delta V}{V + \Delta V} = \kappa_T \Delta p$$

変形して

$$-\Delta V = (V + \Delta V)\kappa_T\Delta p \quad \cdots\cdots ②$$

式①の ΔV と式②の $|-\Delta V|$ (絶対値) は等しいので

$$V\alpha_V\Delta t = (V + \Delta V)\kappa_T\Delta p$$

$$\therefore\ \alpha_V = \frac{V + \Delta V}{V}\cdot\kappa_T\cdot\frac{\Delta p}{\Delta t} \fallingdotseq \kappa_T\cdot\frac{\Delta p}{\Delta t} \quad \cdots\cdots ③$$

この計算では、ΔV は V に比べて極めて小さいので、$\dfrac{V + \Delta V}{V} \fallingdotseq 1$ としている。

ここで

$$\kappa_T = 4.16 \times 10^{-9}\,\mathrm{Pa}^{-1}$$

$$\Delta p = 1.4\,\mathrm{MPa} = 1.4 \times 10^{6}\,\mathrm{Pa}$$

$$\Delta t = 2\,\mathrm{K}$$

であるから、式③に代入して

$$\alpha_V = 4.16 \times 10^{-9}\,\mathrm{Pa}^{-1} \times \frac{1.4 \times 10^{6}\,\mathrm{Pa}}{2\,\mathrm{K}} = 2.91 \times 10^{-3}\,\mathrm{K}^{-1}$$

この設問の記述のとおり、液体を密封状態 (液封状態) にすると、わずかな温度上昇によって、大きな圧力が発生して危険な状態になるので、注意が必要である。

また、式③は液封圧の計算などに重要な関係式である。　**(答　$2.91 \times 10^{-3}\,\mathrm{K}^{-1}$)**

ある圧力のもとで温度20℃のときの液体の体積を1 m^3とする。この圧力のもとで液体の温度が上昇して90℃になったとき、体積が10 % 増加した。この液体の体積膨張係数はおよそいくらか。ただし、この温度変化の範囲内では、体積膨張係数の値は変化せず一定であるとする。

（H19-2 乙機検定）

温度20℃、標準大気圧で内容積40 Lの密閉容器に水を充てんし、気相部を完全になくした後、さらに、200 mLの水を圧入した。圧入後の圧力はおよそいくらか。ただし、容器の膨張はないものとし、また20℃の水の圧縮率κは$0.45 \times 10^{-9}\ \mathrm{Pa}^{-1}$であり、次の式が成り立つものとする。

$$\kappa = -\frac{1}{V}\left(\frac{\Delta V}{\Delta p}\right)$$

ここで、Vは体積、pは圧力である。（H14 乙化国家試験）

次の記述のうち正しいものはどれか。

イ. ある温度における固体や液体の単位体積について、1℃ごとに膨張する割合を体膨張率という。（28-2 丙化検定 類似）

ロ. 液体のプロパンの体膨張率は、水と比較して極めて大きいので、その容器や配管には液封状態にならない措置を講じる必要がある。

（R1-1 丙化検定 類似）

ハ. 液体の体膨張係数α_V［K^{-1}］と圧縮率κ_T［Pa^{-1}］の数値を比較すると、単位温度当たりの体積変化の割合は、単位圧力変化当たりの体積変化の割合に比べて、非常に小さい。（H28-2 乙機検定）

ニ. 圧力一定のもとで、液体の温度を上昇させたときの体積の膨張の割合が温度変化（温度差）に比例する場合、その比例定数をこの液体の体積膨張係数（体膨張係数）という。（H26-2 乙機検定 類似）

液化ガスを60℃で容器に気相部分がなくなるまで充てんした。この密閉容器内圧力が5.0 MPa上昇するために必要な温度上昇は何Kか。容器の膨張はなく、液化ガスの体積膨張係数α_Vは$6.0 \times 10^{-4}\ \mathrm{K}^{-1}$、圧縮率$\kappa_T$は$0.6 \times 10^{-9}\ \mathrm{Pa}^{-1}$とする。（H30 乙化国家試験 類似）

3章 気体の熱力学

熱力学は、熱と仕事の変換などを扱う学問である。この章で扱う熱力学の法則や状態変化などに関する計算問題は、丙種(液石、特別)での出題は少ないが、乙種の場合は化学、機械を問わず理解しておく必要がある。また、サイクルに関する計算問題は出題数としては少ないが、ここでは、乙種で出題されたことのあるカルノーサイクルや往復圧縮機のサイクルについて示す。

3・1 熱力学の第一法則

3・1・1 熱と仕事

乙化 乙機

(1) 熱

分子などのもっている運動エネルギーの総和が熱で、熱はエネルギーの一つの移動形態である。

分子などの運動の激しさは温度で示される。

(2) 仕 事

力 F [N] で物体を距離 l [m] 動かしたとき、物体になされる仕事 W [J] は1章で示したように次式で表される（式 (1.5) 参照）。

$$W = Fl \quad (3.1\,\mathrm{a})$$

重力に逆らって質量 m [kg] の物体を高さ l [m] 持ち上げるときに必要な力 F は、重力の加速度を g [m/s^2] とすると1章の式 (1.2) から $F = mg$ [N] であるから、この場合の仕事 W[J] は次式で表される。

$$W = mgl \quad (3.1\,\mathrm{b})$$

(3) 熱と仕事

熱と仕事は等価であることが、ジュールの実験で確かめられている。

例題 3-1

ジュールの実験装置における温度上昇を求める 乙化

熱と仕事の定量的な関係を求める右図のジュールの実験において、おもりの質量を100 kg、おもりの落下距離を10.0 m、断熱熱量計内の水の質量を1.00 kgとしたとき、水の温度上昇はおよそいくらか。

ただし、水の比熱容量は4.19 kJ・kg^{-1}・K^{-1}とし、また、重力加速度は9.81 m・s^{-2}とする。

（H18 乙化国家試験）

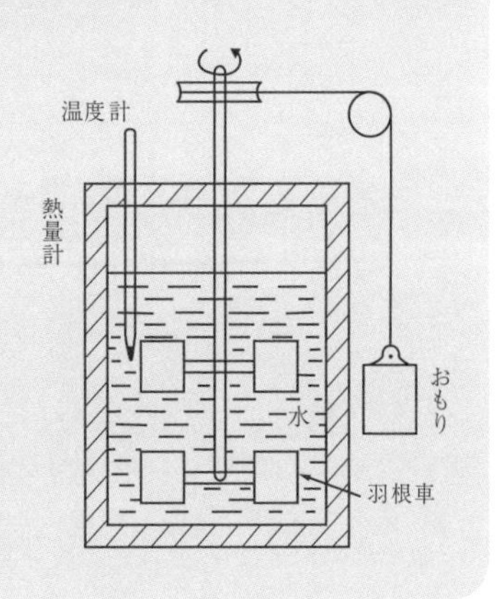

解説

熱と仕事は等価であり、おもりが落下することにより水に対してする仕事と水の温度上昇に使われる熱量が等しいことから求める。

おもりの落下仕事 W は、おもりに作用する力 F（質量 m と重力加速度 g の積）と落下距離 l の積で求められる。式 (3.1 b) を使って

$$W = Fl = mgl = (100\,\mathrm{kg} \times 9.81\,\mathrm{m \cdot s^{-2}}) \times 10.0\,\mathrm{m} = 981\,\mathrm{N} \times 10.0\,\mathrm{m}$$
$$= 9810\,\mathrm{N \cdot m} = 9810\,\mathrm{J} \quad \cdots\cdots ①$$

一方、水が得た熱量 Q (J) は、水の質量を m' (kg)、水の比熱容量を c [J/(kg·K)]、水の温度上昇を ΔT (K) として 2 章の式 (2.6 a) を使って求める。

$$Q = m' c\Delta T = 1.00\,\mathrm{kg} \times 4.19 \times 10^3\,\mathrm{J \cdot kg^{-1} \cdot K^{-1}} \times \Delta T$$
$$= 4190\,\mathrm{J \cdot K^{-1}} \times \Delta T \quad \cdots\cdots ②$$

①と②は等しいから

$$4190\,\mathrm{J \cdot K^{-1}} \times \Delta T = 9810\,\mathrm{J}$$
$$\therefore \quad \Delta T = 2.34\,\mathrm{K}$$

（答　2.34 K）

例題 3-2

水が落下して熱エネルギーに変わったときの温度上昇を求める　乙機

水力発電所において、水が落差 60 m の管内を落下して水車に衝突している。水の運動エネルギーがすべて熱エネルギーに変換された場合、水の温度上昇はおよそ何 K か。

ただし、水の比熱容量を 4.19 kJ/(kg·K) で一定とし、諸損失はないものとする。

（H24－1 乙機検定）

解説

題意により、水は水車に衝突して落差 $h = 60\,\mathrm{m}$ に相当する位置エネルギー mgh（6.3.2 項を参照）は運動エネルギーに変化し、その全量が熱エネルギーとなり水の温度を上昇させることとなる。質量 m の水について、水の温度上昇を ΔT、水の比熱容量を c とすると

$$mgh = mc\Delta T$$

両辺を mc で割って数値を代入する。

$$\Delta T = \frac{gh}{c} = \frac{9.81\,\mathrm{m/s^2} \times 60\,\mathrm{m}}{4.19 \times 10^3\,\mathrm{J/(kg \cdot K)}} = \frac{588.6\,\mathrm{J/kg}}{4.19 \times 10^3\,\mathrm{J/(kg \cdot K)}} = 0.140\,\mathrm{K}$$

（上式で分子の単位は J/kg となるので、分母の単位は J/(kg·K) として代入する。）

（答　0.140 K）

例題 3-3

ジュールの実験装置におけるおもりの落下距離を求める 乙機

質量 m_1 のおもりを 2.55 m 落下させたとき、位置のエネルギーは 1.5 kJ の機械的仕事に変換された。さて、図のジュールの実験において、このおもりを落下させて、断熱した熱量計内にある質量 $m_2 = 3.5$ kg の水の温度を $\Delta T = 0.2$ K だけ上昇させるには、おもりをおよそ何 m 落下させればよいか。ただし、重力加速度を $g = 9.8$ m/s^2、水の比熱容量を $c = 4.19$ kJ/(kg·K) とする。

(R2-1 乙機検定)

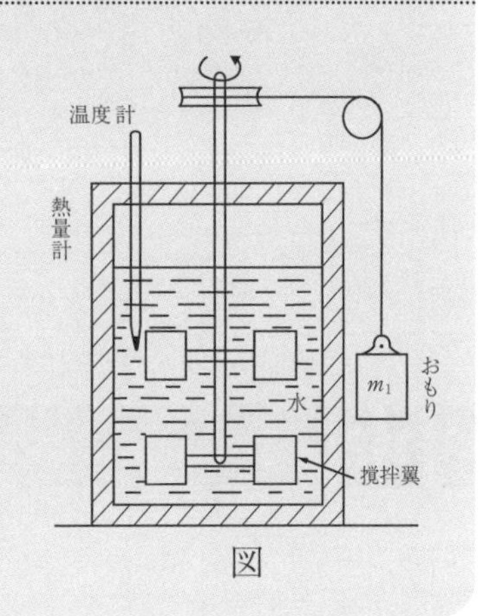

図

解説

高さ h の位置にある質量 m_1 のおもりのもつ位置エネルギーは m_1gh であり、このおもりを 2.55 m 落下させたとき 1.5 kJ の機械的仕事に変換されたわけであるから、エネルギー保存則により

$$m_1gh = 1.5\ \mathrm{kJ}$$

両辺を gh で割っておもりの質量 m_1 を求める式に変形し数値を代入すると

$$m_1 = \frac{1.5\ \mathrm{kJ}}{gh} = \frac{1.5 \times 10^3\ \mathrm{J}}{9.8\ \mathrm{m/s^2} \times 2.55\ \mathrm{m}} = 60.02\ \mathrm{kg}$$

次に、例題 3 − 1 と同様に、このおもりの落下距離を h' とすると、おもりが水に対してする仕事 $W = m_1gh'$ と水が得た熱量 $Q = m_2c\Delta T$ は等しいから

$$m_1gh' = m_2c\Delta T$$

両辺を m_1g で割って落下距離 h' を求める式に変形し数値を代入する。

$$h' = \frac{m_2c\Delta T}{m_1g} = \frac{3.5\ \mathrm{kg} \times 4.19 \times 10^3\ \mathrm{J/(kg \cdot K)} \times 0.2\ \mathrm{K}}{60.02\ \mathrm{kg} \times 9.8\ \mathrm{m/s^2}} = 4.99\ \mathrm{m}$$

(答　4.99 m)

演習問題 3.1 乙機

右図のようなジュールの実験装置において、断熱密閉容器内に、ある温度の水が 1 kg 入っている。100 W のモータに取り付けられているかくはん翼を用いて 10 分間かくはんを行ったとき、かくはんによる回転仕事がすべて水温の上昇に使用されたとすると、水の温度はおよそいくら上昇するか。

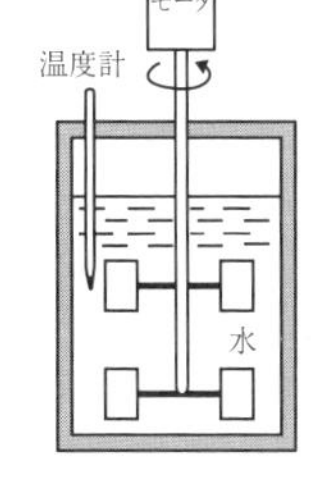

ただし、水の比熱を 4.2 kJ/(kg · K) とし、かくはん軸と容器の接触部の摩擦、モータが電力を回転仕事に変換する際の損失などは無視できるものとする。

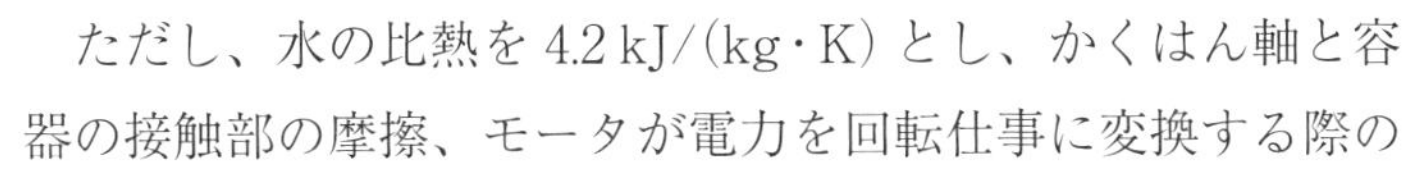

(H13-1 乙機検定)

断熱した熱量計、撹拌翼、おもりなどから構成されているジュールの実験装置において、質量80.0 kgのおもりを4.0 m落下させたとき、熱量計内の水の温度が0.3℃上昇した。この水の質量はおよそいくらか。ただし、水の比熱容量を4.19 kJ/(kg·K)とする。　(H21-1 乙機検定)

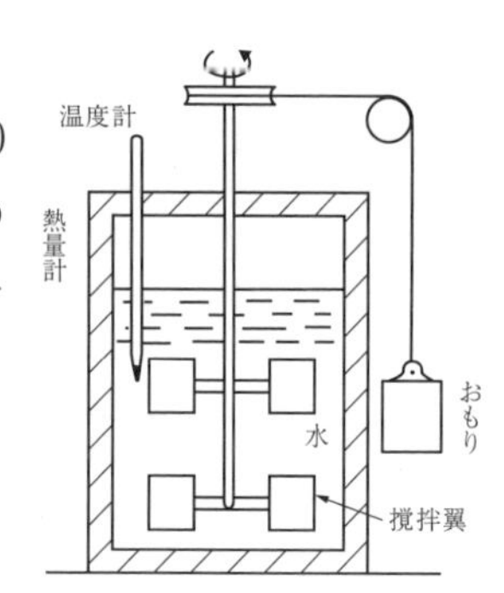

3·1·2 系　乙化 乙機

開いた系：気体（物質）およびエネルギー（熱や仕事）の出入りが可能な系
閉じた系：エネルギーの出入りは可能であるが、気体（物質）の出入りのない系
孤立系　：気体（物質）およびエネルギーの出入りのない系

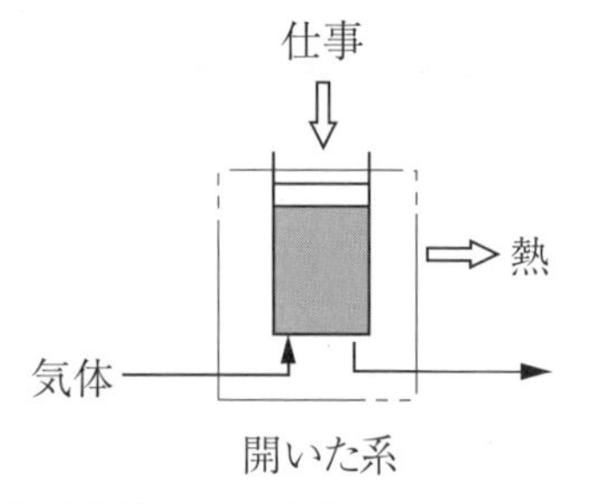

開いた系
往復圧縮機による吸込み·圧縮·吐出しの例

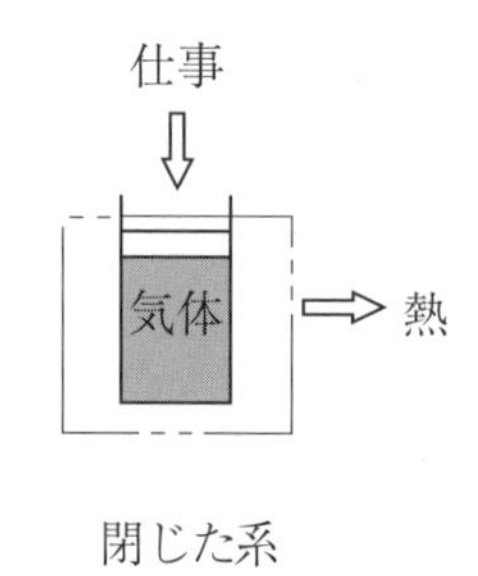

閉じた系
シリンダに密閉された気体の圧縮の例

3·1·3 熱力学の第一法則　乙化 乙機

熱力学の第一法則（エネルギー保存則）は、エネルギーの形態は変わってもその総量は保存されるというものである。

閉じた系では、系に外界から加えられた熱量 Q_{12} は、系の内部エネルギーの増加 ΔU と系が外界にした仕事 W_{12} の和に等しく、この関係は次式で表される。

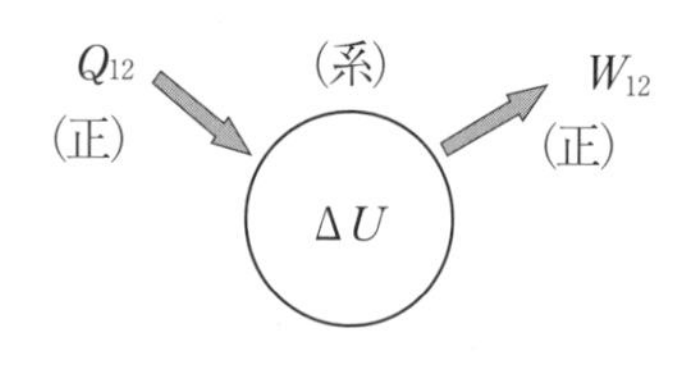

$$Q_{12} = \Delta U + W_{12} \quad \cdots\cdots (3.2\ \mathrm{a})$$

内部エネルギー U は、分子の運動エネルギーおよび分子間の位置のエネルギーとして保有するエネルギーの和であり、理想気体では温度のみで定まる。

また、仕事 W_{12} は次式で表され、**絶対仕事**と呼ばれる。

$$W_{12} = \int_1^2 \mathrm{d}W = \int_1^2 p\mathrm{d}V \quad \cdots\cdots (3.2\,\mathrm{b})$$

本書では、前頁の図のようにQの符号は系が外界から熱量を受ける場合を正、Wの符号は系が外界に仕事をする場合を正としている。また、添字の「12」は系が状態1から状態2に変化する場合の熱量、仕事であることを示す。

また、特に断りのない場合は、これ以降の気体の計算に用いる圧力は絶対圧力であり、温度は絶対温度である。

絶対仕事を求める式(3.2 b)は、p-V線図では状態1と状態2を結ぶ曲線①②の下側の部分の面積を表している。

なお、絶対仕事に対して、開いた系（流れ系）における仕事は**工業仕事**と呼ばれ曲線①②の左側の面積で表される。

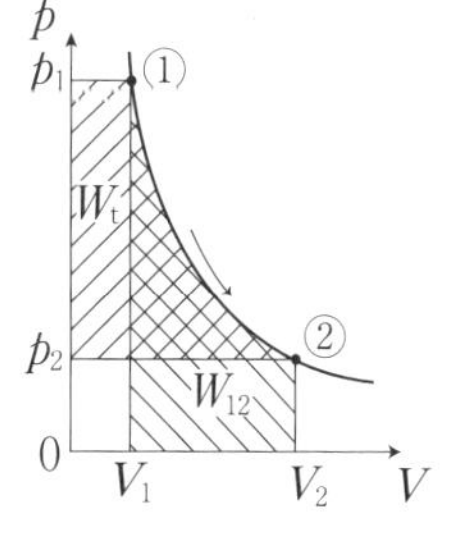

W_{12}：絶対仕事
W_t　：工業仕事

参考

絶対仕事を表す式(3.2 b)は、次のように導くことができる。

図のように圧力pの気体が膨張してピストンを微小距離$\mathrm{d}x$移動させ外界に仕事をしたとする。この間の圧力の変化は無視できるので、気体がピストンを押す力Fはピストンの断面積をAとすると$F = pA$である。よって、気体が外界へした微小仕事$\mathrm{d}W$は式(3.1 a)から

$$\mathrm{d}W = F\mathrm{d}x = (pA)\,\mathrm{d}x = p\,(A\mathrm{d}x) = p\mathrm{d}V$$

ここで、$\mathrm{d}V$は気体の微小膨張体積である。よって、この式を積分すると式(3.2 b)が導かれる。この式はシリンダの例に限らず、一般的に成立する関係式である。

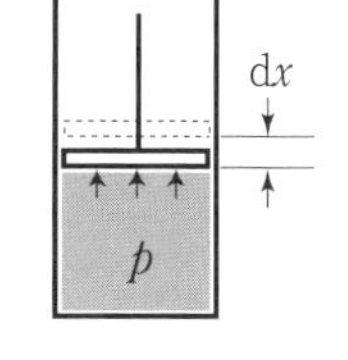

例題 3-4

第一法則を用いて内部エネルギーの変化を求める　乙機

圧力pが0.10 MPaの理想気体が圧力一定のまま、体積Vが5.00 m^{3}から2.00 m^{3}に変化し、その間に気体から冷却によって取り去られた熱量が1.0 MJであった。内部エネルギーの増加量はいくらか。なお、定圧下での仕事W_{12}は、$W_{12} = p\Delta V$で与えられる。

（H28-1 乙機検定）

解説

正負の符号に注意して、第一法則で計算する。

熱量Q_{12}については、系から取り去られたので負の値であり

$Q_{12} = -1.0$ MJ

仕事 W_{12} については、変化前の体積を V_1、変化後の体積を V_2 とすると、与えられた式から

$W_{12} = p\Delta V = p(V_2 - V_1) = 0.10\ \text{MPa} \times (2.00\ \text{m}^3 - 5.00\ \text{m}^3)$

$= -0.30\ \text{MPa}\cdot\text{m}^3 = -0.30\ \text{MJ}$ （気体が外部から仕事をされたので負の値）

状態 1　状態 2

$W_{12} = -0.30$ MJ

U_1　U_2　$Q_{12} = -1.0$ MJ

$\Delta U = U_2 - U_1 = Q_{12} - W_{12}$

以上より、式 (3.2 a) を変形して、内部エネルギー変化 ΔU を求めると

$\Delta U = Q_{12} - W_{12} = -1.0\ \text{MJ} - (-0.30\ \text{MJ}) = -0.70\ \text{MJ}$　（**答　-0.70 MJ**）

演習問題 3.3 乙化

一定圧力 2.0 MPa のもとで、ある理想気体に 500 kJ の熱を加えると、体積が 0.1 m^3 増加した。このときの気体の内部エネルギーの増加量はおよそ何 kJ か。　（H30-1 乙化検定）

3·2 エンタルピーと熱容量

3·2·1 エンタルピー　乙化 乙機

エンタルピー H は、内部エネルギー U と圧力による仕事 pV の和であり、次式で定義される。開いた系や定圧変化のエネルギーの関係を表すのによく用いられる状態量である。

$$H = U + pV \quad \cdots\cdots (3.3\ \text{a})$$

エンタルピーは、絶対値よりも次に示す状態変化をしたときの変化 ΔH が実用上は重要である。

$$\Delta H = \Delta U + \Delta(pV) = (U_2 - U_1) + (p_2V_2 - p_1V_1) \quad \cdots\cdots (3.3\ \text{b})$$

添字の 1、2 は、それぞれ状態 1、2 を示す。

例題 3-5

内部エネルギー、エンタルピーの増加などから加熱後の体積を求める　乙化

圧力 0.20 MPa、体積 3.0 m^3 の理想気体がある。これを加熱して、圧力を 3.0 倍にしたところ、内部エネルギーは 1.5 MJ、エンタルピーは 2.1 MJ 増加した。体積はおよそ何倍になったか。　（H25-1 乙化検定 類似）

解説

エンタルピーの増加 ΔH は、式 (3.3 b) を使って

$$\Delta H = \Delta(U + pV) = \Delta U + \Delta(pV) = \Delta U + (p_2V_2 - p_1V_1)$$

変化後の体積 V_2 を求める式に変形すると

$$V_2 = \frac{\Delta H - \Delta U + p_1V_1}{p_2}$$

この式に、$\Delta H = 2.1$ MJ、$\Delta U = 1.5$ MJ、$p_1 = 0.20$ MPa、$V_1 = 3.0$ m^3、$p_2 = 0.20$ MPa $\times 3.0 = 0.60$ MPa を代入する。

$$V_2 = \frac{2.1\ \text{MJ} - 1.5\ \text{MJ} + 0.20\ \text{MPa} \times 3.0\ \text{m}^3}{0.60\ \text{MPa}} = 2.0\ \text{m}^3$$

(p_1V_1 の単位は、MPa·m^3 = MJ となる。)

$$\therefore \quad \frac{V_2}{V_1} = \frac{2.0\ \text{m}^3}{3.0\ \text{m}^3} = 0.67(\text{倍})$$

(答　0.67 倍)

圧力 $p_1 = 0.3$ MPa、体積 $V_1 = 2.0$ m^3 の理想気体を加熱して、圧力 p_2、体積 V_2 の状態に変化させたとき、内部エネルギーの増加量は $\Delta U = 2.1$ MJ、エンタルピーの増加量は $\Delta H = 3.5$ MJ であった。このとき、変化後の圧力と体積の積 p_2V_2 はいくらか。　(H26-2 乙機検定)

3·2·2 熱容量　乙化 乙機

理想気体の定容モル熱容量 $C_{m,V}$ と定圧モル熱容量 $C_{m,p}$ については、2章で述べたが、これらのモル熱容量と n mol の理想気体の内部エネルギーの変化 ΔU、エンタルピーの変化 ΔH とは次の関係がある。

$$\Delta U = nC_{m,V}\Delta T \quad \cdots\cdots (3.4)$$

$$\Delta H = nC_{m,p}\Delta T \quad \cdots\cdots (3.5)$$

式 (3.4) は定容条件以外でも、また、式 (3.5) は定圧条件以外でも常に成立する関係式である。

なお、式 (3.4)、式 (3.5) は、n を質量 m (kg) に、また、$C_{m,V}$、$C_{m,p}$ をそれぞれ比熱容量 c_V、c_p (J/(kg·K)) に置き換えても成り立つ関係式である。

定容モル熱容量は、定容下で 1 mol の気体の温度を 1 K 上昇させるのに必要な熱量であり、2 章で示したように次の関係がある（式(2.6 b)参照）。

$$Q = nC_{m,V}\Delta T \quad （定容下） \cdots\cdots ①$$

また、定容下では気体の膨張はないので、仕事 $W = \int_1^2 p\mathrm{d}V = 0$ （$\because$ $\mathrm{d}V = 0$）であるから第一法則の式（3.2 a）は次のように表せる。

$$Q = \Delta U + W = \Delta U \cdots\cdots ②$$

式①、②から、式（3.4）が導かれる。理想気体の内部エネルギーは温度だけの関数であり体積 V に無関係であるから、式（3.4）は定容条件以外でも成立する。

定圧モル熱容量は、定圧下で 1 mol の気体の温度を 1 K 上昇させるのに必要な熱量であり、2 章で示したように次の関係がある（式（2.6 b）参照）。

$$Q = nC_{m,p}\Delta T \quad （定圧下） \cdots\cdots ③$$

一方、エンタルピー H の微分式は、定圧下では圧力変化 $\Delta p = 0$ であるから

$$\Delta H = \Delta(U + pV) = \Delta U + \Delta(pV) = \Delta U + (p\Delta V + V\Delta p)$$
$$= \Delta U + p\Delta V \cdots\cdots ④$$

また、定圧下の仕事 W は後述するように $W = p\Delta V$ と表せるので、第一法則の式（3.2 a）は

$$Q = \Delta U + W = \Delta U + p\Delta V = \Delta H \quad （式④による。） \cdots\cdots ⑤$$

式③、⑤から、式（3.5）が導かれる。

また、エンタルピーの定義式 $H = U + pV$ に、状態方程式 $pV = nRT$ を代入すると

$$H = U + nRT$$

式中の内部エネルギー U は温度だけの関数であり、また、nRT も温度だけの関数であるから、その和であるエンタルピー H も温度だけの関数となり圧力 p に無関係であるから、式（3.5）は定圧条件以外でも成立する。

例題 3-6

内部エネルギー変化と比熱容量の比からエンタルピー変化を求める　乙機

ある理想気体が、圧力 p_1、体積 V_1、温度 T_1 の状態から、圧力 p_2、体積 V_2、温度 T_2 の状態に変化したときの内部エネルギー変化 ΔU が 2.8 kJ であった。この状態変化におけるエンタルピー変化はおよそ何 kJ か。ただし、この気体の比熱容量の比 γ は 1.4 である。　（H24-2 乙機検定）

解説

この問題では、等温変化、定圧変化、断熱変化など状態変化の過程は示されていないが、理想気体のエンタルピー変化 ΔH および内部エネルギー変化 ΔU は、状態変化の過程に関係なく温度だけで決まる。式 (3.4)、式 (3.5) を与えられた記号を使って表すと

$$\Delta H = nC_{m,p}(T_2 - T_1) \cdots\cdots ①$$

$$\Delta U = nC_{m,V}(T_2 - T_1) \cdots\cdots ②$$

状態1	⇨	状態2
p_1、V_1、T_1		p_2、V_2、T_2

① ÷ ②とすると、$C_{m,p}/C_{m,V} = \gamma$ であるから

$$\Delta H/\Delta U = C_{m,p}/C_{m,V} = \gamma$$

$\Delta U = 2.8$ kJ、$\gamma = 1.4$ であるから

$$\Delta H = \gamma\Delta U = 1.4 \times 2.8\ \text{kJ} = 3.92\ \text{kJ} \fallingdotseq 3.9\ \text{kJ}$$

(答　3.9 kJ)

ある理想気体 1 mol を容積 500 mL の密閉容器に充てんし加熱したところ、温度が 300 K から 350 K に上昇した。この理想気体の内部エネルギーの増加量 ΔU はおよそ何 kJ か。

ただし、この理想気体の定容モル熱容量 $C_{m,V}$ は 20.3 J/(mol·K) とする。

(H13-2 乙化検定)

200 mol の理想気体がある。この気体を温度 300 K から体積一定で 0.50 MJ の熱量を与えて加熱した。エンタルピー変化はおよそ何 MJ か。ただし、定容モル熱容量を 13.9 J/(mol·K) として計算せよ。　(H29-1 乙機検定)

3·3 熱力学の第二法則　乙化 乙機

熱力学の第一法則はエネルギーの総量は保存されることを示しているが、熱力学の第二法則はエネルギーの方向性を示すもので、「熱は高温から低温へ流れるが、低温から高温へは自然には流れない」などと表現される。

エントロピーは、熱力学の第二法則を定量的に表すための状態量であり、次のように定義される。

$$\mathrm{d}S = \frac{\mathrm{d}Q}{T} \quad \cdots\cdots (3.6\ \text{a})$$

S はエントロピー、Q は系が受け取った熱量、T は熱量 Q を受け取ったときの温度である。

温度 T が一定の状態で Q_{12} の熱量を受け取ったときのエントロピー変化 ΔS は、式 (3.6 a) を積分した次式で表される。

$$\Delta S = \frac{Q_{12}}{T} \quad \cdots\cdots (3.6\ \text{b})$$

例題 3-7

等温下のエントロピーの変化を求める　乙化

100 ℃ の水 1 kg の蒸発のエントロピー変化は何 kJ/K か。ただし、100 ℃ における水の蒸発潜熱は 40.7 kJ/mol とする。　(R1 乙化国家試験)

解説

水の蒸発に要した熱量 Q_{12} は、物質量を n、蒸発潜熱を λ_m とすると、式 (2.26 b) より

$$Q_{12} = n\lambda_m$$

ここで

$$n = 1000\ \mathrm{g}/(18\ \mathrm{g/mol}) = 55.56\ \mathrm{mol}$$ （∵　水のモル質量は 18 g/mol）

$$\lambda_m = 40.7\ \mathrm{kJ/mol}$$

これらの値を上式に代入すると

$$Q_{12} = 55.56\ \mathrm{mol} \times 40.7\ \mathrm{kJ/mol} = 2261\ \mathrm{kJ}$$

蒸発過程で温度 T は一定であるから、エントロピー変化 ΔS は式 (3.6 b) を使って

$$\Delta S = \frac{Q_{12}}{T} = \frac{2261\ \mathrm{kJ}}{(100 + 273)\ \mathrm{K}} = 6.06\ \mathrm{kJ/K}$$

（答　**6.06 kJ/K**）

演習問題 3.7　乙化

圧力 0.1013 MPa 一定の条件下で、温度 100 ℃ の液体の水 1 kg を全量蒸発させて飽和蒸気にするプロセスのエントロピー変化はおよそ何 $\mathrm{kJ \cdot kg^{-1} \cdot K^{-1}}$ か。

ただし、0.1013 MPa における水の蒸発潜熱は 2260 $\mathrm{kJ \cdot kg^{-1}}$ とする。

(H19 乙化国家試験)

3·4 気体の状態変化

状態変化についての応用問題は熱力学の中でも出題頻度が高い。状態変化の式はいずれもエネルギー保存則と理想気体の状態方程式から導くことができるので、導き方にも習熟しておけば、受験対策として万全といえる。

3·4·1 等温変化

乙化 乙機

等温変化の場合は温度 T が一定であるから、状態方程式は $pV = nRT =$ 一定（ボイルの法則）と表され、理想気体が状態1から状態2に等温変化する場合、次の関係式が成り立つ。

$$p_1 V_1 = p_2 V_2 \quad \cdots\cdots (3.7\,\mathrm{a})$$

次に、等温変化の場合は内部エネルギー変化 $\Delta U = 0$ であるから、第一法則の式は次のように表される。

$$Q_{12} = W_{12} \quad \cdots\cdots (3.7\,\mathrm{b})$$

p

1 (p_1, V_1)

Q_{12}

2 (p_2, V_2)

T

V

$pV =$ 一定

等温変化の p-V 線図の例

また、等温変化の仕事（絶対仕事）については次のように表される。

$$W_{12} = nRT \ln\left(\frac{V_2}{V_1}\right) = nRT \ln\left(\frac{p_1}{p_2}\right) \quad \cdots\cdots (3.7\,\mathrm{c})$$

等温変化における仕事の式（3.7 c）は、次のようにして導くことができる。

状態方程式を変形して得られる $p = nRT/V$ を仕事の式（3.2 b）に代入して積分する。

$$W_{12} = \int_1^2 p\mathrm{d}V = \int_1^2 \frac{nRT}{V}\mathrm{d}V = nRT\int_1^2 \frac{\mathrm{d}V}{V} = nRT\left[\ln V\right]_1^2$$

$$= nRT(\ln V_2 - \ln V_1) = nRT \ln\left(\frac{V_2}{V_1}\right)$$

ここで、ln は自然対数である。

上式では、積分式、$\int a\mathrm{d}x = a\int \mathrm{d}x$（$a$ は定数）、$\int \frac{\mathrm{d}x}{x} = \ln x$ を用いている。

（付録の公式(7)①、④参照）

また、式（3.7 a）から、$V_2/V_1 = p_1/p_2$ の関係があり、これを上式に代入すると、$W_{12} = nRT\ln(p_1/p_2)$ と表すこともできる。さらに、状態方程式から $p_1V_1 = nRT$ の関係があるから、これを上式に代入すると、$W_{12} = p_1V_1\ln(V_2/V_1)$ と表すこともできる。

例題 3-8

等温膨張における仕事などを求める

乙化

理想気体 1 mol を状態①（圧力 p_1、体積 $V_{\mathrm{m},1}$、温度 T_1）から状態②（圧力 p_2、体積 $V_{\mathrm{m},2}$、温度 T_2）へ等温変化（$T_1 = T_2$）させるときの仕事 W は、次式で与えられる。

$$W = p_1 V_{\mathrm{m},1} \ln\left(\frac{p_1}{p_2}\right)$$

では、1 mol の理想気体を、282 ℃ のもとで体積が 2 倍になるまで等温膨張させると

きの仕事 W および内部エネルギー変化 ΔU を求めよ。

ただし、$\ln 2 = 0.693$ とする。 (H15-1 乙化検定 類似)

解説

(1) **仕事 W**

この問題の場合は等温変化の仕事 W の式は与えられているが、等温変化の前後の圧力や体積の数値は与えられていないので、以下に示すように状態変化の関係式を用いて計算する必要がある。

式中の「$p_1 V_{m,1}$」は状態方程式 (2.5 a) から

$$p_1 V_{m,1} = nRT_1$$
$$= 1\ \mathrm{mol} \times 8.31\ \mathrm{J/(mol \cdot K)} \times (282 + 273)\ \mathrm{K}$$
$$= 4612\ \mathrm{J} \quad \cdots\cdots ①$$

また、p_1 と p_2 の関係は等温変化の関係式 (3.7 a) より

$$p_1 V_{m,1} = p_2 V_{m,2}$$

この式を変形し、題意の $V_{m,2} = 2V_{m,1}$ の関係を代入すると

$$\frac{p_1}{p_2} = \frac{V_{m,2}}{V_{m,1}} = \frac{2V_{m,1}}{V_{m,1}} = 2 \quad \cdots\cdots ②$$

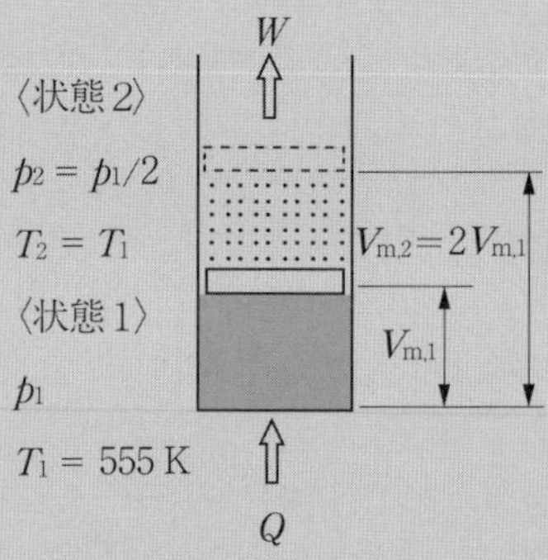

恒温槽内のシリンダの例

式①、②を与えられた仕事の式に代入する。

$W = 4612\ \mathrm{J} \times \ln 2 = 4612\ \mathrm{J} \times 0.693 = 3200\ \mathrm{J}$（正の値であるから、外界へ仕事をしたことを意味する。） **(答　$W = 3200$ J)**

(注) 気体定数の数値や等温変化の仕事の式は、問題文中に与えられない場合があるので、記憶しておく。

(2) **内部エネルギー変化 ΔU**

内部エネルギーは温度により一義的に決まるので、等温変化の場合は温度が一定であり

$$\Delta U = 0$$

である。この例題のように等温膨張の場合は、外部から受け取った熱量（本問題の場合、第一法則から $Q = \Delta U + W = W = 3200$ J）により体積が膨張し、この熱量に相当するエネルギーを外部への仕事にすべて費やすことになる。 **(答　$\Delta U = 0$)**

例題 3-9

等温膨張における仕事を求める

乙機

1 mol の理想気体に関する、流れを伴わない状態変化①（p_1、V_1、T_1）→②（p_2、V_2、T_2）を考える。これが等温膨張変化であるとして、$p_1 = 0.50$ MPa、$T_1 = T_2 = 328$ K、$p_2 = 0.20$ MPa の場合、仕事はおよそいくらか。圧力は、絶対圧力である。

ただし、気体定数 R を 8.31 J/(mol·K) とする。

［参考］$\ln 2 = 0.693$、$\ln 5 = 1.61$　（H17-1 乙機検定 類似）

解説

この問題の場合は等温変化の仕事の式が与えられていないので、記憶しておくか、または誘導できるようにしておかないと解けない。式 (3.7 c) を使って計算する。

$$W_{12} = nRT \ln\left(\frac{p_1}{p_2}\right)$$

$$= 1\,\text{mol} \times 8.31\,\text{J/(mol·K)} \times 328\,\text{K} \times \ln\left(\frac{0.50\,\text{MPa}}{0.20\,\text{MPa}}\right)$$

$$= 2726\,\text{J} \times \ln\frac{5}{2} = 2726\,\text{J} \times (\ln 5 - \ln 2) = 2726\,\text{J} \times (1.61 - 0.693)$$

$$= 2500\,\text{J}$$

$= 2.50$ kJ（膨張して外界に仕事をするので正の値である。）

（答　2.50 kJ）

対数の計算は付録 1 (5)⑤を参照のこと。

なお、理想気体を冷却して等温圧縮する場合は、上記の計算式で、$p_1/p_2 < 1$ であり $\ln(p_1/p_2) < 0$ となり、仕事の値は負（外界から仕事をされる。）となる。

温度 298 K、圧力 100 kPa（絶対圧力）の理想気体 1 m^3 に熱を加えて等温膨張させ、体積を 10 倍にしたときに系がした仕事はおよそ何 MJ か。等温変化における系のする仕事は、$W = nRT_1 \ln(V_2/V_1)$ で与えられる。

ただし、$\ln 10 = 2.30$ とする。　（H17-1 乙化検定）

3·4·2 定圧変化

乙化 乙機

定圧変化の場合は圧力 p = 一定であるから、状態方程式 $pV = nRT$ は $V/T = nR/p$ = 一定（シャルルの法則）と表され、理想気体が状態 1 から状態 2 に定圧変化する場合、次

3章◎気体の熱力学

の関係式が成り立つ。

$$\frac{V_1}{T_1} = \frac{V_2}{T_2} \quad \cdots\cdots (3.8\,a)$$

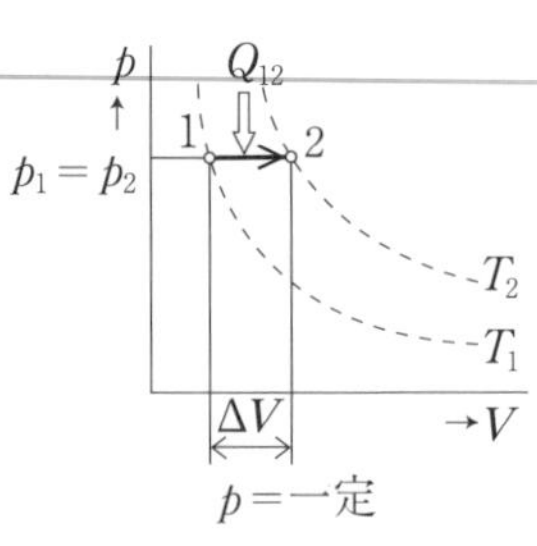

定圧変化の p－V 線図の例

また、定圧変化では、熱量 Q_{12} とエンタルピー変化 ΔH は等しく、第一法則の式は次のように表される。

$$Q_{12} = \Delta U + W_{12} = \Delta H \quad \cdots\cdots (3.8\,b)$$

また、仕事（絶対仕事）W_{12} については次のように表される。

$$W_{12} = p\Delta V \quad \cdots\cdots (3.8\,c)$$

参考

閉じた系の仕事（絶対仕事）は、式（3.2 b）を圧力 p ＝ 一定（p は定数）の条件で積分すると

$$W_{12} = \int_1^2 p\,\mathrm{d}V = p\int_1^2 \mathrm{d}V = p[V]_1^2 = p(V_2 - V_1) = p\Delta V$$

p－V 線図では定圧線は体積 V を表す横軸に平行な直線となり、絶対仕事 W_{12} は定圧線の下側の面積で表されるから（3.1.3 項参照）、$W_{12} = p\Delta V$ であることを容易に導くことができる。

また、3.2.2 熱容量の項の参考欄で示したように定圧下では加えられた熱量とエンタルピーの増加量は等しく、式（3.8 b）が成立する。

例題 3-10

水の蒸発に伴う仕事を求める　乙化

1.0 mol の液体の水すべてが標準大気圧下 100 ℃ で蒸発したとき、外部にした仕事を求めよ。外部にした仕事は、標準大気圧に逆らって、液体の水と水蒸気の体積の差の分だけ膨張したときの仕事と等しいとする。ただし、液体の水の体積は水蒸気のそれと比較して十分小さいため無視でき、水蒸気は理想気体として扱えるものとする。

（H24－1 乙化検定）

解説

定圧下の仕事であるから、式（3.8 c）で計算する。このときの圧力は標準大気圧 $p_a = 101\,\mathrm{kPa}$ である。また、題意により膨張前の水の体積 V_L は0であり、膨張量 ΔV は膨張後の水蒸気の体積 V_G に等しい（右図）。標準大気圧、0℃（273 K）における1.0 molの水蒸気の体積はアボガドロの法則により22.4 Lであるから、100℃における水蒸気の体積 V_G はシャルルの法則を使って

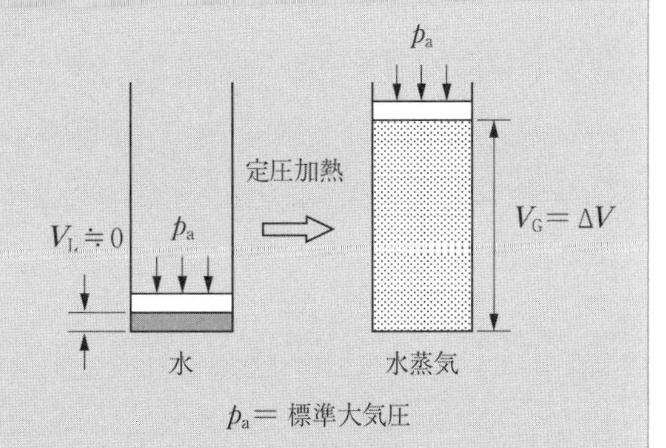

$$\Delta V = V_G = 22.4 \times 10^{-3}\,\mathrm{m}^3 \times \frac{(273 + 100)\,\mathrm{K}}{273\,\mathrm{K}} = 30.61 \times 10^{-3}\,\mathrm{m}^3$$

したがって、水蒸気が外部にした仕事 W は

$$W = p_a \Delta V = 101 \times 10^3\,\mathrm{Pa} \times 30.61 \times 10^{-3}\,\mathrm{m}^3 = 3090\,\mathrm{J} = 3.09\,\mathrm{kJ}$$

（答　3.09 kJ）

別解

水蒸気の体積 V_G は、次のように状態方程式 $pV = nRT$ を用いて計算することもできる。

$$V_G = \frac{nRT}{p_a} = \frac{1.0\,\mathrm{mol} \times 8.31\,\mathrm{Pa \cdot m^3/(mol \cdot K)} \times (273 + 100)\,\mathrm{K}}{101 \times 10^3\,\mathrm{Pa}}$$

$$= 30.69 \times 10^{-3}\,\mathrm{m}^3$$

例題 3-11

定圧変化後の体積を求める

乙機

図(a)に示すように、ピストンが固定されていないシリンダ内に圧力 p が0.1 MPa（絶対圧力）の理想気体がある。この気体の圧力を一定に保ちつつ280 kJの熱量 Q を加えたところ、図(b)に示すように体積が ΔV だけ増加し、内部エネルギーの増加 ΔU は200 kJであった。体積の増加 ΔV はおよそいくらか。

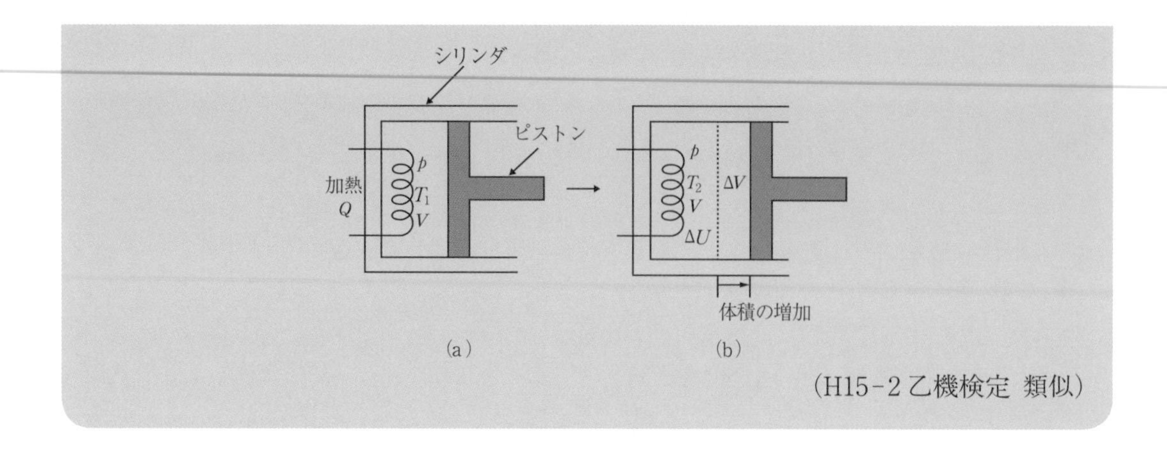

（H15-2 乙機検定 類似）

解説

熱量Qと内部エネルギーの増加ΔUがわかっているから、熱力学の第一法則から、仕事Wが計算できる。次に、定圧変化における仕事Wは式(3.8 c)から$W = p\Delta V$であるから、この式から体積変化ΔVが計算できる。

まず、熱力学の第一法則から、仕事Wを計算する。熱量Qは外界から受け取った熱量であるから正の値である。また、内部エネルギーは増加したからΔUは正の値であることに注意する。

$$W = Q - \Delta U = 280\,\mathrm{kJ} - 200\,\mathrm{kJ} = 80\,\mathrm{kJ} = 80 \times 10^3\,\mathrm{J}$$

次に、式(3.8 c)から

$$\Delta V = \frac{W}{p} = \frac{80 \times 10^3\,\mathrm{J}}{0.1 \times 10^6\,\mathrm{Pa}} = \frac{80 \times 10^3\,\mathrm{Pa \cdot m^3}}{100 \times 10^3\,\mathrm{Pa}} = 0.80\,\mathrm{m^3}$$

（答　**0.80 m³**）

例題 3-12

定圧下で加熱したときのエンタルピー、内部エネルギー変化から温度変化を求める　乙機

物質量 10 mol の理想気体を、圧力を一定に保ちながら加熱したところ、エンタルピーHが 65 kJ、内部エネルギーUが 40 kJ 増加した。このとき温度Tはおよそ何度上昇したか。

（R2-2 乙機検定）

解説

定圧下では、式(3.8 b)に式(3.8 c)を代入すると（または、付録1の微分の公式(6)②を使って、エンタルピーの定義式$H = U + pV$を圧力一定条件で微分すると）

$$\Delta U + p\Delta V = \Delta H$$

定圧下であるから、$p\Delta V = \Delta(pV)$ であり、この関係と状態方程式 $pV = nRT$ を用いると上式は

$$\Delta U + p\Delta V = \Delta U + \Delta(pV) = \Delta U + \Delta(nRT) = \Delta U + nR\Delta T = \Delta H$$

ΔT を求める式に変形して単位に注意して与えられた数値を代入する。

$$\Delta T = \frac{\Delta H - \Delta \bar{U}}{nR} = \frac{(65 - 40) \times 10^3\ \mathrm{J}}{10\ \mathrm{mol} \times 8.31\ \mathrm{J/(mol \cdot K)}} = 301\ \mathrm{K} \fallingdotseq 300\ \mathrm{K}$$

（答　**300 K**）

例題 3-13

定圧下で加熱したときの仕事から加熱後の温度を求める　乙化

温度 27 ℃、体積 5.0 L の理想気体 2.0 mol を圧力一定で加熱したところ、外部に対して 380 J の仕事をした。加熱後の気体の温度はおよそ何 ℃ か。（R1-1 乙化検定）

解説

状態方程式（2.5 a）$pV = nRT$ を使って、一定圧力 p を加熱前の温度 T_1、体積 V_1、物質量 n から求めると

$$p = \frac{nRT_1}{V_1} = \frac{2.0\ \mathrm{mol} \times 8.31\ \mathrm{Pa \cdot m^3/(mol \cdot K)} \times (27 + 273)\ \mathrm{K}}{5.0 \times 10^{-3}\ \mathrm{m^3}}$$

$$= 997.2 \times 10^3\ \mathrm{Pa}$$

次に、定圧変化の仕事の式（3.8 c）$W_{12} = p\Delta V$ を使って体積増加量 ΔV を求め、加熱後の体積 V_2 を求めると

$$\Delta V = \frac{W_{12}}{p} = \frac{380\ \mathrm{J}}{997.2 \times 10^3\ \mathrm{Pa}} = \frac{380\ \mathrm{Pa \cdot m^3}}{997.2 \times 10^3\ \mathrm{Pa}} = 0.3811 \times 10^{-3}\ \mathrm{m^3}$$

$$\therefore\quad V_2 = V_1 + \Delta V = 5.0 \times 10^{-3}\ \mathrm{m^3} + 0.3811 \times 10^{-3}\ \mathrm{m^3} = 5.381 \times 10^{-3}\ \mathrm{m^3}$$

加熱後の体積 V_2 がわかったので、状態方程式を使って加熱後の温度 T_2 を求める。

$$T_2 = \frac{pV_2}{nR} = \frac{997.2 \times 10^3\ \mathrm{Pa} \times 5.381 \times 10^{-3}\ \mathrm{m^3}}{2.0\ \mathrm{mol} \times 8.31\ \mathrm{Pa \cdot m^3/(mol \cdot K)}}$$

$$= 323\ \mathrm{K} = (323 - 273)\ ℃ = 50\ ℃$$

（答　**50 ℃**）

別解

圧力 p を求めた後、前例題と同様の方法によって求めることもできる。

$$W_{12} = p\Delta V = \Delta(pV) = \Delta(nRT) = nR\Delta T$$

この式より温度変化 ΔT を求める。すなわち

$$\Delta T = \frac{W_{12}}{nR} = \frac{380\ \mathrm{Pa\cdot m^3}}{2.0\ \mathrm{mol} \times 8.31\ \mathrm{Pa\cdot m^3/(mol\cdot K)}} = 22.9\ \mathrm{K}$$

$$\therefore\quad T_2 = T_1 + \Delta T = 27\ ℃ + 22.9\ ℃ \fallingdotseq 50\ ℃$$

演習問題 3.9 乙機

圧力 0.10 MPa の理想気体が圧力一定のまま、体積が 5.00 m^3 から 2.00 m^3 に変化し、その間に気体から冷却によって取り去られた熱量が 1.0 MJ であった。内部エネルギーの増加量はおよそ何 kJ か。（H28－1 乙機検定）

演習問題 3.10 乙化

27 ℃、5.0 L の理想気体 2.0 mol を圧力一定で加熱したところ、温度が 50 ℃ になった。このとき気体が外部にした仕事はおよそ何 J か。ただし、理想気体の定圧モル熱容量 $C_{m,p}$ は 29.1 J/(mol·K) である。（H29－1 乙化検定）

演習問題 3.11 乙化

圧力 101 kPa（絶対圧力）、温度 320 K の理想気体 7.0 mol を圧力一定のもとで体積が 2 倍になるまで加熱した。この間のエンタルピー変化 ΔH はおよそ何 kJ か。気体の得た熱量を Q、温度差を ΔT とすると定圧下では、理想気体 1 mol について $Q = C_{m,p}\cdot\Delta T$ が成り立つものとして計算せよ。

ただし、この気体の定圧モル熱容量 $C_{m,p}$ は 29.0 J/(mol·K) とする。

（H16－2 乙化検定）

演習問題 3.12 乙化

25 ℃、101 kPa（絶対圧力）の理想気体 1.00 mol を圧力一定の条件で 125 ℃ まで加熱した。このとき気体が外部にした仕事 W と気体に加えた熱量 Q の比 W/Q はおよそいくらか。

ただし、理想気体の定圧モル熱容量 $C_{m,p}$ は、29.0 J/(mol·K) である。

（H21－1 乙化検定）

3·4·3 定容変化

乙化 乙機

定容変化の場合は体積 $V=$ 一定であるから、状態方程式 $pV=nRT$ は $p/T=nR/V=$ 一定と表され、理想気体が状態1から状態2に定容変化する場合、次の関係式が成り立つ。

$$\frac{p_1}{T_1}=\frac{p_2}{T_2} \quad \cdots\cdots (3.9\,a)$$

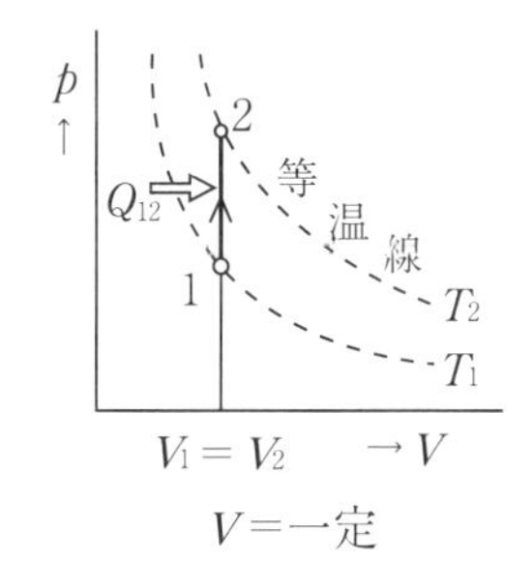

定容変化の p-V 線図の例

次に、定容変化の場合は $V=$ 一定 $(\Delta V=0)$ であり、絶対仕事 $W_{12}=0$ であるから、第一法則の式は次のように表される。

$$Q_{12}=\Delta U \quad \cdots\cdots (3.9\,b)$$

参考 絶対仕事は、$W_{12}=\int_1^2 p\mathrm{d}V=0\ (\because\ \mathrm{d}V=0)$ である。p-V 線図では定容線は体積 V を表す横軸に垂直な直線となり、絶対仕事 W_{12} は定容線の下側の面積で表されるから、$W_{12}=0$ であることが容易にわかる。

例題 3-14

定容下で加熱したときの温度を求める （乙化 乙機）

定容下で理想気体 1 mol を加熱して、状態1 ($p_1=0.1$ MPa、$T_1=300$ K) から圧力 $p_2=0.2$ MPa の状態2へ変化させた。状態2の温度 T_2 およびこの気体が外部にした仕事 W_{12} を求めよ。圧力は、絶対圧力とする。

解説

定容変化の場合の状態方程式 (3.9 a) を変形すると T_2 は

$$T_2=T_1\frac{p_2}{p_1}$$

与えられた数値を代入すると

$$T_2=300\ \mathrm{K}\times\frac{0.2\ \mathrm{MPa}}{0.1\ \mathrm{MPa}}=600\ \mathrm{K}$$

定容変化の場合は、温度は圧力に比例して変化することになる。 **（答　$T_2=600$ K）**

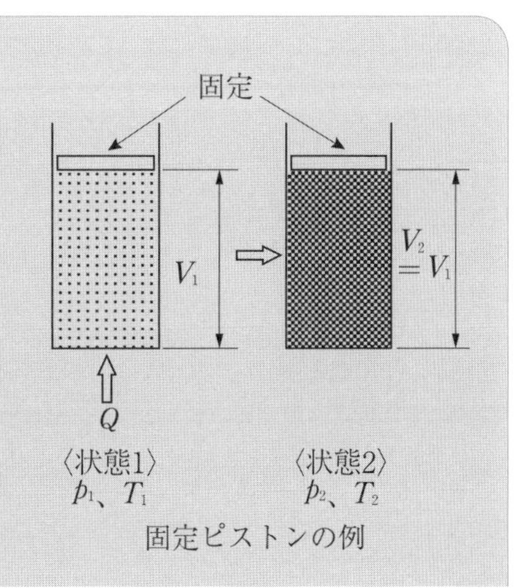

固定ピストンの例

また、定容変化の場合は体積の変化がないので、仕事 $W_{12} = 0$ である。（**答　$W_{12} = 0$**）

この問題は定容変化後の温度を求める問題であるが、定容変化後の圧力を求める問題の場合も、式 (3.9 a) を用いて同様に求めることができる。

（乙化乙機）

前の例題 3-14 において、定容モル熱容量 $C_{m,V} = 20.8$ J/(mol·K) として、加えられた熱量 Q_{12} および内部エネルギー変化 ΔU を求めよ。

3·4·4 断熱変化　乙化乙機

熱の出入りのない断熱変化、すなわち $Q_{12} = 0$ の場合は、次の関係式が成り立つ。

$$p_1 V_1^{\gamma} = p_2 V_2^{\gamma} \quad \cdots\cdots (3.10\,\mathrm{a})$$

γ は比熱容量の比であり、$\gamma = C_{m,p}/C_{m,V}$ である。

次に、第一法則の式は、断熱変化の前提条件である $Q_{12} = 0$ から次のように表される。

$$\Delta U + W_{12} = 0 \quad \cdots\cdots (3.10\,\mathrm{b})$$

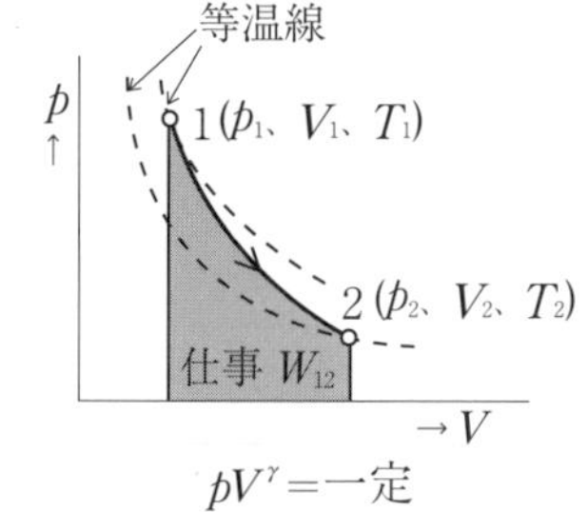

断熱変化の p - V 線図の例

また、仕事（絶対仕事）は次式で表される。

$$W_{12} = \frac{p_1 V_1}{\gamma - 1}\left\{1 - \left(\frac{V_1}{V_2}\right)^{\gamma-1}\right\} = \frac{p_1 V_1}{\gamma - 1}\left\{1 - \left(\frac{p_2}{p_1}\right)^{\frac{\gamma-1}{\gamma}}\right\} \quad \cdots\cdots (3.10\,\mathrm{c})$$

断熱変化においても状態方程式 $p_1 V_1 = nRT_1$ の関係は成立するから、式 (3.10 c) 中の「$p_1 V_1$」は「nRT_1」と置き換えて計算してもよい。

式 (3.10 b) $W_{12} = -\Delta U$、式 (3.4) $\Delta U = nC_{m,V}\Delta T$、2 章のマイヤーの関係より得られる $C_{m,V} = R/(\gamma - 1)$ を用いると、次のように表すこともできる。

$$W_{12} = -\Delta U = nC_{m,V}(T_1 - T_2) = \frac{nR}{\gamma - 1}(T_1 - T_2) \quad \cdots\cdots (3.10\,\mathrm{d})$$

また、断熱変化後の温度 T_2 は次の式で表すことができ、よく用いられる関係式である。

$$T_2 = T_1\left(\frac{p_2}{p_1}\right)^{\frac{\gamma-1}{\gamma}} \quad \cdots\cdots (3.10\,\mathrm{e})$$

断熱変化では次式が成り立つ。

$$pV^{\gamma} = p_1 V_1^{\gamma} \qquad \therefore \quad p = p_1 (V_1/V)^{\gamma} = (p_1 V_1^{\gamma})\, V^{-\gamma}$$

この式を仕事の式（3.2 b）$W_{12} = \int_1^2 p\mathrm{d}V$ に代入して積分すると、絶対仕事の式（3.10 c）が得られる。

また、式（3.10 e）は次のようにして誘導することができる。式（3.10 a）より

$$p_1 V_1^{\gamma} = p_2 V_2^{\gamma}$$

この式に、$V = nRT/p$ の関係を代入すると

$$p_1 \left(\frac{nRT_1}{p_1}\right)^{\gamma} = p_2 \left(\frac{nRT_2}{p_2}\right)^{\gamma}$$

この式を変形すると、p と T の関係式（3.10 e）が得られる。

なお、式（3.10 a）はボイル-シャルルの式、第一法則の式などを組み合わせることにより得られるが、本書では誘導過程は省略する。

例題 3-15

断熱圧縮後の温度を求める　乙化

25 ℃、大気圧（101.3 kPa）の空気を 1 MPa（絶対圧力）まで可逆断熱圧縮したとき、到達する温度に最も近いものはどれか。ただし、空気は理想気体とみなせ、比熱容量の比は 1.4 とし、$pV^{\gamma} =$ 一定とする。必要であれば、下表の数値を参考とせよ。

x	0.2	0.3	0.4	0.5	0.6
10^x	1.58	2.00	2.51	3.16	3.98

(1)　100 ℃　　(2)　300 ℃　　(3)　500 ℃　　(4)　700 ℃　　(5)　900 ℃

（H26 乙化国家試験）

解説

式（3.10 e）により計算する。温度は絶対温度に換算して計算することに注意する。

$$T_2 = T_1 \left(\frac{p_2}{p_1}\right)^{\frac{\gamma-1}{\gamma}}$$

$$= (25 + 273)\ \mathrm{K} \times \left(\frac{1\ \mathrm{MPa}}{0.1013\ \mathrm{MPa}}\right)^{\frac{1.4-1}{1.4}}$$

$$= 298\ \mathrm{K} \times 9.87^{0.286} \fallingdotseq 298\ \mathrm{K} \times 10^{0.3}$$

$$= 298\ \mathrm{K} \times 2.00 = 596\ \mathrm{K} = 323\ ℃$$

W_{12}

〈状態 1〉
$p_1 = 0.1013$ MPa
$T_1 = 298$ K

〈状態 2〉
$p_2 = 1$ MPa
$T_2 = ?$

V_1　V_2

$Q_{12} = 0$

（答　(2)　300 ℃）

例題 3-16

断熱圧縮の仕事を求める

乙機

理想気体 1.0 mol を 0.1 MPa から 0.5 MPa まで可逆断熱圧縮したところ、温度が 173 K 上昇した。このときの圧縮仕事はおよそ何 kJ か。ただし、この気体の比熱容量の比 $\gamma = C_{m,p}/C_{m,V}$ ($C_{m,p}$：定圧モル熱容量、：$C_{m,V}$：定容モル熱容量) は 1.4 である。

(R1-1 乙機検定)

解説

この問題では、温度変化 173 K は与えられているが、圧縮開始の温度 T_1 は与えられていなく、圧縮開始の体積 V_1 も求められない。よって、式 (3.10 c) は使えないので、式 (3.10 d) を使って求める。

$$W_{12} = \frac{nR}{\gamma - 1}(T_1 - T_2) = -\frac{nR}{\gamma - 1}(T_2 - T_1)$$

$$= -\frac{1.0\ \mathrm{mol} \times 8.31\ \mathrm{J/(mol \cdot K)}}{1.4 - 1} \times 173\ \mathrm{K} = -3590\ \mathrm{J} = -3.59\ \mathrm{kJ}$$

(答　− 3.59 kJ)

なお、第一法則の式 (3.10 b) より、内部エネルギーは 3.59 kJ 増加することになる。

例題 3-17

断熱膨張後の圧力を求める

(乙化 乙機)

圧力 6 MPa (絶対圧力)、温度 327 ℃ の空気 2 m^3 を断熱変化により体積 3 m^3 まで膨張させた。膨張後の空気の圧力 (絶対圧力) はおよそ何 MPa か。

ただし、空気は理想気体とし、その比熱容量の比は 1.4 とする。また、$2^{1.4} = 2.64$、$3^{1.4} = 4.66$ である。

解説

断熱変化の式（3.10 a）を変形し計算する（付録 1 の(4)指数公式参照）。

$$p_1 V_1^{\gamma} = p_2 V_2^{\gamma}$$

$$\therefore \quad p_2 = p_1 \frac{V_1^{\gamma}}{V_2^{\gamma}} = 6\ \text{MPa} \times \frac{(2\ \text{m}^3)^{1.4}}{(3\ \text{m}^3)^{1.4}}$$

$$= 6\ \text{MPa} \times \frac{2.64}{4.66} = 3.40\ \text{MPa}$$

（**答　$p_2 = 3.40$ MPa**）

〈状態 2〉 $p_2 = ?$ T_2

〈状態 1〉 $p_1 = 6$ MPa $T_1 = 327$ ℃

W_{12}　$V_2 = 3\ \text{m}^3$　$V_1 = 2\ \text{m}^3$　$Q_{12} = 0$

なお、膨張後の温度 T_2 は、式（3.10 e）より

$$T_2 = T_1 \left(\frac{p_2}{p_1}\right)^{\frac{\gamma-1}{\gamma}} = (327 + 273)\ \text{K} \times \left(\frac{3.40\ \text{MPa}}{6\ \text{MPa}}\right)^{\frac{1.4-1}{1.4}} = 510\ \text{K} = 237\ ℃$$

に低下する。

例題 3-18

断熱圧縮の仕事を求める

圧力 0.1 MPa（絶対圧力）、温度 15 ℃ の空気 0.1 m³ を圧力 0.5 MPa（絶対圧力）まで断熱圧縮したときの断熱圧縮の仕事はおよそ何 kJ か。

ただし、空気は理想気体とし、その比熱容量の比は 1.4 とする。

（参考）$0.2^{0.286} = 0.631$、$0.2^{0.714} = 0.317$、$0.2^{1.4} = 0.105$、$0.2^{3.50} = 0.00358$

$5^{0.286} = 1.58$、$5^{0.714} = 3.16$、$5^{1.4} = 9.52$、$5^{3.50} = 280$

解説

式 (3.10 c) により求める。

$$W_{12} = \frac{p_1 V_1}{\gamma - 1}\left\{1 - \left(\frac{p_2}{p_1}\right)^{\frac{\gamma-1}{\gamma}}\right\}$$

$$= \frac{0.1 \times 10^6\,\mathrm{Pa} \times 0.1\,\mathrm{m}^3}{1.4 - 1} \times \left\{1 - \left(\frac{0.5 \times 10^6\,\mathrm{Pa}}{0.1 \times 10^6\,\mathrm{Pa}}\right)^{\frac{1.4-1}{1.4}}\right\}$$

$$= \frac{1 \times 10^4\,\mathrm{Pa \cdot m^3}}{0.4} \times (1 - 5^{0.286})$$

$$= -\,14.5 \times 10^3\,\mathrm{Pa \cdot m^3}$$

$$= -\,14.5 \times 10^3\,\mathrm{J}$$

$$= -\,14.5\,\mathrm{kJ}$$

(**答　$W_{12} = -\,14.5\,\mathrm{kJ}$**)

断熱圧縮の場合は、外界から仕事をされるので、仕事は負の値となる。

W_{12}

〈状態 1〉
$p_1 = 0.1$ MPa
$T_1 = 288$ K

$V_1 = 0.1\ \mathrm{m}^3$

〈状態 2〉
$p_2 = 0.5$ MPa
T_2

V_2

$Q_{12} = 0$

演習問題 3.14　乙機

圧力 0.5 MPa（絶対圧力）、体積 10 m^3 の二酸化炭素（炭酸ガス）を体積 5 m^3 に断熱圧縮すると、ゲージ圧力でおよそ何 MPa となるか。

ただし、定圧モル熱容量、定容モル熱容量はそれぞれ 37.2 J/(mol·K)、28.9 J/(mol·K) である。

[参考] $0.5^{1.29} = 0.409$、$0.5^{0.777} = 0.584$、$2^{1.29} = 2.45$、$2^{0.777} = 1.71$

（H6 乙機国家試験 類似）

演習問題 3.15　乙機

298 K の酸素を 16 MPa（絶対圧力）から 0.5 MPa（絶対圧力）まで断熱膨張させたとき、膨張後の酸素の温度はおよそ何 K か。ただし、酸素の比熱容量の比は 1.4 として計算せよ。

[参考] $0.0313^{0.286} = 0.371$、$0.0313^{0.714} = 0.0843$、$0.0313^{1.4} = 0.00783$
$0.0313^{3.50} = 0.00000543$、$32^{0.286} = 2.69$、$32^{0.714} = 11.9$、$32^{1.4} = 128$
$32^{3.50} = 185000$

（H11-1 乙機検定 類似）

演習問題 3.16　乙機

1 mol の空気を 101 kPa（絶対圧力）、25 ℃ の状態から断熱圧縮したところ 200 ℃ になった。このときの内部エネルギー変化はおよそ何 kJ か。

ただし、空気は理想気体とし、定圧モル熱容量を $C_{\mathrm{m},p} = 29.1$ J/(mol·K)、気体定数を $R = 8.31$ J/(mol·K) とする。

（H18-1 乙機検定）

1 mol の理想気体に対して状態①（p_1、V_1、T_1）から状態②（p_2、V_2、T_2）への流れを伴わない変化を考える。これが可逆断熱膨張変化であるとして、$p_1 = 0.8$ MPa（絶対圧力）、$T_1 = 400$ K、$p_2 = 0.1$ MPa（絶対圧力）の場合、気体が外部になす仕事はおよそ何 kJ か。

ただし、この気体の比熱容量の比 γ を 1.5、気体定数 R を 8.31 J/(mol·K) とする。

（H19－2 乙機検定）

3·4·5 ポリトロープ変化　乙化 乙機

往復圧縮機のような実際の変化は、等温変化と断熱変化の中間の変化であり、このような変化は**ポリトロープ変化**といわれる。ポリトロープ変化における状態式および仕事の式は、断熱変化の各関係式における比熱容量の比 γ をポリトロープ指数 n に置き換えればよい。

例題 3-19

ポリトロープ圧縮後の体積、温度および圧縮の仕事を求める　（乙化 乙機）

圧力 0.1 MPa（絶対圧力）、温度 15 ℃ の空気 0.1 m³ をポリトロープ圧縮により 0.5 MPa（絶対圧力）まで圧縮したとき、圧縮後の体積、温度および圧縮の仕事を求めよ。

ただし、ポリトロープ指数は 1.2 とする。

（参考）$0.2^{0.167} = 0.764$、$0.2^{0.833} = 0.262$、$0.2^{1.2} = 0.145$、$0.2^{6} = 0.000064$
$5^{0.167} = 1.31$、$5^{0.833} = 3.82$、$5^{1.2} = 6.90$

解説

(1) 圧縮後の体積

式 (3.10 a) を変形して計算する（付録 1 の(4)指数公式参照）。

$$p_1 V_1^{\,n} = p_2 V_2^{\,n}$$

$$\frac{V_2^{\,n}}{V_1^{\,n}} = \frac{p_1}{p_2}$$

両辺を $1/n$ 乗する。

$$\left(\frac{V_2^{\,n}}{V_1^{\,n}}\right)^{\frac{1}{n}} = \left(\frac{p_1}{p_2}\right)^{\frac{1}{n}} \qquad \frac{V_2}{V_1} = \left(\frac{p_1}{p_2}\right)^{\frac{1}{n}} \qquad \therefore \quad V_2 = V_1\left(\frac{p_1}{p_2}\right)^{\frac{1}{n}}$$

与えられた数値を代入する。

$$V_2 = 0.1\,\mathrm{m^3} \times \left(\frac{0.1\,\mathrm{MPa}}{0.5\,\mathrm{MPa}}\right)^{\frac{1}{1.2}} = 0.1\,\mathrm{m^3} \times 0.2^{0.833} = 0.1\,\mathrm{m^3} \times 0.262$$

$$= 0.0262\,\mathrm{m^3}$$

（答　$V_2 = \mathbf{0.0262\,m^3}$）

(2)　圧縮後の温度

式 (3.10 e) を使って計算する。

$$T_2 = T_1\left(\frac{p_2}{p_1}\right)^{\frac{n-1}{n}} = (15 + 273)\,\mathrm{K} \times \left(\frac{0.5\,\mathrm{MPa}}{0.1\,\mathrm{MPa}}\right)^{\frac{1.2-1}{1.2}}$$

$$= 288\,\mathrm{K} \times 5^{0.167} = 288\,\mathrm{K} \times 1.31 = 377\,\mathrm{K} = (377 - 273)\,℃ = 104\,℃$$

（答　$T_2 = \mathbf{104\,℃}$）

(3)　圧縮の仕事

式 (3.10 c) で計算する。

$$W_{12} = \frac{p_1 V_1}{n - 1}\left\{1 - \left(\frac{p_2}{p_1}\right)^{\frac{n-1}{n}}\right\}$$

$$= \frac{0.1\,\mathrm{MPa} \times 0.1\,\mathrm{m^3}}{1.2 - 1} \times \left\{1 - \left(\frac{0.5\,\mathrm{MPa}}{0.1\,\mathrm{MPa}}\right)^{\frac{1.2-1}{1.2}}\right\}$$

$$= 0.05\,\mathrm{MPa\cdot m^3} \times (1 - 5^{0.167}) = 0.05\,\mathrm{MPa\cdot m^3} \times (1 - 1.31)$$

$$= -\,0.0155\,\mathrm{MPa\cdot m^3} = -\,0.0155\,\mathrm{MJ} = -\,15.5\,\mathrm{kJ}$$

ポリトロープ圧縮では、外界から仕事をされるので、仕事は負の値となる。

（答　$W_{12} = \mathbf{-\,15.5\,kJ}$）

例題 3-20

等温変化や断熱変化に関する文章形式の問題を解く　乙化 乙機

理想気体の状態変化に関する次の記述のうち正しいものはどれか。

イ．同じ圧力、同じ温度の気体を、体積 1 m³ から 0.1 m³ に圧縮するとき、必要な仕事量は等温圧縮よりも断熱圧縮のほうが大きい。　（H23 乙機国家試験 類似）

ロ．同じ圧力、同じ温度の気体を、体積 1 m³ から 0.1 m³ に断熱圧縮するとき、比熱比の大きな気体のほうが高温になる。　（H23 乙機国家試験 類似）

ハ．同じ圧力、同じ体積の気体を、体積が 2 倍になるまで、可逆断熱膨張させた場合と等温膨張させた場合では、最終的に到達する圧力は、等温膨張のほうが高くなる。　（H24-1 乙化検定）

ニ．比熱容量の比（比熱比）1.4 の気体 1 m³ を 0.5 m³ に断熱圧縮すると、圧力は $2^{1.4}$ 倍になる。　（H24 乙機国家試験 類似）

解説

イ.（○）等温圧縮と断熱圧縮の絶対仕事の大きさを比較する場合、仕事の式を比較しても解答は得られるが難解であるので、p－V線図で判断すると簡単である。

絶対仕事は状態変化を表す曲線の下の面積であり、図に示すように等温線よりも断熱線のほうが勾配が急であるから、等温圧縮よりも断熱圧縮の仕事のほうが大きい。

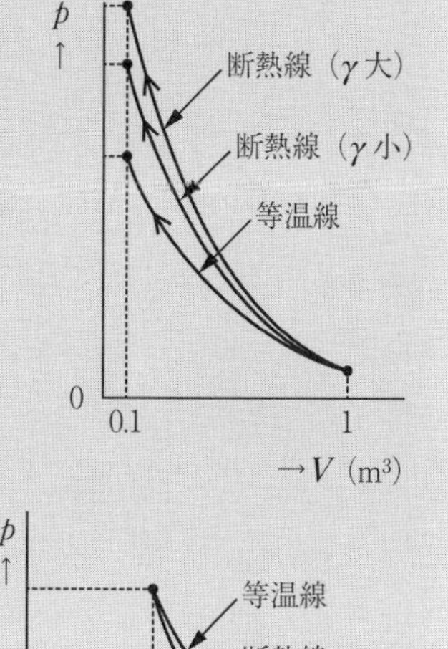

ロ.（○）比熱比（比熱容量の比）γが大きいほど曲線の勾配は大きくなり、また、等温線は温度が高いほどp－V線図の原点より離れた曲線となるので、γの大きな気体のほうがより高温になる。

ハ.（○）図に示すように、等温線よりも断熱線のほうが勾配が急であり、最終的に到達する圧力は、等温膨張のほうが高くなる。

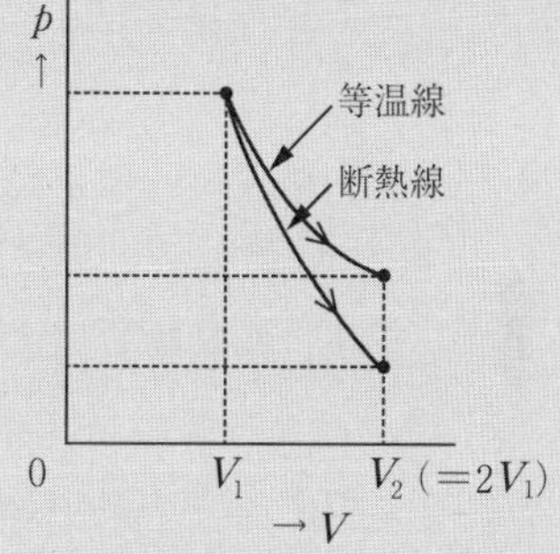

ニ.（○）断熱変化の式（3.10 a）$p_1V_1^{\gamma}=p_2V_2^{\gamma}$を変化後の圧力$p_2$を求める式に変形し、数値を代入すると

$$p_2=p_1\left(\frac{V_1}{V_2}\right)^{\gamma}=p_1\times\left(\frac{1\,\mathrm{m}^3}{0.5\,\mathrm{m}^3}\right)^{1.4}=2^{1.4}p_1$$

（答　イ、ロ、ハ、ニ）

3·5 サイクル

熱機関や冷凍機では、作動物質がある状態から種々の状態変化をして初めの状態に戻る過程を繰り返すが、このような過程をサイクルという。

サイクルに関する計算問題は出題数としては少ないが、ここでは、乙種で出題されたことのあるカルノーサイクルと往復圧縮機のサイクルについて記す。

3·5·1 カルノーサイクルと仕事　乙化 乙機

カルノーサイクルは、二つの等温変化と二つの断熱変化を組み合わせた最高の効率を与えるサイクルであり、次の変化を繰り返す。

① 状態Aの気体は断熱圧縮されて状態Bとなる。

② 状態Bの気体は高熱源から熱量Q_2を受け入れ、等温膨張して状態Cとなる。

③ 状態Cの気体は断熱膨張して状態Dとなる。

④　状態Dの気体は低熱源へ熱量 Q_1 を放出し、等温圧縮され状態Aに戻る。

カルノーサイクルにおいて、サイクルが行う仕事 W および仕事の効率（熱効率）η は次式で表される。

$$W = Q_2 - Q_1 \quad \cdots\cdots (3.11\ \text{a})$$

$$\eta = \frac{W}{Q_2} = 1 - \frac{Q_1}{Q_2} = 1 - \frac{T_1}{T_2} \quad \cdots (3.11\ \text{b})$$

ただし、T_1：低熱源の温度（K）　T_2：高熱源の温度（K）である。

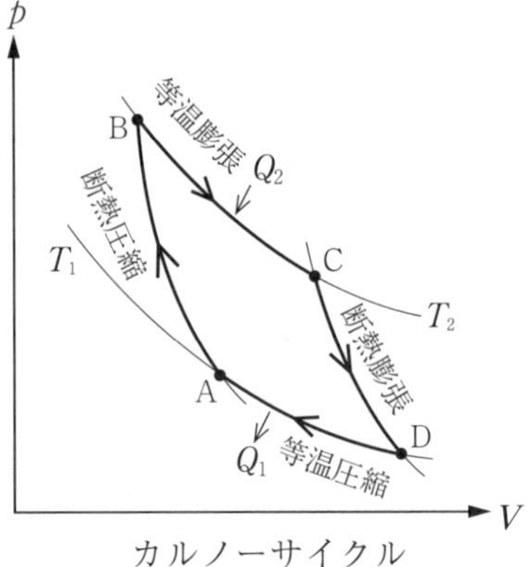

カルノーサイクル

なお

$$\frac{Q_1}{Q_2} = \frac{T_1}{T_2} \quad \cdots\cdots (3.11\ \text{c})$$

（注）　ここでは、Q_2、Q_1 には正負の符号をもたせず正の値としている。

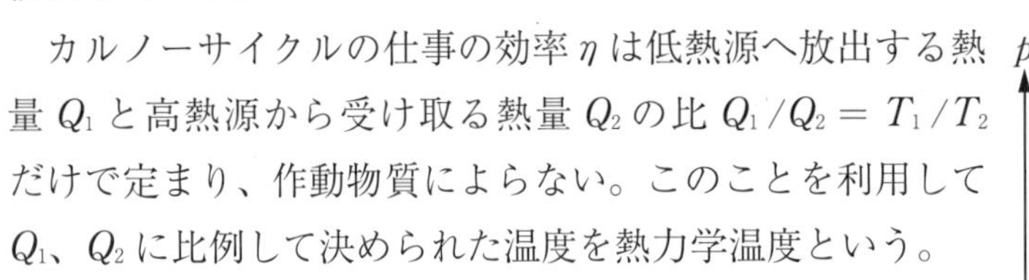

カルノーサイクルの仕事の効率 η は低熱源へ放出する熱量 Q_1 と高熱源から受け取る熱量 Q_2 の比 $Q_1/Q_2 = T_1/T_2$ だけで定まり、作動物質によらない。このことを利用して Q_1、Q_2 に比例して決められた温度を熱力学温度という。

また、カルノーサイクルを逆方向に作動させるサイクルをカルノー冷凍サイクルといい、サイクルが外部からなされる仕事 W に対する外部からくみ上げる熱量 Q_1 の割合を成績係数という。成績係数 ε_c は式（3.11 c）の関係を使って

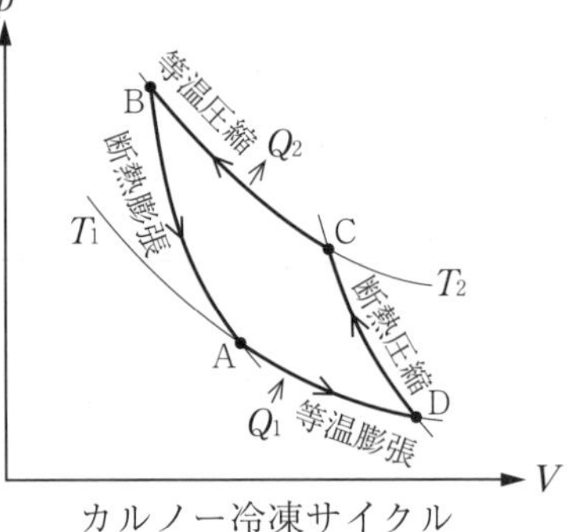

カルノー冷凍サイクル

$$\varepsilon_c = \frac{Q_1}{W} = \frac{Q_1}{Q_2 - Q_1} = \frac{T_1}{T_2 - T_1} \quad \cdots\cdots (3.11\ \text{d})$$

参考

式（3.11 a）～式（3.11 c）は次のようにして導くことができる。

A→B→C→D→Aの状態変化の間に出入りする熱量 Q（Q_2、Q_1 の収支）、内部エネルギーの増加 ΔU および仕事 W（4つの状態変化の間に出入りする仕事 W_{AB}、W_{BC}、W_{CD}、W_{DA} の収支）の関係は、熱力学の第一法則の式（3.2）から

$$Q = \Delta U + W \quad \cdots\cdots ①$$

ここで、

$$Q = Q_2 - Q_1$$

$\Delta U = 0$（状態Aから、同じ温度の元の状態Aに戻るので）

の関係を式①に代入すると次の式（3.11 a）が得られる。

$$W = Q_2 - Q_1$$

この式を効率 η の定義式 $\eta = W/Q_2$（高熱源から受け取った熱量 Q_2 に対する仕事 W の割合）に代入すると、式（3.11 b）の前段の関係式 $\eta = 1 - Q_1/Q_2$ が導かれる。

なお、式 (3.11 c) $Q_1/Q_2 = T_1/T_2$ は、等温変化の関係式と断熱変化の関係式から導くことができるが、本書ではその誘導過程は省略する。

例題 3-21

カルノーサイクルの熱効率を求める　乙化

温度の異なる 2 つの熱源の間で作動する可逆カルノーサイクルがある。このサイクルの熱効率は熱源の温度のみで決まり、高温熱源の温度が高いほど、また、低温熱源の温度が低いほど大きな値となる。低温熱源の温度が 300 K、高温熱源の温度が 400 K のとき、熱効率を求めよ。　(H20 乙化国家試験)

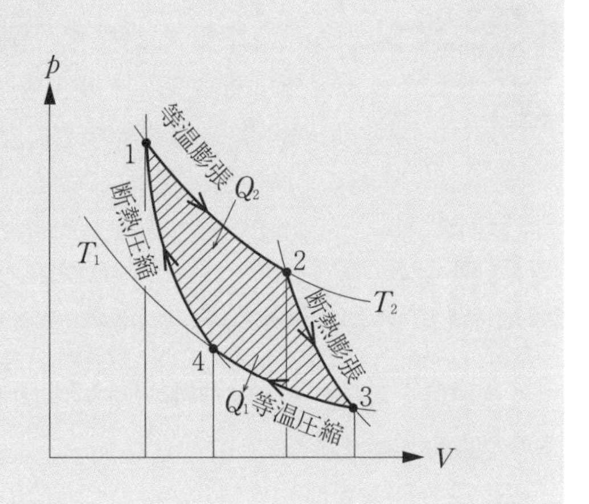

解説

式 (3.11 b) を使って計算する。

$$\eta = 1 - \frac{T_1}{T_2} = 1 - \frac{300\,\mathrm{K}}{400\,\mathrm{K}} = 0.25$$

(注) 式 (3.11 b) は覚えていても T_1、T_2 のうちどちらが高温熱源か低温熱源か迷う場合は、問題文に与えられている「熱効率は…高温熱源の温度が高いほど、また、低温熱源の温度が低いほど大きな値となる。」ことがヒントになる。　(答　0.25)

演習問題 3.18

冷凍機が図 (横軸：体積 V、縦軸：圧力 p) のような理想的なカルノー冷凍サイクルで運転されている。

1 → 2、3 → 4 は等温での状態変化、2 → 3、4 → 1 は断熱での状態変化である。

各点の状態量 (圧力 p、温度 T) は

$p_1 = 1.0$ MPa、$T_1 = 250$ K

$p_2 = 0.5$ MPa、$T_2 = 250$ K

$p_3 = 3.0$ MPa、$T_3 = 300$ K

$p_4 = 6.0$ MPa、$T_4 = 300$ K

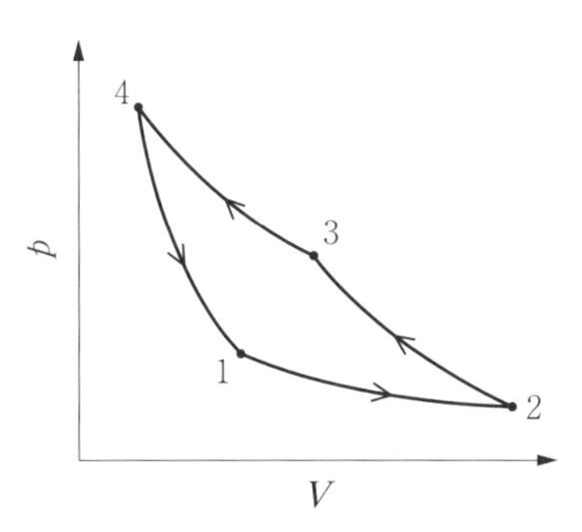

である。このとき、冷凍機の成績係数はいくらか。　(H25－2 乙機検定)

温度 760 ℃ の高熱源と温度 t ℃ の低熱源の間で作動する可逆カルノーサイクルにおいて、1 サイクル当たりの受熱量を 40 kJ としたとき、1 サイクルになされた仕事が 30 kJ であった。この場合、低熱源の温度はおよそ何 ℃ か。　(H30－2 乙機検定)

温度 527 ℃ の高熱源と温度 127 ℃ の低熱源の間で作動する可逆カルノーサイクルがある。1 サイクルになされた仕事が 15 kJ のとき、1 サイクルの受熱量 (供給された熱量) はおよそ何 kJ か。　(H20－1 乙機検定)

3·5·2 往復圧縮機のサイクルと仕事　乙機

ここでは、往復圧縮機の理論サイクルと仕事などを取りあげる。

シリンダにすき間がない場合の 1 段往復圧縮機における気体の圧縮 (A → B) → 吐出し (B → C) → 吸込み (D → A) の理論サイクルは、p-V 線図では右図のように表され、この場合の仕事は次式で表される。ただし、ここでは、気体が外界から仕事を受ける場合を正 (＋) としている。

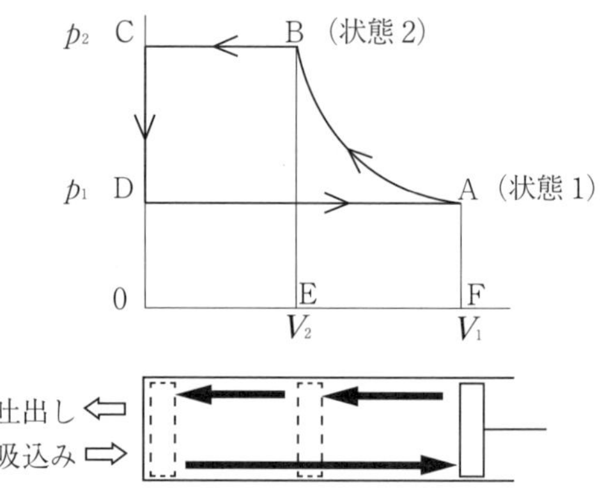

$$W = \text{圧縮の仕事 (ABEF)} + \text{吐出しの仕事 (BC0E)} - \text{吸込みの仕事 (AD0F)}$$

$$= -\int_1^2 p \mathrm{d}V + p_2 V_2 - p_1 V_1$$

サイクルの仕事は面積 ABCD (圧縮曲線 AB の左側) の面積に等しいので、次式のように表すこともできる。

$$W = \int_1^2 V \,\mathrm{d}p \quad \cdots\cdots (3.12)$$

この仕事 (工業仕事) は A → B の状態変化の過程により異なるが、以下に等温圧縮の場合と断熱圧縮の場合について示す。これらの式は遠心式などのターボ形圧縮機にも適用できる。

(1) 1 段往復圧縮機における等温圧縮の理論サイクルの仕事

圧力 p_1、温度 T_1 の気体を圧力 p_2 まで等温圧縮した場合の、1 mol 当たりの理論サイクルの仕事 W_{is}、および 1 kg 当たりの理論サイクルの仕事 w_{is} は次式で表すことができる。(注：is は「等温」の意)

$$W_{is} = RT_1 \ln\left(\frac{p_2}{p_1}\right) \quad [\mathrm{J/mol}] \cdots\cdots (3.13\,a)$$

$$w_{is} = \frac{RT_1}{M} \ln\left(\frac{p_2}{p_1}\right) \quad [\mathrm{J/kg}] \cdots\cdots (3.13\,b)$$

ただし、R (J/(mol·K)) は気体定数、M (kg/mol) はモル質量である。

式 (3.13 a) 、式 (3.13 b) は、1 mol 当たり、または 1 kg 当たりの仕事であるので、これらの仕事にそれぞれモル流量 Q_m [mol/s]、質量流量 q_m [kg/s] を乗じてやれば、次の理論圧縮動力 P_{is} [W] が求められる。

$$P_{is} = Q_m W_{is} = Q_m RT_1 \ln\left(\frac{p_2}{p_1}\right) \quad [\mathrm{W}] \cdots\cdots (3.14\,a)$$

$$P_{is} = q_m w_{is} = q_m \frac{RT_1}{M} \ln\left(\frac{p_2}{p_1}\right) \quad [\mathrm{W}] \cdots\cdots (3.14\,b)$$

等温変化であるから、理想気体の状態方程式は 1 mol については

$$pV = RT = RT_1 = \text{一定} \qquad \therefore \quad V = RT_1/p$$

であり、この式を式 (3.12) に代入して積分すると、式 (3.13 a) が得られるが、詳細は省略する。

また、1 kg 当たりの仕事の式 (3.13 b) は、式 (3.13 a) をモル質量 M (kg/mol) で除してやれば得られる。

なお、式 (3.13 a) は、開いた系の場合の 1 mol 当たりの仕事（工業仕事）の式であり、閉じた系の場合の n mol についての仕事（絶対仕事）の式 (3.7 c) と比較すると、対数の分母の圧力 p_1 と分子の圧力 p_2 が逆であり、また、同じモル数（物質量）では、「工業仕事 ＝ 絶対仕事（ただし、± の符号は逆）」の関係がある。

(2) 1 段往復圧縮機における断熱圧縮の理論サイクルの仕事

圧力 p_1、温度 T_1 の気体を圧力 p_2 まで断熱圧縮した場合の、1 mol 当たりの理論サイクルの仕事 W_{ad}、および 1 kg 当たりの理論サイクルの仕事 w_{ad} は次式で表すことができる。(注：ad は「断熱」の意)

$$W_{ad} = \frac{\gamma}{\gamma - 1} RT_1 \left\{\left(\frac{p_2}{p_1}\right)^{\frac{\gamma-1}{\gamma}} - 1\right\} \quad [\mathrm{J/mol}] \cdots\cdots (3.15\,a)$$

$$w_{ad} = \frac{\gamma}{\gamma - 1} \frac{RT_1}{M} \left\{\left(\frac{p_2}{p_1}\right)^{\frac{\gamma-1}{\gamma}} - 1\right\} \quad [\mathrm{J/kg}] \cdots\cdots (3.15\,b)$$

式 (3.15 a)、(3.15 b) は、1 mol 当たり、または 1 kg 当たりの仕事であるので、これらの仕事にそれぞれモル流量 Q_m [mol/s]、質量流量 q_m [kg/s] を乗じてやれば、次の理論圧縮動力 P_{ad} [W] が求められる。

$$P_{ad} = Q_m W_{ad} = Q_m \frac{\gamma}{\gamma - 1} RT_1 \left\{\left(\frac{p_2}{p_1}\right)^{\frac{\gamma-1}{\gamma}} - 1\right\} \quad [\mathrm{W}] \cdots\cdots (3.16\,a)$$

$$P_{ad} = q_m w_{ad} = q_m \frac{\gamma}{\gamma - 1} \frac{RT_1}{M} \left\{ \left(\frac{p_2}{p_1} \right)^{\frac{\gamma-1}{\gamma}} - 1 \right\} \text{ [W]} \quad \cdots\cdots (3.16\text{ b})$$

式 (3.15 a) は、断熱変化の関係式 $pV^{\gamma} = p_1 V_1^{\gamma}$ から得られる $V = (p_1 V_1^{\gamma}/p)^{1/\gamma}$ を工業仕事の式 (3.12) に代入して積分すると得られるが、詳細は省略する。

また、1 kg 当たりの仕事の式 (3.15 b) は、式 (3.15 a) をモル質量 M (kg/mol) で除してやれば得られる。

なお、式 (3.15 a) は、開いた系の場合の 1 mol 当たりの仕事（工業仕事）の式であり、閉じた系の場合の n mol についての仕事（絶対仕事）の式 (3.10 c) と比較すると、同じモル数（物質量）では、「工業仕事 $= \gamma \times$ 絶対仕事（ただし、$\pm$ の符号は逆）」の関係がある。

(3) 実際の軸動力

実際に必要な軸動力 P_{sh} は、上記の理論圧縮動力 P_{th}（P_{is} や P_{ad}）よりも大きく、圧縮効率 η（等温効率 η_{is} や断熱効率 η_{ad}）を考慮した内部動力 P と機械損失 P_m の和として計算する。

$$P_{sh} = P + P_m = \frac{P_{th}}{\eta} + P_m \quad \cdots\cdots (3.17\text{ a})$$

なお、ターボ形圧縮機の場合は、ヘッド（単位重量に加える圧縮仕事）h を用いて、ポンプと同様の計算式で動力を計算することができる（6.4.2 項参照）。理論圧縮ヘッドを h_0 とすると

$$P_{sh} = P + P_m = q_m g h + P_m = q_m g \left(\frac{h_0}{\eta} \right) + P_m \quad \cdots\cdots (3.17\text{ b})$$

理論圧縮ヘッド h_0 は、単位質量当たりの仕事 w（w_{is} や w_{ad}）を重力加速度 g で割って得られる。

例題 3-22

等温圧縮機の理論圧縮動力を求める

乙機

圧縮機で質量流量 10 kg/s の窒素ガスを温度 30 ℃ で圧力 1 MPa（絶対圧力）から 4 MPa（絶対圧力）まで等温圧縮するときの理論圧縮動力はおよそいくらか。ただし、窒素ガスの分子量は 28 とする。必要であれば、下記の表の数値を使用してもよい。

x	2	3	4	5	6
$\ln x$	0.693	1.10	1.39	1.61	1.79

（R3-1 乙機検定 類似）

解説

式 (3.14 b) に、与えられた数値を代入して計算する。

吸入温度 $T_1 = (273 + 30)\,\mathrm{K} = 303\,\mathrm{K}$ であり、また、窒素ガスの分子量は 28、モル質量は $28 \times 10^{-3}\,\mathrm{kg/mol}$ であるから

$$P_{\mathrm{is}} = q_m \frac{RT_1}{M} \ln\left(\frac{p_2}{p_1}\right)$$

$$= 10\,\mathrm{kg/s} \times \frac{8.31\,\mathrm{J/(mol\cdot K)} \times 303\,\mathrm{K}}{28 \times 10^{-3}\,\mathrm{kg/mol}} \times \ln\left(\frac{4\,\mathrm{MPa}}{1\,\mathrm{MPa}}\right)$$

$$= 899.3 \times 10^3\,\mathrm{J/s} \times \ln 4 = 899.3\,\mathrm{kJ/s} \times 1.39 = 1250\,\mathrm{kJ/s} = 1250\,\mathrm{kW}$$

（答　**1250 kW**）

断熱圧縮との比較のために、窒素ガスの比熱容量の比を 1.40 として理論断熱圧縮動力を式 (3.16 b) により算出してみる。

$$P_{\mathrm{ad}} = q_m \frac{\gamma}{\gamma - 1} \frac{RT_1}{M} \left\{\left(\frac{p_2}{p_1}\right)^{\frac{\gamma-1}{\gamma}} - 1\right\}$$

$$= 10\,\mathrm{kg/s} \times \frac{1.40}{1.40 - 1} \times \frac{8.31\,\mathrm{J/(mol\cdot K)} \times 303\,\mathrm{K}}{28 \times 10^{-3}\,\mathrm{kg/mol}}$$

$$\times \left\{\left(\frac{4\,\mathrm{MPa}}{1\,\mathrm{MPa}}\right)^{\frac{1.40-1}{1.40}} - 1\right\}$$

$$= 1530 \times 10^3\,\mathrm{J/s} = 1530\,\mathrm{kJ/s} = 1530\,\mathrm{kW}$$

となり、等温圧縮動力より大きいことがわかる。

例題 3-23

遠心圧縮機の軸動力を求める　乙機

質量流量 q_m が 20 kg/s の気体を以下のように断熱圧縮する遠心圧縮機の軸動力 P (kW) を求めよ。必要に応じて、下表を用いてもよい。

吸込み圧力 p_1　100 kPa
吐出し圧力 p_2　400 kPa
吸込み温度 T_1　300 K
モル質量　M　$28 \times 10^{-3}\,\mathrm{kg/mol}$
断熱指数　γ　1.4

なお、機械損失 P_m は 100 kW、断熱効率 η_{ad} は 0.85 とする。

x	2	2	4	4	4	4
y	− 0.286	0.286	− 0.714	− 0.286	0.286	0.714
x^y	0.820	1.22	0.372	0.673	1.49	2.69

（R1-1 乙機検定）

解説

遠心圧縮機の理論断熱圧縮動力も往復圧縮機と同様に式 (3.16 b) により計算することができる。式 (3.16 b) に、$T_1 = 300\ \mathrm{K}$、$p_1 = 100\ \mathrm{kPa}$、$p_2 = 400\ \mathrm{kPa}$、$R = 8.31\ \mathrm{J/(mol \cdot K)}$、$\gamma = 1.4$、$M = 28 \times 10^{-3}\ \mathrm{kg/mol}$、$q_m = 20\ \mathrm{kg/s}$ を代入すると

$$P_{\mathrm{ad}} = q_m \frac{\gamma}{\gamma - 1} \frac{RT_1}{M} \left\{ \left(\frac{p_2}{p_1} \right)^{\frac{\gamma-1}{\gamma}} - 1 \right\}$$

$$= 20\ \mathrm{kg/s} \times \frac{1.4}{1.4 - 1} \times \frac{8.31\ \mathrm{J/(mol \cdot K)} \times 300\ \mathrm{K}}{28 \times 10^{-3}\ \mathrm{kg/mol}}$$

$$\times \left\{ \left(\frac{400\ \mathrm{kPa}}{100\ \mathrm{kPa}} \right)^{\frac{1.4-1}{1.4}} - 1 \right\}$$

$$= 6233 \times 10^3\ \mathrm{J/s} \times (4^{0.286} - 1) = 6233 \times 10^3\ \mathrm{J/s} \times (1.49 - 1)$$

$$= 3054\ \mathrm{kJ/s} = 3054\ \mathrm{kW}$$

次に、式 (3.17 a) を使って、断熱効率と機械損失を考慮した実際の軸動力 P を求める。

$$P = \frac{P_{\mathrm{ad}}}{\eta_{\mathrm{ad}}} + P_{\mathrm{m}} = \frac{3054\ \mathrm{kW}}{0.85} + 100\ \mathrm{kW} = 3690\ \mathrm{kW}$$

（**答　3690 kW**）

断熱圧縮に関する次の記述のうち正しいものはどれか。

イ．遠心圧縮機の吸込みガスの体積流量、温度、圧力および吐出しガス圧力が一定のとき、吸込みガスの比熱容量の比（比熱比）が大きいほど吐出しガス温度が高くなる。（H22 乙機国家試験 類似）

ロ．遠心圧縮機の吸込みガスの体積流量、温度、圧力および吐出しガス圧力が一定のとき、吸込みガスの比熱容量の比（比熱比）が大きいほど、理論軸動力が大きくなる。（H22 乙機国家試験 類似）

ハ．吸込みガスの体積流量、温度、圧力および吐出しガス圧力が一定のとき、炭酸ガス（分子量 44、比熱比 1.30）用往復圧縮機を空気（分子量 29、比熱比 1.40）用に転用する場合、駆動電動機が過負荷（オーバーロード）になる心配はない。（H23 乙機国家試験 類似）

ターボ形圧縮機で、モル質量 0.028 kg/mol、断熱指数 1.4 の気体を、吸込み温度 300 K、吸込み圧力 0.1 MPa（絶対圧力）、吐出し圧力 0.3 MPa（絶対圧力）の条件で圧縮した場合の断熱ヘッドは 11730 m である。

この圧縮機で、モル質量 0.032 kg/mol、断熱指数 1.4 の気体を、吸込み温度 200 K、吸込み圧力 0.15 MPa（絶対圧力）、吐出し圧力 0.45 MPa（絶対圧力）の条件で圧縮した場合の断熱ヘッドはおよそいくらか。（H26 -2 乙機検定）

質量流量 8 kg/s、理論等温ヘッド 10000 m、等温効率 80 %、機械的諸損失 20 kW の遠心圧縮機の軸動力はおよそ何 kW か。（H29-1 乙機検定）

シリンダすきま容積比 $\varepsilon_0 = 0.050$ の容積形圧縮機が比熱容量の比 $\gamma = 1.5$ の理想気体を、圧力 0.10 MPa から圧力 0.80 MPa まで圧縮する場合、体積効率はおよそいくらか。（H30-1 乙機検定）

(3) 多段往復圧縮の理論サイクルの仕事

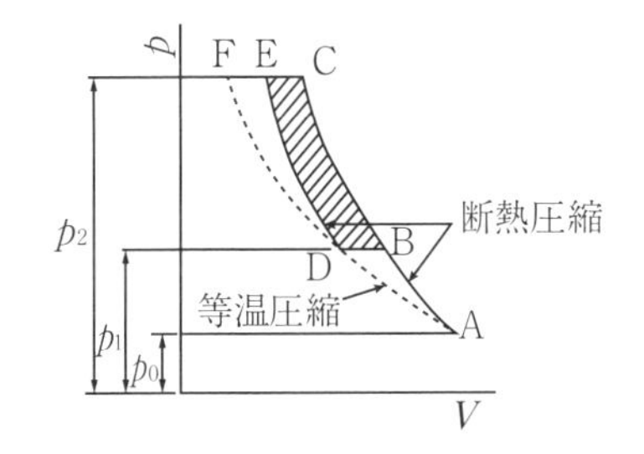

図は、等温圧縮に近づけることにより圧縮の仕事が少なくてすむように、断熱圧縮（A → B）後、圧縮始めの温度まで冷却し（B → D）、さらに断熱圧縮（D → E）する 2 段圧縮の場合の理論サイクルを示す。図中の斜線部分が 2 段圧縮により節約できる仕事になる。

◇ 仕　事

既に述べた式 (3.15 a) ～ 式(3.16 b)により各段の断熱圧縮の仕事を合計すれば求められる。

◇ 圧力比

2 段圧縮の仕事は中間圧力 p_1 のとり方によって変わるが、仕事が最小となる圧力比 π は、各段の圧力比が等しいときで、次式で表される。

$$\pi = \frac{p_1}{p_0} = \frac{p_2}{p_1} = \sqrt{\frac{p_2}{p_0}} \quad \cdots\cdots (3.17)$$

式（3.17）は、仕事が最小となる中間圧力では、各段の圧縮動力の和の微分値がゼロとなることから理論的に導くことができるが、詳細は省略する。

例題 3-24

2段往復圧縮機の理論圧縮動力が最小となる中間圧力を求める　乙機

中間冷却器付 2 段往復圧縮機がある。吸込み圧力 100 kPa（絶対圧力）、吐出し圧力 400 kPa（絶対圧力）とすると、この圧縮機の理論圧縮動力を最小とする中間圧力は絶対圧力でおよそ何 kPa か。ただし、1 段および 2 段の吸込み温度は等しく、段間配管や中間冷却器での圧力損失はないものとする。（H23-1 乙機検定 類似）

解説

式 (3.17) から、仕事が最小となる圧力比 π は最終圧力 $p_2 = 400$ kPa と初圧 $p_0 = 100$ kPa の比の平方根で求めることができる。

$$\pi = \sqrt{\frac{p_2}{p_0}} = \sqrt{\frac{400\,\mathrm{kPa}}{100\,\mathrm{kPa}}} = \sqrt{4} = \sqrt{2^2} = 2$$

したがって、中間圧力（2段入口圧力）は

$$p_1 = \pi p_0 = 2 \times 100\,\mathrm{kPa} = 200\,\mathrm{kPa}$$ （答　**200 kPa**）

往復式2段圧縮機で圧力101 kPa（ゲージ圧力）の水素ガスを1720 kPa（ゲージ圧力）まで昇圧したい。圧縮の仕事を最小にするとき各段の圧力比はおよそいくらか。なお、大気圧は101 kPaとする。　（H4 乙機検定 類似）

4章 気体の化学反応

この章は、化学反応に関する考え方の基本を取り扱う。丙種では、化学反応式(化学方程式)の係数を求める問題が多く出題され、乙種化学ではさらに、反応物質の関係、反応熱、化学平衡、反応速度などが出題されている。

4・1 化学反応式および化学量論

(1) 化学反応式

ある物質が分解して別の物質に変化したり、複数の物質が反応して新しい物質に変わるように、物質間相互に原子の組替えが行われることを**化学反応**といい、これらは、一般に分子式を組み合わせて**化学反応式**（化学方程式）で表される。

例えば、一酸化炭素（CO）と水素（H_2）を反応させてメタノール（CH_3OH）を合成する反応は

$$\underset{\text{左辺(原系)}}{CO + 2H_2} = \underset{\text{右辺(生成系)}}{CH_3OH} \quad \cdots\cdots ①$$

である。関係する分子を代数式のように＝（または→）を用いて等式のように書く。

この式の左辺に書かれている反応する物質（ここではCOとH_2）を**原系**といい、右辺の生成する物質（ここではメタノール（CH_3OH））を**生成系**という。原系と生成系を合わせた全体の系を**反応系**という。

(2) 化学反応式の量的関係

化学反応式は、反応に関係する物質の重要な量的関係を示しており、式①の化学反応式を例に説明する。

(a)　分子の数および原子の数の関係

反応式の各分子の前に書かれている数字（1の場合は省略されている）を**係数**といい、関係する分子の個数を表している。すなわち、この式は「COの1分子とH_2の2分子が反応して1分子のCH_3OHをつくる」という関係を示している。

また、**化学反応式の左辺と右辺の原子の種類と個数は等しい**。式①の原子の個数を実際に数えてみると、両辺ともC＝1個、H＝4個、O＝1個であり等しくなっている。

(b)　物質量（モル数）の関係

分子の数の比は物質量 n の比であるから、反応式の各係数はモル比も表している。

式①の化学反応式の場合は、「CO 1 molとH_2 2 molが反応してCH_3OH 1 molが生成する」という関係を表している。

(c)　質量の関係

物質量の関係が決まれば、式（2.1）によりモル質量 M を用いて質量比が求められる。

式①の場合、それぞれのモル質量 M が

$$M_{CO} = 28\ \text{g/mol}、M_{H_2} = 2\ \text{g/mol}、M_{CH_3OH} = 32\ \text{g/mol}$$

であるから、「CO 1 mol × 28 g/mol ＝ 28 gとH_2 2 mol × 2 g/mol ＝ 4 gが反応してCH_3OH 1 mol × 32 g/mol ＝ 32 gが生成する」という関係を表している。

化学反応においては、両辺の質量の合計は変わらないことも理解する。

(d)　気体の体積の関係

同温、同圧の理想気体の体積は物質量に比例する。したがって、化学反応式は、気体の体積比についても量的関係を示している。

式①の場合は、「1体積のCOと2体積のH_2が反応して1体積のCH_3OH（気体）が生成する」ということである。

これらを表にまとめると

化学反応式	$CO + 2H_2 = CH_3OH$			備　考
物質名	一酸化炭素 （CO）	水素 （H_2）	メタノール （CH_3OH）	両辺の原子の種類と数は等しい
分子数 （個）	1	2	1	
物質量 （mol）	1	2	1	
（モル質量） 質量（g）	（28 g/mol） 1 mol × 28 g/mol = 28 g	（2 g/mol） 2 mol × 2 g/mol = 4 g	（32 g/mol） 1 mol × 32 g/mol = 32 g	両辺の質量の合計は等しい
気体の体積 （m^3、L）	1	2	1	同温、同圧の理想気体として

このように、単体または化合物の定量的関係（これを**化学量論**という）は、反応を伴う計算を行う上で基本となるので、例題、演習を通じて習熟しておく。

(3) 転化率（反応率、分解率）

原系のある物質に着目して、最初の状態からどれだけ化学変化して別の物質になったかを割合で表したものが**転化率**（または反応率、分解率）である。

前述の式①で、COの最初の物質量をn_0 mol、その後、反応してn_1 molに減少したとすると、COの変化した量Δnは

$$\Delta n = n_0 - n_1$$

したがって、転化率αは

$$\alpha = \frac{\Delta n}{n_0} = \frac{n_0 - n_1}{n_0} \quad \cdots\cdots (4.1\ \mathrm{a})$$

この式を変形して、変化後の物質量n_1をn_0とαで表すと

$$n_1 = n_0(1 - \alpha) \quad \cdots\cdots (4.1\ \mathrm{b})$$

の関係になる。

COの変化量Δnは、化学反応式の物質量の関係に当てはめると

水素（H_2）の減少物質量 $= \Delta n \times 2$ mol（COの2倍）

メタノール（CH_3OH）の生成量 $= \Delta n$ mol（COと同量）

となる。

例題 4-1

燃焼反応式の係数

丙特

次の式はエタンが完全燃焼するときの反応式である。[イ] ～ [ハ] に入る係数を求めよ。

$2C_2H_6$ ＋ [イ] O_2 → [ロ] CO_2 ＋ [ハ] H_2O　　（R3 丙特国家試験 類似）

解説

化学反応式の係数を求めるときは、化学反応式の量的な関係の一つである「原子の種類と数が反応前後で変わらない」ことを利用する。左辺と右辺の原子の数合わせをするか、または、それぞれの原子の種類について等式（連立方程式）を書いて解くとよい。

化学反応の前後では

原子の種類とその個数は変わらない

例：水素が燃える反応

$2H_2$ ＋ O_2 ＝ $2H_2O$

↑ 水素4個　↑ 酸素2個　↑ 水素4個 酸素2個

⑴ 炭素原子Cについて

左辺（原系）のエタン（C_2H_6）の分子中に炭素原子が2個あり、2分子なので左辺は合計4個である。右辺（生成系）では、炭素Cに関係する物質はCO_2のみであり、Cが4個になるためには、係数ロは4でなければならない。したがって、ロ ＝4である。

⑵ 水素原子Hについて

左辺のエタン（C_2H_6）の分子中に水素原子Hが6個あり、2分子で12個である。右辺で水素Hに関係する物質はH_2Oのみであり、分子中に2個のHを含むので、係数 ハが $\frac{12}{2}=6$ で左辺と同じ原子数12個になる。したがって、ハ ＝6である。

⑶ 酸素原子Oについて

ロとハが決まったので、右辺の酸素原子の数は $4\times2+6\times1=14$（個）である。左辺の酸素分子はOが2個からなっているので、左辺が14個になるためにはイ $=\frac{14}{2}=7$ となる。　　**（答　イ ＝7、ロ ＝4、ハ ＝6）**

なお、この反応式はエタン1分子の式として、次のように書くことができる。

$$C_2H_6 + 3.5\,O_2 \rightarrow 2\,CO_2 + 3\,H_2O$$

別解

各原子について、左辺の数 ＝ 右辺の数 の等式から解く。

$$C:\quad 2\times 2=ロ\times 1 \rightarrow ロ=4$$

$$H:\quad 2\times 6=ハ\times 2 \rightarrow ハ=\frac{2\times 6}{2}=6$$

$$O:\quad イ\times 2=ロ\times 2+ハ\times 1$$

$$\therefore\quad イ=\frac{4\times 2+6}{2}=\frac{14}{2}=7$$

例題 4-2

化学反応式から反応した炭化水素名を求める　丙化

次式はある物質［A］の燃焼の反応式を示している。［A］の物質名として正しいものはどれか。

$$\boxed{A}+4\frac{1}{2}O_2=3CO_2+3H_2O$$

(1) エタン　(2) エチレン　(3) プロパン　(4) プロピレン　(5) ブタン

（H17 丙化国家試験 類似）

解説

選択肢の物質はすべて炭化水素であるので、A の物質は C と H から構成されていると考えられる。

右辺の炭素 C および水素 H の原子数は左辺でも同じであるから、右辺から左辺の炭化水素を推定する。

(1) **右辺の炭素原子 C の数について**

$$C=3\times 1=3\text{個}$$

(2) **右辺の水素原子 H の数について**

$$H=3\times 2=6\text{個}$$

(3) **両辺の酸素数を念のために確かめる。**

$$\text{左辺}=4\frac{1}{2}\times 2=9\text{個}$$

$$\text{右辺}=3\times 2+3\times 1=9\text{個}$$

となり一致する

したがって、炭素数3、水素数6の物質はプロピレン C_3H_6 である。

（答 (4) プロピレン）

4章◎気体の化学反応

例題 4-3

やや複雑な化学反応式の係数

乙化

次の化学反応式における係数a、b、cを求めよ。

$$3Cu + \boxed{a}HNO_3 \rightarrow 3Cu(NO_3)_2 + \boxed{b}H_2O + \boxed{c}NO$$

(R3-2乙化検定 類似)

解説

銅（Cu）原子に関係する係数は左右辺ともに確定しているので、残るH、N、Oの各原子について、左右の数が等しいとして、連立方程式を立てて解く。

H：　$a = 2b$ ……①

N：　$a = 6 + c$ ……②

O：　$3a = 18 + b + c$ ……③

式①から$b = \frac{a}{2}$、式②から$c = a - 6$を式③に代入して

$$3a = 18 + \frac{a}{2} + (a - 6) \quad \cdots\cdots ④$$

式④をaについて解いて

$$a = 8$$

式①から

$$b = \frac{a}{2} = \frac{8}{2} = 4$$

式②から

$$c = a - 6 = 8 - 6 = 2$$

（答　a = 8、b = 4、c = 2）

例題 4-4

示された化合物について完全燃焼の反応式を書く

乙化

ヒドロキシメチルフルフラール（$C_6H_6O_3$）の完全燃焼の化学反応式を書け。

(H24-2乙化検定 類似)

解説

炭化水素類（この場合は分子中に酸素を含む）が完全燃焼をするとき、炭素 C は二酸化炭素 CO_2 に、水素 H は水 H_2O になることから、係数（a、b、c）を未知数として次の反応式を書くことができる。

$$C_6H_6O_3 + a\,O_2 = b\,CO_2 + c\,H_2O \quad \cdots\cdots ①$$

この後は、単に係数を求める計算になる

各原子について、等式を書いて求める。

$$C:\quad 6 = b \times 1 \quad \therefore \quad b = 6$$

$$H:\quad 6 = c \times 2 \quad \therefore \quad c = \frac{6}{2} = 3$$

$$O:\quad 3 + a \times 2 = b \times 2 + c \times 1$$

$$\therefore \quad a = \frac{2b + c - 3}{2} = \frac{2 \times 6 + 3 - 3}{2} = 6$$

式①の係数に数値を入れると、化学反応式ができる。

（答　$C_6H_6O_3 + 6\,O_2 = 6\,CO_2 + 3\,H_2O$）

例題 4-5

燃焼生成物の質量と体積を計算する

丙化

標準状態のプロピレン 1 m^3 を完全燃焼させたとき、生成する水の質量（kg）および二酸化炭素の標準状態の体積（m^3）を計算せよ。（H27 丙化国家試験 類似）

解説

プロピレン 1m^3（標準状態）の物質量 n を求め、化学量論から生成物の物質量が決まり、モル質量を用いて質量 m を計算することができる。また、生成物の体積（標準状態）V は、物質量比 ＝ 体積比の関係から容易に求められる。

プロピレンの燃焼方程式は

$$C_3H_6 + 4.5\,O_2 \rightarrow 3\,CO_2 + 3\,H_2O$$

すなわち、1 mol のプロピレンに対し、二酸化炭素および水はそれぞれ 3 mol 生成する。

プロピレン 1 m^3（標準状態）の物質量 n_P は、モル体積 $V_m = 22.4 \times 10^{-3}\ m^3/mol$ を用いて

$$n_P = \frac{1\ m^3}{V_m} = \frac{1\ m^3}{22.4 \times 10^{-3}\ m^3/mol}$$

生成する水の物質量 n_W は n_P の 3 倍であるから

$$n_W = \frac{1\ \mathrm{m^3}}{22.4 \times 10^{-3}\ \mathrm{m^3/mol}} \times 3$$

その質量 m_W は、水のモル質量 $M_W = 18 \times 10^{-3}$ kg/mol を用いて

$$m_W = n_W \times M_W = \frac{1\ \mathrm{m^3}}{22.4 \times 10^{-3}\ \mathrm{m^3/mol}} \times 3 \times 18 \times 10^{-3}\ \mathrm{kg/mol} = 2.4\ \mathrm{kg}$$

次に、生成する二酸化炭素の体積 V_C は、同一条件のプロピレンの体積 V_P の3倍であるから

$$V_C = V_P \times 3 = 1\ \mathrm{m^3} \times 3 = 3\ \mathrm{m^3}\ (標準状態)$$

（答　H_2O = 2.4 kg、CO_2 = 3 m³）

もちろん、n_P と V_m を用いて次式からも V_C が計算できる。

$$V_C = n_P \times 3 \times V_m$$

例題 4-6

反応生成物の体積を反応率をもとに計算する　乙化

メタノールは触媒を用いて一酸化炭素と水素に分解することができる。メタノール 10 kg の 50 % を分解したときに得られる一酸化炭素と水素の体積は標準状態（0 ℃、101.325 kPa）でそれぞれいくらか。　（H10 乙化検定 類似）

解説

反応式の両辺の原子数と原子の種類が等しいことおよび題意から化学反応式を書く。

$$CH_3OH = CO + 2\,H_2$$

分解したメタノールの物質量を計算し、化学反応式に基づいて CO と H_2 の物質量を計算する。

反応した CH_3OH の物質量を Δn_M とすると、CH_3OH は 50 % 分解したので

$$\Delta n_M = \frac{10\ \mathrm{kg} \times 0.5}{32 \times 10^{-3}\ \mathrm{kg/mol}} = 156.3\ \mathrm{mol}$$

反応式は、1 mol のメタノールから一酸化炭素が 1 mol、水素が 2 mol 生成することを表しているので、それぞれの生成物質量 Δn および標準状態での生成物の体積 ΔV は

$$\Delta n_{CO} = \Delta n_M \times 1\ \mathrm{mol/mol} = 156.3\ \mathrm{mol}$$

$$\therefore\ \Delta V_{CO} = \Delta n_{CO} \times 22.4 \times 10^{-3}\ \mathrm{m^3/mol} = 156.3\ \mathrm{mol} \times 22.4 \times 10^{-3}\ \mathrm{m^3/mol}$$
$$= 3.5\ \mathrm{m^3}$$

この論理を1本の式で表すと

$$\Delta V_{CO} = \frac{10\ \mathrm{kg} \times 0.5}{32 \times 10^{-3}\ \mathrm{kg/mol}} \times 1(倍) \times 22.4 \times 10^{-3}\ \mathrm{m^3/mol} = 3.5\ \mathrm{m^3}$$

同様に

$$\Delta n_{H_2} = \Delta n_M \times 2\ \mathrm{mol/mol} = 156.3\ \mathrm{mol} \times 2\ \mathrm{mol/mol} = 312.6\ \mathrm{mol}$$

$$\therefore\quad \Delta V_{H_2} = \Delta n_{H_2} \times 22.4 \times 10^{-3}\ \mathrm{m^3/mol} = 312.6\ \mathrm{mol} \times 22.4 \times 10^{-3}\ \mathrm{m^3/mol}$$

$$= 7.0\ \mathrm{m^3}$$

COと同様に1本の式で表すと

$$\Delta V_{H_2} = \frac{10\ \mathrm{kg} \times 0.5}{32 \times 10^{-3}\ \mathrm{kg/mol}} \times 2(\text{倍}) \times 22.4 \times 10^{-3}\ \mathrm{m^3/mol} = 7.0\ \mathrm{m^3}$$

ΔV_{H_2}の別の計算方法としては、化学反応式のCOとH_2の関係から

$$\Delta V_{H_2} = 2\Delta V_{CO} = 2 \times 3.5\ \mathrm{m^3} = 7.0\ \mathrm{m^3}$$

と計算できる。　　　　　　　　　　　　**（答　CO　3.5 m^3　　H_2　7.0 m^3）**

反応後のガス組成を表で計算してみよう。

メタノール1 molの50 %が反応した場合

反応式／成分		CH_3OH	$= CO$	$+ 2H_2$	Total
反応前	物質量 mol	1	0	0	1
反応後	物質量 mol	(1 mol (1 − 0.5)) 0.5	(1 mol × 0.5) 0.5	(1 mol × 0.5 × 2) 1.0	2.0
	モル分率	$\frac{0.5}{2} = 0.25$	$\frac{0.5}{2} = 0.25$	$\frac{1.0}{2} = 0.5$	1.0
	体積分率 （＝モル分率）	0.25	0.25	0.5	1.0

このように、転化率が既知の場合の反応後のガス組成も計算できるように訓練しておくとよい。

プロピレンが完全燃焼するときの化学反応式は次で示される。[イ]～[ハ]に入る係数を求めよ。

$$2\,C_3H_6 + [\text{イ}]\,O_2 \rightarrow [\text{ロ}]\,CO_2 + [\text{ハ}]\,H_2O$$

（R2-1 丙特検定 類似）

次のトリフルオロエチレン（C_2HF_3）の分解反応式において、係数[a]、[b]、[c]の値を求めよ。ただし、(s)は固体の状態を示す。

$$C_2HF_3 \rightarrow [a]\,CF_4 + [b]\,C(s) + [c]\,HF$$

（H26-2 乙化検定 類似）

次の物質の中で、その 1 g を完全燃焼させるのに必要な酸素の物質量が最も少ないものはどれか。

(1)メタン CH_4　　(2)メタノール CH_3OH

(3)ジメチルエーテル CH_3OCH_3　　(4)エタン C_2H_6

(5)エチレン C_2H_4　　（R1-1 乙化検定 類似）

標準状態における LP ガスの燃焼に関する次の記述のうち正しいものはどれか。

イ．プロパン 1 kg を完全燃焼させると水 4 kg が生成する。
（R1 丙化国家試験 類似）

ロ．プロピレン 1 m^3 を完全燃焼させると、およそ 9 kg の二酸化炭素が生成する。　（H27 丙化国家試験 類似）

ハ．n- ブタン 1 mol を完全燃焼させると、4 mol の二酸化炭素と 90 g の水が生成する。　（H27-2 丙化検定 類似）

ニ．ガス状のプロパンが完全燃焼して 1.5 kg の二酸化炭素を生成したとすると、このとき燃焼したプロパンはおよそ 8.5 mol である。
（H20-1 丙化検定 類似）

次の化学反応のうち、両辺の係数が正しいものはどれか。

イ．$C_6H_5CH_3 + 9O_2 \rightarrow 7CO_2 + 4H_2O$

ロ．$(CH_3)_2NH + \frac{7}{2}O_2 \rightarrow 2CO_2 + \frac{7}{2}H_2O + \frac{1}{2}N_2$

ハ．$CH_3SiH_3 + 7F_2 \rightarrow CF_4 + 6HF + SiF_4$

ニ．$C_6H_{12}O_6 + 9NO_2 \rightarrow 6CO_2 + 6H_2O + \frac{9}{2}N_2$　（H25-1 乙化検定 類似）

メタンが完全燃焼する場合、メタンと空気の完全燃焼組成の混合ガス中のメタンの濃度は何 vol % になるか。空気中の酸素含有率は 21 vol % とする。
（H26 丙特国家試験 類似）

4.0 mol のアンモニアを酸素中で完全燃焼させたときに生成する窒素の質量は何 g か。　（R2-1 乙化検定 類似）

4·2 熱化学方程式および標準生成エンタルピー 乙化

(1) 熱化学方程式

化学反応には、一般に反応熱が伴うので、その熱量を表すために化学反応式に反応熱も含めて表示する。これが**熱化学方程式**である。

例えば、前節で説明したメタノールの合成反応については

$$CO + 2\,H_2 = CH_3OH\,(g)^{※} + 91.0\,kJ$$

のように書き、これは「1 mol の CO と 2 mol の H_2 から 1 mol の CH_3OH が生成する際に、91.0 kJ の反応熱を放出する（発熱する）」ことを表している。

メタンの水蒸気改質の反応では

$$CH_4 + H_2O\,(g) = CO + 3\,H_2 - 205.6\,kJ$$

となり、熱量の符号が負であるので、反応は熱を外から吸収する（吸熱する）。

(2) 燃焼熱

燃焼も化学反応の 1 つであるが、25 ℃、101.3 kPa の標準状態において、1 mol の物質が完全燃焼するときの反応熱を**燃焼熱** Q_C という。

例をあげると

$$CO + 1/2\,O_2 = CO_2 + 283\,kJ$$

は、一酸化炭素 1 mol (28 g) の燃焼熱 Q_C は 283 kJ/mol であることも表している。

燃焼によって水を生成する水素や炭化水素の燃焼熱には 2 種類あり、生成水が液体の場合を**総発熱量**といい、生成水が気体の場合を**真発熱量**という。これは、生成水の蒸発潜熱（44 kJ/mol (H_2O)）を考慮するかしないかの違いであり、蒸発潜熱の分だけ総発熱量のほうが大きな値になる。

(3) ヘスの法則

ヘスの法則は「化学反応熱の総和は、その反応の初めの状態と終わりの状態だけで決まり、途中の経過にはよらない」というものである。この法則から、例題で説明するとおり熱化学方程式を代数の連立方程式と同様な計算方法で、各種の反応熱を計算することができる。

(4) 標準生成エンタルピー（標準生成熱）

標準大気圧（101.3 kPa）、等温下（通常は 25 ℃）において、単体から 1 mol の化合物が生成するときに、反応系が吸収する熱量を**標準生成エンタルピー**（**標準生成熱**）ΔH_f° という。この値は化合物に固有の値であり、単体からの生成過程でエネルギーを吸収する（吸熱）も

※ その物質の状態を表すのに、気体は(g)、液体は(l)、固体は(s)を用いる。

のは正（＋）、発熱するものは負（－）の符号になる。

単体が標準であり、その ΔH_f° はゼロである。

水の標準生成エンタルピー $\Delta H_{f\ H_2O}^\circ$ を熱化学方程式と関連づけてみると

$$H_2 + 1/2\ O_2 = H_2O\ (1) + 286\ kJ$$

これは、単体の水素と酸素から 1 mol の水が生成するときに 286 kJ の発熱を伴うことを表しているので、ΔH_f° の定義から

$$\Delta H_{f\ H_2O}^\circ = -286\ kJ/mol$$

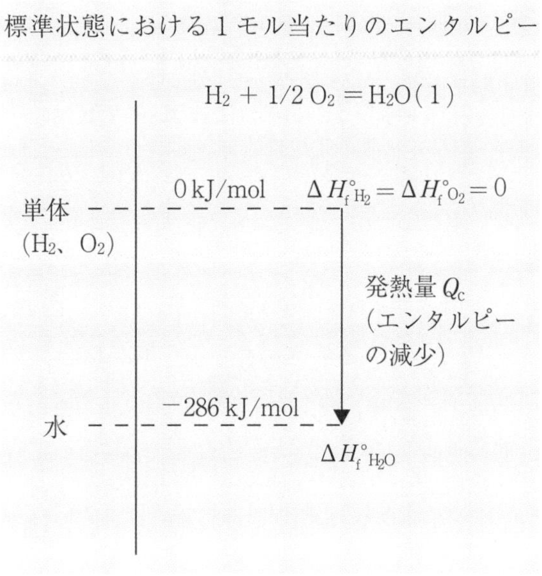

標準状態における１モル当たりのエンタルピー

$H_2 + 1/2\ O_2 = H_2O(1)$

0 kJ/mol　$\Delta H_{f\ H_2}^\circ = \Delta H_{f\ O_2}^\circ = 0$

単体（H_2、O_2）

発熱量 Q_c（エンタルピーの減少）

－286 kJ/mol

水

$\Delta H_{f\ H_2O}^\circ$

である。図に示すように、原系の単体（$\Delta H_f^\circ = 0$）より生成系の水のエンタルピーが 286 kJ/mol だけ低くなったといえる。

通常、ΔH_f° は負であるが、アセチレンのように正のものがあり、自己分解性など不安定な性質をもつものが多い。

化学反応式におけるエンタルピーの変化 ΔH° の計算は、ヘスの法則に則り

$$\Delta H^\circ = (\text{生成系の } \Delta H_f^\circ \text{ の総和}) - (\text{原系の } \Delta H_f^\circ \text{ の総和}) \quad \cdots\cdots (4.2\ a)$$

であり、ΔH° が負（－）で発熱、正（＋）で吸熱となる。

（燃焼反応の場合、この ΔH° を標準燃焼エンタルピー（ΔH_C° など）という）

一方、熱化学方程式の反応熱 Q は、発熱で正（＋）、吸熱で負（－）であるから

$$Q = -\Delta H^\circ$$

したがって

$$\text{反応熱 } Q = (\text{原系の } \Delta H_f^\circ \text{ の総和}) - (\text{生成系の } \Delta H_f^\circ \text{ の総和}) \quad \cdots\cdots (4.2\ b)$$

である。

例題 4-7

熱化学方程式を用いて反応熱（燃焼熱）を計算する。　乙化

次のエチレンの燃焼反応（式①）における反応熱 Q は何 kJ か。

$$C_2H_4 + 3\ O_2 = 2\ CO_2 + 2\ H_2O(l) + Q \quad \cdots\cdots ①$$

ただし、エチレンの水素化反応およびエタンと水素の燃焼反応の熱化学方程式は、それぞれ以下の式②、③、④のとおりである。

$$C_2H_4 + H_2 = C_2H_6 + 136\ kJ \quad \cdots\cdots ②$$

$$C_2H_6 + \frac{7}{2}O_2 = 2\,CO_2 + 3\,H_2O(l) + 1561\,kJ \quad \cdots\cdots ③$$

$$H_2 + \frac{1}{2}O_2 = H_2O(l) + 286\,kJ \quad \cdots\cdots ④$$

（H30−2 乙化検定 類似）

解説

ヘスの法則により、途中の経過とは無関係に初めと終わりの状態だけで化学反応熱の総和は決まるので、熱化学方程式の各分子式を代数の変数のように取り扱い、反応熱も含めて式を連立方程式を解く要領で加減乗除して目的の式を得るとよい。

ここでは、C_2H_4、O_2、CO_2、$H_2O(l)$を残すように式②、③、④の加減計算を行い、それ以外の物質（C_2H_6、H_2）を消去する。式②、③を加えるとC_2H_6が消去でき、式②から④を引くとH_2が消去できることがわかる。この計算をすると

$$
\begin{array}{lll}
 & C_2H_4 + H_2 = C_2H_6 + 136\,kJ & (②) \\
+) & C_2H_6 + \frac{7}{2}O_2 = 2\,CO_2 + 3\,H_2O(l) + 1561\,kJ & (③) \\
-) & H_2 + \frac{1}{2}O_2 = H_2O(l) + 286\,kJ & (④) \\
\hline
 & C_2H_4 + (1-1)H_2 + C_2H_6 + \frac{(7-1)}{2}O_2 = C_2H_6 + 2\,CO_2 & \\
 & \quad + (3-1)H_2O(l) + (136 + 1561 - 286)\,kJ &
\end{array}
$$

整理をして

$$C_2H_4 + 3\,O_2 = 2\,CO_2 + 2\,H_2O(l) + 1411\,kJ \quad \cdots\cdots ⑤$$

式①と⑤を比較すると、同じ化学反応式であるので、反応熱Qは

$$Q = 1411\,kJ$$

すなわち、エチレンの反応熱（燃焼熱）は、1 mol当たり1411 kJ（発熱）である。

（答　1411 kJ）

この例題では単純に式の加減のみで解決したが、式中の物質の数の関係では、式の倍数の加減計算で物質を消去する場合もある。

例題 4-8

反応熱、標準生成エンタルピーなどの理解 乙化

次の記述のうち正しいものはどれか。

イ．化学反応の反応熱の総和は、その初めの状態と終りの状態だけで決まり、その途中の経路にはよらない。（R1−1 乙化検定）

ロ．標準生成エンタルピーが正である化合物は、高いエネルギー状態にあるので、成分

元素の単体に分解するときに発熱する。（R2-1 乙化検定 類似）

ハ. 反応熱の大きさは、反応温度や圧力などの反応条件によらず一定である。

（R2-1 乙化検定 類似）

ニ. 標準大気圧 101.3 kPa、等温下で、成分元素の単体から 1 mol の化合物が生成するときのエンタルピー変化は、その化合物の標準生成エンタルピーと呼ばれる。

解説

反応熱（反応のエンタルピー変化）、標準生成エンタルピーなどの理解を深めることは、それらの計算をする上で重要である。

イ. （○）ヘスの法則である。一般に化学反応は複数の反応が並行、複合して進むが、反応熱は最初と最後の状態で決まるので、式（4.2 a、b）のような計算ができる。

ロ. （○）標準生成エンタルピー ΔH_f° が正であるということは、その物質が成分元素の単体から生成するときにエネルギー（熱）を吸収し、単体よりもエネルギーの高い状態にあるといえる。逆にその物質が成分の単体に分解するときはエネルギー（熱）を放出する（発熱する）。不安定な物質が多い。ΔH_f° が正であるアセチレンは、酸素がなくても分解爆発を起こす性質があるので注意が必要である。

ハ. （×）反応温度や反応圧力が変わり、最初と最後の状態が変わると反応熱も変わる。そのため、反応熱（反応のエンタルピー変化）は条件を明示し、通常、標準状態（101.3 kPa、25 ℃）での数値が便覧などに記載されている。

ニ. （○）標準生成エンタルピー ΔH_f° の意味をよく理解しておく。

（答　イ、ロ、ニ）

例題 4-9

標準燃焼エンタルピーからその物質の標準生成エンタルピーを求める 乙化

ジメチルエーテル（CH_3OCH_3）の標準生成エンタルピー（$\Delta H_f^\circ{}_{DME}$）は何 kJ/mol か。ただし、ジメチルエーテルの標準燃焼エンタルピー（ΔH_C°）は －1460 kJ/mol、二酸化炭素および水(l)の標準生成エンタルピー（$\Delta H_f^\circ{}_{CO_2}$、$\Delta H_f^\circ{}_{H_2O}$）はそれぞれ －394 kJ/mol および －286 kJ/mol とする。（H27 乙化国家試験 類似）

解説

反応系における標準生成エンタルピー ΔH_f° と標準反応エンタルピー変化 ΔH°（ここでは標準燃焼エンタルピー ΔH_C°）の関係を用いて計算する。この関係は、式（4.2 a）のとおり

$$\Delta H^\circ = (\text{生成系の } \Delta H_f^\circ \text{ の総和}) - (\text{原系の } \Delta H_f^\circ \text{ の総和}) \quad \cdots\cdots ①$$

である。

ジメチルエーテル（分子式は C_2H_6O）の燃焼方程式は

$$C_2H_6O + 3\,O_2 \rightarrow 2\,CO_2 + 3\,H_2O$$

であり、単体の酸素の標準生成エンタルピーを 0 kJ/mol として、式①は

$$\Delta H_C^\circ = (2 \times \Delta H_f^\circ{}_{CO_2} + 3 \times \Delta H_f^\circ{}_{H_2O}) - \Delta H_f^\circ{}_{DME}$$

$$\therefore \quad \Delta H_f^\circ{}_{DME} = (2 \times \Delta H_f^\circ{}_{CO_2} + 3 \times \Delta H_f^\circ{}_{H_2O}) - \Delta H_C^\circ \quad \cdots\cdots ②$$

ここで

$$\Delta H_C^\circ = -1460 \text{ kJ/mol}$$

$$\Delta H_f^\circ{}_{CO_2} = -394 \text{ kJ/mol}$$

$$\Delta H_f^\circ{}_{H_2O} = -286 \text{ kJ/mol}$$

を式②に代入すると

$$\Delta H_f^\circ{}_{DME} = \{2 \times (-394) + 3 \times (-286)\} \text{ kJ/mol} - (-1460) \text{ kJ/mol}$$

$$= -186 \text{ kJ/mol}$$

（答　− 186 kJ/mol）

例題 4-10

各物質の標準生成エンタルピーを用いて反応熱を計算する 乙化

次式に示す酸化エチレンの分解反応熱 Q は何 kJ/mol か。

$$C_2H_4O \rightarrow CH_4 + CO$$

ただし、酸化エチレン、メタンおよび一酸化炭素の標準生成エンタルピー（ΔH_f°）は、それぞれ、− 52.6 kJ/mol、− 74.9 kJ/mol および − 110.5 kJ/mol とする。

（H29 乙化国家試験 類似）

解説

この反応系の物質について標準生成エンタルピー（ΔH_f°）が示されているので、式（4.2 b）を用いて反応熱（分解反応熱）Q を計算することができる。反応のエンタルピー変化を ΔH° として

$$Q = -\Delta H^\circ = (\text{原系の}\Delta H_f^\circ\text{の総和}) - (\text{生成系の}\Delta H_f^\circ\text{の総和})$$

$$= \Delta H_f^\circ{}_{C_2H_4O} - (\Delta H_f^\circ{}_{CH_4} + \Delta H_f^\circ{}_{CO}) \quad \cdots\cdots ①$$

式①に示された値を代入して

$$Q = (-52.6)\,kJ/mol - \{(-74.9) + (-110.5)\}\,kJ/mol = 132.8\,kJ/mol(\text{発熱})$$

（答　**132.8 kJ/mol**）

例題 4-11

ΔH_f°を用いて総発熱量と真発熱量を計算する　乙化

酸化エチレン（C_2H_4O）の総発熱量と真発熱量は何 kJ/mol か。ただし、酸化エチレン、二酸化炭素および水（蒸気）の標準生成エンタルピーは、それぞれ －52.6 kJ/mol、－394 kJ/mol および －242 kJ/mol であり、水の蒸発熱は 44 kJ/mol とする。また、酸素は単体であるので、標準生成エンタルピーは 0 kJ/mol である。

（H19-1 乙化検定 類似）

解説

与えられた水の標準生成エンタルピー $\Delta H_f^\circ{}_{H_2O(g)}$ は蒸気の状態のものであるので、式（4.2 b）を用いて計算される燃焼熱（発熱量）は真発熱量である。これに蒸発熱に相当する熱を加えると総発熱量が得られる。

酸化エチレンの燃焼の熱化学方程式は

$$C_2H_4O + \frac{5}{2}O_2 = 2CO_2 + 2H_2O + Q$$

ここで、

$$\Delta H_f^\circ{}_{C_2H_4O} = -52.6\,kJ/mol$$

$$\Delta H_f^\circ{}_{CO_2} = -394\,kJ/mol$$

$$\Delta H_f^\circ{}_{H_2O(g)} = -242\,kJ/mol$$

であるから、式（4.2 b）に代入して燃焼熱（真発熱量）Q を求める。

$$Q = \Delta H_f^\circ{}_{C_2H_4O} - (2\Delta H_f^\circ{}_{CO_2} + 2\Delta H_f^\circ{}_{H_2O(g)})$$

$$= -52.6\,kJ/mol - \{2 \times (-394)\,kJ/mol + 2 \times (-242)\,kJ/mol\}$$

$$= (-52.6 + 1272)\,kJ/mol = 1219.4\,kJ/mol$$

総発熱量は、反応式中の 2 H_2O（2 mol）に相当する蒸発熱を加えて

$$\text{総発熱量} = \text{真発熱量} + 2 \times \text{蒸発熱} = (1219.4 + 2 \times 44)\,kJ/mol$$

$$= 1307.4\,kJ/mol$$

（答　**総発熱量 ＝ 1307.4 kJ/mol、真発熱量 ＝ 1219.4 kJ/mol**）

例題 4-12

2 段反応に関する生成物の ΔH_f° を計算する　乙化

間接合成法では、ジメチルエーテル CH_3OCH_3 は以下の2段の反応によって合成される。

$$2H_2(g) + CO(g) \rightarrow CH_3OH(g)$$

$$2CH_3OH(g) \rightarrow CH_3OCH_3(g) + H_2O(g)$$

25 ℃ における反応のエンタルピー変化は、順に − 91.0 kJ/mol、− 22.9 kJ/mol であり、$CO(g)$ および $H_2O(g)$ の標準生成エンタルピーは表に示した。

ジメチルエーテル $CH_3OCH_3(g)$ の標準生成エンタルピーを求めよ。

物質	標準生成エンタルピー ΔH_f° (kJ/mol)
$CO(g)$	− 110.5
$H_2O(g)$	− 241.8

（H25-1 乙化検定 類似）

解説

それぞれの反応について、25 ℃ における反応のエンタルピー変化、すなわち標準反応エンタルピー変化 ΔH° が示されているので、式 (4.2 a) を用いて、それぞれの式の生成物の ΔH_f° を求めることができる。

メタノール CH_3OH を M、ジメチルエーテル CH_3OCH_3 を E の添字で表し、また、前段の反応を 1、後段の反応を 2 の添字で表すと、前段の反応については

$$\Delta H_1^\circ = \Delta H_f^\circ{}_M - \Delta H_f^\circ{}_{CO} \quad (\because \ \Delta H_f^\circ{}_{H_2} = 0)$$

$$\therefore \ \Delta H_f^\circ{}_M = \Delta H_1^\circ + \Delta H_f^\circ{}_{CO} \quad \cdots\cdots ①$$

後段の反応について、同様に

$$\Delta H_2^\circ = (\Delta H_f^\circ{}_E + \Delta H_f^\circ{}_{H_2O}) - 2 \times \Delta H_f^\circ{}_M$$

$$\therefore \ \Delta H_f^\circ{}_E = \Delta H_2^\circ - \Delta H_f^\circ{}_{H_2O} + 2 \times \Delta H_f^\circ{}_M \quad \cdots\cdots ②$$

式①と②を順に計算しても $\Delta H_f^\circ{}_E$ を計算することができるが、ここでは、式①を②に代入し、一本の式にして計算する。すなわち

$$\Delta H_f^\circ{}_E = \Delta H_2^\circ - \Delta H_f^\circ{}_{H_2O} + 2 \times (\Delta H_1^\circ + \Delta H_f^\circ{}_{CO}) \quad \cdots\cdots ③$$

ここで

$$\Delta H_1^\circ = -91.0 \text{ kJ/mol} \qquad \Delta H_2^\circ = -22.9 \text{ kJ/mol}$$

$$\Delta H_f^\circ{}_{H_2O} = -241.8 \text{ kJ/mol} \qquad \Delta H_f^\circ{}_{CO} = -110.5 \text{ kJ/mol}$$

を式③に代入して

$$\Delta H_f^{\circ}{}_E = \{(-22.9)-(-241.8)\}\,\mathrm{kJ/mol} + 2 \times$$

$$\{(-91.0)+(-110.5)\}\,\mathrm{kJ/mol} = -184.1\,\mathrm{kJ/mol}$$

（答　－184.1 kJ/mol）

演習問題 4.8 乙化

以下の表に示す燃焼熱から、イソブチレンの二量化反応

$$2\,C_4H_8\,(g) = C_8H_{16}\,(l) + Q$$

の反応熱 Q を求めよ。

化合物	燃焼熱（総発熱量）(kJ/mol)
イソブチレン　C_4H_8 (g)	2700
ジイソブチレン　C_8H_{16} (l)	5289

（H20−2 乙化検定 類似）

演習問題 4.9 乙化

アセチレンの総発熱量および真発熱量はそれぞれ何 kJ/mol か。ただし、各物質の標準生成エンタルピー $\Delta H_f^{\circ}{}_{298}$ は次表のとおりとする。

物質	$\Delta H_f^{\circ}{}_{298}$ (kJ/mol)
C_2H_2	227
CO_2	−394
H_2O (l)	−286
H_2O (g)	−242

（H28 乙化国家試験 類似）

演習問題 4.10 乙化

プロピレンの標準生成エンタルピー $\Delta H_f^{\circ}{}_{C_3H_6}$ はいくらか。プロピレンの完全燃焼による燃焼熱 Q は 2060 kJ/mol、二酸化炭素および水（液体）の標準生成エンタルピー（それぞれ $\Delta H_f^{\circ}{}_{CO_2}$、$\Delta H_f^{\circ}{}_{H_2O}$）は −394 kJ/mol、−286 kJ/mol である。　（R1−2 乙化検定 類似）

演習問題 4.11 乙化

ある化合物 1 mol を完全燃焼すると 3 mol の CO_2 と 3 mol の H_2O(l) が生成し、燃焼熱（総発熱量）は 1945 kJ/mol であった。この化合物は次のうちどれか。表に示す標準生成エンタルピー（$\Delta H_f^{\circ}{}_{298}$）を用いて計算せよ。

(1)エタン　(2)プロピレン　(3)プロパン　(4)酸化プロピレン　(5)プロピオン酸

物質	$\Delta H_f^\circ{}_{298}$ (kJ/mol)
H_2O (l)	− 286
CO_2 (g)	− 394
エタン　C_2H_6 (g)	− 84
プロピレン　C_3H_6 (g)	20
プロパン　C_3H_8 (g)	− 105
酸化プロピレン　C_3H_6O (g)	− 95
プロピオン酸　C_2H_5COOH (l)	− 510

（H29-1 乙化検定 類似）

メタノールの標準燃焼エンタルピー ΔH_c° は何 kJ/mol か。CH_3OH(l)、CO_2(g) および H_2O(l) の標準生成エンタルピー（それぞれ $\Delta H_f^\circ{}_{CH_3OH}$、$\Delta H_f^\circ{}_{CO_2}$、$\Delta H_f^\circ{}_{H_2O}$）は −239 kJ/mol、−394 kJ/mol、−286 kJ/mol とする。

（R3 乙化国家試験 類似）

4·3 化学平衡および反応速度

4·3·1 化学平衡

丙特 乙化

次のシフト反応のように、原系から生成系へ向かう反応（正反応）と生成系から原系に向かう反応（逆反応）が同時に起きる反応を**可逆反応**といい、$\rightleftarrows$ の記号を使って表すことがある。

$$CO + H_2O\ (g) \rightleftarrows CO_2 + H_2$$

反応が進むにしたがって、正反応と逆反応の速度が等しくなり、見かけ上反応が停止した状態になる。この状態を**化学平衡**と呼んでいる。

化学平衡の状態では、一般に**質量作用の法則**が成り立つ。

すなわち、可逆反応 $aA + bB \rightleftarrows rR + sS$ において、A の濃度を C_A、B の濃度を C_B のように表すと

$$K_c = \frac{C_R{}^r \cdot C_S{}^s}{C_A{}^a \cdot C_B{}^b} \quad \cdots\cdots (4.3\ a)$$

この K_c は**濃度平衡定数**と呼ばれ、一定温度ではその反応成分の濃度に無関係な一定の値になる。

同様に、気体反応においては、各成分の分圧を p_A、p_B のように表すと

$$K_p = \frac{p_R{}^r \cdot p_S{}^s}{p_A{}^a \cdot p_B{}^b} \quad \cdots\cdots (4.3\ b)$$

この K_p を**圧平衡定数**といい、ある温度では各分圧に無関係な定数である。

理想気体の K_c と K_p の関係は

$$K_c = K_p (RT)^{\Delta n} \quad \cdots\cdots (4.3\,c)$$

この Δn は、反応の物質量の変化を表し

$$\Delta n = (r + s) - (a + b)$$

である。

モル分率も濃度の表し方の1つであるから、**モル分率 y で定義される平衡定数 K_y** がある。

$$K_y = \frac{y_R{}^r \cdot y_S{}^s}{y_A{}^a \cdot y_B{}^b} \quad \cdots\cdots (4.3\,d)$$

K_y と K_p の関係は、全圧を p、反応の物質量の変化を Δn として

$$K_p = K_y \cdot p^{\Delta n} \quad \cdots\cdots (4.3\,e)$$

これらの平衡定数は、温度が一定ならば濃度や圧力などが変化しても変化しないので、平衡濃度の計算や平衡の移動を考えるのに重要であり、乙種化学の計算問題によく出題されている。また、次に述べる平衡の移動に関するル・シャトリエの法則に基づく定性的な設問が、丙種化学特別および乙種化学に出題されている。

ル・シャトリエの法則

この法則は、平衡状態にある系の温度、圧力などの条件が変化したとき、化学平衡が原系または生成系に移動する「平衡の移動」の方向性を示すものであり、

「一つの系が平衡状態にあって、その系の状態が変化する場合、平衡濃度は変化の効果を吸収する（変動した因子の効果を和らげる）方向に変化する。」

ということができる。

気相反応の条件の変化による平衡の移動について簡単に説明すると

① 温度の変化
- 温度が上昇する場合：吸熱の方向（温度の上昇を和らげる方向）に移動する。
- 温度が低下する場合：発熱の方向（温度の低下を和らげる方向）に移動する。

② 圧力の変化
- 昇圧する場合：体積が減少（物質量が減少）する方向（圧力上昇を吸収する方向）に移動する
- 減圧する場合：体積が増加（物質量が増加）する方向（圧力低下を吸収する方向）に移動する。

③ 組成の変化
- 反応成分を添加する場合：添加物を消費する方向（組成変化を和らげる方向）に移動する。
- 成分を除去する場合：除去する成分が増加する方向（組成変化を和らげる方向）に移動する。

理想気体の反応における K_c、K_p および K_y の関係を導く。

1) K_c と K_p の関係

物質量 n、全体積 V、i 成分の分圧 p_i とすると、モル濃度 C_i は

$$C_i = \frac{n}{V} = \frac{n}{\frac{nRT}{p_i}} = \frac{p_i}{RT}$$

であるから、式 (4.3 a) に代入する。

$$K_c = \frac{C_R{}^r \cdot C_S{}^s}{C_A{}^a \cdot C_B{}^b} = \frac{\left(\frac{p_R}{RT}\right)^r \left(\frac{p_S}{RT}\right)^s}{\left(\frac{p_A}{RT}\right)^a \left(\frac{p_B}{RT}\right)^b} = \frac{p_R{}^r \cdot p_S{}^s}{p_A{}^a \cdot p_B{}^b} \cdot \frac{(RT)^{-(r+s)}}{(RT)^{-(a+b)}}$$

$$= K_p \cdot (RT)^{-\Delta n}$$

2) K_p と K_y の関係

分圧 p_i は式 (2.18) によりモル分率 y_i と全圧 p の積であるから、式 (4.3 b) は

$$K_p = \frac{p_R{}^r \cdot p_S{}^s}{p_A{}^a \cdot p_B{}^b} = \frac{(y_R p)^r (y_S p)^s}{(y_A p)^a (y_B p)^b} = \frac{y_R{}^r \cdot y_S{}^s}{y_A{}^a \cdot y_B{}^b} \cdot p^{(r+s)-(a+b)} = K_y \cdot p^{\Delta n}$$

例題 4-13

熱化学方程式から平衡濃度の変化を読む　丙特

次のアンモニア合成反応およびメタノール合成反応の熱化学方程式に関する記述のうち、正しいものはどれか。

$$\frac{1}{2} N_2 + \frac{3}{2} H_2 = NH_3 + 45.9\ \mathrm{kJ} \quad \cdots\cdots ①$$

$$CO + 2\,H_2 = CH_3OH + 91.0\ \mathrm{kJ} \quad \cdots\cdots ②$$

イ．アンモニア合成反応では、一定圧力下で温度を低くすると、アンモニアの平衡濃度は高くなる。　(H28 丙特国家試験 類似)

ロ．アンモニア合成反応では、一定温度下で圧力を低くすると、アンモニアの平衡濃度は低くなる。　(H28 丙特国家試験 類似)

ハ．メタノール合成反応では、一定温度下で圧力を高くすると、メタノールの平衡濃度は低くなる。　(H24 丙特国家試験 類似)

ニ．メタノール合成反応では、一定圧力のもとで温度を低くすると、メタノール平衡濃度は低くなる。　(H29 丙特国家試験 類似)

解説

熱化学方程式の読み方とル・シャトリエの法則の理解度を問う問題である。

アンモニア合成反応（式①）とメタノール合成反応（式②）は、化学平衡に関してよく似た反応でありよく出題もされている。両反応とも発熱反応であり、物質量が減少する反応であるので、温度および圧力の変化に対応する平衡濃度の変化は、ル・シャトリエの法則に基づき同じ方向に変化する。

イ．（○）式①は 1 mol のアンモニアが生成するときに、45.9 kJ の反応熱が発生する発熱反応であることを示している。その逆の反応（アンモニアが窒素と水素に分解する反応）は吸熱反応である。これにル・シャトリエの法則を適用すると、温度が低くなると平衡は温度低下を和らげる方向、すなわち、発熱の方向に移動する。したがって、原系から生成系の方向に移動するので、記述のとおりアンモニアの平衡濃度は高くなる。

ロ．（○）式①は、物質量が 2 mol の原系から 1 mol の生成系に減少する反応である。圧力が低くなるとき、ル・シャトリエの法則を当てはめると、圧力低下を和らげる方向、すなわち、物質量（体積）を増加する方向である原系へ平衡は移動する。アンモニアの平衡濃度は低くなる。

ハ．（×）式②は、物質量が 3 mol から 1 mol に減少する反応である。圧力を高くするとそれを和らげる方向、すなわち、生成系の方向に平衡は移動するので、メタノール濃度は高くなる。理屈はロと同じである。

ニ．（×）式②は発熱反応であることを示している。温度を低くするとそれを和らげる方向、すなわち、生成系の方向に平衡は移動するので、メタノール濃度は高くなる。理屈はイと同じである。

（答　イ、ロ）

例題 4-14

化学平衡および平衡移動の原則

乙化

次の記述のうち、化学平衡について正しいものはどれか。

イ．正反応の反応速度と逆反応の反応速度がともに0になった状態が化学平衡の状態である。　(R3 乙化国家試験 類似)

ロ．濃度平衡定数が大きいときは平衡が原系に寄っていて、逆に小さいときは生成系に寄っている。　(R2-2 乙化検定)

ハ．理想気体の気体反応において、生成系と原系の物質量に変化がないときは、濃度平衡定数 K_c と圧平衡定数 K_p は等しい。　(R3-2 乙化検定 類似)

ニ．触媒は、反応の平衡を生成系の方向に移動させることができる。　(H29 乙化国家試験 類似)

ホ．水性ガス反応　$CO + H_2O(g) \rightleftarrows CO_2 + H_2$　において、定温定容条件下で平衡状態にあるとき、さらに水蒸気を圧入すると一酸化炭素の分圧は増加する。　(H29-2 乙化検定)

解説

化学平衡における正逆反応速度の関係、各種平衡定数の意味と相互の関係、触媒の働き、平衡移動および不可逆反応と化学平衡の関係など化学平衡の基礎知識は、乙化によく出題されているので理解しておく。

イ．(×) ある条件下で可逆反応を行わせると、その組成は時間とともに一定値に近づいて平衡状態になる。これは正反応と逆反応の反応速度が等しくなり、見かけ上反応が停止したように見えるのであり、記述のように反応速度がゼロになってはいない。

ロ．(×) 濃度平衡定数 K_c は、式 (4.3 a) のように

$$K_c = \frac{\text{生成系濃度のべき乗の積}}{\text{原系濃度のべき乗の積}}$$

で表される。K_c の値が大きいときは、分母の値（原系の濃度）より分子の値（生成系の濃度）が大きいことを意味するので、平衡は生成系に寄っている。不可逆反応の場合がこの例であり、平衡は著しく生成系側に寄る。K_c の値が小さいときは、その逆である。他の平衡定数についても理屈は同じである。

ハ．(○) 理想気体における K_c と K_p の関係は式 (4.3 c) のとおりである。

$$K_c = K_p(RT)^{-\Delta n}$$

反応における物質量の変化がない ($\Delta n = 0$) ときは、$(RT)^{-\Delta n} = (RT)^0 = 1$ となるので、$K_c = K_p$ となる。化学平衡定数の説明文の後の「参考」の内容を理解しておく。

ニ．(×) 触媒は反応速度の増減や反応の選択について関わるが、平衡値を変えることはできない。

ホ．（×）この反応系に水蒸気（H_2O）を注入すると、ル・シャトリエの法則により水蒸気分圧の増加を和らげる方向（H_2O を消費する方向）に平衡は移動する。すなわち、生成系の方向に移動するので、CO は消費されてその分圧は減少する。　（答　ハ）

例題 4-15

温度、圧力変化による平衡濃度変化傾向の検討　乙化

気体 BrF は次の反応によって Br_2 と BrF_3 を生成する。

$$3\,BrF(g) = Br_2(g) + BrF_3(g) + 49\,kJ$$

この反応の平衡状態における生成物（$Br_2 + BrF_3$）のモル分率は、温度と圧力が変わるとどのように変化するか。以下の図(1)～(5)のうち最も適切なものを選べ。ただし、この図の条件で液体は生成しないものとする。

(1)
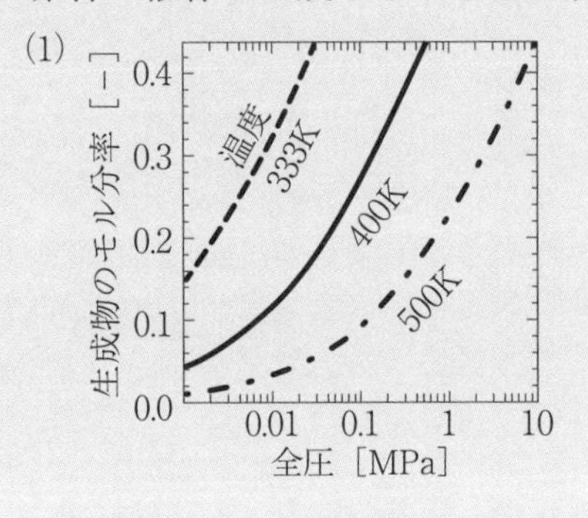

(2)
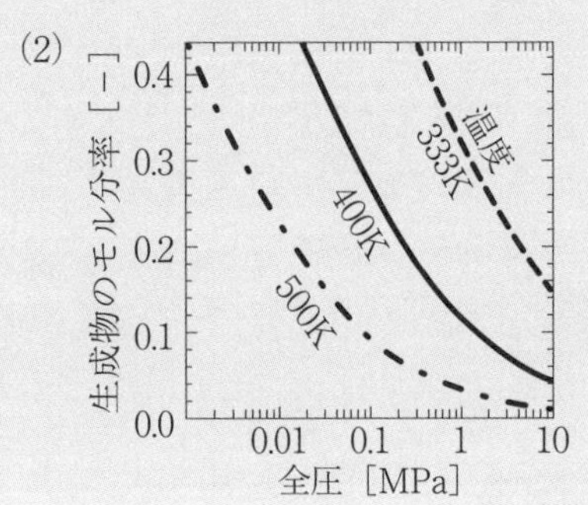

(3)
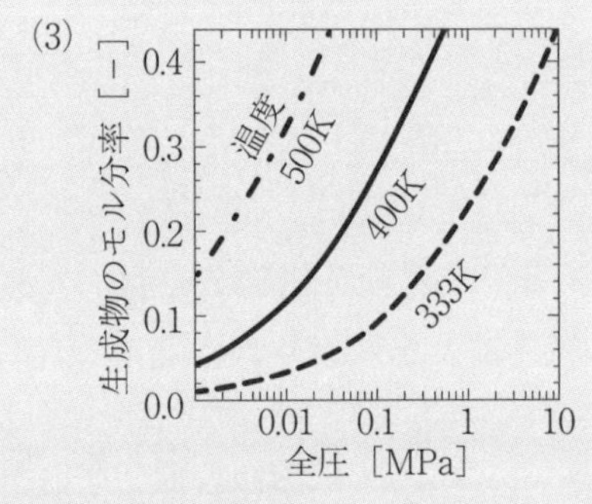

(4)
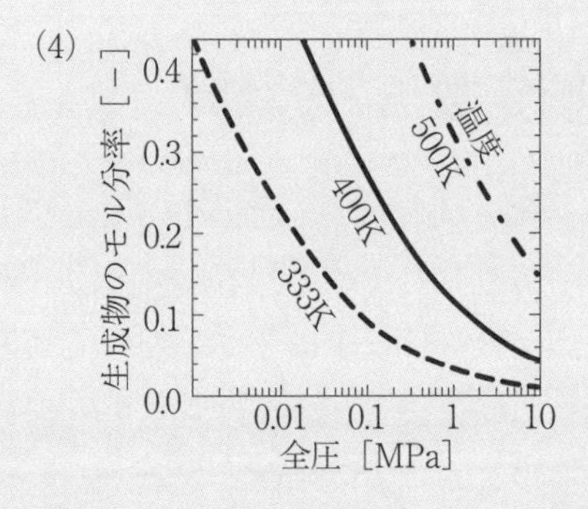

(5)
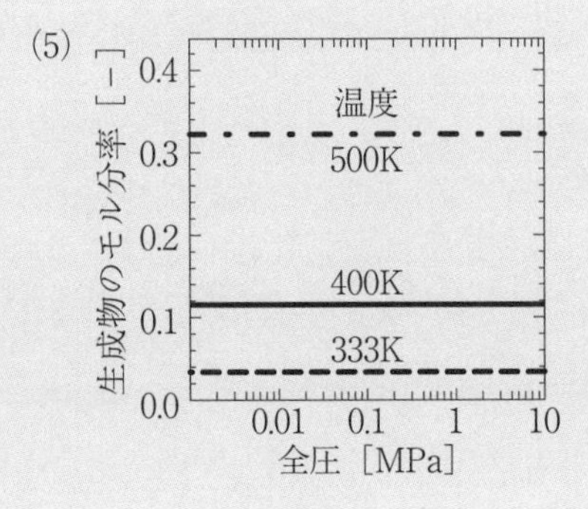

（H27-1 乙化検定 類似）

解説

示された熱化学方程式から、この反応は発熱反応であり、かつ、物質量が 3 mol から 2 mol に減少する気相反応であることがわかる。選択する図には、圧力変化と温度変化に対する生成物のモル分率の傾向が読み取れるようになっているので、全圧が上昇したとき、および温度が上昇したときに生ずる生成物のモル分率変化をル・シャトリエの法則を適用して検討する。

1) 全圧が上昇したときの挙動

物質量が減少する反応であるので、平衡は圧力上昇を和らげる方向、すなわち、物質量が減少する生成系へ移動する。その結果、圧力上昇とともに生成物のモル分率は大きくなる（グラフは横軸の圧力に対して右上がりになる)。 図の (1) と (3) がこれに該当する。

2) 温度が上昇したときの挙動

この反応は発熱反応であるので、平衡は温度上昇を和らげる方向、すなわち、吸熱反応の方向に移動する。吸熱反応は生成系から原系への反応であるので、その結果、生成物のモル分率は温度上昇とともに減少していく。図では、高温側の線が低温側の線の下に位置することになる。

図の(1)と(2)が該当するが、1)の結果と合わせて両方満足するのは図の(1)である。

（答　(1)）

例題 4-16

圧平衡定数 K_p の計算

乙化

物質量比 1 : 1 の Cl_2 (g) と Br_2 (g) を混合し、温度 334 K において次の反応が平衡になるまで静置したところ、気体の全圧は 50.0 kPa、BrCl (g) の分圧は 28.0 kPa であった。この状態では液体は生成していないものとし、気体は理想気体とする。

$$Cl_2\,(g) + Br_2\,(g) \rightleftarrows 2\,BrCl\,(g)$$

この温度における圧平衡定数 K_p を求めよ。　　　　(H24-1 乙化検定 類似)

解説

この反応系の物質はすべて気体であるので、各物質の分圧が計算できれば、式 (4.3 b) を用いて圧平衡定数 K_p が計算できる。全圧を p、Cl_2、Br_2、BrCl の分圧をそれぞれ、p_{Cl_2}、p_{Br_2}、p_{BrCl}（(g) は省略）とすると

$$K_p = \frac{{p_{BrCl}}^2}{p_{Cl_2} \cdot p_{Br_2}} \quad \cdots\cdots ①$$

初期の Cl_2 と Br_2 の物質量比が1：1であれば、平衡状態でもその比は変わらないことが反応式からわかる。したがって、その分圧は

$$p_{Cl_2} = p_{Br_2} \quad \cdots\cdots ②$$

分圧の法則から

$$p_{Cl_2} + p_{Br_2} + p_{BrCl} = p \quad \cdots\cdots ③$$

式②、③から

$$p_{Cl_2} = \frac{p - p_{BrCl}}{2} \quad \cdots\cdots ④$$

ここで

$$p = 50.0\ \mathrm{kPa} \qquad p_{BrCl} = 28.0\ \mathrm{kPa}$$

であるから、この値を式④に代入して

$$p_{Cl_2} = p_{Br_2} = \frac{p - p_{BrCl}}{2} = \frac{(50.0 - 28.0)\ \mathrm{kPa}}{2} = 11.0\ \mathrm{kPa}$$

式①から

$$K_p = \frac{p_{BrCl}{}^2}{p_{Cl_2} \cdot p_{Br_2}} = \frac{(28.0\ \mathrm{kPa})^2}{11.0\ \mathrm{kPa} \times 11.0\ \mathrm{kPa}} = 6.48$$

（答　$K_p = 6.48$）

この場合は、分母と分子の単位が等しいので無単位となるが、反応式によって平衡定数の単位が異なるので、正確に単位が書けるようにしておく。

次の式はメタノール合成反応の熱化学方程式である。次の記述のうち、この反応について正しいものはどれか。

$$CO + 2\,H_2 = CH_3OH + 91.0\ \mathrm{kJ}$$

イ. 一定圧力のもとで温度を高くすると、メタノールの平衡濃度は低くなる。
ロ. 一定温度のもとで圧力を低くすると、メタノールの平衡濃度は高くなる。
ハ. このメタノール合成反応は吸熱反応である。　（R2 丙特国家試験 類似）

化学平衡に関する次の記述のうち、正しいものはどれか。

イ. 発熱反応では温度を上げると反応速度が増大するため、平衡は生成系へ移動する。　（R2 乙化国家試験 類似）
ロ. 気相反応において、圧平衡定数 K_p は反応温度により変わるが、反応圧力によっては変わらず一定の値である。　（R3-2 乙化検定 類似）
ハ. 定温下で圧力を高くすると、気相反応の平衡は体積の減少する方向に移動する。　（H26 乙化国家試験 類似）
ニ. 正反応と逆反応の速度が等しくなるときが化学平衡であるから、燃焼のように逆反応の速度がほぼゼロである場合は、化学平衡を考えることができない。　（R1 乙化国家試験 類似）

演習問題 4.15 乙化

図は ClF_5 の二段階平衡解離反応

$$ClF_5\,(g) = ClF_3\,(g) + F_2\,(g) - 73\,kJ \quad \cdots\cdots(1)$$

$$ClF_3\,(g) = ClF\,(g) + F_2\,(g) - 109\,kJ \quad \cdots\cdots(2)$$

による平衡組成の圧力変化と温度変化を示したものである。図のA、CおよびDは、式中の物質であるClF_5、ClFおよびF_2のいずれに該当するか答えよ。ただし、BはClF_3であり、平衡はル・シャトリエの法則に従って移動するものとする。

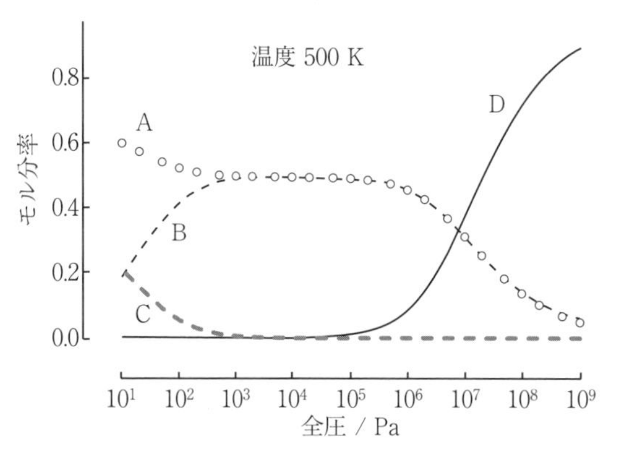

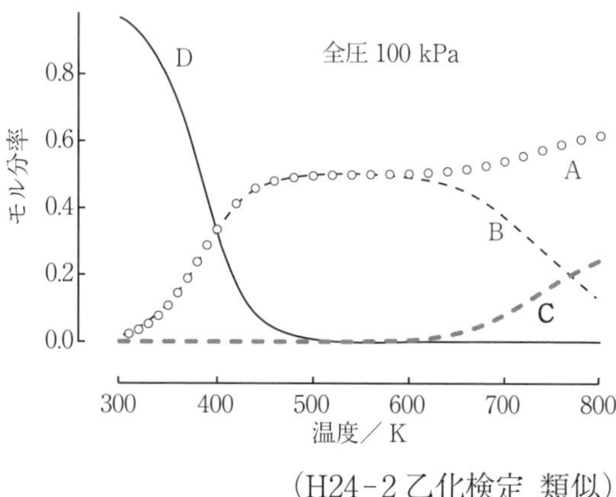

（H24-2 乙化検定 類似）

演習問題 4.16 乙化

メタンの水蒸気改質反応

$$CH_4 + H_2O\,(g) \rightleftarrows CO + 3\,H_2$$

の 950 K での圧平衡定数 K_p は 9.31 MPa² であった。この温度における平衡時の H_2O (g)、CO、H_2 の分圧がそれぞれ、0.077 MPa、0.22 MPa、0.63 MPa であるとき、CH_4 の分圧は何 MPa か。他の気体は存在しないものとする。

（R2-2 乙化検定 類似）

4·3·2 反応速度　乙化

(1) **反応速度**

化学反応において、反応の速さ（反応速度）を定量的に把握することは重要である。

反応速度は、反応に関与する物質の濃度、圧力（分圧）などの単位時間当たりの変化量で表される。

簡単な例として、次のメタノール合成反応を使って説明する。

$$CO + 2\,H_2 \rightarrow CH_3OH$$

CO 濃度を C_{CO}、H_2 濃度を C_{H_2}、メタノール濃度を C_M と表し、反応速度 r は短い時間 Δt の間に変化した濃度 ΔC であるから、CO に着目すると

$$r = -\frac{\Delta C_{CO}}{\Delta t}$$

マイナス（−）符号は、CO 濃度が減少する方向の意味である。

同様に H_2、メタノールに着目すると

$$r = -\frac{\Delta C_{CO}}{\Delta t} = -\frac{\Delta C_{H_2}}{2\Delta t} = \frac{\Delta C_M}{\Delta t}$$

微分形で表すと、Δ を d に置き換えるとよいので

$$r = -\frac{\mathrm{d}C_{CO}}{\mathrm{d}t} = -\frac{\mathrm{d}C_{H_2}}{2\mathrm{d}t} = \frac{\mathrm{d}C_M}{\mathrm{d}t} \quad \cdots\cdots (4.4)$$

このように、どの成分を基準にしても同一の反応速度で表される。

(2) 反応次数および反応速度式

反応速度は、反応物質のべき関数として表される。

一般的なものとして、反応物質 A と B の濃度のべき乗として表す速度式は

$$r = k_C C_A^{\alpha} C_B^{\beta} \quad \cdots\cdots (4.5\,a)$$

この反応は物質 A に **α 次**、物質 B に **β 次**の反応といい、さらに、この反応は $(\alpha + \beta)$ **次反応**と呼ばれる。また、$\alpha + \beta$ を**反応次数**といい、$\alpha + \beta = 1$ のときは **1 次反応**、2 のときは **2 次反応**という。

k_C は、濃度を基準にした**反応速度定数**といい、その反応について温度が変わらなければ一定の値をもつ。

気体の場合は、濃度の代わりに i 成分の分圧 p_i を用いて

$$r' = k_p p_A^{\alpha} p_B^{\beta} \quad \cdots\cdots (4.5\,b)$$

の形で表される速度式が使われ、ここで k_p は圧力を基準にした反応速度定数である。

物質 A に 1 次の **1 次反応速度式**は

$$r = k_C C_A \quad \cdots\cdots (4.6\,a)$$

$$r' = k_p p_A \quad \cdots\cdots (4.6\,b)$$

で表される。

物質 A に 2 次の **2 次反応速度式**、または、物質 A、B にそれぞれ 1 次の 2 次反応速度式は

$$r = k_C C_A^2 \quad \text{または} \quad r = k_C C_A C_B \quad \cdots\cdots (4.7\,a)$$

$$r' = k_p p_A^2 \quad \text{または} \quad r' = k_p p_A p_B \quad \cdots\cdots (4.7\,b)$$

となる。なお、反応次数は必ずしも整数とは限らない。

反応速度の計算問題では、題意から速度式を書くことが解決の第一歩である。

(3) 反応速度定数の温度依存性

一般に、反応速度定数の温度依存性は次の**アレニウスの式**で表され、反応温度の上昇とともに大きくなる。

$$k = Ae^{-\frac{E_a}{RT}} \quad \cdots\cdots (4.8)^{※}$$

A は**頻度因子**、E_a は**活性化エネルギー**と呼ばれ、R は気体定数である。

この式を用いて、異なる温度における速度定数 k や活性化エネルギーを求める計算ができる。

例題 4-17

1 次不可逆反応の反応速度の計算 乙化

ギ酸の分解反応

$$HCOOH(g) \rightarrow CO(g) + H_2O(g)$$

は 1 次不可逆反応とみなすことができ、その反応速度定数は 800 K において 2.6 min^{-1} である。800 K に保たれた反応容器中のギ酸の濃度が 15.2 $mol \cdot m^{-3}$ のときの反応速度を計算せよ。　（H21-1 乙化検定 類似）

解説

反応速度の計算では、反応速度式を書くことが第一ステップである。設問にある「1 次不可逆反応」ということは、1 次反応であり、かつ、逆反応は無視できるということである。

したがって、ギ酸の濃度を C とすると、反応速度 r は反応速度定数を k_C として、式 (4.6 a) のとおり

$$r = k_C \cdot C \quad \cdots\cdots ①$$

題意により

$$k_C = 2.6\ min^{-1}$$

$$C = 15.2\ mol \cdot m^{-3}$$

これらを式①に代入すると、反応速度 r が求められる。

$$r = 2.6\ min^{-1} \times 15.2\ mol \cdot m^{-3} = 39.5\ mol \cdot m^{-3} \cdot min^{-1}$$

（答　**39.5 $mol \cdot m^{-3} \cdot min^{-1}$**）

※ ①ここで使われている自然対数の底 e は、$e = 2.718\cdots$ であり、指数・対数計算でよく使われる。
②$e^a = \exp(a)$ とも書く（「エキスポーネンシャル」という）。この方式で式(4.8)を書くと

$$k = A\exp\left(-\frac{E_a}{RT}\right)$$

となる。

例題 4-18

反応速度および反応速度定数の基本の理解

乙化

反応速度について、次の記述のうち正しいものはどれか。

イ．正反応の反応速度は、微小時間での反応物の濃度の減少量、または生成物濃度の増加量で表される。（H29 乙化国家試験）

ロ．次の反応は、その速度が H_2 および I_2 濃度の1次に比例する2次反応である。

$$H_2(g) + I_2(g) = 2\,HI(g) + 9.4\,kJ$$

一定温度で希釈気体を加えないで全圧を2倍にすると、反応速度は4倍になる。

（H24-2 乙化検定 類似）

ハ．活性化エネルギーが正である場合、反応速度定数は温度上昇とともに大きくなる。

（R3-1 乙化検定 類似）

ニ．反応速度は反応物質濃度のべき関数として表され、A成分濃度に α 次、B成分濃度に β 次であるとき、この反応の次数は $(\alpha+\beta)$ 次となる。（R1 乙化国家試験）

解説

計算問題ではないが、反応速度の考え方、速度式や速度定数の温度依存性など基本的なことを問う問題である。

イ．（○）正反応の反応速度 $\vec{r}$ は、微小時間 $\mathrm{d}t$ 内に変化した反応系物質の微小濃度変化 $\mathrm{d}C$ を用いて表すことができる。反応　$a\mathrm{A} + b\mathrm{B} \rightarrow r\mathrm{R} + s\mathrm{S}$　においては

$$\vec{r} = -\frac{\mathrm{d}C_\mathrm{A}}{a\mathrm{d}t} = -\frac{\mathrm{d}C_\mathrm{B}}{b\mathrm{d}t} = \frac{\mathrm{d}C_\mathrm{R}}{r\mathrm{d}t} = \frac{\mathrm{d}C_\mathrm{S}}{s\mathrm{d}t}$$

となり、どの物質に着目しても同じ値になる。プラス（＋）は濃度が増加する側、マイナス（－）は減少する側である。

ロ．（○）この反応の速度式を書く。気相反応では濃度は分圧に比例するので、この反応は各分圧 p_{H_2}、p_{I_2} に1次に比例する。反応速度 r は式（4.7 b）のとおり

$$r = k_p p_{H_2} p_{I_2} \quad \cdots\cdots ①$$

全圧を2倍にすると各分圧ももとの値の2倍になるので、そのときの反応速度 r' は式①と同じ表現で

$$r' = k_p(2p_{H_2})(2p_{I_2}) = 4k_p p_{H_2} p_{I_2} \quad \cdots\cdots ②$$

②／①で倍数が得られる。

$$\frac{r'}{r} = \frac{4k_p p_{H_2} p_{I_2}}{k_p p_{H_2} p_{I_2}} = 4(\text{倍})$$

ハ．（○）反応速度定数 k の温度依存性は、普通、アレニウスの式で表される。

$$k = Ae^{-\frac{E_a}{RT}} \quad \cdots\cdots ③ \qquad \text{または} \qquad \ln k = \ln A - \frac{E_a}{RT} \quad \cdots\cdots ④$$

A は頻度因子であり、E_a は活性化エネルギーで普通は正の値である。

k は温度 T の上昇とともに式③では指数関数的に増大することがわかり、式④でも $\ln k$ が大きくなることがわかる。

なお、多くはないが、E_a が負の反応の場合、上記の式から温度の上昇とともに k は小さくなることも併せて理解しておく。

ニ.（○）反応速度は式（4.5 a、b）で説明のとおり、一般に反応物質の濃度や分圧のべき関数として表される。反応次数は記述のとおり、A 成分に α 次、B 成分に β 次の場合は $(\alpha+\beta)$ 次の反応となる。なお、反応次数は同一反応でも、触媒や反応条件によって変わるので、実験等から求められることも併せて理解しておく。

（答　イ、ロ、ハ、ニ）

例題 4-19

生成物濃度の時間変化データから反応速度定数を計算する 乙化

次の NO と O_2 の反応速度 r は NO 濃度の 2 乗と O_2 濃度に比例する。

$$2\,NO(g) + O_2(g) \rightarrow 2\,NO_2(g)$$

図は、ある温度における O_2 濃度 8.0 mol/m^3、NO 濃度 1.0 mmol/m^3 のときに生成する NO_2 の濃度(μmol/m^3)の時間変化を示している。この反応の反応速度定数 k を求めよ。ここで、NO および O_2 の濃度は一定であると近似でき、NO_2 の増加速度は反応速度の 2 倍となることに注意せよ。

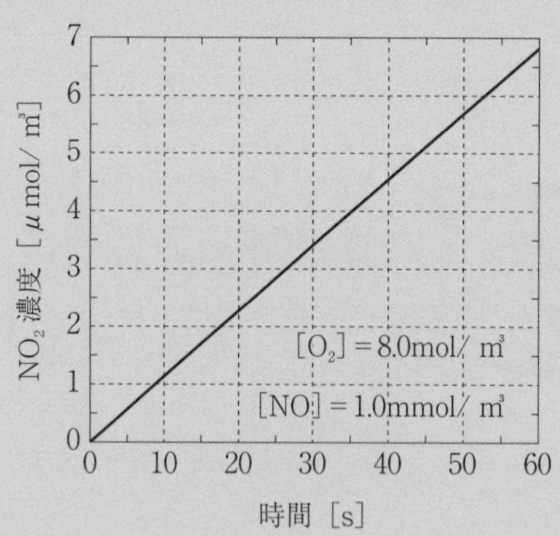

（H27-1 乙化検定 類似）

解説

反応速度 r は、反応式中のどの成分を基準にしても同じ値であるので、式（4.4）の説明のとおり微分形で表すと

$$r = -\frac{\mathrm{d}[O_2]}{\mathrm{d}t} = -\frac{\mathrm{d}[NO]}{2\mathrm{d}t} = \frac{\mathrm{d}[NO_2]}{2\mathrm{d}t} \quad \cdots\cdots ①$$

である。ここで、時間を t、各成分濃度を $[O_2]$、$[NO]$、$[NO_2]$ で表している。

設問中で、NO_2 の増加速度が反応速度の2倍であるといっているのは、この式の意味を示している。また、濃度単位の mmol/m^3 および μmol/m^3 は、それぞれ $10^{-3} \times$ mol/m^3、$10^{-6} \times$ mol/m^3 のことであることは接頭語の読み方であり、さらに、初期の O_2 と NO の濃度に比べて生成する NO_2 の濃度が非常に小さい（単位が μ）ので、O_2 および NO の濃度変化は小さく、その濃度は一定値と近似できる、という設問の記述になっている。

この反応は題意から3次反応であり、NO_2 の濃度変化に着目して、式①と式（4.5 a）の考え方から反応速度式は

$$r = \frac{\mathrm{d}[NO_2]}{2\mathrm{d}t} = k\,[NO]^2[O_2]$$

k を求める形に変形して

$$k = \frac{1}{2[NO]^2[O_2]} \cdot \frac{\mathrm{d}[NO_2]}{\mathrm{d}t} \quad \cdots\cdots ②$$

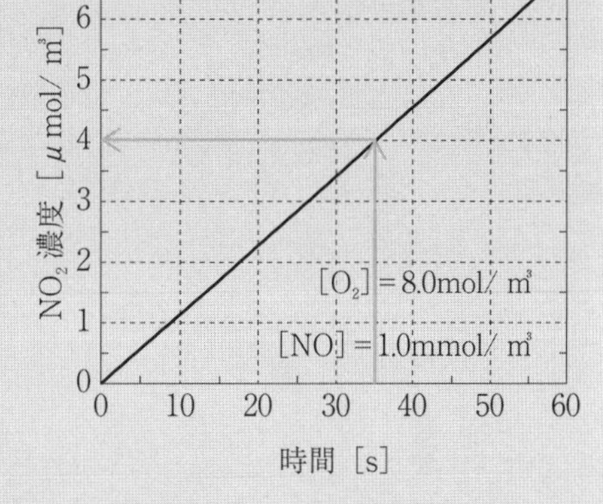

式②中の $\frac{\mathrm{d}[NO_2]}{\mathrm{d}t}$ は［NO_2］と t の関係線におけるある時間の傾きを表しているが、図を見ると［NO_2］は時間に比例して増加しているので、ある時間変化後（Δt）の濃度変化（Δ［NO_2］）の関係 $\frac{\Delta[NO_2]}{\Delta t}$ と等しいことがわかる。すなわち

$$\frac{\mathrm{d}[NO_2]}{\mathrm{d}t} = \frac{\Delta[NO_2]}{\Delta t}$$

であるので、式②は

$$k = \frac{1}{2[NO]^2[O_2]} \cdot \frac{\Delta[NO_2]}{\Delta t} \quad \cdots\cdots ③$$

図から、$\Delta t = 35$ s のとき $\Delta[NO_2] = 4.0\,\mu$mol/m^3、$\Delta t = 60$ s のとき $\Delta[NO_2] = 6.8\,\mu$mol/m^3 などと読み取れるが、ここでは前者を用いることにする（どの値を用いてもよい）。［NO］および［O_2］は変化しない（題意）として、次の値を式③に代入して k を求める。

$\Delta[NO_2] = 4.0\,\mu$mol/m$^3 = 4.0 \times 10^{-6}$ mol/m^3

$[NO] = 1.0$ mmol/m$^3 = 1.0 \times 10^{-3}$ mol/m^3

$[O_2] = 8.0$ mol/m^3

$$\Delta t = 35\ \mathrm{s}$$

式③は

$$k = \frac{1}{2[\mathrm{NO}]^2[\mathrm{O_2}]} \cdot \frac{\Delta[\mathrm{NO_2}]}{\Delta t}$$

$$= \frac{1}{2 \times (1.0 \times 10^{-3}\,\mathrm{mol/m^3})^2 \times 8.0\,\mathrm{mol/m^3}} \cdot \frac{4.0 \times 10^{-6}\,\mathrm{mol/m^3}}{35\,\mathrm{s}}$$

$$= 0.0071\ \mathrm{m^6/(mol^2 \cdot s)}$$

（答　**0.0071 $\mathrm{m^6/(mol^2 \cdot s)}$**）

例題 4-20

反応速度定数の値から活性化エネルギーの計算　乙化

次のオゾンとエチレンの反応の反応速度定数はアレニウスの式に従う。

O_3 (g) ＋ C_2H_4 (g) →生成物

温度200 Kおよび360 Kにおける反応速度定数 k は、それぞれ、$1.37 \times 10^{-2}\ \mathrm{m^3/(mol \cdot s)}$ および $4.23\ \mathrm{m^3/(mol \cdot s)}$ であった。この反応の活性化エネルギー E_a は何kJ/molか。必要であれば以下の指数関数の表を用いよ。

y	-3.38	-2.74	0.59	3.24	5.73
e^y	3.42×10^{-2}	6.48×10^{-2}	1.80	25.7	3.09×10^2

（R2-1 乙化検定 類似）

解説

反応速度定数 k の温度依存性を示すアレニウスの式は、温度を T、頻度因子を A、活性化エネルギーを E_a として式 (4.8) で表される。

$$k = Ae^{-\frac{E_a}{RT}} = A\exp\left(-\frac{E_a}{RT}\right) \quad \cdots\cdots ①$$

ここでは、自然対数を用いて計算する。示された「指数関数の表」に自然対数 (ln) の値はないが、$x = e^y$ とすると $\ln x = y$ となるから、表の上欄が $\ln x$、下欄を x と置き換えることができる。対数の性質も理解をしておく。

200 Kと360 Kの状態をそれぞれ、1、2として添字で表し、式①から k_2 と k_1 の比をとって A を消去すると

$$\frac{k_2}{k_1} = \frac{Ae^{-\frac{E_a}{RT_2}}}{Ae^{-\frac{E_a}{RT_1}}} = e^{\frac{E_a}{R}\left(\frac{1}{T_1} - \frac{1}{T_2}\right)} \quad \cdots\cdots ②$$

式②の両辺の対数をとって

$$\ln\frac{k_2}{k_1} = \frac{E_a}{R}\left(\frac{1}{T_1} - \frac{1}{T_2}\right)$$

$$\therefore \quad E_a = \frac{R\ln\dfrac{k_2}{k_1}}{\dfrac{1}{T_1} - \dfrac{1}{T_2}} \quad \cdots\cdots ③$$

ここで

$k_1 = 1.37 \times 10^{-2}\ \mathrm{m^3/(mol \cdot s)}$　　$k_2 = 4.23\ \mathrm{m^3/(mol \cdot s)}$

$T_1 = 200\ \mathrm{K}$　　$T_2 = 360\ \mathrm{K}$　　$R = 8.31\ \mathrm{J/(mol \cdot K)}$

を式③に代入する。$\ln\dfrac{k_2}{k_1}$を先に計算すると（右の指数関数の表を用いる。）

$$\ln\frac{k_2}{k_1} = \ln\frac{4.23\ \mathrm{m^3/(mol \cdot s)}}{1.37 \times 10^{-2}\ \mathrm{m^3/(mol \cdot s)}} = \ln(3.09 \times 10^2)$$

$$= 5.73$$

y	$(\ln x)$	5.73
e^y	(x)	3.09×10^2

式③は

$$E_a = \frac{R\ln\dfrac{k_2}{k_1}}{\dfrac{1}{T_1} - \dfrac{1}{T_2}} = \frac{8.31\ \mathrm{J/(mol \cdot K)} \times 5.73}{\dfrac{1}{200\ \mathrm{K}} - \dfrac{1}{360\ \mathrm{K}}} = 21.4 \times 10^3\ \mathrm{J/mol}$$

$$= 21.4\ \mathrm{kJ/mol}$$

（答　21.4 kJ/mol）

別解

考え方は同じであるが、指数部分の同一性に着目して計算する。k_2 と k_1 の比（式②）は

$$\frac{k_2}{k_1} = e^{\frac{E_a}{R}\left(\frac{1}{T_1} - \frac{1}{T_2}\right)} \quad \cdots\cdots ②$$

一方、題意により

$$\frac{k_2}{k_1} = \frac{4.23\ \mathrm{m^3/(mol \cdot s)}}{1.37 \times 10^{-2}\ \mathrm{m^3/(mol \cdot s)}} = 3.09 \times 10^2 \quad \cdots\cdots ④$$

② ＝ ④であるから、指数関数の表を用いて、$3.09 \times 10^2 = e^{5.73}$ である。すなわち

$$e^{\frac{E_a}{R}\left(\frac{1}{T_1} - \frac{1}{T_2}\right)} = 3.09 \times 10^2 = e^{5.73}$$

e の指数部分は等しいので

$$\frac{E_a}{R}\left(\frac{1}{T_1} - \frac{1}{T_2}\right) = 5.73$$

$$\therefore \quad E_a = \frac{R \times 5.73}{\dfrac{1}{T_1} - \dfrac{1}{T_2}} = \frac{8.31\ \mathrm{J/(mol \cdot K)} \times 5.73}{\dfrac{1}{200\ \mathrm{K}} - \dfrac{1}{360\ \mathrm{K}}} = 21.4 \times 10^3\ \mathrm{J/mol}$$

$$= 21.4\ \mathrm{kJ/mol}$$

水素と一酸化炭素からメタノールを合成する反応速度式は下式で示される。

$$r = kp_{\mathrm{P}}$$

ここで、r は反応速度、k は反応速度定数、p_{P} は反応ガス中の水素の分圧である。

今、原料ガスは水素と一酸化炭素のみからなるとする。この原料ガスを反応させるとき、全圧 10 MPa、温度一定で、H_2/CO のモル比を 1/1 から 3/1 に変化させると反応速度は前者のおよそ何倍になるか。（H12−2 乙化検定）

演習問題 4.18 乙化

次の記述のうち反応速度について正しいものはどれか。

イ．トルエンの合成反応

$$C_6H_6\,(g) + CH_3Cl\,(g) \rightarrow C_7H_8\,(g) + HCl$$

において、反応速度が C_6H_6 (g) 分圧の 1 次、CH_3Cl (g) 分圧の 1 次に依存する場合、この反応の次数は 2 次である。（R1−2 乙化検定）

ロ．正反応の反応速度は、生成物の濃度（分圧）と反応物の濃度（分圧）の積に比例する。（R2 乙化国家試験 類似）

ハ．反応速度定数のアレニウスの式中の頻度因子（前指数因子）は、反応物間の衝突頻度にはかかわるが、温度への依存性は無視できる。（R3 乙化国家試験）

ニ．固体触媒を用いる反応系では、反応速度式中の反応物の濃度（または分圧）の指数（べき指数）が整数ではない場合が多い。（R3−1 乙化検定 類似）

H_2(g) と I_2(g) の反応

$$H_2(g) + I_2(g) \rightarrow 2\,HI(g)$$

の反応速度定数 k はアレニウスの式

$$k = A\exp\left(-\frac{E_a}{RT}\right) \quad \cdots\cdots ①$$

に従う。温度 500 K および 625 K における反応速度定数 k は、それぞれ 2.39×10^{-10} m^3/(mol・s) および 9.11×10^{-7} m^3/(mol・s) であった。この反応の活性化エネルギー E_a はいくらか。必要であれば以下の指数関数・自然対数の表を用いよ。

x	$\log_e y$	-22.155	-13.909	-8.247	8.245
e^x	y	2.39×10^{-10}	9.11×10^{-7}	2.62×10^{-4}	3.81×10^{3}

（H26−2 乙化検定 類似）

図は過酸化ジ −Tert− ブチルの分解反応の反応速度定数 k の温度依存性を示している。温度 T が 500 K から 555.6 K に上昇したとき k は何倍にな

るか。

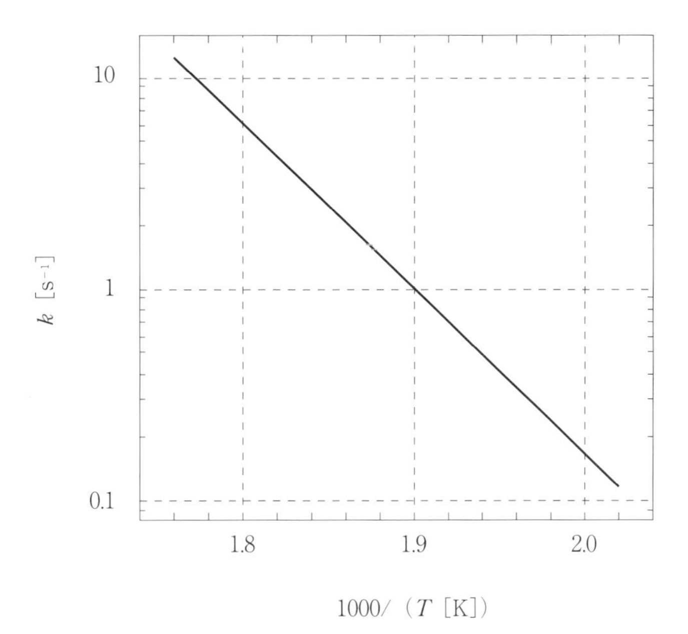

（H28-2 乙化検定 類似）

5章 燃料・燃焼・爆発

この章は、燃料ガスの調整、燃焼用の空気量、並びに混合ガスの爆発範囲、爆風圧に関する計算など、保安確保上重要な項目を取り扱う。前段の燃料の消費量と加熱時間の関係やダイリュートガスは丙化に出題されている。また、理論空気量の計算は丙種・乙化に、後段のル・シャトリエの法則や三乗根法則の計算は乙化・乙機によく出題されている。なお、三角図の使い方を問う問題は、乙化によく出題され、丙化にも出題されている。また、三乗根法則は、保安距離の基礎的な考え方であるので、化学ばかりではなく機械をめざす人も理解しておくとよい。

5・1 燃料、燃焼用空気および発熱量

5・1・1 発熱量と加熱時間

丙化

(1) 混合気体燃料の発熱量

プロパンとブタンの混合ガスのような気体燃料の発熱量は、それぞれの成分の混合割合と発熱量がわかれば計算できる。これは、「2.1.5 混合気体」の項で学んだ気体の性質を応用すればよい。

成分R、S、Tの各モル当たりまたは体積当たりの発熱量をそれぞれq_R、q_S、q_T、モル分率または体積分率をx_R、x_S、x_Tとすれば、混合気体のモルまたは体積当たりの発熱量q_cは

$$q_c = x_R q_R + x_S q_S + x_T q_T \quad \cdots\cdots (5.1)$$

となる。

(2) 燃料消費量と加熱時間の計算

ふろがまで燃料を燃やして浴槽の水の温度を上げるような場合、水などの加熱媒体の質量をm、温度差をΔT、比熱容量（比熱）をcとして、加熱媒体に伝わる熱量Qは式(2.6 a)により

$$Q = mc\Delta T$$

また、燃料の発熱量をq_c、燃焼時間をt、燃料の質量流量をm_fおよび燃焼機器の熱効率をηとして、加熱媒体に伝わる熱量Qは

$$Q = m_f q_c t\eta$$

2つの式のQは等しいので

$$m_f q_c t\eta = mc\Delta T \quad \cdots\cdots (5.2)$$

が成り立ち、加熱時間や燃料消費量などの計算に用いられる。

例題 5-1

LPガスの組成から全体積の発熱量を計算する。 丙化

プロパン70 vol%、ブタン30 vol%からなる標準状態のLPガス1 m^{3}の総発熱量は何MJか。ただし、プロパンおよびブタンの1 mol当たりの総発熱量は、それぞれ2219 kJ、2878 kJとする。（28-1丙化検定 類似）

解説

各成分の標準状態の体積を物質量に換算し、示されたそれぞれのモル総発熱量 q を乗じて計算する。プロパンをP、ブタンをBの添字で表す。物質量を n として

$$1\,\mathrm{m^3}\text{中のプロパンの物質量}\ n_\mathrm{P} = \frac{1\,\mathrm{m^3} \times 0.70}{22.4 \times 10^{-3}\,\mathrm{m^3/mol}} = 31.25\,\mathrm{mol}$$

$$1\,\mathrm{m^3}\text{中のブタンの物質量}\ n_\mathrm{B} = \frac{1\,\mathrm{m^3} \times 0.30}{22.4 \times 10^{-3}\,\mathrm{m^3/mol}} = 13.39\,\mathrm{mol}$$

LPガス $1\,\mathrm{m^3}$ の総発熱量 Q は、各物質量に q を乗じて加算する。

$$\begin{aligned} Q &= n_\mathrm{P}q_\mathrm{P} + n_\mathrm{B}q_\mathrm{B} \\ &= 31.25\,\mathrm{mol} \times 2219\,\mathrm{kJ/mol} + 13.39\,\mathrm{mol} \times 2878\,\mathrm{kJ/mol} \\ &= 107.9 \times 10^3\,\mathrm{kJ} = 107.9\,\mathrm{MJ} \end{aligned}$$

（答　**107.9 MJ**）

別解

混合ガス（LPガス）1 molの総発熱量 q_mix（kJ/mol）を計算して物質量 n をかける。
モル分率（＝体積分率）を x として

$$\begin{aligned} q_\mathrm{mix} &= x_\mathrm{P}q_\mathrm{P} + x_\mathrm{B}q_\mathrm{B} = 0.70 \times 2219\,\mathrm{kJ/mol} + 0.30 \times 2878\,\mathrm{kJ/mol} \\ &= 2416.7\,\mathrm{kJ/mol} \end{aligned}$$

$$Q = q_\mathrm{mix}n = 2416.7\,\mathrm{kJ/mol} \times \frac{1\,\mathrm{m^3}}{22.4 \times 10^{-3}\,\mathrm{m^3/mol}} = 107.9 \times 10^3\,\mathrm{kJ}$$

例題 5-2

発熱量、熱効率などから給湯時間の計算

丙化

LPガス湯沸器で、水400 kgを15 ℃から40 ℃に昇温してを浴槽に給湯するのに点火後何分（min）必要か。湯沸器のLPガス消費量は1.8 kg/h、LPガスの発熱量は50 MJ/kg、水の比熱は4.18 kJ/(kg·K)、湯沸器の熱効率は70 %とし、給湯中外部との熱の出入りはないものとする。　（R3-2丙化検定 類似）

解説

水（お湯）が得た熱量と燃焼によって t 分間（min）に発生した熱量の70 %が等しいとして、方程式を立てて計算する。水の質量を m（kg）、比熱を c（kJ/(kg·K)）、温度差を ΔT（K）とし、LPガスの1 min当たりの質量流量を m_f（kg/min）、発熱量を q_c（kJ/kg）、湯沸器の熱効率を η として、式(5.2)により

$$mc\Delta T = m_\mathrm{f}q_\mathrm{c}t\eta$$

$$\therefore \quad t = \frac{mc\Delta T}{m_f q_c \eta} \quad \cdots\cdots ①$$

LP ガスの質量流量 m_f は kg/h 単位で示されているので、kg/min 単位に変更して

$$m_f = 1.8\,\mathrm{kg/h} = 1.8\,\mathrm{kg/h} \times \frac{1\,\mathrm{h}}{60\,\mathrm{min}} = 0.03\,\mathrm{kg/min}$$

その他の数値は単位を合わせて

$$m = 400\,\mathrm{kg} \qquad c = 4.18\,\mathrm{kJ/(kg \cdot K)} \qquad \Delta T = (40 - 15)℃ = 25\,℃ = 25\,\mathrm{K}$$

$$q_c = 50 \times 10^3\,\mathrm{kJ/kg} \qquad \eta = 0.70$$

これらの数値を式①に代入して

$$t = \frac{400\,\mathrm{kg} \times 4.18\,\mathrm{kJ/(kg \cdot K)} \times 25\,\mathrm{K}}{0.03\,\mathrm{kg/min} \times 50 \times 10^3\,\mathrm{kJ/kg} \times 0.70} = 39.8\,\mathrm{min}$$

（**答　39.8 min**）

なお、燃焼器の熱供給量が kW で示されることもある。LP ガスの質量流量 m_f (kg/s) と発熱量 q_c (kJ/kg) の積は、単位時間当たりの熱量 (kW) であるので、同様に式①を用いて計算することができる。

発熱量 116 MJ/m³ のプロパンとブタンのみからなる液化石油ガスを製造したい。プロパンおよびブタンの容量 % をおよそいくらにしたらよいか。プロパンおよびブタンの発熱量は、各々 99 MJ/m³、128 MJ/m³ である。

LP ガス用ふろがまを取り付けた浴槽に温度 20 ℃ の水 300 kg を入れた。バーナ点火後、この水の温度を 45 ℃ まで上昇させるのに必要な LP ガスの全消費量 m_{LP} は何 kg か。LP ガスの発熱量 (q_c) は 50 MJ/kg、水の比熱 (c) は 4.18 kJ/(kg·K)、ふろがまの熱効率 (η) は 70 % とする。

（H29-2 丙化検定 類似）

LP ガスを燃料とする湯沸器で、温度 20 ℃ の水を昇温して浴槽に 300 kg 入れたところ、消費した LP ガス量は 0.80 kg であった。浴槽に入れた水の温度は何 ℃ か。LP ガスの発熱量は 50 MJ/kg、水の比熱は 4.18 kJ/(kg·K)、湯沸器の熱効率は 70 % であり、給湯中の外部との熱の出入りはないものとする。

（R2-2 丙化検定 類似）

5·1·2 ダイリュートガス　丙化

LP ガス (生ガス) に空気を一定割合で混入し、燃焼範囲外の濃度で発熱量を調整して燃料ガスとして供給されるものを**ダイリュートガス**という。

ダイリュートガスは LP ガスが空気で希釈されたものであるから、もとの LP ガスの全発熱量とそれによって作られた全ダイリュートガスの発熱量は同じである。

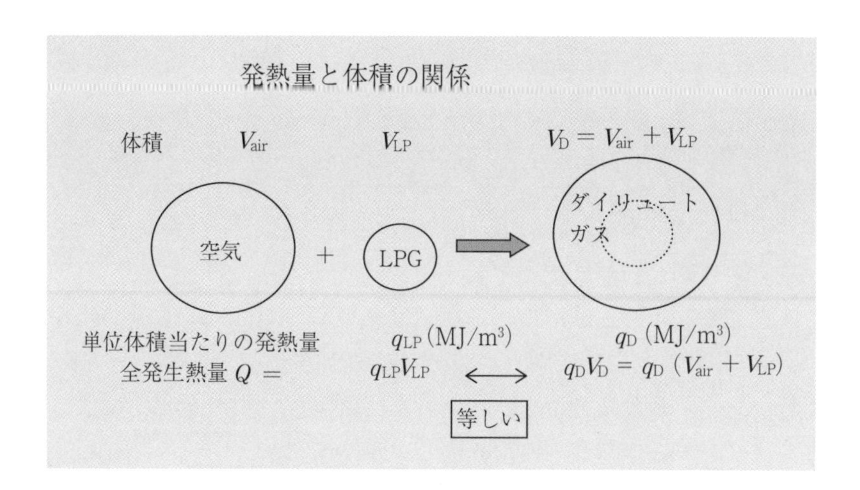

すなわち、体積を V、単位体積当たりの発熱量を q とし、LP ガス（生ガス）を LP、ダイリュートガスを D の添字で表すと

$$q_{LP}V_{LP} = q_DV_D \qquad (5.3\,a)$$

の関係が成立する。

希釈した空気量 V_{air} は

$$V_{air} = V_D - V_{LP} \qquad (5.3\,b)$$

したがって、式 (5.3 a) は

$$q_{LP}V_{LP} = q_D\,(V_{LP} + V_{air}) \qquad (5.3\,c)$$

となる。

なお、ダイリュートガスの利用が減少している関係か、このガスに関する出題は減る傾向にある。

例題 5-3

ダイリュートガスの希釈空気の割合を求める　丙化

ブタンを空気で希釈して発熱量が 42.7 MJ/m^3 の混合ガスとした場合、空気の混合割合は何 vol % か。ただし、ブタンの発熱量は 128 MJ/m^3 とする。

（H25 丙化国家試験 類似）

解説

ブタン 1 m^3 に対し希釈用空気を x m^3 加えた混合ガスを考える。

希釈前後のガス全体の発熱量は等しく、希釈後の体積は $(1 + x)$ m^3 である。

式 (5.3 c) より

$$1\,m^3 \times 128\,MJ/m^3 = (1 + x)m^3 \times 42.7\,MJ/m^3$$

$$1 + x = \frac{128\,MJ/m^3}{42.7\,MJ/m^3} \times 1\,m^3 = 3.0\,m^3$$

$$\therefore \quad x = (3.0 - 1)m^3 = 2.0\,m^3$$

したがって

$$空気の混合割合 = \frac{x}{1 + x} \times 100 = \frac{2.0\,m^3}{3.0\,m^3} \times 100 = 66.7\,vol\%$$

（答　66.7 vol %）

例題 5-4

混合ガス（生ガス）を用いたダイリュートガスの発熱量 丙化

標準状態で発熱量 128 MJ/m³ のブタン 30 mol % と発熱量 99 MJ/m³ のプロパン 70 mol % の混合ガスをその 2 倍の体積の空気で希釈した。このダイリュートガスの発熱量はおよそ何 MJ/m³ か。（H20−1 丙化検定）

解説

混合ガス（生ガス）の発熱量を計算し、式（5.3 c）を用いてダイリュートガスの発熱量を求める。

各成分の発熱量を q、モル分率を x とし、プロパンを P、ブタンを B の添字で表すと、混合ガスの発熱量 q_{mix} は、式（5.1）を用いて

$$q_{mix} = x_P q_P + x_B q_B = 0.7 \times 99\,MJ/m^3 + 0.3 \times 128\,MJ/m^3 = 107.7\,MJ/m^3$$

ダイリュートガスの発熱量を q_D、希釈空気の体積を V_{air} とすると、生ガス 1 m³ について、式（5.3 c）により

$$q_{mix} \times 1\,m^3 = q_D \times (1 + V_{air})\,m^3 \quad \cdots\cdots ①$$

題意により、生ガス 1 m³ に対して 2 倍の体積の空気で希釈したので

$$V_{air} = 2\,m^3$$

したがって、式①を変形して

$$q_D = \frac{q_{mix} \times 1\,m^3}{(1 + V_{air})m^3} = \frac{107.7\,MJ/m^3 \times 1\,m^3}{(1 + 2)\,m^3} = 35.9\,MJ/m^3$$

（答　35.9 MJ/m³）

ブタンを空気で希釈して総発熱量が 32.0 MJ/m³ の混合ガスとした場合、空気の混合割合は何 vol % か。ただし、ブタンの総発熱量は 128 MJ/m³ として計算せよ。

(H23 丙化国家試験 類似)

標準状態で、発熱量 128 MJ/m³ のブタン 70 mol % と発熱量 99 MJ/m³ のプロパン 30 mol % の混合ガスをその 2.5 倍の体積の空気で希釈した。このダイリュートガスの発熱量はおよそ何 MJ/m³ になるか。

(H18−1 丙化検定)

5・1・3 理論空気量および断熱火炎温度 丙化 丙特 乙化

(1) 理論空気量

燃料が燃焼するときの化学量論に基づく完全燃焼組成に関する計算例は、4 章で示した。ここでは、空気中で燃焼するときの燃焼反応式に基づき、完全燃焼組成になるための空気量の計算に限定して解説する。

燃料が完全燃焼するために必要な最少の酸素量は、燃焼反応式から計算できる。この酸素量が**理論酸素量**と呼ばれる。

例えば、メタン (CH_4) の燃焼反応式は

$$CH_4 + 2\,O_2 = CO_2 + 2\,H_2O$$

メタン 1 mol について 2 mol の酸素が最小限必要なことを示している。これがメタン 1 mol に対する理論酸素量といわれる。体積でいえば、1 m³ のメタンについて理論酸素量は 2 m³ ということになる。

この酸素量を空気中の酸素量とすると、理論酸素量と同一量の酸素を含む空気量 (これが**理論空気量**である) は次のとおりである。

$$\text{理論空気量} = \frac{\text{理論酸素量}}{\text{空気中の酸素含有率}} \quad \cdots\cdots(5.4)$$

通常は、酸素含有率 ＝ 0.21 として計算されるので、この数値は記憶しておく。

実際の燃焼機器では、一般に、理論空気量より過剰の空気を使用するので、理論空気量は不完全燃焼防止、燃焼機器の燃焼の状態把握、高熱効率運転などに重要な意味をもつ数値である。

(2) 断熱火炎温度

実際に物質が燃焼しているときの火炎温度は、周囲への熱損失があるので、正確に測定するのは容易ではないが、熱損失がないと仮定して、高温における比熱容量などのデータを用いて計算上の火炎温度を求めることができる。これは**断熱火炎温度**と呼ばれ、実際の火炎温度より 100 ℃ ほど高い温度と考えられ、実用上便利な数値である。化学量論組成の断熱火

炎温度について、乙化の計算問題として出題されている。

計算では、1 mol の可燃性物質（化学量論組成）が燃焼するときに発生する熱量（発熱量）は、すべて理論上の燃焼生成物量および燃焼用空気中の窒素量の温度上昇（ΔT）に使われるとして等式を作り、温度差 ΔT を求める（式 (2.6 b) の応用）。

例題 5-5

燃料ガスの質量から理論空気量を求める　丙特

エチレンが完全燃焼するときの化学反応式は次式で示される。

$$C_2H_4 + 3\,O_2 \rightarrow 2\,CO_2 + 2\,H_2O$$

エチレン 56.0 kg を上式に従って理論上完全燃焼するための最少必要空気量（完全燃焼組成の空気量）は、標準状態で何 m^3 か。空気中の酸素含有率は 21.0 vol % とする。

（R1-2 丙特検定 類似）

解説

化学量論に基づく理論酸素量を計算し、式 (5.4) を用いて最少必要空気量（理論空気量）を計算する。

化学反応式は、1 mol のエチレンに対し 3 mol の酸素が必要であることを示している。すなわち、エチレンの物質量の 3 倍が理論酸素量の物質量である。設問は、最少必要空気量（理論空気量）を標準状態の体積（m^3）で要求しているので、酸素の物質量にモル体積 V_m をかけてその体積を求め、それを空気中の酸素含有率 0.21 で割るとよい。エチレンの質量を m、そのモル質量を M として

$$\text{最少必要空気量} = \frac{\text{理論酸素量}(m^3)}{\text{空気中の酸素含有率}} = \frac{\frac{m}{M} \times 3(\text{倍}) \times V_m}{0.21} \quad \cdots\cdots ①$$

ここで

$$m = 56.0\ \text{kg} \qquad M = 28 \times 10^{-3}\ \text{kg/mol} \qquad V_m = 22.4 \times 10^{-3}\ m^3/\text{mol}$$

を式①に代入して

$$\text{最少必要空気量} = \frac{\frac{56.0\ \text{kg}}{28 \times 10^{-3}\ \text{kg/mol}} \times 3 \times 22.4 \times 10^{-3}\ m^3/\text{mol}}{0.21}$$

$$= 640\ m^3\ (\text{標準状態})$$

（答　640 m^3）

例題 5-6

混合ガス燃料の体積から理論空気量を求める 丙化

プロパン 80 vol %、ブタン 20 vol % の LP ガス 10 m^3 を完全燃焼させるために必要な最少の空気量（理論空気量）は、標準状態（0 ℃、0.1013 MPa）でおよそ何 m^3 か。ただし、空気中の酸素含有率は 21.0 vol % とする。（H21 丙化国家試験 類似）

解説

各成分の燃焼反応式を書くと

$$C_3H_8 + 5\,O_2 = 3\,CO_2 + 4\,H_2O$$

$$C_4H_{10} + 6.5\,O_2 = 4\,CO_2 + 5\,H_2O$$

これらの式は、プロパン 1 体積に対し酸素は 5 倍体積、ブタン 1 体積に対し酸素は 6.5 倍体積の酸素が必要であることを示している。

混合ガス 10 m^3 中の各成分の体積は

プロパン　$10\,m^3 \times 0.8 = 8.0\,m^3$

ブタン　$10\,m^3 \times 0.2 = 2.0\,m^3$

したがって、理論酸素量は

$$理論酸素量 = 8.0\,m^3 \times 5\,(倍) + 2.0\,m^3 \times 6.5\,(倍) = 53.0\,m^3$$

式 (5.4) により、理論空気量は

$$理論空気量 = \frac{理論酸素量}{0.21} = \frac{53.0\,m^3}{0.21} = 252.4\,m^3 \fallingdotseq 252\,m^3$$

（答　**252 m^3**）

例題 5-7

炭化水素の断熱火炎温度を計算する 乙化

大気圧下の 2, 2- ジメチルプロパンと空気の混合ガスの化学量論組成における断熱火炎温度は何 ℃ か。この燃焼反応は、空気中の窒素を含めて次式で表されるものとする。

$$C_5H_{12}(g) + 8\,O_2 + 8 \times \frac{79}{21}N_2$$

$$= 5\,CO_2 + 6\,H_2O(g) + 8 \times \frac{79}{21}N_2 + 3250\,kJ \quad \cdots\cdots ①$$

空気の組成は、酸素 21 vol %、窒素 79 vol % とし、火炎中の化学種は二酸化炭素、水蒸気および窒素とする。また、初期温度は 25 ℃ とし、計算に必要な温度範囲における各化学種の定圧モル熱容量は一定で、以下の表のとおりとする。

化学種	定圧モル熱容量 [J/(mol·K)]
CO_2	55
H_2O(g)	50
N_2	35

(R3-1 乙化検定 類似)

解説

断熱火炎温度は、熱損失がないものと仮定して、発生する熱量(真発熱量)のすべてが燃焼反応後の気体の温度上昇に使われるものとして計算される温度である。

空気を支燃性ガスとして使用する場合、化学量論組成では酸素はすべて消費されてCO_2やH_2Oに変化するが、窒素は未反応物質としてそのまま反応後の成分として残ることに注意する。示された反応式①中の$8 \times \frac{79}{21}N_2$の項は、$C_5H_{12}$ 1 molの反応に必要な空気に含まれる窒素量(mol)を表している。すなわち、空気はおよそ酸素21 molに対し窒素79 molの割合で構成されているので、窒素は酸素1 mol当たり$\frac{79}{21}$mol存在することになる。反応式で酸素は8 mol消費されるので、火炎中に残る窒素は$8 \times \frac{79}{21}$ molであることを式は表している。設問の式①が与えられない場合でもこの式が書けるように訓練をしておく。

また、式①の発熱量に着目すると、生成する水が気体のときの値であることが明示されており、真発熱量($q = 3250$ kJ/mol)であるから、計算にこのまま使用できることがわかる。

次に、C_5H_{12} 1 molが燃焼したときの火炎中の物質i(生成物+窒素)の物質量n_iを求めると、反応式から

CO_2:$n_{CO_2} = 1\ \text{mol} \times 5$(倍)$= 5$ mol

H_2O:$n_{H_2O} = 1\ \text{mol} \times 6$(倍)$= 6$ mol

N_2 :$n_{N_2} = 1\ \text{mol} \times 8 \times \frac{79}{21}$(倍)$= 30.10$ mol

各成分(化学種)の定圧モル熱容量を簡略化して$C_{m,i}$として、C_5H_{12} 1 molが燃焼したときに発生する熱量(真発熱量q)によってこれらの化学種がΔT(K)だけ温度が上昇したとすると、式(2.6 b)を応用して

$$1\ \text{mol}\ (C_5H_{12}) \times q = (n_{CO_2}C_{m,CO_2} + n_{H_2O}C_{m,H_2O} + n_{N_2}C_{m,N_2})\,\Delta T$$

$$\therefore \quad \Delta T = \frac{1\ \text{mol} \times q}{n_{CO_2}C_{m,CO_2} + n_{H_2O}C_{m,H_2O} + n_{N_2}C_{m,N_2}} \quad \cdots\cdots ②$$

式②に数値を代入する。単位を合わせて(分母の単位は簡素化)

$$\Delta T = \frac{1\ \mathrm{mol} \times 3250 \times 10^3\ \mathrm{J/mol}}{(5 \times 55 + 6 \times 50 + 30.10 \times 35)\ \mathrm{J/K}} = 1996\ \mathrm{K} = 1996\ ℃$$

初期温度 $t_1 = 25$ ℃ であるので、断熱火炎温度 t_2 は

$$t_2 = t_1 + \Delta T = (25 + 1996)\ ℃ = 2021\ ℃$$

（**答　2021 ℃**）

5.6

プロパン 5 kg を完全燃焼させるために必要な最少の空気量（理論空気量）は、標準状態（0 ℃、0.1013 MPa）でおよそ何 m^3 か。ただし、空気中の酸素含有率は 21 vol % とする。

（H20 丙化国家試験）

5.7

2.0 m^3 の気体のプロパンを同じ温度の空気で理論上完全燃焼させるための最少必要空気量（理論空気量）は何 m^3 か。気体は理想気体とし、空気中の酸素濃度は 21 vol % とする。

（R2 丙特国家試験 類似）

5.8

大気圧下のジメチルエーテルと空気の混合気の化学量論組成における断熱火炎温度は何 ℃ か。このときの燃焼反応は空気中の窒素を含めて、次の式で表されるものとする。

$$C_2H_6O + 3\,O_2 + 3 \times \frac{79}{21} N_2$$

$$= 2\,CO_2 + 3\,H_2O(g) + 3 \times \frac{79}{21} N_2 + 1328\ \mathrm{kJ} \quad \cdots\cdots\cdots\cdots\cdots ①$$

初期温度は 25 ℃ とし、火炎中の化学種は二酸化炭素、水蒸気および窒素であり、各化学種の定圧モル熱容量は以下の表のとおりとして計算せよ。

化学種	定圧モル熱容量〔J/(mol·K)〕
CO_2	55
H_2O (g)	50
N_2	35

（H28-2 乙化検定 類似）

5·2 爆発限界

5·2·1 爆発範囲

丙化
乙化 乙機

(1) 爆発範囲

可燃性ガスと酸素、空気などの支燃性ガスとの混合気体に点火する場合、すべての濃度範囲で燃焼・爆発が起きるわけではない。燃焼・爆発する濃度は、ガス種によりある特定の範囲であり、これを**爆発範囲**、または**燃焼範囲**と呼んでいる（測定方法によって数値は多少異なる）。

爆発範囲のうち、最低濃度を**爆発（燃焼）下限界**、最高濃度を**爆発（燃焼）上限界**という。下の表にあげたような代表的なガスの数値は記憶しておくとよい。

(2) バージェス − ホイーラーの法則

飽和炭化水素の、常温、大気圧の空気中の爆発下限界 L (vol %) と燃焼熱 Q_c (kJ/mol) の積は、ほぼ一定となることが知られており、**バージェス − ホイーラーの法則**といわれる。

$$L \cdot Q_c = K\ (\fallingdotseq 4350)\quad (K\text{は定数}) \qquad \cdots\cdots (5.5)$$

(3) ル・シャトリエの法則

複数の可燃性ガス成分を含む混合気体の空気中における爆発範囲を推定するのに、次の**ル・シャトリエの法則**がある。上限界に比べて下限界のほうが精度が良い。

$$L = \frac{100}{\dfrac{C_1}{L_1} + \dfrac{C_2}{L_2} + \dfrac{C_3}{L_3} \cdots\cdot} \qquad \cdots\cdot (5.6)$$

ここで

L ：混合気体の爆発限界濃度 (vol %)

L_1、L_2・・・：可燃性ガス成分1、2・・・の爆発限界濃度 (vol %)

C_1、C_2・・・：可燃性ガス成分1、2・・・の混合ガス中の濃度 (vol %)

$(C_1 + C_2 + C_3 \cdots\cdot = 100\ \text{vol}\ \%)$

代表的なガスの爆発範囲
（常温、大気圧、空気中）

可燃性ガス	爆発限界（範囲）(vol %)	
	下限界	上限界
水素	4.0	75
メタン	5.0	15
プロパン	2.1	9.5
ブタン	1.8	8.4
一酸化炭素	12.5	74
アンモニア	15	28
アセチレン	2.5	100

例題 5-8

室内の可燃性ガスの質量から爆発範囲内かどうかの判別 丙化

間口 4 m、奥行 3 m、高さ 2 m の密閉された部屋に、空気と次の質量のガス状のブタンを均一に混合したとき、常温（25 ℃）、大気圧下において爆発範囲に入っているものはどれか。気体は理想気体とする。

イ．500 g　　ロ．700 g　　ハ．4 kg　　ニ．7 kg　　ホ．9 kg

（H27 丙化国家試験 類似）

解説

この問題は、ブタンの爆発範囲（燃焼範囲）を記憶していないと解けない。LP 関係の資格では、プロパンも含めて記憶しておく。

設問で示された部屋の容積（体積）を計算し、その体積の爆発範囲の上限、下限に対応するブタンの質量を計算して、選択肢の数値と比較する。爆発範囲は常温（25 ℃）、大気圧下の数値であるので、モル体積 V_m はシャルル則を用いて

$$V_m = 22.4 \times 10^{-3}\,\mathrm{m^3/mol} \times \frac{298\,\mathrm{K}}{273\,\mathrm{K}} = 24.45 \times 10^{-3}\,\mathrm{m^3/mol}$$

を用いる。

部屋の容積（気体の体積）$= 4\,\mathrm{m} \times 3\,\mathrm{m} \times 2\,\mathrm{m} = 24\,\mathrm{m^3}$

ブタンの爆発範囲は 1.8 ～ 8.4 vol% であるので、部屋の容積に対応する爆発限界のブタンの質量は

$$\text{下限界：ブタンの質量} = \frac{24\,\mathrm{m^3} \times 0.018}{24.45 \times 10^{-3}\,\mathrm{m^3/mol}} \times 58 \times 10^{-3}\,\mathrm{kg/mol} = 1.02\,\mathrm{kg}$$

$$\text{上限界：ブタンの質量} = \frac{24\,\mathrm{m^3} \times 0.084}{24.45 \times 10^{-3}\,\mathrm{m^3/mol}} \times 58 \times 10^{-3}\,\mathrm{kg/mol} = 4.78\,\mathrm{kg}$$

選択肢と比較すると、1.02 kg ～ 4.78 kg の範囲に入るものは、ハ（4 kg）のみである。

（答　ハ）

別解

示された選択肢の質量の部屋の容積に対する vol% を個々に計算し、爆発範囲（1.8 ～ 8.4 vol%）と比較する。モル体積 V_m は計算した $24.45 \times 10^{-3}\,m^3/mol$ を用いて

イ．（×）$$\frac{\frac{0.5\,kg}{58 \times 10^{-3}\,kg/mol} \times 24.45 \times 10^{-3}\,m^3/mol}{24\,m^3} = 0.0088\ (= 0.88\,vol\%)$$

ロ．（×）$$\frac{\frac{0.7\,kg}{58 \times 10^{-3}\,kg/mol} \times 24.45 \times 10^{-3}\,m^3/mol}{24\,m^3} = 0.012\ (= 1.2\,vol\%)$$

ハ．（○）$$\frac{\frac{4\,kg}{58 \times 10^{-3}\,kg/mol} \times 24.45 \times 10^{-3}\,m^3/mol}{24\,m^3} = 0.070\ (= 7.0\,vol\%)$$

ニ．（×）$$\frac{\frac{7\,kg}{58 \times 10^{-3}\,kg/mol} \times 24.45 \times 10^{-3}\,m^3/mol}{24\,m^3} = 0.123\ (= 12.3\,vol\%)$$

ホ．（×）$$\frac{\frac{9\,kg}{58 \times 10^{-3}\,kg/mol} \times 24.45 \times 10^{-3}\,m^3/mol}{24\,m^3} = 0.158\ (= 15.8\,vol\%)$$

例題 5-9

バージェス - ホイーラーの法則を用いる計算　乙化

エタンの常温、大気圧、空気中の爆発下限界は 3.0 vol % である。これを用いてバージェス - ホイーラーの法則により、ヘキサン（C_6H_{14}）の常温、大気圧、空気中の爆発下限界を求めよ。各物質の標準生成エンタルピー（ΔH_f°）は表のとおりとする。

物質	ΔH_f° [kJ/mol]
C_2H_6	− 84
C_6H_{14}	− 167
CO_2	− 394
H_2O	− 242

（R2-2 乙化検定 類似）

解説

バージェス - ホイーラーの法則は、爆発下限界（vol %）を L、燃焼熱（kJ/mol）を Q_c、定数を K として、式 (5.5) のとおり

$$L \cdot Q_c = K \quad \cdots\cdots ①$$

で表される。

エタンおよびヘキサンの標準生成エンタルピー（$\Delta H_{f}^{\circ}{}_{E}$ および $\Delta H_{f}^{\circ}{}_{H}$）を用いてそれらの燃焼熱（$Q_{c,E}$ および $Q_{c,H}$）が式（4.2 b）から計算できるので、式①を用いてヘキサンの爆発下限界（L_H）を計算することができる。

エタンとヘキサンの燃焼式（熱化学方程式）は

$$C_2H_6 + 3.5\,O_2 \rightarrow 2\,CO_2 + 3\,H_2O + Q_{c,E} \quad \cdots\cdots ②$$

$$C_6H_{14} + 9.5\,O_2 \rightarrow 6\,CO_2 + 7\,H_2O + Q_{c,H} \quad \cdots\cdots ③$$

式②、③のエンタルピー変化をそれぞれ ΔH_2°、ΔH_3° として

$$Q_{c,E} = -\Delta H_2^{\circ} = \Delta H_{f}^{\circ}{}_{E} - (2\,\Delta H_{f}^{\circ}{}_{CO_2} + 3\,\Delta H_{f}^{\circ}{}_{H_2O})$$

$$= -84\ \mathrm{kJ/mol} - \{2 \times (-394) + 3 \times (-242)\}\ \mathrm{kJ/mol} = 1430\ \mathrm{kJ/mol}$$

$$Q_{c,H} = -\Delta H_3^{\circ} = \Delta H_{f}^{\circ}{}_{H} - (6\,\Delta H_{f}^{\circ}{}_{CO_2} + 7\,\Delta H_{f}^{\circ}{}_{H_2O})$$

$$= -167\ \mathrm{kJ/mol} - \{6 \times (-394) + 7 \times (-242)\}\ \mathrm{kJ/mol} = 3891\ \mathrm{kJ/mol}$$

式①から

$$L_E \cdot Q_{c,E} = L_H \cdot Q_{c,H} = K$$

$$\therefore \quad L_H = \frac{L_E \cdot Q_{c,E}}{Q_{c,H}} = \frac{3.0\ (\mathrm{vol\%}) \times 1430\ \mathrm{kJ/mol}}{3891\ \mathrm{kJ/mol}} = 1.1\ \mathrm{vol\%}$$

（**答　1.1 vol %**）

例題 5-10

ル・シャトリエの法則を用いて混合気体の爆発下限界を求める　乙化

一酸化炭素 55 vol %、エチレン 25 vol %、水素 20 vol % からなる混合ガスがある。このガスの常温、大気圧の空気中における爆発下限界は何 vol % か。各成分の常温、大気圧の空気中における爆発下限界は次のとおりとし、ル・シャトリエの法則が適用できるものとする。

一酸化炭素　12.5 vol %　　　エチレン　2.7 vol %　　　水素　4.0 vol %

（R1-1 乙化検定 類似）

解説

濃度を C、爆発下限界を L とし、一酸化炭素を C、エチレンを E、水素を H、混合ガスを mix の添字で表すと、ル・シャトリエの法則の式（5.6）は

$$L_{mix} = \frac{100}{\dfrac{C_C}{L_C} + \dfrac{C_E}{L_E} + \dfrac{C_H}{L_H}} \quad \cdots\cdots ①$$

題意により

$C_C = 55$ vol%　　　$L_C = 12.5$ vol%

$C_E = 25$ vol%　　　$L_E = 2.7$ vol%

$C_H = 20$ vol%　　　$L_H = 4.0$ vol%

であるから、式①にそれぞれの値を代入して（式中の「vol %」は省略）

$$L_{mix} = \frac{100}{\frac{55}{12.5} + \frac{25}{2.7} + \frac{20}{4.0}} = 5.36 \fallingdotseq 5.4 \text{ (vol \%)}$$

（答　**5.4 vol %**）

間口 3.5 m、奥行き 4 m、高さ 5 m の密閉された室に、ガス状 n−ブタンと空気を均一に混合した常温、大気圧の気体がある。常温、大気圧下において、爆発の危険性がある n−ブタンの質量は次のうちどれか。

イ．2.8 kg　　ロ．5.5 kg　　ハ．8.3 kg　　ニ．12.9 kg

（H18−1 丙化検定 類似）

メタン、エタン、プロパンの常温、大気圧、空気中における爆発下限界は、それぞれ 5.0 vol%、3.0 vol%、2.1 vol% である。メタン、エタン、プロパンがそれぞれ 25 vol%、25 vol%、50 vol% からなる混合ガスの常温、大気圧、空気中での爆発下限界 L_{mix} をル・シャトリエの法則を用いて求めよ。

（H27 乙化国家試験 類似）

アンモニアとブタンの混合ガスの常温、大気圧、空気中の爆発下限界は 5.1 vol % であった。この混合ガス中のアンモニア濃度は何 vol % か。アンモニアおよびブタンの常温、大気圧、空気中の爆発下限界は、それぞれ 15.0 vol %、1.8 vol % とし、ル・シャトリエの法則が成り立つものとする。

（R3−2 乙化検定 類似）

5·2·2 爆発範囲に及ぼす不活性ガスによる希釈効果　丙化 乙化

可燃性ガスの爆発危険性に対する有効な対処手段として、窒素や二酸化炭素などの不活性ガス（不燃性ガス）を添加して希釈する方法がある。不活性ガスの添加によって、爆発範囲を狭くしたり、または爆発範囲外の濃度で取り扱うことができるので、可燃性ガスを取り扱う現場では保安上よく使われている。

可燃性ガス−酸素（空気）−不活性ガスの三成分系の濃度と爆発範囲との関係を表した次の図(a) のような**三角図**がよく使われている。

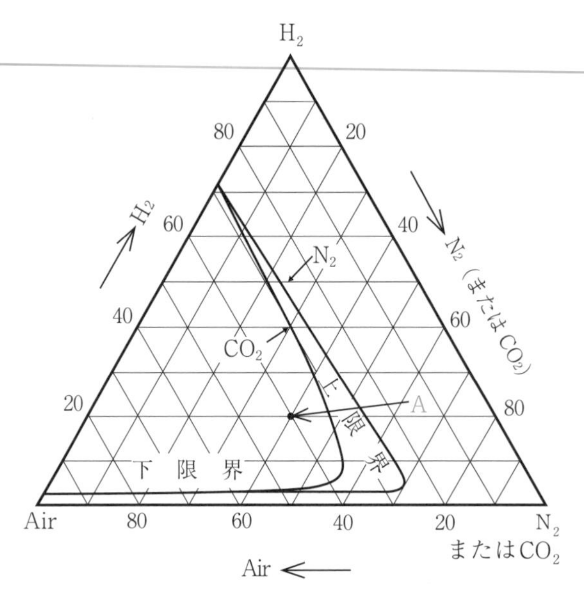

図 (a) 水素–空気–不活性ガス系の三角図

⑴　濃度の読み方

図 (a) の場合、三角形の各頂点は、表示された物質の 100 % 濃度の位置を表し、上図では、水素 (H_2)、空気 (Air)、窒素 (N_2)（または二酸化炭素 (CO_2)）と書かれた頂点がその位置である。可燃性ガス (H_2) の頂点と支燃性ガス (Air) の頂点を結ぶ三角形の左辺は、不活性ガスの添加のない 2 成分系の可燃性ガスの濃度を表し、目盛 (底辺に平行な線) は 3 成分系の可燃性ガスの濃度を表している。Air、N_2 (または CO_2) の濃度も同様であり、頂点と対面にある辺と平行な線 (目盛) でその濃度が表されている。

例えば、(a) 図の A 点の濃度は、水素 20 vol %、空気 40 vol %、窒素 (または二酸化炭素) 40 vol % を表している。

そのほかの表し方として、次図（図 (b)）のように 2 成分の濃度目盛を使用する方法も使われている。これは、縦軸が可燃性ガス (ブタン)、横軸は不活性ガス (不燃性ガス) 濃度であるが、支燃性ガス (空気または酸素) は表示がないので、残りの濃度がその濃度になる。すなわち、

支燃性ガス濃度 ＝ 100 % − (可燃性ガス濃度 ＋ 不活性ガス濃度) %

となる。

図中の B 点は、ブタン 7 vol %、不燃性ガス (不活性ガス) 30 vol %、空気 ＝ 100 − (7 ＋ 30) ＝ 63 vol % である。

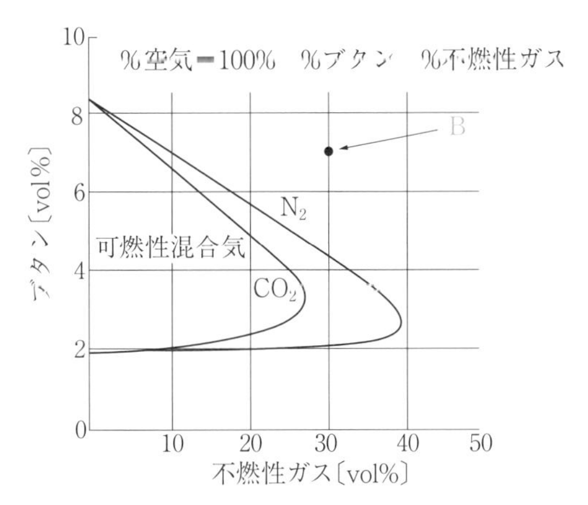

図（b）ブタン–不燃性ガス–空気混合気の
燃焼範囲（25 ℃、大気圧）

この表し方でも三角形を使うことがあるが、読み方は目盛が傾斜している以外は図 (b) と同じである (新安全工学便覧など)。

(2) 爆発領域 (爆発範囲)

可燃性ガスの混合気体が発火源により爆発する範囲は、三角形の左辺と曲線に囲まれた濃度範囲である。図 (a) では、三角形の左辺は、空気と水素のみの混合ガスであるから、水素の常温、常圧の爆発範囲を表し、この図では左辺上部 73 % 付近が上限界、左辺下部の 4 % 付近が下限界と読める。

同様に図 (b) では、縦軸と曲線に囲まれた部分が爆発範囲であり、縦軸は空気とブタンのみの混合ガスを表すので、ブタンの爆発範囲 (常温、大気圧) は 1.8 ～ 8.4 vol % 付近の値を読み取ることができる。

両図はともに不活性ガスが増すとともに主に上限界が下がって、爆発する範囲が狭くなり、最終的に上限界と下限界が一致する。

この曲線の外側は爆発しない領域である。

(3) 限界酸素濃度

ある酸素濃度以下であれば、他の成分がどのような濃度であっても爆発 (燃焼) しない限界の酸素濃度を**限界酸素濃度**と呼んでいる。この酸素濃度以下にすると、可燃性ガスの濃度が高くても爆発を防ぐことができるので、安全対策上重要な値である。

三角図からは、上限界線と接する右辺に平行な線を引いて、下辺の酸素濃度を求めると限界酸素濃度が得られる。

例題 5-11

2成分表示の図を用いた燃焼範囲（爆発範囲）の希釈効果 丙化

図は、プロパン－不活性ガス－空気混合ガスの燃焼範囲（爆発範囲）を表したものである。この図について、次の記述のうち正しいものはどれか。

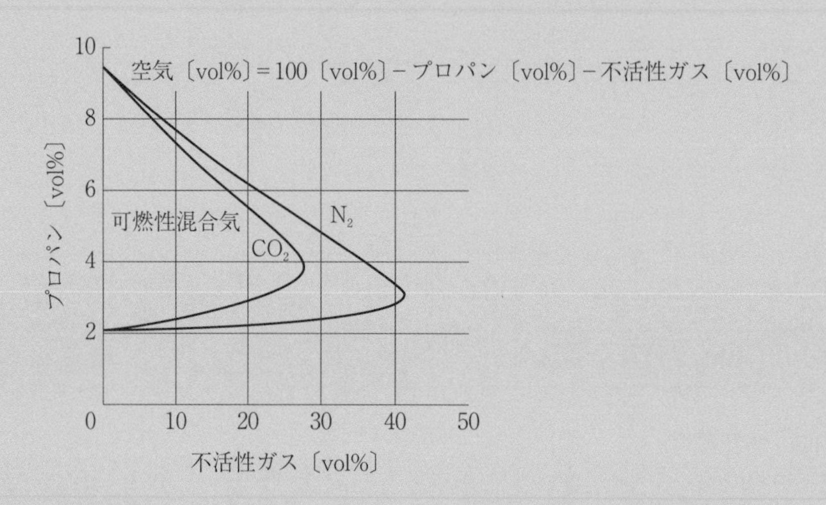

イ．プロパンの空気中での爆発範囲はおよそ 2.1 ～ 9.5 vol% である。

（H26 丙化国家試験 類似）

ロ．プロパン 6 vol%、窒素 25 vol%、空気 69 vol% の混合ガスは爆発範囲内である。

（H26 丙化国家試験 類似）

ハ．CO_2 の濃度が 30 vol% 以上では、プロパン濃度に関係なく、この混合ガスは爆発範囲外である。

（H19 丙化国家試験 類似）

ニ．同濃度の N_2 と CO_2 で比較した場合、N_2 のほうがこの混合ガスの爆発範囲を狭める効果が高い。

（H19 丙化国家試験 類似）

ホ．プロパン 3.9 vol%、二酸化炭素 27.0 vol%、空気 69.1 vol% の混合ガスの爆発上限界と下限界はおおむね同じである。

（H26 丙化国家試験 類似）

解説

純可燃性ガスの空気中の爆発範囲は縦軸から読み取ることができ（イ）、混合ガスが爆発範囲内かどうかの判断は、濃度の位置を図中に書き入れて行うとよい。縦軸と曲線で囲まれた領域が爆発範囲であり、外側は範囲外である（ロ）。また、不活性ガスの種類によって爆発範囲を狭める効果は異なり、CO_2 と N_2 について同じ不活性ガス濃度の爆発範囲を比較するとその程度がわかる（ハ、ニ）。その上限、下限はある点で一致する（ホ）。

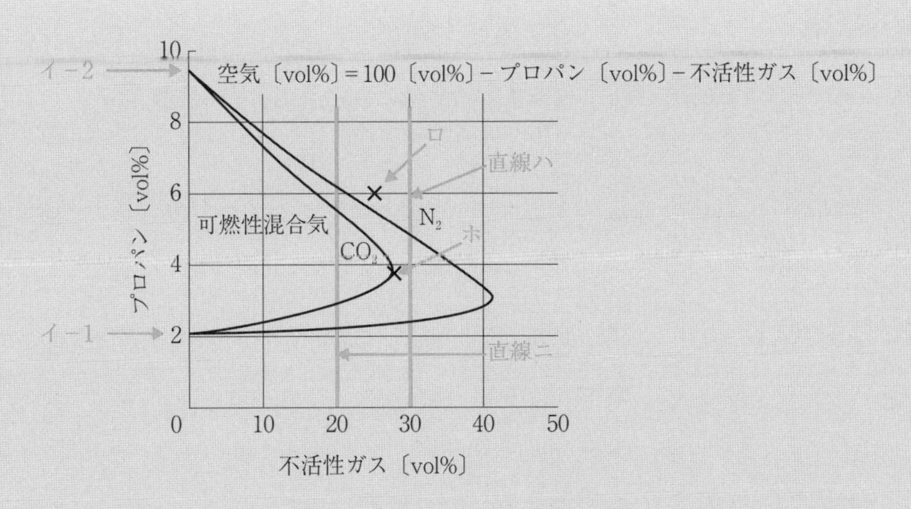

イ．(○) 不活性ガスが 0（ゼロ）の縦軸は、プロパンと空気のみの混合ガスの状態を表しており、曲線と縦軸の交点は純プロパンの爆発範囲を表している。図のイ-1、イ-2 の位置を読むと、2.1 および 9.5 vol% 付近の値を示している。

ロ．(×) 混合ガスの濃度は図の点ロに該当し、N_2 の曲線の外側になる。すなわち、爆発範囲外の濃度である。

ハ．(○) 図の直線ハは不活性ガスが 30 vol% の線であり、この直線と CO_2 の曲線を比較すると、直線は曲線の外側に位置するので、取り得るプロパンの濃度についてすべて爆発範囲外となる。なお、窒素の場合は、その曲線の内側を直線が通るので（×）になる。

ニ．(×) 代表例として、不活性ガス濃度 20 vol%（直線ニ）のときの爆発範囲（上限、下限）を図から読み取ると

	上限界（vol%）	下限界（vol%）
CO_2 のとき	5.5	3.0
N_2 のとき	6.2	2.2

となり、CO_2 のほうが狭くなっている。他の不活性ガス濃度でも CO_2 の曲線が N_2 の曲線の内側にあるので、CO_2 の爆発範囲のほうが狭い。モル熱容量は N_2 に比べて CO_2 のほうが大きく、その分冷却効果が高いので爆発範囲を狭める効果も高くなる。

ホ．(○) 図の点ホがその濃度の位置であるが、下限界と上限界が接している位置では、どちらも同じ値になる。すなわち、不活性ガスで希釈していくと上限界は下がり、下限界は上昇してある点で一致し、それ以上希釈すると爆発範囲がなくなる。

（答　イ、ハ、ホ）

例題 5-12

三角図から限界酸素濃度および希釈による濃度変化を読む 乙化

図は、常温、大気圧の可燃性ガス A－空気－二酸化炭素混合ガスの爆発範囲を示す三角図である。この図に関する次の記述のうち正しいものはどれか。

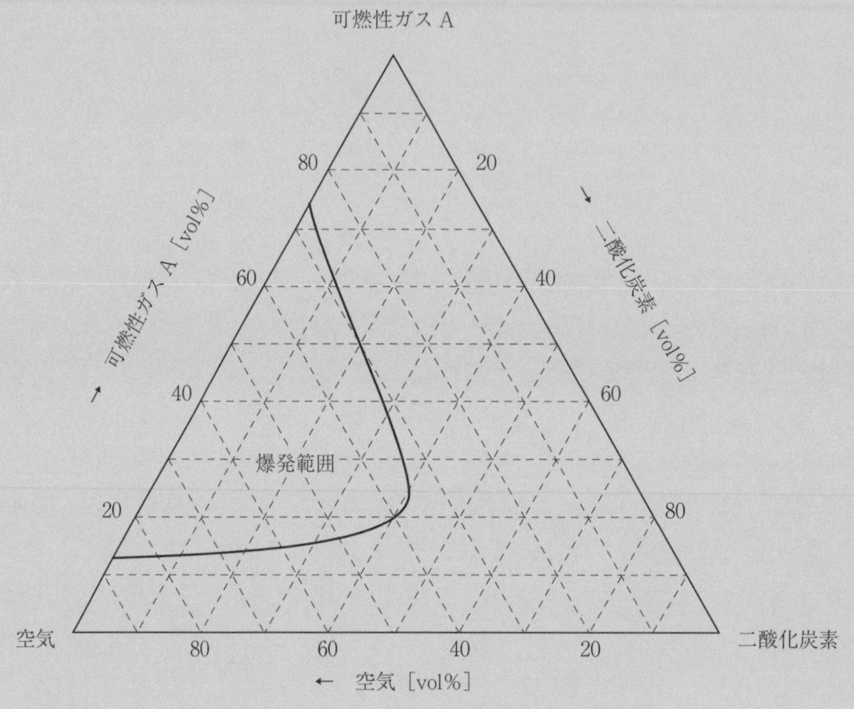

イ. 可燃性ガス A の空気中の爆発上限界は約 87 vol % である。

ロ. 可燃性ガス A が 20 vol %、空気が 50 vol %、二酸化炭素 30 vol % の組成からなる混合ガスは爆発範囲に入る。

ハ. 可燃性ガス A を二酸化炭素で希釈した場合の限界酸素濃度は、約 47 vol% である。

ニ. 40 vol % の可燃性ガス A と 60 vol % の二酸化炭素を含む混合ガスは、空気とどのような割合で混合しても爆発範囲に入らない。　（H22-2 乙化検定 類似）

5章◎燃料・燃焼・爆発

解説

イ.（×）三角図の左辺は、可燃性ガスＡと空気のみの混合ガス濃度を表しており、Ａの空気中の爆発範囲は、爆発範囲を示す曲線と左辺が交わる２点間のＡの濃度となる。爆発上限界は、図中の点イの位置、すなわち、約 74 vol % である。

ロ.（○）題意の組成の混合ガスは、図中の点ロの位置になり、爆発範囲の曲線の内側になるので爆発範囲に入っている。

ハ.（×）限界酸素濃度は、図のように爆発範囲の曲線に接する右辺に平行な直線ハが底辺を横切る点の酸素濃度である。この値は空気として約 26 vol％と読めるので、酸素濃度としては

限界酸素濃度 ＝ 26 vol ％ × 0.21 ≒ 5.5 vol ％

となる。

ニ.（×）題意の混合ガスは、Ａと二酸化炭素のみの組成であるから右辺上にあり、図中の点Ｂの位置になる。これに空気を加えていくと、Ａと二酸化炭素の比は変わらずに限りなく 100 vol ％の空気に近づく直線ニに従って希釈される。この直線ニは爆発範囲を通るので、記述は誤りである。

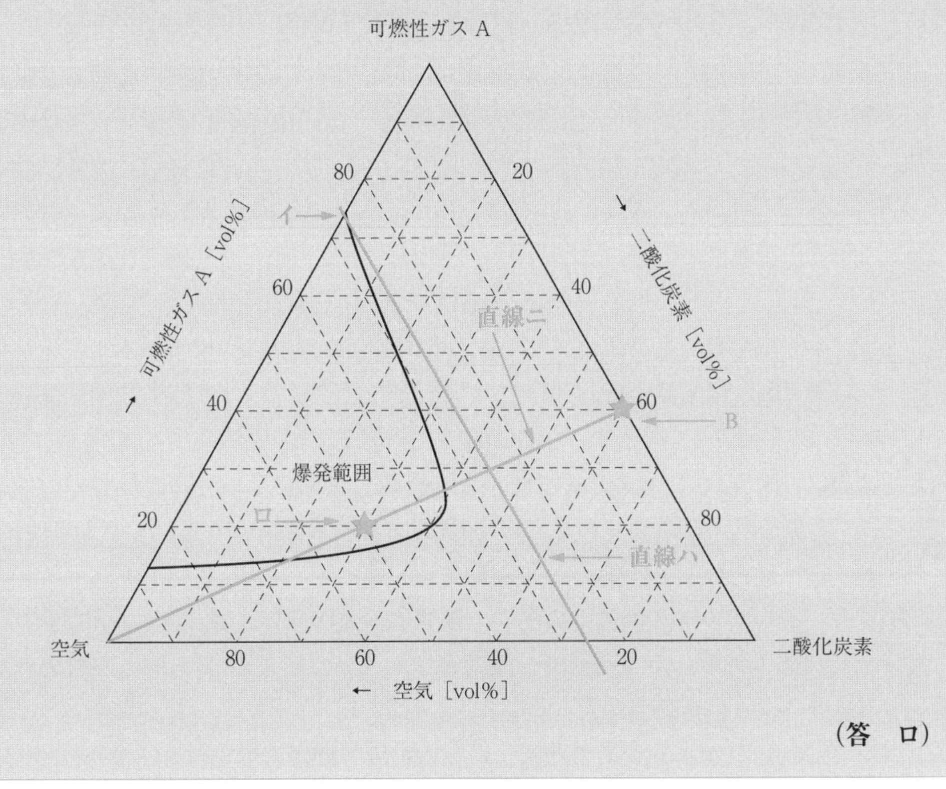

（答　ロ）

図は、25 ℃ 大気圧における空気－ n-ブタン－不活性ガス混合気の爆発範囲を示したものである。次の記述のうち正しいものはどれか。

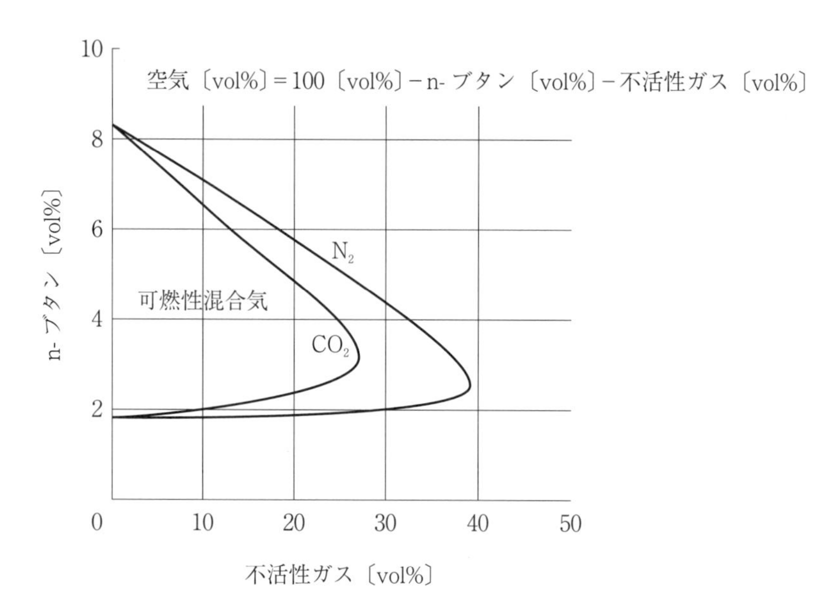

イ．n-ブタンの空気中の爆発範囲はおよそ 1.8 ～ 8.4 vol% である。
（H29 丙化国家試験 類似）

ロ．n-ブタン 6 vol %、窒素 30 vol %、空気 64 vol % の混合ガスは爆発範囲内である。
（H30 丙化国家試験 類似）

ハ．n-ブタン 6 vol %、二酸化炭素 10 vol %、空気 84 vol % の混合ガスは爆発範囲内である。
（H30 丙化国家試験 類似）

ニ．n-ブタン 4.0 vol%、不活性ガス 40.0 vol% の混合ガスは、不活性ガスが窒素でも二酸化炭素でも、着火源から爆発に必要なエネルギーが与えられれば爆発する。
（H29 丙化国家試験 類似）

図は 20 ℃、大気圧のガス A－ 酸素 － 窒素の 3 成分系の混合ガスの爆発範囲を示す三角図である。この図に関する次の記述のうち正しいものはどれか。なお、空気中の酸素の濃度は 21 vol % とする。

イ．ガス A の酸素中の爆発上限界は約 89 vol % である。

ロ．ガス A が 40 vol %、酸素が 30 vol %、窒素が 30 vol % の組成の混合ガスは爆発範囲に入る。

ハ．ガス A を窒素で希釈したときの限界酸素濃度は約 34 vol % である。

ニ．ガス A は空気中では可燃性ではない。

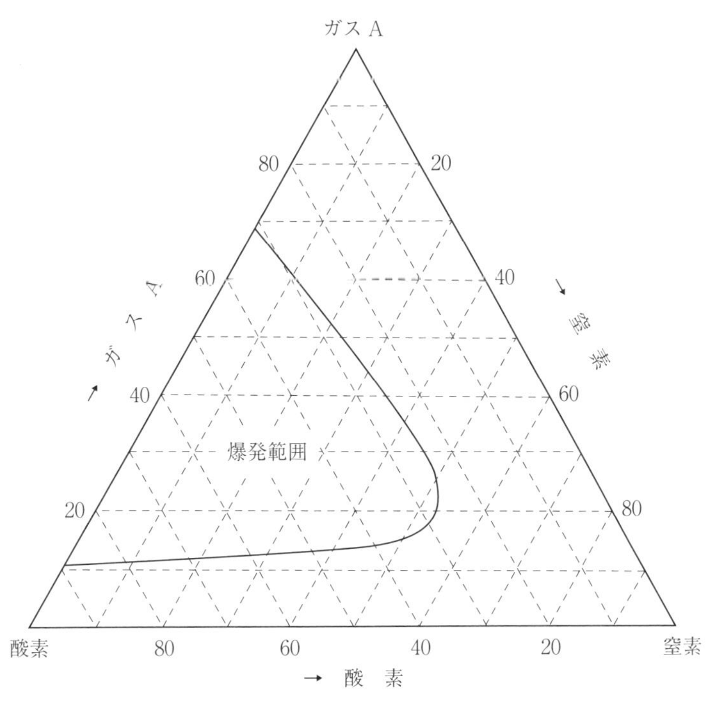

(H24-2 乙化検定 類似)

演習問題 5.14 乙化

図は、200℃、大気圧の一酸化炭素‐空気‐水蒸気3成分系混合ガスの爆発範囲を示す。この図に関する次の記述のうち正しいものはどれか。

イ．一酸化炭素の空気中の爆発上限界は約83 vol%である。

ロ．一酸化炭素50 vol%、空気20 vol%、水蒸気が30 vol%の組成の混合ガスは、爆発範囲に入らない。

ハ．一酸化炭素を水蒸気で希釈したときの限界酸素濃度は、約13 vol%である。

ニ．30 vol%の一酸化炭素と70 vol%の水蒸気との混合ガスが空気と混合すると、爆発範囲に入ることがある。

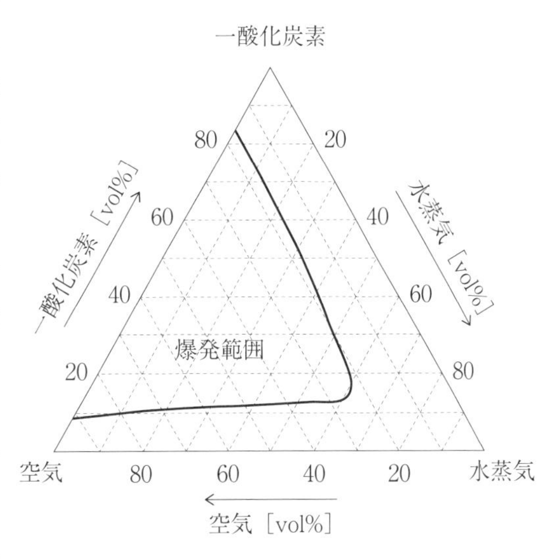

(H28-2 乙化検定 類似)

5·3 爆風の影響（三乗根法則） 乙化 乙機

爆発の際に発生する爆風は被害を大きくする。

爆風圧をある地点で観測すると、図のように、時間とともに急激に圧力が立ち上がり、最大圧力（**ピーク過圧**）に達してから負圧部分が現れる。

爆発の中心（爆心）からこのピーク過圧までの距離 R と爆発物の質量 M との間に次の関係があり、**ホプキンソンの三乗根法則**と呼ばれる。

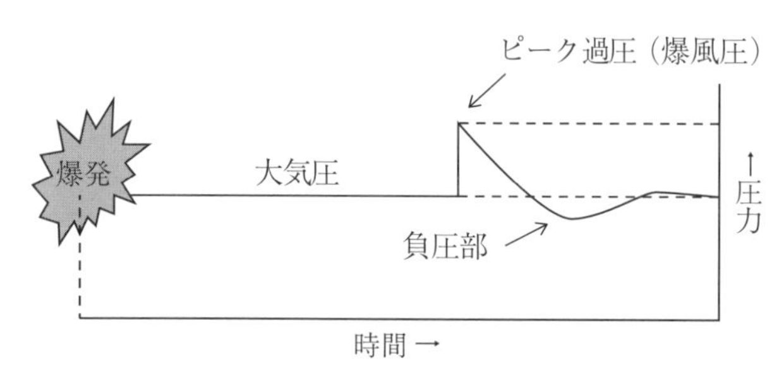

ピーク過圧のイメージ図

$$\lambda = \frac{R}{\sqrt[3]{M}} = \frac{R}{M^{\frac{1}{3}}} \quad \cdots\cdots (5.7)$$

この λ は**換算距離**と呼ばれ、換算距離が等しければピーク過圧が同じ値になる。

この式を用いる応用問題が乙化・乙機に出題されている。

例題 5-13

三乗根則による同じピーク過圧を示す距離の計算 乙化

質量が 10 t の爆発物が爆発したとき、100 m の地点で爆発ピーク過圧（Δp）が観測された。同じ爆発物 500 t が爆発したとき、同じピーク過圧（Δp）になる距離は何 m か。ホプキンソンの三乗根則を用いて計算せよ。次の値を使用してよい。

$\sqrt[3]{3} = 1.442$　　$\sqrt[3]{5} = 1.710$　　$\sqrt[3]{10} = 2.154$　（H29-2 乙化検定 類似）

解説

爆発物の中心（爆心）からの距離を R、爆発物の質量を M とし、爆発物 10 t の場合を 1、500 t の場合を 2 の添字で表す。1、2 の場合ともに爆発物は同じであり、かつ、爆風ピーク過圧（Δp）も等しいので、換算距離 λ は等しく、式（5.7）から次の式が書ける。

$$\lambda = \frac{R_1}{M_1^{\frac{1}{3}}} = \frac{R_2}{M_2^{\frac{1}{3}}}$$

5章◎燃料・燃焼・爆発

R_2を求める形にして

$$R_2 = R_1 \times \left(\frac{M_2}{M_1}\right)^{\frac{1}{3}} \quad \cdots\cdots ①$$

ここで

$M_1 = 10\ \mathrm{t}$　　$M_2 = 500\ \mathrm{t}$　　$R_1 = 100\ \mathrm{m}$

を式①に代入すると

$$R_2 = 100\ \mathrm{m} \times \left(\frac{500\ \mathrm{t}}{10\ \mathrm{t}}\right)^{\frac{1}{3}} = 100\ \mathrm{m} \times 50^{\frac{1}{3}} \quad \cdots\cdots ②$$

指数計算で　$(ab)^a = a^a b^a$　であるから、式②中の項

$$50^{\frac{1}{3}} = (5 \times 10)^{\frac{1}{3}} = \sqrt[3]{5} \times \sqrt[3]{10} = 1.710 \times 2.154 = 3.68$$

したがって、式②は

$$R_2 = 100\ \mathrm{m} \times 50^{\frac{1}{3}} = 100\ \mathrm{m} \times 3.68 = 368\ \mathrm{m}$$

（**答　368 m**）

例題 5-14

同じピーク過圧になる爆発物の質量を求める　乙機

質量 100 kg の爆発物が爆発したとき、50 m の距離の地点である爆発ピーク過圧が観測された。同じ物質が爆発して、100 m の距離で同じ爆発ピーク過圧が認められるときの爆発物の質量は何 kg か。ホプキンソンの三乗根法則に従うものとする。

（R3-1 乙機検定 類似）

解説

爆発物の質量を M、爆心からの距離を R、換算距離を λ とし、$M = 100\ \mathrm{kg}$、$R = 50\ \mathrm{m}$ のときを1、求める $R = 100\ \mathrm{m}$ のときを2の添字で表す。題意により物質は同じであり、かつ、ピーク過圧はで等しいので1、2の換算距離 λ は等しい。式 (5.7) から

$$\lambda = \frac{R_1}{M_1^{\frac{1}{3}}} = \frac{R_2}{M_2^{\frac{1}{3}}} \quad \cdots\cdots ①$$

M_2を求めるように式①を変形する。両辺を3乗して

$$\frac{R_1^3}{M_1} = \frac{R_2^3}{M_2}$$

$$\therefore \quad M_2 = \left(\frac{R_2}{R_1}\right)^3 \cdot M_1 \quad \cdots\cdots ②$$

題意により

$M_1 = 100\ \mathrm{kg}$　　$R_1 = 50\ \mathrm{m}$　　$R_2 = 100\ \mathrm{m}$

であるから、式②は

$$M_2 = \left(\frac{R_2}{R_1}\right)^3 \cdot M_1 = \left(\frac{100\,\mathrm{m}}{50\,\mathrm{m}}\right)^3 \times 100\,\mathrm{kg} = 800\,\mathrm{kg}$$ （答　**800 kg**）

演習問題 5.15 乙化

10000 kg の質量の爆発物が爆発したときに、100 m の地点において爆風ピーク過圧を測定した。同じ爆発物を爆発させたときに、距離が 200 m の地点でこれと同じピーク過圧になる爆発物の質量はおよそ何 kg か。ホプキンソンの三乗根法則に従うものとして計算せよ。　（H24-1 乙化検定 類似）

演習問題 5.16 乙化

質量 20 t の爆発物が爆発したとき、距離 1000 m の地点で爆風によるピーク過圧 Δp が認められた。同じ爆発物 100 t が爆発した場合、同じピーク過圧 Δp が観測される地点の距離は何 m か。ホプキンソンの三乗根法則に従うものとし、必要であれば次の値を用いよ。

$\sqrt[3]{2} = 1.260$　　$\sqrt[3]{3} = 1.442$　　$\sqrt[3]{5} = 1.710$　　$\sqrt[3]{10} = 2.154$

（R2-1 乙化検定 類似）

演習問題 5.17 乙機

2 種類の爆発物 A、B がある。各々の爆発物から 100 m の地点で爆発ピーク過圧を比較したところ、1000 kg の爆発物 A と 125 kg の爆発物 B の場合で等しい値 p_0 を示した。等しい質量の両爆発物がそれぞれ爆発した場合、爆発ピーク過圧が p_0 を示す距離の比 (R_A/R_B) はおよそいくらか。ただし、R_A、R_B はそれぞれ爆発物 A、B の場合の距離である。ホプキンソンの三乗根法則に基づき計算せよ。　（H21-1 乙機検定）

6章 流　動

高圧ガスの分野では、流体を取り扱うことが多いが、この章で扱う流動現象は、特に乙種機械を受験する人には必須の知識であり、丙種化学特別では、管内流速、流量、レイノルズ数の計算など初歩的な問題が出題されている。

6・1 流体の性質および静止流体の圧力

6・1・1 流体の密度

丙化 丙特

液体や気体といった流体の密度とは、流体の単位体積当たりの質量のことをいう。

式で表すと次のように表される。

$$\rho = \frac{m}{V} \quad \cdots\cdots (6.1)$$

ρ（ロー）：密度［kg/m^3］　m：質量［kg］　V：体積［m^3］

水の $1\,m^3$ 当たりの質量は常温ではおよそ 1000 kg であるから、水の密度はおよそ 1000 kg/m^3 である。これに対し標準状態における空気の密度はおよそ 1.29 kg/m^3 である。

例題 6-1

円筒容器内の液体の重量を求める（丙化 丙特）

断面積が $1\,m^2$ の円筒容器に液体が 2 m の高さまで入れてある。この液体の重量を求めよ。

ただし、この液体の密度は 800 kg/m^3、重力の加速度は 9.81 m/s^2 とする。

解説

液体の体積 V は円筒の断面積に高さを乗じて求める（付録 1 公式（8）⑦参照）。

$$V = 1\,m^2 \times 2\,m = 2\,m^3$$

式（6.1）から、液体の質量 m は

$$m = \rho V = 800\,kg/m^3 \times 2\,m^3 = 1600\,kg$$

この問題は「重量」で答を求めている。重量は重力の作用によりこの液体が円筒容器の底面に及ぼす「力 F」のことであり、上記で求めた質量 m に重力加速度 g を乗じて求める（1 章の式（1.2）参照）。

$$F = mg = 1600\,kg \times 9.81\,m/s^2 = 15700\,kg \cdot m/s^2 = 15700\,N$$
$$= 15.7\,kN$$

（答　**15.7 kN**）

6·1·2 粘性係数および動粘性係数

丙化 丙特

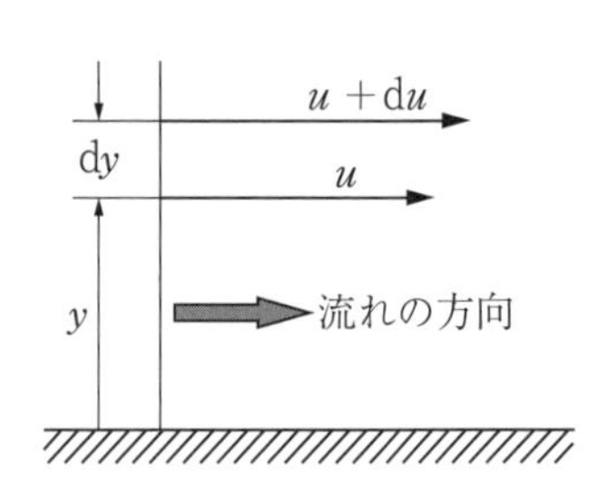

水や空気などの流体がある方向に流れているとき、隣り合う流れの層の間には流体の粘性のため、せん断応力τ(タウ)が生じる。

このせん断応力τは、図のy方向の距離の微小な増加$\mathrm{d}y$に対する速度の微小な増加$\mathrm{d}u$の割合である$\mathrm{d}u/\mathrm{d}y$(速度勾配)に比例する。せん断応力τは、比例定数をμ(ミュー)とすると次式で表され、この比例定数μを**粘性係数**(または**粘度**)という。

$$\tau = \mu \frac{\mathrm{d}u}{\mathrm{d}y} \quad \cdots\cdots (6.2)$$

τ：せん断応力［Pa］　μ：粘性係数［Pa·s］

また、粘性係数μを密度ρで除した値を**動粘性係数**(または**動粘度**)ν(ニュー)という。

$$\nu = \frac{\mu}{\rho} \quad \cdots\cdots (6.3)$$

ν：動粘性係数［m^2/s］　μ：粘性係数［Pa·s］　ρ：密度［kg/m^3］

粘性係数、動粘性係数の単位がそれぞれPa·s、m^2/sで表されることを以下に示す。

(1) 粘性係数

式(6.2)を粘性係数μを求める式に変形すると、$\mu = \tau(\mathrm{d}y/\mathrm{d}u)$であり、せん断応力$\tau$の単位を圧力と同じPa、位置$y$の単位をm、速度$u$の単位をm/sとすると、粘性係数$\mu$の単位は

$$\mathrm{Pa}\cdot\frac{\mathrm{m}}{\mathrm{m/s}} = \mathrm{Pa}\cdot\mathrm{s}$$

(2) 動粘性係数

式(6.3)に、粘性係数μの単位としてPa·s、密度ρの単位としてkg/m^3を代入して求める。粘性係数μの単位Pa·sは、$\mathrm{Pa} = \mathrm{N/m^2}$、$\mathrm{N} = \mathrm{kg\cdot m/s^2}$であるから

$$\mathrm{Pa}\cdot\mathrm{s} = \frac{\mathrm{N}}{\mathrm{m^2}}\cdot\mathrm{s} = \frac{\mathrm{kg\cdot m}}{\mathrm{s^2\cdot m^2}}\cdot\mathrm{s} = \frac{\mathrm{kg}}{\mathrm{s\cdot m}}$$

したがって、動粘性係数νの単位は

$$\frac{\mathrm{Pa\cdot s}}{\mathrm{kg/m^3}} = \frac{\mathrm{kg}}{\mathrm{s\cdot m}}\ \frac{\mathrm{m^3}}{\mathrm{kg}} = \mathrm{m^2/s}$$

6·1·3 静止流体の圧力

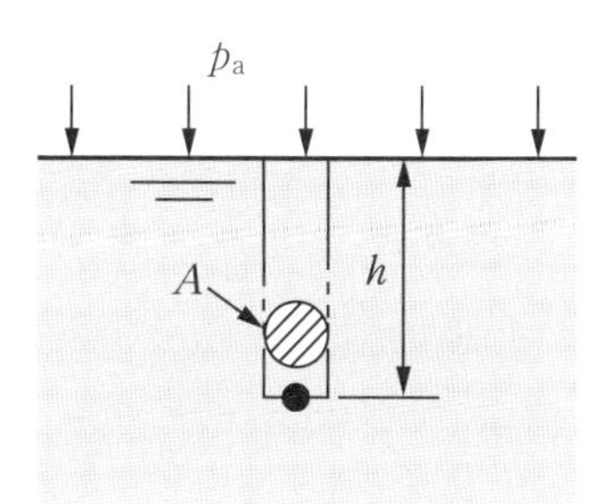

図のように、静止流体の液面に大気圧 p_a が作用しているとき、液面から深さ h の点における圧力（絶対圧力）p は、次式で表される。

$$p = p_a + \rho gh \quad \cdots\cdots (6.4\,a)$$

大気圧 p_a を基準（ゼロ）とするゲージ圧力 p_g で表すと

$$p_g = p - p_a = \rho gh \quad \cdots\cdots (6.4\,b)$$

と表せる。

式 (6.4 a) は次のように求めることができる。

断面積 A、高さ h の円柱の流体の質量 m は、式 (6.1) から

$$m = \rho V = \rho(Ah) = \rho Ah$$

質量 m の流体が深さ h の点（円柱の底面）に及ぼす力 F は重力加速度を g とすると

$$F = mg = (\rho Ah)g = A\rho gh$$

深さ h の点において流体が及ぼす圧力 p_h は、力 F をこの力が作用する面積 A で割ればよいから

$$p_h = \frac{F}{A} = \frac{A\rho gh}{A} = \rho gh$$

この流体による圧力 p_h に大気圧 p_a を加えると、深さ h の点における圧力 p（絶対圧力）が求められる。

例題 6-2

差圧式液面計の指示圧力から液面高さを求める　乙機

図に示すように密度 $\rho_1 = 780\ \mathrm{kg/m^3}$ の液体が入っている密閉貯槽の液面を差圧式液面計（基準水頭なし）で計測している。差圧計が高圧（HP）側の圧力 $p_1 = 500\ \mathrm{kPa}$（ゲージ圧力）、低圧（LP）側の圧力 $p_2 = 400\ \mathrm{kPa}$（ゲージ圧力）を指示しているとき、液面の高さ h はおよそいくらか。ただし、気体側の密度 ρ_2 は考慮しない。

（H29-2 乙機検定）

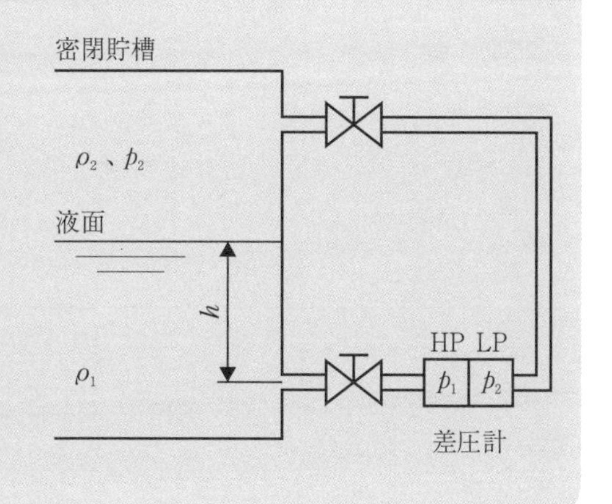

解説

差圧計で計測される差圧（$p_1 - p_2$）は、高さ h の液体がその底面に及ぼす圧力と、同じ高さの気体（この液体の蒸気）がその底面に及ぼす圧力の差である。大気圧は作用していないので、この液体と気体が底面に及ぼす圧力は、式（6.4 a）から、それぞれ、$\rho_1 gh$、$\rho_2 gh$ である。題意により $\rho_2 = 0$ とすると、次式が成立する。

$$p_1 - p_2 = \rho_1 gh$$

この式の両辺を $\rho_1 g$ で割り液面の高さ h を求める式に変形し、与えられた数値と重力加速度 $g = 9.8\ \mathrm{m/s^2}$ を代入すると

$$h = \frac{p_1 - p_2}{\rho_1 g} = \frac{500 \times 10^3\ \mathrm{Pa} - 400 \times 10^3\ \mathrm{Pa}}{780\ \mathrm{kg/m^3} \times 9.8\ \mathrm{m/s^2}} = 13\ \mathrm{m}$$

（**答　13 m**）

6·2 管内の流れ

6·2·1 流速および流量

丙化 丙特 乙機

流体の速度は管内の各点で異なるが、便宜上、平均流速 $\bar{u}$ を用いると、平均流速 $\bar{u}$ と体積流量 q_V、質量流量 q_m の関係は次式で表される。

$$q_V = A\bar{u} \quad \cdots\cdots (6.5\ \mathrm{a})$$

$$q_m = q_V \rho = A\bar{u}\rho \quad \cdots\cdots (6.5\ \mathrm{b})$$

q_V：体積流量［$\mathrm{m^3/s}$］　A：管の断面積［$\mathrm{m^2}$］　$\bar{u}$：平均流速［m/s］
q_m：質量流量［kg/s］　ρ：密度［$\mathrm{kg/m^3}$］

参考

式（6.5 a）は次のように考えればよい。

流体は平均流速 $\bar{u}$［m/s］で流れているから、流体が 1 s 間に進む距離は $\bar{u}$［m］であり、1 s 間に通過する体積は図のように底面積 A［$\mathrm{m^2}$］、高さ $\bar{u}$［m］の円柱の体積である。すなわち、1 s 間に流れる体積は $A\bar{u}$［$\mathrm{m^3}$］であり、式（6.5 a）が導かれる。

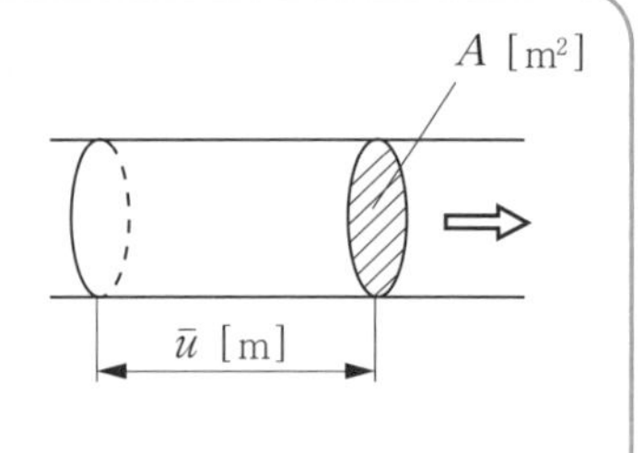

質量流量 q_m は、式（6.1）の関係を使って体積流量 q_V に密度 ρ を乗じて導かれる。

例題 6-3

円管内の液化ガスの質量流量から平均流速を求める　丙特

内径 80 mm の円管内を、密度 500 kg/m³ の液化プロピレンが 1 分間当たり 600 kg 流れている。管内の平均流速はおよそいくらか。　(H3-1 丙特検定 類似)

解説

式 (6.5 b) を使って求める。

円管の断面積 A [m²] は内径を D [m] とすると

$$A=\frac{\pi D^2}{4}=\frac{3.14\times(0.080\,\mathrm{m})^2}{4}=0.005024\,\mathrm{m}^2$$

質量流量 q_m は

$$q_m=600\,\mathrm{kg/min}=600\,\mathrm{kg}/(60\,\mathrm{s})=10\,\mathrm{kg/s}$$

したがって、式 (6.5 b) を使うと

$$\bar{u}=\frac{q_m}{A\rho}=\frac{10\,\mathrm{kg/s}}{0.005024\,\mathrm{m}^2\times500\,\mathrm{kg/m}^3}=3.98\,\mathrm{m/s}$$

(答　**3.98 m/s**)

例題 6-4

体積を補正して配管内の空気の流速を求める　丙特

絶対圧力 2.0 MPa、温度 293 K の空気を、内径 100 mm の配管で毎時 6800 m³ (標準状態) 送気している。このときの平均流速 (m/s) はおよそいくらか。

(H9 丙特国家試験 類似)

解説

流速を求める問題にボイル-シャルルの法則が加味された問題である。

まず、1 時間当たりに流れる体積 $V_1=6800\,\mathrm{m}^3$ (標準状態) を、2 章の式 (2.4 b) を使って配管内の圧力・温度における体積 V_2 に換算する。

標準状態は 0 ℃、0.1013 MPa であるから

$$V_2=V_1\frac{p_1}{p_2}\frac{T_2}{T_1}=6800\,\mathrm{m}^3\times\frac{0.1013\,\mathrm{MPa}}{2.0\,\mathrm{MPa}}\times\frac{293\,\mathrm{K}}{273\,\mathrm{K}}=369.7\,\mathrm{m}^3$$

よって、体積流量 q_V は

$$q_V=369.7\,\mathrm{m}^3/\mathrm{h}=369.7\,\mathrm{m}^3/(3600\,\mathrm{s})=0.1027\,\mathrm{m}^3/\mathrm{s}$$

次に、円管の断面積 A [m²] は内径を D [m] とすると

$$A = \frac{\pi D^2}{4} = \frac{3.14 \times (0.100\,\mathrm{m})^2}{4} = 0.007850\,\mathrm{m}^2$$

したがって、平均流速 $\bar{u}$ は式 (6.5 a) を使って

$$\bar{u} = \frac{q_V}{A} = \frac{0.1027\,\mathrm{m^3/s}}{0.007850\,\mathrm{m}^2} = 13.1\,\mathrm{m/s}$$

（答　**13.1 m/s**）

例題 6-5

液体の体積流量と経済流速から適切な配管径を選ぶ　丙特

一般的に、ポンプの吸込み側の配管平均流速 0.5 ～ 2.0 m/s、吐出し側の配管平均流速 1.0 ～ 3.0 m/s が経済流速とされる。毎時 28 $\mathrm{m^3}$ の液体を輸送するポンプの吸込み側配管内径と吐出し側配管内径との組合せのうち、経済流速に適合するものはどれか。

	吸込み側配管内径 (mm)	吐出し側配管内径 (mm)
(1)	50	50
(2)	80	50
(3)	100	50
(4)	100	80
(5)	150	100

（H24 丙特国家試験）

解説

与えられた体積流量、配管内径から計算した平均流速が、経済流速の範囲内である配管内径が答である。

体積流量 q_V、配管内径 D、平均流速 $\bar{u}$ の関係は、式 (6.5 a) から

$$q_V = \frac{\pi D^2}{4}\bar{u} \quad \rightarrow \quad \bar{u} = \frac{4 q_V}{\pi D^2}$$

与えられた数値を代入して、吸込み側配管の平均流速 $\bar{u}_s$ と吐出し側配管の平均流速 $\bar{u}_d$ を計算する。平均流速の単位を m/s とするため q_V の単位は $\mathrm{m^3/s}$ に、配管内径は m に換算して代入する。

(1)の場合は

$$\bar{u}_s = \bar{u}_d = \frac{4 \times (28/3600)\,\mathrm{m^3/s}}{3.14 \times (0.05\,\mathrm{m})^2} = 3.96\,\mathrm{m/s}$$

他の場合も同様に計算する。結果だけ下表に示す。

	吸込み側平均流速 (m/s)	判定	吐出し側平均流速 (m/s)	判定
(1)	3.96	×	3.96	×
(2)	1.55	○	3.96	×
(3)	0.99	○	3.96	×
(4)	0.99	○	1.55	○
(5)	0.44	×	0.99	×

したがって、与えられた経済流速に適合するのは(4)である。

(答　(4)　吸込み側配管内径 100 mm、吐出し側配管内径 80 mm)

例題 6-6

円管内の平均流速から体積流量および質量流量を求める 乙機

内径 100 mm の円管内を流体が平均流速 1.5 m/s で流れている。体積流量 (m^3/h) と質量流量 (kg/h) を計算せよ。ただし、流体の密度は、1000 kg/m^3 とする。

(H11-1 乙機検定 類似)

解説

体積流量 q_V は式 (6.5 a) で計算する。この場合、答を 1 時間当たりの体積流量に換算することに注意する。

まず、円管の断面積 $A\,[m^2]$ を計算する。内径を $D\,[m]$ とすると

$$A = \frac{\pi D^2}{4} = \frac{3.14 \times (0.100\ m)^2}{4} = 0.007850\ m^2$$

体積流量 q_V は

$$q_V = A\bar{u} = 0.007850\ m^2 \times 1.5\ m/s \times 3600\ s/h = 42.39\ m^3/h \fallingdotseq 42.4\ m^3/h$$

質量流量 q_m は、式 (6.5 b) を使って計算する。

$$q_m = q_V\rho = 42.39\ m^3/h \times 1000\ kg/m^3 \fallingdotseq 42.4 \times 10^3\ kg/h$$

(答　体積流量 = 42.4 m^3/h、質量流量 = 42.4 × 10^3 kg/h)

丙特

内径 100 mm の鋼管を用いて液状の LP ガスを平均流速 2.0 m/s で送るとき、液状の LP ガスの流量はおよそ何 m^3 /h になるか。　(R1-1 丙化検定)

演習問題 6.2 丙特

絶対圧力 2.0 MPa、温度 27 ℃ の圧縮空気を、内径 100 mm の配管で送気している。流速 15 m/s のとき標準状態における 1 時間当たりの送気流量 (m^3/h) はおよそいくらか。　(H10 丙特国家試験)

断面が 15 cm × 25 cm の長方形管路 A と断面が 20 cm × 30 cm の長方形管路 B がある。

管路 A と管路 B を満液状態で流れる液体の平均流速が同じ場合、管路 B の体積流量は管路 A のそれのおよそ何倍か。 (H17−2 乙機検定)

6·2·2 流れの状態およびレイノルズ数 丙特 乙機

管内の流れの状態には、層流、乱流などがある。

層流　：流体の各部分が流れの方向に沿って流れる規則的な流れ

遷移域：流れの状態が不安定で、層流と乱流の中間状態

乱流　：流体の各点が互いに混ざり合い入り乱れた不規則な流れ

平均流速 $\bar{u}$ と最大流速 u_{max} とは次の関係がある。

層流　$\bar{u} = \dfrac{1}{2} u_{\mathrm{max}}$

乱流　$\bar{u} = 0.817\, u_{\mathrm{max}} \fallingdotseq 0.8\, u_{\mathrm{max}}$

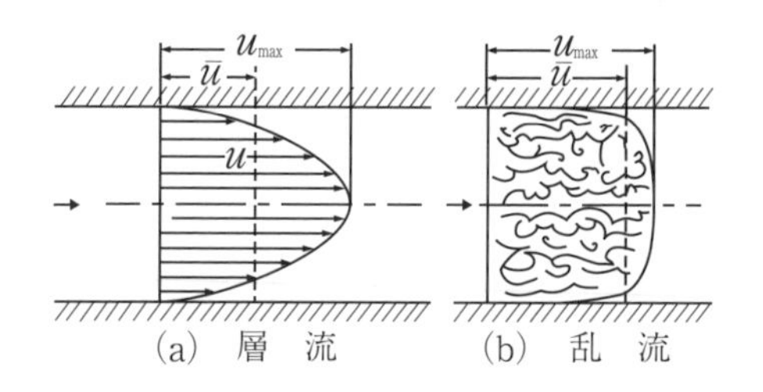

この関係は、層流の場合は理論的に導くことができるが、乱流の場合は実験的に得られたものである。

流れの状態は、次の**レイノルズ数** Re によって表される。

$$Re = \frac{D\bar{u}\rho}{\mu} = \frac{D\bar{u}}{\nu} \quad \cdots\cdots (6.6\ \mathrm{a})$$

$$\nu = \frac{\mu}{\rho}$$

ここで

Re：レイノルズ数［−］　D：管の内径［m］　$\bar{u}$：平均流速［m/s］

ρ：密度［kg/m^3］　μ：粘性係数または粘度［Pa·s］

ν：動粘性係数または動粘度［m^2/s］

流れの状態の判別は、次による。

$$\left.\begin{array}{ll} \text{層流} & Re < 2100 \\ \text{遷移域} & 2100 < Re < 4000 \\ \text{乱流} & Re > 4000 \end{array}\right\} \quad \cdots\cdots (6.6\ \mathrm{b})$$

管の断面が円形でない場合は、D の代わりに次に示す**相当直径** D_{e} を用いる。

$$D_{\mathrm{e}} = \frac{4A}{L_{\mathrm{p}}} \quad \cdots\cdots (6.6\ \mathrm{c})$$

ここで

D_{e}：相当直径［m］　A：流路の断面積［m^2］

L_{p}：ぬれ辺長または浸辺長（流路断面で流体が接している長さ）［m］

（円管の場合は、$A = \pi D^2/4$、$L_p = \pi D$ であり、これを式（6.6 c）に代入すると、$D_e = D$ となる。）

例題 6-7

水の流れのレイノルズ数を求める

丙特

内径 0.1 m の鋼管内を、水が毎分 0.6 m^3 流れているときのレイノルズ数（Re）はおよそいくらか。なお、Re は $D\bar{u}\rho/\mu$ で計算され、水の密度は 1000 kg/m^3、粘度は 0.001 Pa·s とする。（H18 丙特国家試験）

解説

与えられている式に数値を代入すれば、レイノルズ数 Re が求められる。

この場合、式（6.6 a）のように、単位として管の内径 D は［m］、平均流速 $\bar{u}$ は［m/s］、密度 ρ は［kg/m^3］、粘度 μ は［Pa·s］を使用することに注意する。

管の内径 D の単位として［cm］を用いたり、平均流速 $\bar{u}$ の単位として［m/min］などを用いたりすると誤答となる。

まず、円管の断面積 A［m^2］は

$$A = \frac{\pi D^2}{4} = \frac{3.14 \times (0.1\,\mathrm{m})^2}{4} = 0.007850\,\mathrm{m}^2$$

次に、式（6.5 a）を使って平均流速 $\bar{u}$ を計算する。このとき体積流量 q_V は 1 秒当たりの量に換算して計算する。0.6 m^3/min = 0.6 m^3/（60 s）= 0.01 m^3/s であるから

$$\bar{u} = \frac{q_V}{A} = \frac{0.01\,\mathrm{m}^3/\mathrm{s}}{0.007850\,\mathrm{m}^2} = 1.274\,\mathrm{m/s}$$

6.1.2 項で説明したとおり、Pa·s = kg/(m·s) であるから、レイノルズ数 Re は次のように計算できる。

$$Re = \frac{D\bar{u}\rho}{\mu} = \frac{0.1\,\mathrm{m} \times 1.274\,\mathrm{m/s} \times 1000\,\mathrm{kg/m^3}}{0.001\,\mathrm{kg/(m \cdot s)}} = 1.27 \times 10^5$$

（答　1.27×10^5）

このように、レイノルズ数には単位がなく（無次元）、単位の一致を確認しておくことも大事である。

なお、レイノルズ数の定義式は与えられない場合があるので記憶しておく。

例題 6-8

断面が角形のダクトの相当直径を求める（乙機）

断面が 20 cm × 30 cm の角形ダクトの相当直径（cm）を求めよ。

解説

角形ダクトの相当直径 D_e は、式（6.6 c）で求めることができる。角形の流路の断面積 A は、「縦の長さ × 横の長さ」で求められる。ここでは長さの単位として cm を用いて計算する。

$$A = 20\ \mathrm{cm} \times 30\ \mathrm{cm} = 600\ \mathrm{cm}^2$$

また、ぬれ辺長 L_p は、流体が接するダクト断面の内側の長さの総計であるから、「（縦の長さ ＋ 横の長さ）× 2」で求められる。

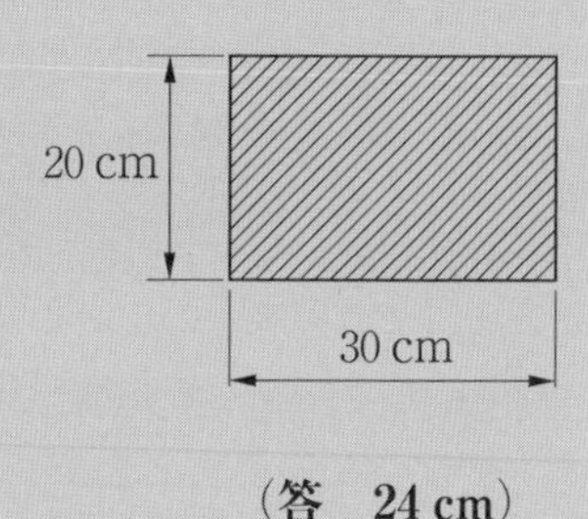

$$L_p = (20\ \mathrm{cm} + 30\ \mathrm{cm}) \times 2 = 100\ \mathrm{cm}$$

これらの数値を式（6.6 c）に代入する。

$$D_e = \frac{4A}{L_p} = \frac{4 \times 600\ \mathrm{cm}^2}{100\ \mathrm{cm}} = 24\ \mathrm{cm}$$

（**答　24 cm**）

例題 6-9

層流の場合の最大流速などから質量流量を求める（乙機）

内径 4.0 cm の水平円管内を液体が層流で流れている。この円管内の定常流れにおける流速分布を測定したところ、管の中心で最大流速が 10 cm/s であった。この液体の質量流量はおよそいくらか。ただし、この液体の密度は 800 kg/m^3 である。

（H28-1 乙機検定）

解説

質量流量 q_m は、円管の断面積 A、平均流速 $\bar{u}$、密度 ρ の積である（式（6.5 b））。

また、層流においては流速分布が放物線となり、平均流速は最大流速 $u_{\max}$ の 1/2 の関係にある。以上のことから、質量流量 q_m は

$$q_m = A\bar{u}\rho = \frac{\pi D^2}{4}\frac{u_{\max}}{2}\rho = \frac{3.14 \times (0.040\ \mathrm{m})^2 \times 0.10\ \mathrm{m/s}}{8} \times 800\ \mathrm{kg/m^3}$$

$$= 0.050\ \mathrm{kg/s}$$

（**答　0.050 kg/s**）

例題 6-10

ダクト内径、空気の流量、密度および粘度から最大流速を求める 乙機

内径 240 mm の円形ダクト内を空気が毎秒 4.5×10^{-3} m^3 で流れているとき、ダクト内の中心の最大流速はおよそ何 cm/s か。ただし、空気の密度を 1.29 kg/m^3、粘度を 1.7×10^{-5} Pa·s とする。 (H22-2 乙機検定)

解説

平均流速と最大流速の関係は層流と乱流では異なるので、レイノルズ数を計算して流れの状態を確認する。

まず、平均流速 $\bar{u}$ は、式 (6.5 a) から

$$\bar{u} = \frac{q_V}{A} = \frac{4q_V}{\pi D^2} = \frac{4 \times 4.5 \times 10^{-3}\,\mathrm{m^3/s}}{3.14 \times (0.24\,\mathrm{m})^2} = 0.09952\,\mathrm{m/s}$$

レイノルズ数 Re を式 (6.6 a) で計算する。

$$Re = \frac{D\bar{u}\rho}{\mu} = \frac{0.24\,\mathrm{m} \times 0.09952\,\mathrm{m/s} \times 1.29\,\mathrm{kg/m^3}}{1.7 \times 10^{-5}\,\mathrm{Pa\cdot s}} = 1810 < 2100 \rightarrow \text{層流}$$

$$\therefore \quad u_{\max} = 2\bar{u} = 2 \times 0.09952\,\mathrm{m/s} = 0.199\,\mathrm{m/s} = 19.9\,\mathrm{cm/s}$$ (**答 19.9 cm/s**)

例題 6-11

液体の流れのレイノルズ数などから最大流速を求める 乙機

密度 1000 kg/m^3、粘度 0.10 Pa·s の流体が内径 50 mm の円管内を、レイノルズ数 1500 で流れている。管内の最大流速はおよそ何 m/s か。 (H18-1 乙機検定)

解説

レイノルズ数は、式 (6.6 a) により次のように表される。

$$Re = \frac{D\bar{u}\rho}{\mu}$$

この式で、密度 $\rho = 1000$ kg/m^3、粘度 $\mu = 0.10$ Pa·s、内径 $D = 0.050$ m、$Re = 1500$ は与えられているから、上式にこれらの数値を代入すると、平均流速 $\bar{u}$ が得られる。

平均流速 $\bar{u}$ を求める式に変形して数値を代入する。

$$\bar{u} = \frac{Re\mu}{D\rho} = \frac{1500 \times 0.10\,\mathrm{Pa\cdot s}}{0.050\,\mathrm{m} \times 1000\,\mathrm{kg/m^3}} = 3\,\mathrm{m/s}$$

$Re = 1500 < 2100$ で流れは層流であるから、求める最大流速 $u_{\max}$ は、平均流速 $\bar{u}$ の

2倍であり

$$u_{\max} = 2\bar{u} = 2 \times 3\ \mathrm{m/s} = 6\ \mathrm{m/s}$$ （答　**6 m/s**）

長さの比が縦/横 = 1/2 の長方形断面のダクト内を空気が流れている。

このときの流れの状態は乱流でレイノルズ数が 1.3×10^5、平均流速は 8 m/s であった。このダクトの断面の縦の長さはおよそ何 cm か。

ただし、空気の密度は 1.3 kg/m^3、粘度は 1.7×10^{-5} Pa·s とする。

（H19−2 乙機検定）

液体がレイノルズ数 5000 で流れる配管の内径を 3 /4 に減少した場合、体積流量が変化しなければレイノルズ数はおよそいくらになるか。

（H22 乙機国家試験 類似）

6·3 エネルギー保存の法則および管路の摩擦損失

6·3·1 連続の式

丙特 乙機

定常流れの場合は、管路のどの位置においても質量流量は一定であり、この関係は**連続の式**として次式で表される。

$$q_m = \rho_1 A_1 \bar{u}_1 = \rho_2 A_2 \bar{u}_2 = \text{一定} \quad \cdots\cdots (6.7\ \mathrm{a})$$

ここで

q_m：質量流量［kg/s］　　ρ：密度［kg/m^3］

A：管の断面積［m^2］　　$\bar{u}$：平均流速［m/s］

添字 1 は管路の断面①を、また添字 2 は断面②を表す。

密度の変化が無視できる場合（$\rho_1 = \rho_2$ の場合）は

$$A_1 \bar{u}_1 = A_2 \bar{u}_2 = q_V = \text{一定} \quad \cdots\cdots (6.7\ \mathrm{b})$$

ここで

q_V：体積流量［m^3/s］

その他の記号は式(6.7 a)と同様である。

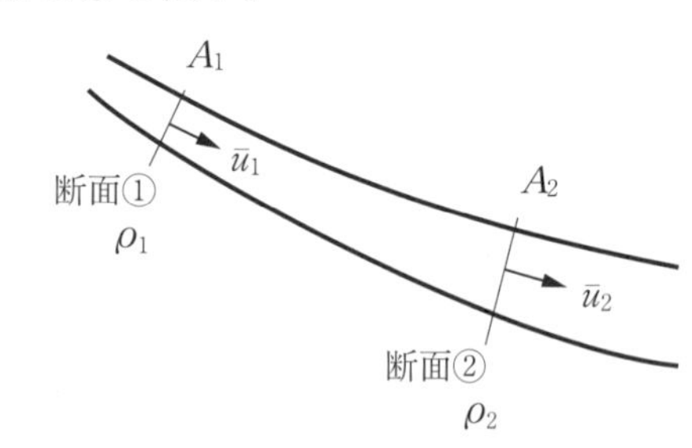

例題 6-12

連続の式を用いて任意の断面の平均流速を求める （丙特 乙機）

図のような水の定常流れにおいて、断面①は内径 0.1 m の円形であり平均流速は 2 m/s である。また、断面②は内径 0.15 m の円形である。断面②における平均流速はおよそいくらか。

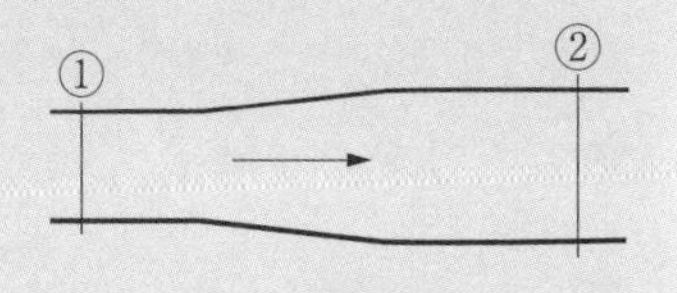

解説

水は非圧縮性流体とみなせるから、断面①における水の密度 ρ_1 と断面②における水の密度 ρ_2 は同じとしてよい。したがって、体積流量はどの断面でも一定であり、式 (6.7 b) から断面②における平均流速 $\bar{u}_2$ は

$$\bar{u}_2 = \bar{u}_1 \frac{A_1}{A_2}$$

断面①、②の内径をそれぞれ D_1、D_2 とすると、$A_1 = \pi D_1^2/4$、$A_2 = \pi D_2^2/4$ であるから

$$\bar{u}_2 = \bar{u}_1 \frac{D_1^2}{D_2^2} = 2\,\mathrm{m/s} \times \frac{(0.1\,\mathrm{m})^2}{(0.15\,\mathrm{m})^2} = 0.89\,\mathrm{m/s}$$

（答 **0.89 m/s**）

演習問題 **6.6** 乙機

図に示すような内径 1.5 m の円筒貯水槽があり、下部に内径 10 cm の円管流出口が付いている。

この円管流出口における水の平均流速 $\bar{u}_2$ が 10 m/s であるとき、貯水槽の水面が降下する速度 $\bar{u}_1$ はおよそ何 cm/s か。

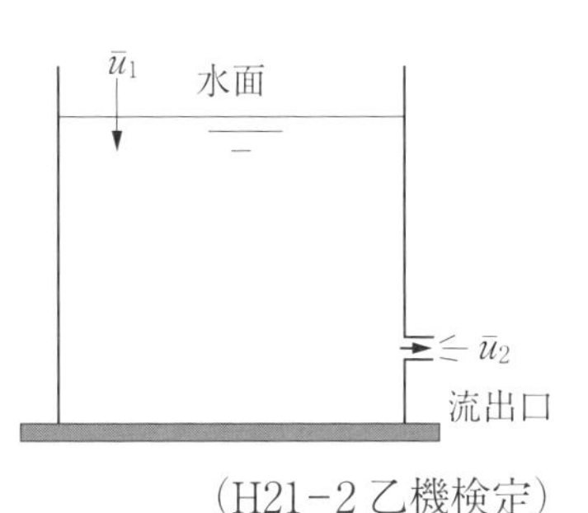

（H21−2 乙機検定）

6·3·2 ベルヌーイの定理 丙特 乙機

エネルギー保存の法則を液体のような非圧縮性流体の流れに適用した**ベルヌーイの定理**は、単位の取り方により次のように表すことができる。

$$\frac{\bar{u}_1^2}{2} + gh_1 + \frac{p_1}{\rho_1} = \frac{\bar{u}_2^2}{2} + gh_2 + \frac{p_2}{\rho_2} \quad [\mathrm{J/kg}] \quad \cdots\cdots (6.8\,\mathrm{a})$$

$$\frac{\bar{u}_1^2}{2g} + h_1 + \frac{p_1}{\rho_1 g} = \frac{\bar{u}_2^2}{2g} + h_2 + \frac{p_2}{\rho_2 g} \quad [\mathrm{m}] \quad \cdots\cdots (6.8\,\mathrm{b})$$

$$\frac{\rho_1 \bar{u}_1^2}{2} + \rho_1 g h_1 + p_1 = \frac{\rho_2 \bar{u}_2^2}{2} + \rho_2 g h_2 + p_2 \quad [\mathrm{Pa}] \quad \cdots\cdots (6.8\,\mathrm{c})$$

ここで

$\bar{u}$：平均流速［m/s］　　h：基準面からの高さ［m］

p：圧力［Pa］　　ρ：密度［kg/m^3］　　g：重力加速度［m/s^2］

添字1は管路の断面①を、また添字2は断面②を表す。

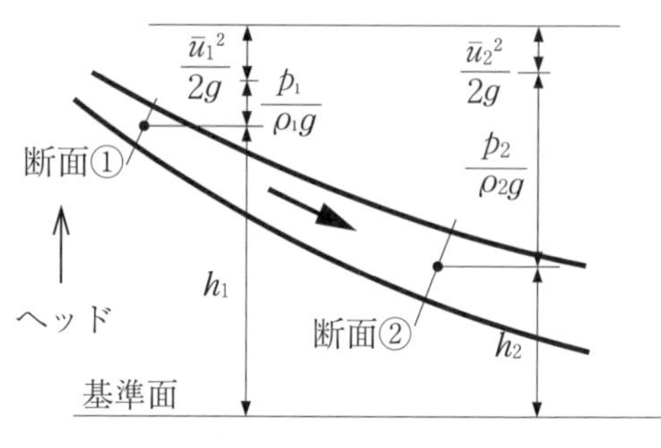

式 (6.8 b) の概念図

質量 m［kg］の流体の有するエネルギーは、運動エネルギー $m\bar{u}^2/2$、位置エネルギー mgh および圧力エネルギー pV であり、これらのエネルギーの和は一定に保たれる。

この関係式を変形したものが上記の各式で、式 (6.8 a) は、単位質量当たりのエネルギーの和が一定であることを、また、式（6.8 b）は、単位重量当たりのエネルギー（ヘッド）の和が一定であることを示す。また、式 (6.8 c) は、圧力の単位で示した式である。

なお、ρ は通常一定とみなしてよい場合が多い。

① 各単位間の関係

<流れるエネルギーの表し方>

エネルギーの種類	(1) 質量 m［kg］の流体のエネルギー［J］	(2) 単位質量当たりのエネルギー［J/kg］	(3) 単位重量当たりのエネルギー（ヘッド）［m = J/N］	(4) 圧力表示［Pa］
運　動	$\frac{m\bar{u}^2}{2}$	$\frac{\bar{u}^2}{2}$	$\frac{\bar{u}^2}{2g}$（速度ヘッド）	$\frac{\rho\bar{u}^2}{2}$（動圧）
位　置	mgh	gh	h（位置ヘッド）	ρgh
圧　力	$pV = \frac{mp}{\rho}$	$\frac{p}{\rho}$	$\frac{p}{\rho g}$（圧力ヘッド）	p（静圧）
備　考		欄(1)の式を m で除して求める。	欄(1)の式を mg（重量）で除して求める。	欄(3)の式に ρg を乗ずる。

② 仕事の出入りや管路の摩擦損失がある場合のエネルギー保存の法則の式

ポンプやブロワによるエネルギーの出入りおよび管路の摩擦損失（6.3.4項参照）がある場合のエネルギー保存の法則は、単位の取り方により次のように表される。

$$\frac{\bar{u}_1^2}{2} + gh_1 + \frac{p_1}{\rho_1} + w = \frac{\bar{u}_2^2}{2} + gh_2 + \frac{p_2}{\rho_2} + E_f \quad \text{[J/kg]} \cdots\cdots (6.9\ a)$$

$$\frac{\bar{u}_1^2}{2g} + h_1 + \frac{p_1}{\rho_1 g} + H = \frac{\bar{u}_2^2}{2g} + h_2 + \frac{p_2}{\rho_2 g} + H_f \quad \text{[m]} \cdots\cdots (6.9\ b)$$

$$\frac{\rho_1\bar{u}_1^2}{2} + \rho_1 gh_1 + p_1 + P = \frac{\rho_2\bar{u}_2^2}{2} + \rho_2 gh_2 + p_2 + \Delta p_f \quad \text{[Pa]} \cdots\cdots (6.9\ c)$$

ただし

w：加える仕事［J/kg］　　H：全揚程［m］　　P：全圧［Pa］

E_f：エネルギー損失［J/kg］　　H_f：損失ヘッド［m］

Δp_f：圧力損失［Pa］

式（6.9 a）は、図のポンプの例のように断面①から断面②に至るまでに、単位質量の流体に加えられる仕事 w およびこの間の損失 E_f を考慮した式で、左辺は流入するエネルギーを、また、右辺は流出するエネルギーを示す。この場合、配管系の摩擦損失 E_f は、熱となって流体に加えられ流出する。

式(6.9 b)、式(6.9 c)はそれぞれ単位をヘッド(m)、圧力(Pa)で表したものである。

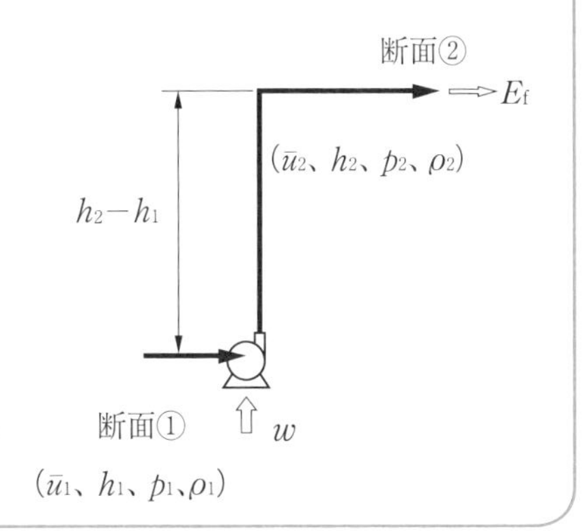

例題 6-13

任意の断面の圧力を求める

（丙特）

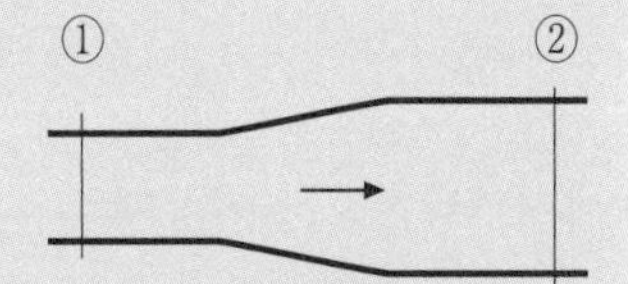

図のような水平な配管を流れる水の定常流れがある。断面①の平均流速は 3.0 m/s、断面②の平均流速は 1.5 m/s である。

断面①の圧力（絶対圧力）を 0.200 MPa とすると、断面②の圧力（絶対圧力）はおよそいくらか。

計算にあたっては、次のベルヌーイの式が適用できるものとする。

$$\rho\bar{u}_1^2/2+\rho g h_1+p_1=\rho\bar{u}_2^2/2+\rho g h_2+p_2$$

また、水の密度は 1000 kg/m³ とし、断面①～②間でのエネルギー損失はないものとする。

解説

断面①と断面②に与えられたベルヌーイの式を適用する。

$\rho_1=\rho_2=\rho=1000\ \mathrm{kg/m^3}$、$\bar{u}_1=3.0\ \mathrm{m/s}$、$\bar{u}_2=1.5\ \mathrm{m/s}$、$p_1=0.200\times10^6\ \mathrm{Pa}$、また、$h_1=h_2$ であり、$\rho g h_1=\rho g h_2$ であるから

$$\frac{1000\ \mathrm{kg/m^3}\times(3.0\ \mathrm{m/s})^2}{2}+0.200\times10^6\ \mathrm{Pa}=\frac{1000\ \mathrm{kg/m^3}\times(1.5\ \mathrm{m/s})^2}{2}+p_2$$

$$\therefore\quad p_2=0.200\times10^6\ \mathrm{Pa}+\frac{1000\times(3.0^2-1.5^2)}{2}\ \mathrm{Pa}$$

$$=0.203\times10^6\ \mathrm{Pa}=0.203\ \mathrm{MPa}$$

（**答　0.203 MPa**）

断面②では、断面①に比べて流速が小さくなった分だけ圧力が少しだけ上昇したことになる。

なお、上式では各エネルギー間の単位を統一する必要がある。密度、平均流速の単位にSI基本単位（kg、m、s）を組み合わせた単位を用いているので、圧力の単位として Pa［$=kg/(s^2 \cdot m)$］を用いている。

例題 6-14

水槽から流出する水の速度を求める

丙特（丙化）

図に示すような大気に開放された水を満たした十分に大きいタンクがある。水の深さ $h_1 = 3.0$ m、底面から流出口までの高さ $h_2 = 0.5$ m のとき、流出口から流出する水の平均流速 $\bar{u}$ はおよそ何 m/s か。ただし、重力加速度 g は 9.8 m/s² とし、水の密度は一定とする。

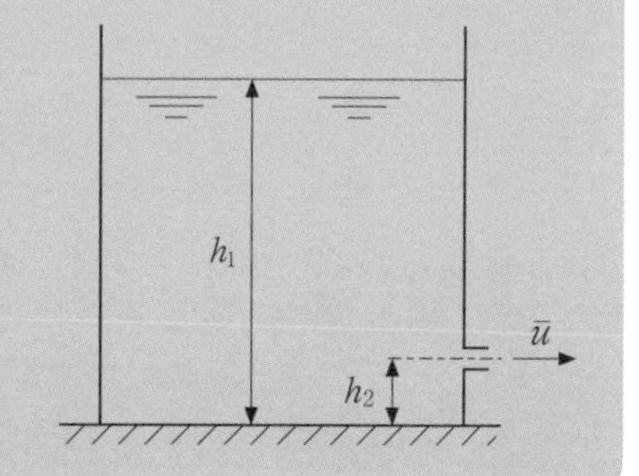

解説

水面を①、流出口を②として次のベルヌーイの式（6.82）で求める。

$$\bar{u}_1^2/2 + gh_1 + p_1/\rho_1 = \bar{u}_2^2/2 + gh_2 + p_2/\rho_2$$

ここで、水面①は一定に保たれているので $\bar{u}_1 = 0$ m/s、水面①と流出口②は大気に開放されているので圧力は $p_1 = p_2$、水槽内の水の密度は $\rho_1 = \rho_2$ であるから

$$gh_1 = \bar{u}_2^2/2 + gh_2$$

この式を変形して流出口の水の平均流速 $\bar{u}_2$ を求める式にする。

$$\bar{u}_2^2/2 = gh_1 - gh_2 = g(h_1 - h_2)$$

$$\bar{u}_2^2 = 2g(h_1 - h_2)$$

両辺を平方根の形にして数値を代入すると

$$\bar{u}_2 = \sqrt{2g(h_1 - h_2)} = \sqrt{2 \times 9.8\,\mathrm{m/s^2} \times (3.0\,\mathrm{m} - 0.5\,\mathrm{m})}$$

$$= \sqrt{49\,\mathrm{m^2/s^2}} = 7.0\,\mathrm{m/s}$$

（**答　7.0 m/s**）

水槽からの流出速度 $\bar{u}$ と落差 Δh の関係式 $\bar{u} = \sqrt{2g\Delta h}$（トリチェリの定理）は記憶しておくとよい。

なお、類似の問題が丙化でも出題されている。

例題 6-15

水槽からの流出量などを求める

乙機

図のように表面が十分に大きな、大気に開放された水槽があり、水位 h は常に一定に保たれた状態で、流出口Ⓐの内径 d の円管から平均流速 u で大気に流出している。ただし、水槽内の流動（流速）は無視できるほど小さく、流出口での摩擦等の諸損失はないものとする。

次のイ、ロ、ハ、ニの記述のうち、正しいものはどれか。

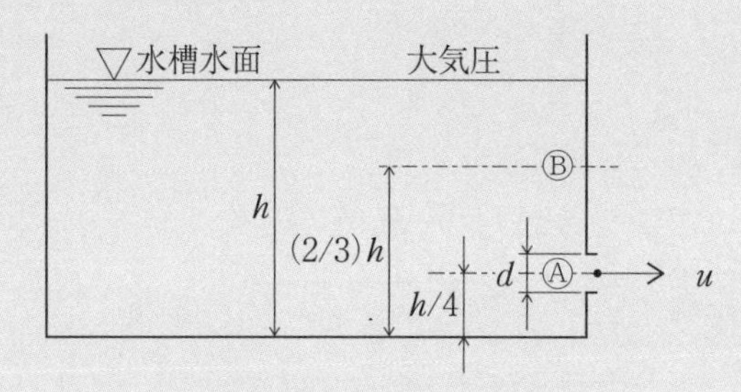

イ．水槽底面を基準としたとき、槽内各点の水の保有する位置エネルギーと圧力エネルギーの和はどの点においても同じである。

ロ．流出口Ⓐでは位置エネルギー gh が運動エネルギー $u^2/2$ に変化する。ただし、g は重力加速度である。

ハ．流出口Ⓐからの流出量は円管内径 d に正比例する。

ニ．流出口Ⓐ｛水槽底面 ＋ $(h/4)$｝をその内径を変えずに流出口Ⓑ｛水槽底面 ＋ $(2/3)h$｝に移すと、Ⓑからの流出量はⒶの (2/3) 倍になる。

（H26 乙機国家試験）

解説

イ．（○）題意により水槽内の流速は無視できるので、運動エネルギーは無視できる。したがって、ベルヌーイの定理により、位置エネルギーと圧力エネルギーの和は、槽内のどの点においても同じである。

ロ．（×）水面をS、流出口をAの下添字で表し、式 (6.8 a) を使って水面と流出口Ⓐにベルヌーイの定理を適用する。位置エネルギーの基準は任意に選べるが、ここではイと同様に水槽底面を基準とすると

$$\frac{u_S^2}{2} + gh + \frac{p_S}{\rho} = \frac{u_A^2}{2} + \frac{1}{4}gh + \frac{p_A}{\rho}$$

水位は一定なので $u_S = 0$、また、$p_S = p_A =$ 大気圧であるから

$$\frac{3}{4}gh = \frac{u_A^2}{2}$$

すなわち、水面ー流出口Ⓐ間の落差 (3/4) h に相当する位置エネルギーが運動エネルギーに変化することになる。

ハ. (×) トリチェリの定理によりⒶにおける平均流速 u_A は、口径によらず決まる。したがって、式 (6.7 b) から流出量 (体積流量) は $q_V = Au_A$ で表され、円管の断面積 A ($=\pi d^2/4$) に比例し、したがって、円管内径 d の二乗に比例する。

(注) 式 (6.7 a) の質量流量で考えても結果は同じである。

ニ. (○) 流出口Ⓐでの平均流速 u_A は、ロで導いた式から

$$u_A = \sqrt{(3/2)gh}$$

同様に、流出口Ⓑでの平均流速 u_B は、水面ー流出口Ⓑ間の落差が (1/3) h であるから

$$u_B = \sqrt{(2/3)gh}$$

よって流出口ⒶとⒷからの流出量の比は、流出口の断面積 A が同じであるから

$$\frac{q_{V,B}}{q_{V,A}} = \frac{\sqrt{(2/3)gh}A}{\sqrt{(3/2)gh}A} = \sqrt{(2/3) \times (2/3)} = 2/3$$

(答　イ、ニ)

演習問題 6.7 丙特

下図に示すような大気に開放された水を満たした十分に大きいタンクがある。水の深さ $h_1 = 3.8$ m、底面から流出口までの高さ $h_2 = 0.5$ m のとき、流出口から流出する水の平均流速 $\bar{u}$ はおよそいくらか。ただし、重力加速度 g は 9.8 m/s^2 とし、水の密度は一定とする。

(H28−2 丙特検定)

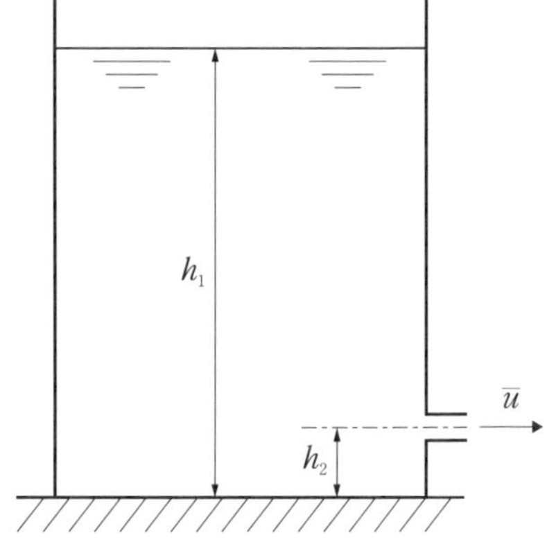

演習問題 6.8 乙機

次のイ、ロ、ハの記述のうち、下図のように水平に置かれた円管内の非圧縮性流体の流動について正しいものはどれか。

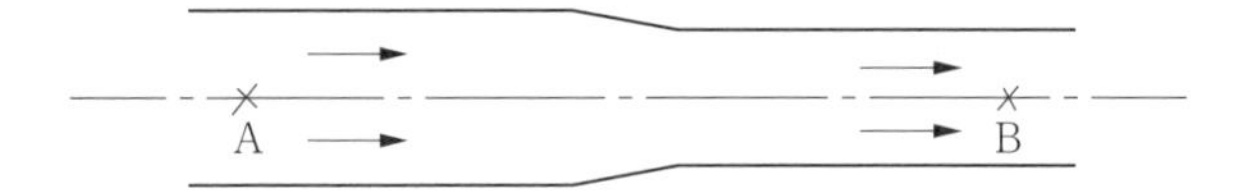

イ. 流速は、A 点よりも B 点のほうが大きい。

ロ. 静圧は、A 点よりも B 点のほうが大きい。

ハ. 流れの状態は、A 点が乱流なら B 点も乱流である。

(H5 乙機国家試験 類似)

6.9 演習問題 乙機

図のように大気に開放された水槽の上部から水が流れ込み、水面下 2.5 m の位置に設けられた内径 10 cm の円形断面の流出口から水が流れ出る。水面の高さを一定に保つには、流入する水の体積流量はおよそいくらにすればよいか。ただし、重力加速度 g は $9.8\ \mathrm{m/s^2}$ として計算せよ。また、諸損失はないものとする。

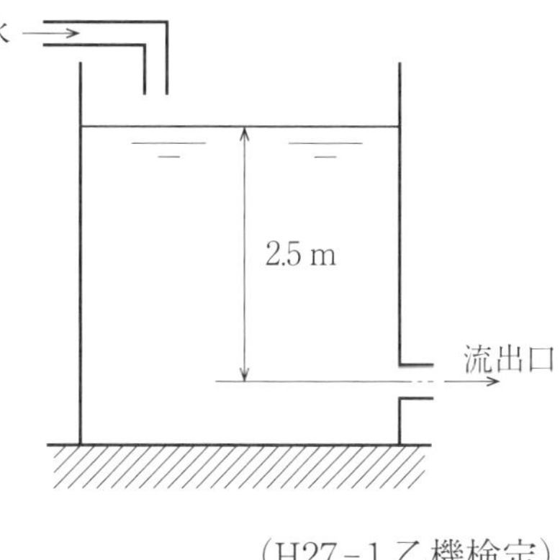

(H27-1 乙機検定)

6·3·3 ベルヌーイの定理の応用 乙機

(1) ピトー管

ピトー管はベルヌーイの定理を応用した流速（局所的な流速）の測定器であり、流速は次の式で表される。

$$u = \sqrt{2g\Delta h \frac{\rho_s - \rho}{\rho}} = K\sqrt{\Delta h} \qquad (6.10)$$

ここで

u：流速［m/s］　g：重力加速度［$\mathrm{m/s^2}$］
Δh：マノメータの封液の差［m］　ρ_s：マノメータの封液の密度［$\mathrm{kg/m^3}$］
ρ：流体の密度［$\mathrm{kg/m^3}$］　K：定数

参考

式 (6.10) は次のように求めることができる。

次頁の図のように、密度を ρ、点①およびピトー管の先端（よどみ点）②における圧力 p、流速 u をそれぞれ添字 1 および 2 を用いて表すことにする。

点②では流速はゼロ、基準面からの高さは、点①、②で同じとして、点①、②にベルヌーイの定理の式 (6.8 c) を適用すると

$$\frac{\rho u_1^2}{2} + p_1 = 0 + p_2 \quad *$$

$$\therefore \quad u_1 = \sqrt{\frac{2(p_2 - p_1)}{\rho}} \qquad ①$$

6章◎流　動

また、U字管のa－a面に作用する力のバランスから、Δhを封液の高さの差、ρ_sを封液の密度とすると、点③の圧力はp_1であり、U字管の断面積は同じであるから次式が成り立つ。

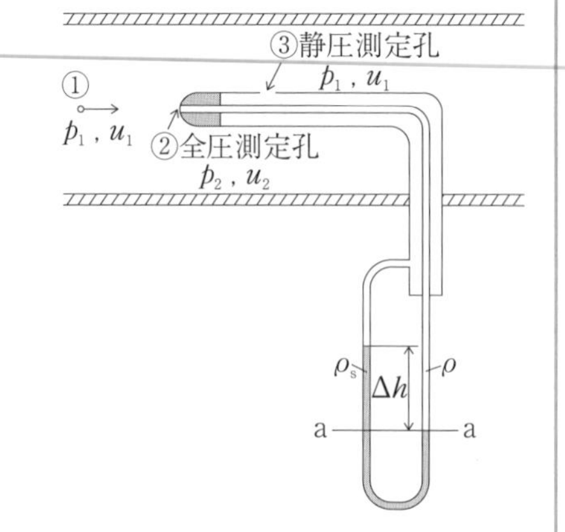

$$p_1 + \rho_s g\Delta h = p_2 + \rho g\Delta h$$

$$\therefore \quad p_2 - p_1 = g\Delta h\,(\rho_s - \rho)$$

この関係式を式①に代入すると

$$u_1 = \sqrt{2g\Delta h\frac{\rho_s - \rho}{\rho}}$$

なお、右辺はΔh以外は定数と考えてよいから、

流速u_1は封液の差Δhの平方根に比例することになる。Kを定数とすると式（6.10）の2番目の式が得られる。

＊　$\rho u^2/2$は動圧、pは静圧であり、その和である全圧は一定に保たれることを示している。

例題 6-16

ピトー管で空気の流速を求める

乙機

空気が流れている管内にピトー管を挿入し、差圧を計測したところ水柱4 mmであった。空気の流速はおよそいくらか。ただし、空気および水の密度はそれぞれ1.22 kg/m³、1000 kg/m³とする。　（H10 乙機国家試験 類似）

解説

式(6.10)に与えられた数値を代入して求める。この場合、差圧の単位は「m」として代入し、他の単位と統一して計算する。

$$u = \sqrt{2g\Delta h\frac{\rho_s - \rho}{\rho}}$$

$$= \sqrt{2 \times 9.81\,\mathrm{m/s^2} \times 0.004\,\mathrm{m} \times \frac{1000\,\mathrm{kg/m^3} - 1.22\,\mathrm{kg/m^3}}{1.22\,\mathrm{kg/m^3}}}$$

$$= \sqrt{64.2\,\mathrm{m^2/s^2}} \fallingdotseq \sqrt{(8.0\,\mathrm{m/s})^2} = 8.0\,\mathrm{m/s}$$

（答 8.0 m/s）

流速を求める式(6.10)および重力の加速度$g = 9.81\,\mathrm{m/s^2}$は記憶しておく必要がある。

図に示すように、川を水が定常流れで流れており、L形の細いガラス管を川の中に入れ、その先端開口部がよどみ点となるように、流れに直角に設置した。川が流れていないとき、ガラス細管上部の水面は、川の水面と同じ高

さとなるが、川の流速 u が3.0 m/sのとき、川の水面からガラス細管上部の水面までの高さ Δh はおよそ何 m か。ただし、ガラス細管上部は大気に開放されているものとし、諸損失は無視する。

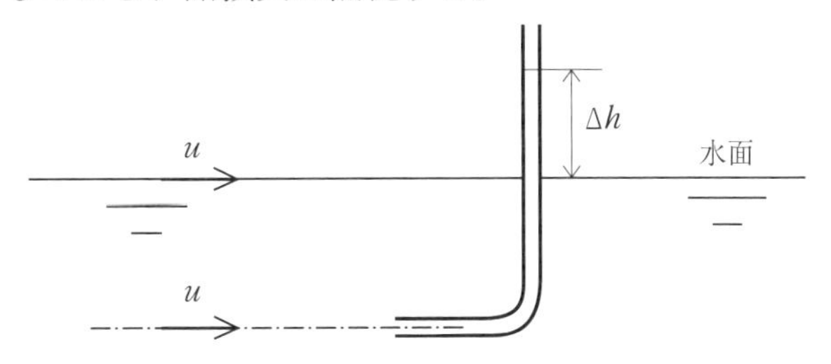

（H25-1 乙機検定）

⑵ オリフィス

オリフィスは、ベルヌーイの定理を応用した流量の測定器である。図において縮流部の流速 $\bar{u}_2$（断面②の流速）は次式で求められる。

$$\bar{u}_2 = \frac{1}{\sqrt{1-\left(\frac{A_2}{A_1}\right)^2}}\sqrt{\frac{2}{\rho}(p_1 - p_2)}$$

$$= \frac{1}{\sqrt{1-\left(\frac{A_2}{A_1}\right)^2}}\sqrt{2g\left(\frac{\rho_s}{\rho}-1\right)\Delta h} \quad \cdots\cdots (6.11\ \text{a})$$

すなわち、縮流部の流速はマノメータ前後の差圧の平方根に比例することになる。K、K' を定数とすると

$$\bar{u}_2 = K\sqrt{p_1 - p_2} = K\sqrt{\Delta p} = K'\sqrt{\Delta h} \quad \cdots\cdots (6.11\ \text{b})$$

流量は、縮流部の流速に縮流部の面積を乗じて算出するが、実際には縮流部の面積 A_2 は求められない。また、流体がオリフィスを通過する際のエネルギー損失があるので、実際に計算するときは、オリフィスの開口面積 A_0、流量係数（補正係数）C を用いて体積流量 q_V を次式で求めることになる。

$$q_V = CA_0\sqrt{2g\left(\frac{\rho_s}{\rho}-1\right)\Delta h} \quad \cdots\cdots (6.11\ \text{c})$$

参考

上式は次のように求めることができる。

上流の点①および縮流部②における圧力 p、平均流速 $\bar{u}$ を添字1および2を用いて表すこととする。基準面からの高さは①、②で同じであるから、①、②にベルヌーイの定理を適用すると

$$\frac{\rho\bar{u}_1^2}{2} + p_1 = \frac{\rho\bar{u}_2^2}{2} + p_2$$

この式に、連続の式 $A_1\bar{u}_1 = A_2\bar{u}_2$ から得られる $\bar{u}_1 = (A_2/A_1)\bar{u}_2$ を代入すると、式 (6.11 a) の 1 番目の式が求められる。

また、U 字管の a−a 面のつり合い式 $p_1 + \rho g\Delta h = p_2 + \rho_s g\Delta h$ から得られる $p_1 - p_2 = g\Delta h(\rho_s - \rho)$ の関係を式 (6.11 a) の 1 番目の式に代入すると、2 番目の式が得られる。

例題 6-17

ベンチュリ流量計に関する文章形式の問題を解く

丙特

下図はベンチュリ流量計の原理図である。次のイ、ロ、ハの記述のうち、この流量計による気体の流量測定の原理について正しいものはどれか。ただし、図中の記号は次のとおりである。

u_1：流量計上流部の平均流速　　u_2：流量計絞り部の平均流速

p_1：U 字管圧力計の上流部にかかる圧力　　p_2：U 字管圧力計の絞り部にかかる圧力

h：U 字管圧力計の液面差　　ρ：気体の密度

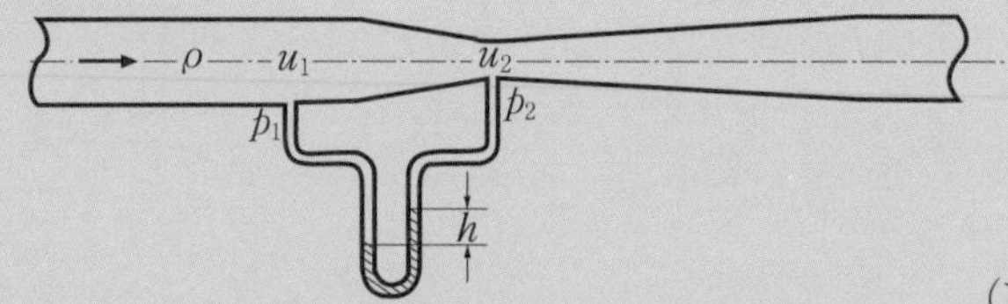

（H25 丙特国家試験）

イ．平均流速 u_2 は、圧力差 $(p_1 - p_2)$ の平方根に比例する。

ロ．圧力 p_2 は、平均流速 u_2 の 2 乗に比例する。

ハ．液面差 h は、気体の体積流量が同じであれば、気体の密度 ρ によらない。

解説

オリフィス流量計では上流部と縮流部にベルヌーイの定理と連続の式を適用して縮流部の流速の式 (6.11 a) を導いたが、ベンチュリ流量計でも上流部と絞り部にベルヌーイの定理と連続の式を適用すると、オリフィス流量計と同じ次式が導かれる。

$$u_2 = k\sqrt{\frac{2}{\rho}(p_1 - p_2)} = k\sqrt{2g\left(\frac{\rho_s}{\rho} - 1\right)h} \quad (\text{ただし、} k = 1/\sqrt{1-(A_2/A_1)^2})$$

イ．(○) 上式から、$u_2 \propto \sqrt{p_1 - p_2}$ の関係がある。

(注) 変数 x と y が 0 でない定数 k を用いて、$y = kx$ と書かれるとき、y は x に比例するという。

ロ．(×) 上式の両辺を 2 乗して整理する。

$$u_2^2 = 2k^2(p_1 - p_2)/\rho \quad \rightarrow \quad p_2 = p_1 - \rho u_2^2/(2k^2)$$

であり、圧力 $p_2 \propto u_2^2$ の関係はない。

6章◎流　動

ハ.（×）上式からわかるように、体積流量が同じなら、すなわち絞り部の平均流速 u_2 が同じなら、液面差 h は気体の密度 ρ によって変わる。　（答　イ）

例題 6-18

オリフィスの差圧が変化した場合のガスの流量を求める　乙機

オリフィス流量計を使用して配管内のガスの流量を測定したところ、水柱マノメータの差圧が 400 mm のとき流量は 50 m³/h であった。

差圧が 200 mm になったとき、流量はおよそ何 m³/h になるか。

$\sqrt{2}=1.41$　とする。　（H6 乙機国家試験 類似）

解説

式 (6.11 b) から縮流部の流速 $\bar{u}_2$ は液柱の差 Δh の平方根に比例する。

$$\bar{u}_2 = K'\sqrt{\Delta h}$$

流量 q_V はこの流速に縮流部の面積を乗じて求められるから、q_V は液柱の差 Δh の平方根に比例する。C を定数とすると流量 q_V は次のように表せる。

$$q_V = C\sqrt{\Delta h}$$

よって、マノメータの差圧が水柱 400 mm のときおよび 200 mm のときの流量をそれぞれ添字 400、200 で表すと次式が成立する。ここでは、Δh の単位は mm とする。

$$q_{V,400} = 50\,\mathrm{m^3/h} = C\sqrt{400\,\mathrm{mm}} \quad \cdots\cdots ①$$

$$q_{V,200} = C\sqrt{200\,\mathrm{mm}} \quad \cdots\cdots ②$$

②/①として式を整理する

$$\frac{q_{V,200}}{50\,\mathrm{m^3/h}} = \frac{C\sqrt{200\,\mathrm{mm}}}{C\sqrt{400\,\mathrm{mm}}} = \sqrt{\frac{1}{2}} = \frac{1}{\sqrt{2}}$$

$$\therefore \quad q_{V,200} = 50\,\mathrm{m^3/h} \times \frac{1}{\sqrt{2}} = \frac{50\,\mathrm{m^3/h}}{1.41} = 35.5\,\mathrm{m^3/h}$$

（答　**35.5 m³/h**）

演習問題 6.11　乙機

オリフィス流量計を用いて気体（密度 ρ[kg/m³]）の流量を計測した。孔径が 40 mm のオリフィス板を用いたとき、マノメータの封液（密度 ρ_s[kg/m³]）の液柱差が 115 mm であった。この気体の体積流量はおよそ何 m³/s か。ただし、封液と気体の密度の比（ρ_s/ρ）を 711、補正係数（流量係数）を 0.6 として計算せよ。なお、気体は非圧縮性とみなしてよい。　（H24-2 乙機検定）

6·3·4 管路のエネルギー損失

丙特 乙機

実際の管路では、流体と管壁との摩擦などによりエネルギー損失が生じて、圧力は低下する。

以下に示すように、乱流の場合は経験的に得られているファニングの式により、また、層流の場合は理論的に導かれるハーゲン-ポアズイユの式により計算する。

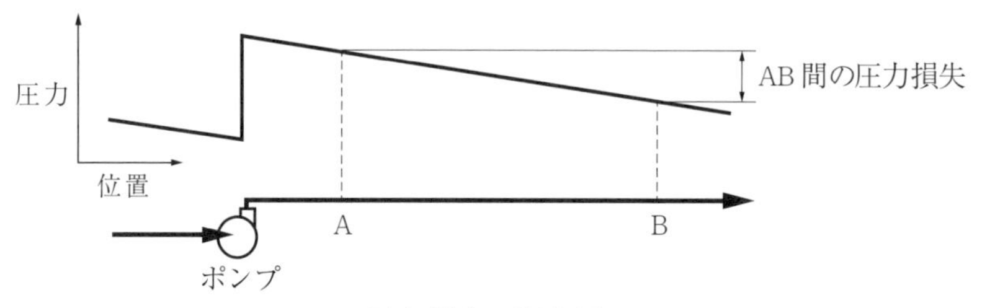

圧力損失の概念図

(1) 乱流の場合

ファニングの式で計算できる。単位の取り方により、次のような表し方がある。

エネルギー損失：$E_f = 4f\dfrac{\bar{u}^2}{2}\dfrac{l}{D}$ [J/kg] ……………………(6.12 a)

損失ヘッド　：$H_f = \dfrac{E_f}{g} = 4f\dfrac{\bar{u}^2}{2g}\dfrac{l}{D}$ [m] ……………………(6.12 b)

圧力損失　：$\Delta p_f = \rho g H_f = 4f\dfrac{\rho\bar{u}^2}{2}\dfrac{l}{D}$ [Pa] ……………………(6.12 c)

ただし

$\bar{u}$：平均流速 [m/s]　l：管の長さ [m]　D：管の内径 [m]

f：管摩擦係数 [−]　ρ：密度 [kg/m^3]　g：重力加速度 [m/s^2]

式 (6.12 a) は、エネルギー損失が運動エネルギー $\bar{u}^2/2$ および長さ l に比例し、直径 D に反比例することを表している。式 (6.12 b)、式 (6.12 c) はそれぞれ損失をヘッド、圧力で表したものである。

なお、管摩擦係数 f は乱流の場合は Re および管壁の相対粗度により定まる。

(2) 層流の場合

ハーゲン−ポアズイユの式で計算する。単位の取り方により、次のような表し方がある。

エネルギー損失：$E_f = \dfrac{32\mu l\bar{u}}{D^2\rho}$ [J/kg] ……………………(6.13 a)

損失ヘッド　：$H_f = \dfrac{E_f}{g} = \dfrac{32\mu l\bar{u}}{D^2\rho g}$ [m] ……………………(6.13 b)

圧力損失　：$\Delta p_f = \rho g H_f = \dfrac{32\mu l\bar{u}}{D^2}$ [Pa] ……………………(6.13 c)

なお、ファニングの式 (6.12 a) ～ (6.12 c) の f に次の関係式を代入すると、式 (6.13 a) ～ (6.13 c) が得られる。

$$f = \frac{16}{Re} = \frac{16\mu}{D\bar{u}\rho} \quad \cdots\cdots (6.13\ d)$$

曲がり部の継手の損失など直管以外の諸損失については、直管に相当する長さ L_e に換算して直管と同様に計算する方法がよく用いられる。

例題 6-19

流速が変化した場合の円管のエネルギー損失を求める　丙特

真直な水平円管内を水が乱流で流れている。水の流量が 1.5 倍になったとき、摩擦によるエネルギー損失は変化前のおよそ何倍になるか。ただし、管路の長さ、管の内径、管摩擦係数は一定とする。 (R1−1 丙特検定 類似)

解説

乱流の場合のエネルギー損失 E_f はファニングの式 (6.12 a) により計算できる。

$$E_f = 4f\frac{\bar{u}^2}{2}\frac{l}{D} \quad [\mathrm{J/kg}]$$

題意より、この式中の管摩擦係数 f、管の長さ l、管径 D は一定であるから、エネルギー損失 E_f は平均流速 $\bar{u}$ の 2 乗に比例することになる。K を定数とすると

$$E_f = K\bar{u}^2$$

したがって、水の流量が 1.5 倍となり、平均流速 $\bar{u}$ が 1.5 倍の $1.5\bar{u}$ になると、次式のようにエネルギー損失 E_f' は 2.25 倍 (1.5 の 2 乗倍) になる。

$$E_f' = K(1.5\bar{u})^2 = 2.25K\bar{u}^2 = 2.25\,E_f$$

(答　**2.25 倍**)

例題 6-20

ファニングの式を使って円管の圧力損失を求める　乙機

内径 100 mm、長さ 1 km の水平円管内を平均流速 1 m/s の水が乱流の状態で流れているときの圧力損失はおよそ何 MPa か。

ただし、水の密度を 1000 kg/m^3、管摩擦係数を 0.01 として計算せよ。

(H11−2 乙機検定 類似)

解説

流れが乱流であるから、圧力損失を求めるファニングの式（6.12 c）に与えられた数値を代入して求める。長さ l と管径 D の単位は m、平均流速 $\bar{u}$ の単位は m/s、また密度 ρ の単位は kg/m^3 を使用した場合の圧力損失の単位が Pa となることに注意する。

$$\Delta p_f = 4f\frac{\rho\bar{u}^2}{2}\frac{l}{D} = 4 \times 0.01 \times \frac{1000\,kg/m^3 \times (1\,m/s)^2}{2} \times \frac{1000\,m}{0.100\,m}$$

$$= 0.200 \times 10^6\,kg/(m\cdot s^2) = 0.200 \times 10^6\,Pa = 0.200\,MPa$$

（**答　0.200 MPa**）

念のため、「$kg/(m\cdot s^2) = Pa$」であることを検証してみる。$Pa = N/m^2$、$N = kg\cdot m/s^2$ であるから

$$Pa = N/m^2 = (kg\cdot m/s^2)/m^2 = kg/(m\cdot s^2)$$

例題 6-21

管径を変えた場合のエネルギー損失比を求める　乙機

水が乱流で水平円管内を流れている。管の直径を 1/2 倍にすると摩擦によるエネルギー損失は前に比べて何倍になるか。

ただし、流量は一定とし、他の条件は変わらないものとする。

（H6 乙機国家試験 類似）

解説

乱流の場合のエネルギー損失 E_f はファニングの式（6.12 a）により計算できる。

$$E_f = 4f\frac{\bar{u}^2}{2}\frac{l}{D} \quad [J/kg] \cdots\cdots①$$

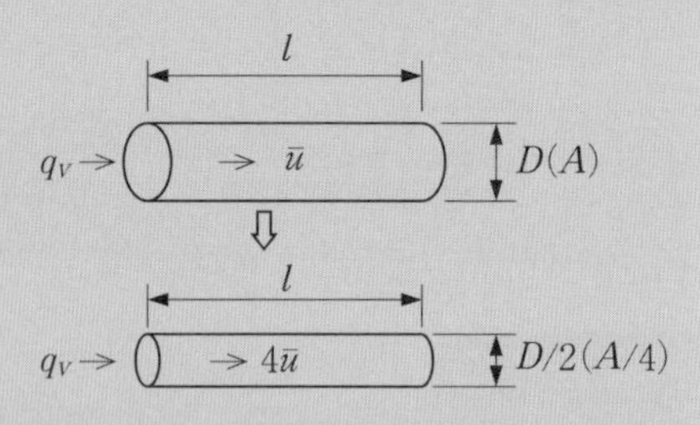

題意により、右辺の管摩擦係数 f、管の長さ l は一定である。

また、管の断面積 A は $\pi D^2/4$ で表せるから、管径 D を 1/2 倍の $D/2$ にすると、管の断面積は $\pi(D/2)^2/4 = A/4$ になる。流量 q_V は一定であり、式（6.5 a）$q_V = A\bar{u}$ から平均流速は 4 倍の $4\bar{u}$ になる。

したがって、管の直径を 1/2 倍にするとエネルギー損失 E_f' は

$$E_f' = 4f\frac{(4\bar{u})^2}{2}\frac{l}{D/2} = 32 \times 4f\frac{\bar{u}^2}{2}\frac{l}{D} = 32E_f$$

となり、32 倍となる。　（**答　32 倍**）

別解

式 (6.5 a) から、流速 $\bar{u}$ は、体積流量 q_V と管の内径 D を用いて表すと

$$\bar{u} = \frac{q_V}{A} = \frac{4q_V}{\pi D^2}$$

式①に代入すると

$$E_f = 4f\left(\frac{1}{2}\right)\left(\frac{4q_V}{\pi D^2}\right)^2 \frac{l}{D} = \frac{32fq_V{}^2 l}{\pi^2 D^5}$$

題意により、右辺の管摩擦係数 f、体積流量 q_V、管の長さ l は一定であるから、定数 K を用いて整理すると

$$E_f = \frac{K}{D^5}$$

したがって、管の直径を 1/2 倍にするとエネルギー損失 E_f' は

$$E_f' = \frac{K}{(D/2)^5} = \frac{2^5 \times K}{D^5} = 32E_f$$

例題 6-22

管径の異なる管路の圧力損失比を求める

乙機

長さ 10 m で、管内径の異なる真っ直ぐで水平に置かれた 2 つの管路 A、B がある。管路 A、B の内径をそれぞれ D_A、D_B とすると、$D_A = 2D_B$ なる関係がある。

両管路に同じ体積流量の水を流すとき、管路 B における圧力損失 Δp_B は管路 A における圧力損失 Δp_A のおよそ何倍か。なお、いずれも流れは層流である。

（H20−2 乙機検定）

解説

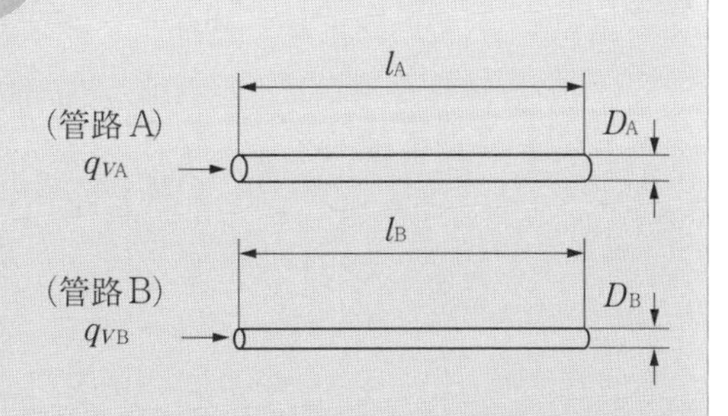

流れが層流であるので、この問題を解くためには、ハーゲン-ポアズイユの式 (6.13 c) を憶えておく必要がある。

体積流量を q_V、管路の断面積を A、管路の長さを l、粘度を μ、また、下添字 A、B はそれぞれ管路 A、B を示すものとすると、圧力損失は

$$\Delta p_A = \frac{32\mu_A l_A \bar{u}_A}{D_A{}^2} \qquad \Delta p_B = \frac{32\mu_B l_B \bar{u}_B}{D_B{}^2}$$

この両式を使うと Δp_B と Δp_A の比は

6章◎流　動

$$\frac{\Delta p_B}{\Delta p_A}=\frac{32\mu_B l_B \bar{u}_B}{D_B{}^2}\times\frac{D_A{}^2}{32\mu_A l_A \bar{u}_A}=\frac{\mu_B}{\mu_A}\,\frac{l_B}{l_A}\,\frac{\bar{u}_B}{\bar{u}_A}\left(\frac{D_A}{D_B}\right)^2 \quad \cdots\cdots ①$$

同じ流体（水）が流れるので $\mu_A=\mu_B$、また、題意より $l_A=l_B$、$D_A=2D_B$ である。この関係を式①に代入すると

$$\frac{\Delta p_B}{\Delta p_A}=\frac{\bar{u}_B}{\bar{u}_A}\left(\frac{2D_B}{D_B}\right)^2=4\,\frac{\bar{u}_B}{\bar{u}_A} \quad \cdots\cdots ②$$

$\bar{u}_A$ と $\bar{u}_B$ の関係については $q_{VA}=q_{VB}$ であるから、式（6.7 b）を使って

$$A_A\bar{u}_A=A_B\bar{u}_B$$

$$\frac{\bar{u}_B}{\bar{u}_A}=\frac{A_A}{A_B}=\frac{\dfrac{\pi D_A{}^2}{4}}{\dfrac{\pi D_B{}^2}{4}}=\frac{D_A{}^2}{D_B{}^2}=\left(\frac{2D_B}{D_B}\right)^2=4$$

この関係を式②に代入すると

$$\frac{\Delta p_B}{\Delta p_A}=4\times 4=16$$

$$\therefore\quad \Delta p_B=16\Delta p_A$$

すなわち、Δp_B は Δp_A の 16 倍である。　　　　**（答　16 倍）**

演習問題 6.12（丙特）

真っ直ぐな円管で水を輸送したとき、$Re=1.0\times 10^5$、圧力損失は 0.1 MPa であった。同じ管で 1.1 倍の流量の水を輸送した場合、Re と圧力損失はそれぞれおよそ何倍となるか。ただし、圧力損失は水の摩擦による損失のみとし、水の温度および管摩擦係数は変わらないものとする。

（H25－1 丙特検定）

演習問題 6.13（乙機）

同じ長さ L の 2 つの水平円管路 A、B があり、内径 D はそれぞれ D_A、D_B（$=2D_A$）である。両管路に同じ物性値で同じ体積流量 q の水を層流で流したとき、管路 A、B における圧力損失 Δp_A と Δp_B の比 $\Delta p_A/\Delta p_B$ はいくらか。なお、圧力損失 Δp は

$$\Delta p=4f\left(\frac{\rho\bar{u}^2}{2}\right)\left(\frac{L}{D}\right)$$

で与えられる。ここで、f：管摩擦係数、ρ：水の密度、$\bar{u}$：平均流速である。

（H29－2 乙機検定）

演習問題 6.14（乙機）

内径 $D=50$ mm、長さ $\ell=50$ m の水平な円管路を、密度 $\rho=1040$ kg/m^3 の液体が平均流速 $\bar{u}=0.12$ m/s で流れている。レイノルズ数 $Re=1600$ のとき、圧力損失 Δp はおよそいくらか。　　（H25－2 乙機検定）

6・4 ポンプの動力およびキャビテーション

6・4・1 ポンプの全揚程

乙機

図は大気に開放された貯槽間の送液の例であるが、ポンプの全揚程（ポンプの吐出し口および吸込み口における全ヘッドの差）Hは、次式のように示される。

$$H = h_a + h_{fs} + h_{fd} + h_o$$

ただし

h_a：実揚程（吸込み実揚程 ＋ 吐出し実揚程）

h_{fs}：吸込み側摩擦損失

h_{fd}：吐出し側摩擦損失

h_o：残留速度ヘッド

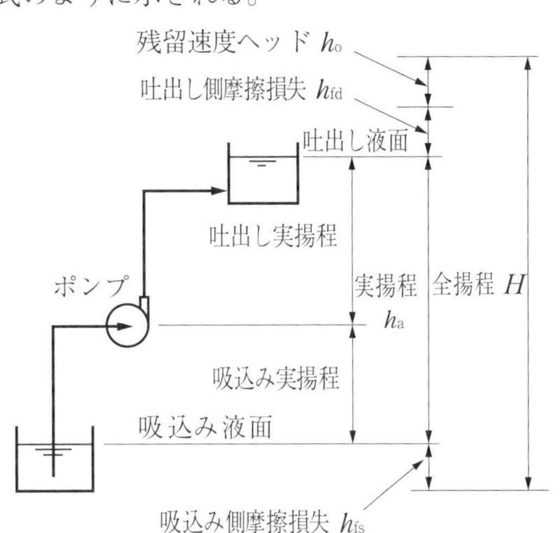

残留速度ヘッドh_oは、吐出し水槽に放出する際の損失水頭である。

液化ガスの密閉貯槽のように圧力が大気圧以上であるなど図とは設置状況などが異なる場合は、ベルヌーイの定理を用いて全揚程を算出できる。

6・4・2 理論動力

乙機

3章の式（3.1 b）からわかるように、（仕事）＝（質量）×（重力の加速度）×（高さ）、または（仕事）＝（圧力）×（体積）で表されるから、（質量）の代わりに（質量流量）を、また、（体積）の代わりに（体積流量）を用いて次のように表すことができる。

$$P_{th} = q_m g H = q_V \rho g H \quad [W] \quad \cdots\cdots (6.14\ a)$$

$$P_{th} = q_V P \quad [W] \quad \cdots\cdots (6.14\ b)$$

ここで

P_{th}：理論動力［J/s = W］　q_m：質量流量［kg/s］

q_V：体積流量［m^3/s］　H：全揚程［m］　ρ：密度［kg/m^3］

P：全圧力［Pa］で、$P = \rho g H$

6章◎流　動

6·4·3 軸動力（所要動力）　乙機

軸動力 P_S は、次のように理論動力をポンプ効率 η で除して求められる。

$$P_S = \frac{P_{th}}{\eta} \ [\mathrm{W}] \quad \cdots\cdots (6.14\,c)$$

例題 6-23

遠心ポンプの所要動力を求める　乙機

吐出し量毎分 100 m^3、全揚程 30 m である遠心ポンプの所要動力（kW）はおよそいくらか。

ただし、液密度は 800 kg/m^3、ポンプ効率は 70 % とする。　（H13 乙機国家試験）

解説

式 (6.14 a) と式 (6.14 c) から

$$P_S = P_{th}/\eta = q_V \rho g H/\eta$$

この式に与えられた数値を代入して求める。

$$P_S = \frac{(100/60)\mathrm{m^3/s} \times 800\,\mathrm{kg/m^3} \times 9.8\,\mathrm{m/s^2} \times 30\,\mathrm{m}}{0.70} = 560 \times 10^3\,\mathrm{W} = 560\,\mathrm{kW}$$

地球上では重力の加速度が作用しているので、$g = 9.8\,\mathrm{m/s^2}$ を乗ずる必要があることに注意する。念のために単位の検証をしてみる。

$$(\mathrm{m^3/s})(\mathrm{kg/m^3})(\mathrm{m/s^2})(\mathrm{m}) = (\mathrm{kg/s})(\mathrm{m/s^2})(\mathrm{m}) = (\mathrm{kg \cdot m/s^2}) \cdot \mathrm{m/s}$$
$$= \mathrm{N \cdot m/s} = \mathrm{J/s} = \mathrm{W}$$

なお、重力加速度の値は与えられない場合があるので、記憶しておく必要がある。

（答　560 kW）

例題 6-24

容積形ポンプの吐出し量および所要動力を求める　乙機

ピストン直径 $D = 0.2$ m、行程 $L = 0.5$ m の容積形ポンプがある。

回転数を $N = 50\,\mathrm{s^{-1}}$（毎秒 50 回転）として揚程 $h = 10$ m を得るとき、このポンプの所要動力 P はおよそ何 kW か。ただし、圧送する液体の密度 $\rho = 1000\,\mathrm{kg/m^3}$、ポンプの効率 $\eta = 0.6$ とする。　（H20−1 乙機検定）

解説

まず、ポンプの吐出し量 q_V を求める。

往復形ポンプでは、図のようにピストンがシリンダ内を1往復すると、その間にピストンが排除した容積（行程容積 V_0）の分だけ液体を吸い込み、吐き出す。

行程容積 V_0 は、「シリンダ（＝ピストン）の断面積 $\pi D^2/4$ × 行程 L（ピストンが往き来する距離）」であるから

$$q_V = V_0 \times N = \frac{\pi D^2 L}{4} N$$

$$= \frac{3.14 \times (0.2\,\mathrm{m})^2 \times 0.5\,\mathrm{m}}{4} \times 50\,\mathrm{s}^{-1} = 0.785\,\mathrm{m^3/s}$$

式(6.14 a)、式(6.14 c)を使って所要動力 P を求める。重力加速度 g は、$g = 9.8\,\mathrm{m/s^2}$ として

$$P = \frac{P_{\mathrm{th}}}{\eta} = \frac{q_V \rho g h}{\eta} = \frac{0.785\,\mathrm{m^3/s} \times 1000\,\mathrm{kg/m^3} \times 9.8\,\mathrm{m/s^2} \times 10\,\mathrm{m}}{0.6}$$

$$= 128 \times 10^3\,\mathrm{W} = 128\,\mathrm{kW}$$

（答　**128 kW**）

6.15　密度 1000 kg/m^3 の液体を輸送しているポンプの全揚程が 20 m、軸動力が 300 kW、効率が 71 % であった。このポンプの吐出し量はおよそ何 m^3/min か。　（H21−2 乙機検定）

6.16　ピストン直径 100 mm、行程 200 mm、回転数 600 min^{-1}（毎分 600 回転）、ポンプ効率 75 % の往復ポンプを、ポンプ入口圧力 0.101 MPa、出口圧力 0.5 MPa で運転するときの所要動力はおよそいくらか。ただし、流体の密度は 1000 kg/m^3 とし、また、ポンプ入口圧力、出口圧力測定断面の平均流速は等しく、測定高差はゼロとする。　（H30−2 乙機検定 類似）

6·4·4 キャビテーション　乙機

ポンプにおける**キャビテーション**とは、液体の圧力がポンプの吸込み側の実揚程や圧力損失のため、その液温における蒸気圧より低くなることにより、液体の蒸発や液体に溶解しているガスにより、小さな気泡が発生する現象をいう。

キャビテーションは圧力が最も低くなる部分（遠心ポンプの羽根車入口など）で発生しやすく、キャビテーションが発生すると騒音、振動の発生とともにポンプの羽根車やケーシング内部などにエロージョン（摩耗）が生じ、ポンプの性能が低下する。

キャビテーションが発生しない条件は有効吸込み揚程（NPSH）※を用いて次式で示される。

$$h_{sv,a} = p_s/\rho g - h_s - \Delta h_s - p_{vp}/\rho g > h_{sv} \quad \cdots\cdots (6.15)$$

$h_{sv,a}$　：利用し得る NPSH（m）

$p_s/\rho g$　：吸込み液面に作用する圧力ヘッド（m）

h_s　：吸込み実揚程（m）
（図のような吸上げの場合は ＋、押込みの場合は －）

Δh_s　：吸込み管の圧力損失ヘッド（m）

$p_{vp}/\rho g$　：ポンプ入口の液温における液体の蒸気圧 p_{vp} に相当するヘッド（m）

ρ　：液体の密度（kg/m^3）

g　：重力の加速度（＝9.8 m/s^2）

h_{sv}　：必要 NPSH（m）
必要 NPSH はポンプがキャビテーションを起こさないために必要なヘッドで、ポンプ固有の値である。

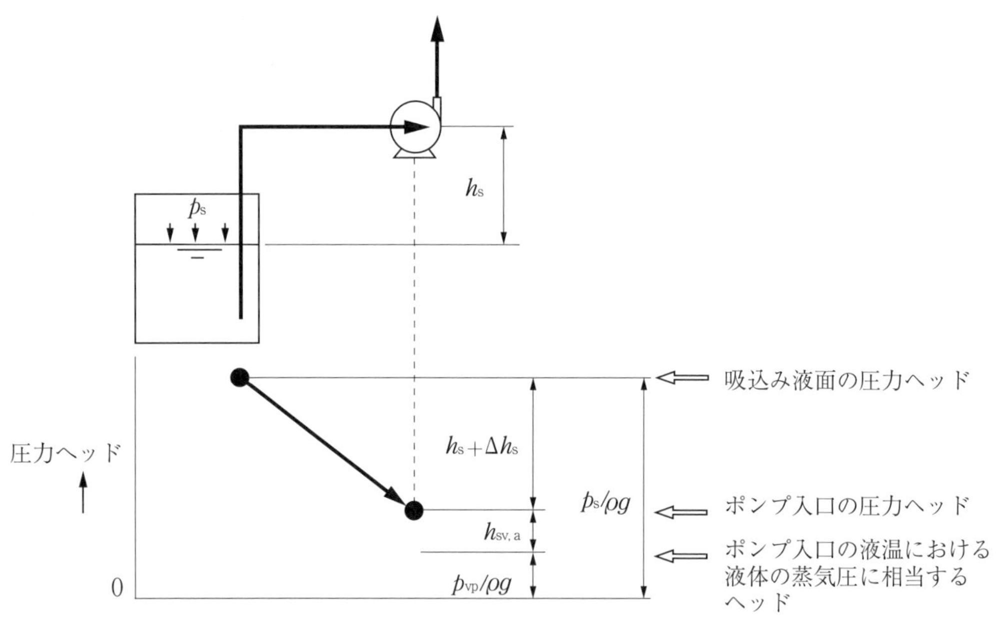

上図は、吸込み面の圧力ヘッドはポンプ入口では「吸込み実揚程 ＋ 吸込み管の圧力損失ヘッド」に相当するヘッドの低下があるが、液体の蒸気圧よりは「利用し得るNPSH」分だけヘッドが高いことを示している。

※　Net Positive Suction Head

過去に計算問題が出題されたことはないが、キャビテーションの現象や防止対策についての文章形式の問題が出題されている。上式からわかるように、キャビテーションを防止するためには、ポンプの吐出し側ではなく、吸込み側の条件が関係しており、吸込み液面を高くする、圧力損失を低減する（流速を下げる、曲がりを少なくする、直径を大きくするなど）、蒸気圧が高くならないようにする（温度上昇防止など）などの対策が必要である。

6·5 送風機の動力

乙機

ポンプと同様の計算式が適用できる。過去に計算問題が出題されたことはないが、送風機の動力計算に用いられる式を再掲する。

$$P_{\mathrm{th}} = q_m g H = q_V \rho g H \quad [\mathrm{W}] \qquad (6.14\ \mathrm{a})$$

$$P_{\mathrm{th}} = q_V P \quad [\mathrm{W}] \qquad (6.14\ \mathrm{b})$$

$$P_{\mathrm{s}} = \frac{P_{\mathrm{th}}}{\eta} \quad [\mathrm{W}] \qquad (6.14\ \mathrm{c})$$

例題 6-25

送風機の軸動力を求める

（乙機）

排気量が毎分 500 m^3、全圧力が 2250 Pa の排気ブロワの所要動力は、およそ何 kW か。

ただし、ブロワ効率は 60 % とする。

解説

所要動力 P_{s} は、ブロワ効率 η を考慮する必要があり、式(6.14 b)と式(6.14 c)を使って

$$P_{\mathrm{s}} = \frac{P_{\mathrm{th}}}{\eta} = \frac{q_V P}{\eta} = \frac{(500/60)\,\mathrm{m^3/s} \times 2250\,\mathrm{Pa}}{0.60} = 31200\,\mathrm{W} = 31.2\,\mathrm{kW}$$

（答　31.2 kW）

念のために単位の検証をしてみる。

$$(\mathrm{m^3/s})(\mathrm{Pa}) = (\mathrm{m^3/s})(\mathrm{N/m^2}) = \mathrm{N \cdot m/s} = \mathrm{J/s} = \mathrm{W}$$

7章 伝　熱

高圧ガスの製造では、伝熱現象を利用して熱交換器による物質の加熱・冷却などが行われている。この章で扱う伝熱に関する計算問題については、丙種化学特別および乙種機械で平面壁の熱伝導の計算問題が過去に多く出題されているが、円筒壁の熱伝導、熱伝達、熱貫流、熱交換器についても参考例題などを記載した。

7・1 熱の伝わり方

丙特 乙機

熱の伝わり方には、機構上から次の３種類のものがある。

伝熱方式	伝熱の機構	具体例
伝導伝熱（熱伝導）	物体内における物質の移動を伴わない伝熱で、自由電子や格子振動などにより熱が伝わる。	加熱炉の耐火れんが内の伝熱
対流伝熱	流体自身の流動による伝熱	浴槽内の温度差（密度差）による伝熱（自然対流伝熱）、撹拌機による流体の混合による伝熱（強制対流伝熱）
放射伝熱	媒体を介さない、電磁波の形による伝熱	高温の加熱炉内での伝熱、太陽による地球の加熱

また、これらの伝熱が複合して起こる伝熱方式として、次のものがある。

熱伝達：固体と流体間の伝熱

（例）炉内の高温ガスから炉壁への伝熱のように、流体内の対流伝熱と流体‒固体界面近傍の伝熱から構成される伝熱

熱貫流：固体壁で隔てられた２つの流体間の伝熱

（例）熱交換器における高温流体から低温流体への伝熱のように、熱伝達と固体内の伝導伝熱から構成される伝熱

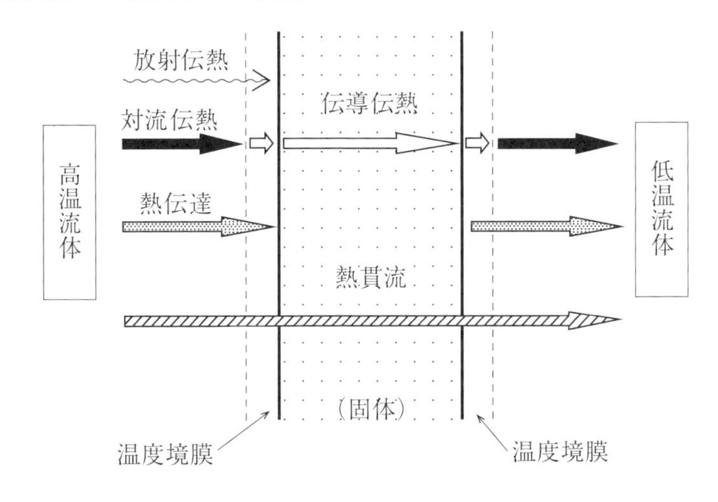

7・2 熱伝導

丙特 乙機

(1) 伝熱速度

物体内の微小距離 dx[m]を隔てて微小面積 dA[m^2]を通して熱が伝わる場合の伝熱速度 dQ [J/s = W] は、温度勾配 dT/dx と伝熱面積 dAに比例し、次式で表される。

$$dQ = -\lambda \left(\frac{dT}{dx}\right) dA \quad \cdots\cdots\cdots\cdots(7.1)$$

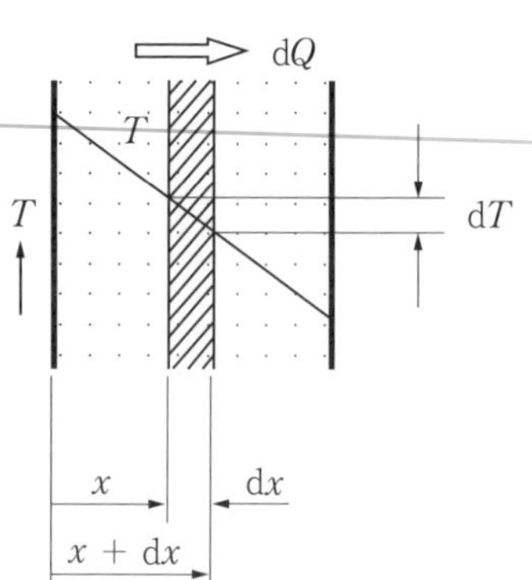

比例定数λは**熱伝導率**であり、右辺の負号は温度勾配が負であるため熱が伝わる方向の伝熱速度を正にするために付けてある。

(2) 単層平面壁における定常熱伝導

物体内の温度分布が時間的に変動しない定常熱伝導の場合、単層平面壁における伝熱速度Qは、熱伝導率λ、温度勾配dT/dxを一定として式(7.1)を積分した次式で計算できる。

$$Q = \lambda A \frac{T_1 - T_2}{l} \quad \cdots\cdots\cdots\cdots(7.2\,a)$$

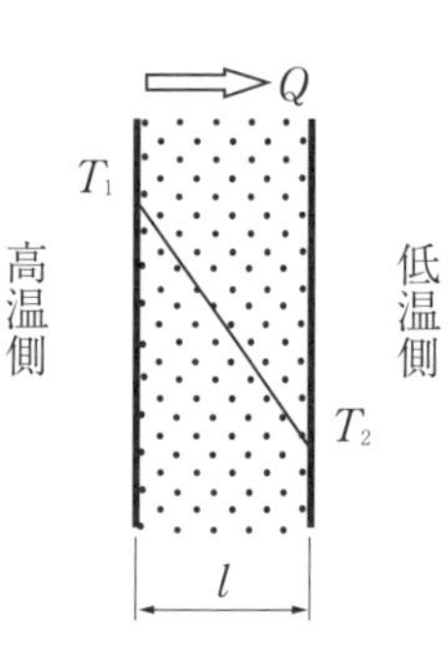

また、**伝熱抵抗**$R = l/(\lambda A)$、温度差$\Delta T = T_1 - T_2$を用いて、電気におけるオームの法則と同じ形の次式で表すことができる。

$$Q = \frac{T_1 - T_2}{l/(\lambda A)} = \frac{\Delta T}{R} \quad \cdots\cdots\cdots\cdots(7.2\,b)$$

なお、多層平面壁の場合は、伝熱抵抗として各層の伝熱抵抗の和を用いて計算できる。

例題 7-1

耐火れんが壁の熱伝導による熱損失量を求める　丙特

厚さ20 cmの耐火れんがの加熱炉壁の内面温度が400 ℃、外面温度が200 ℃のとき、単位時間当たり、平壁面1 m^{2}当たりの熱損失量はおよそ何kWか。

ただし、耐火れんがの熱伝導率は1.1 W/(m·K)とする。　(R−2 丙特国家試験)

解説

熱伝導による単層平面壁の伝熱速度の計算であるので、式(7.2 a)を使って計算する。

すなわち、伝熱速度Qは

$$Q = \lambda A \frac{T_1 - T_2}{l} \quad \cdots\cdots\cdots\cdots ①$$

ここで　$\lambda = 1.1\ \mathrm{W/(m \cdot K)}$

$T_1 = 400\ ℃$

$T_2 = 200\ ℃$

$l = 0.20\ \mathrm{m}$

$A = 1\ \mathrm{m^2}$

（λ、l、A は m を用いた単位に統 する。）

（炉内）　⇒ Q　（炉外）
$T_1 = 400\ ℃$
$T_2 = 200\ ℃$
$l = 20\ \mathrm{cm}$
$\lambda = 1.1\ \mathrm{W/(m \cdot K)}$

を式①に代入すると、Q［W］が求められる。温度差の場合、単位は ℃ ＝ K であるから

$$Q = 1.1\ \mathrm{W/(m \cdot K)} \times 1\ \mathrm{m^2} \times \frac{(400 - 200)\ \mathrm{K}}{0.20\ \mathrm{m}} = 1100\ \mathrm{W} = 1.1\ \mathrm{kW}$$

このように、壁の内外面の表面温度が既知であれば、熱伝導率を使って伝熱速度を計算することができる。　　　　（**答　1.1 kW**）

例題 7-2

平面壁に設けた保温材の表面温度を求める　乙機

厚さ 200 mm、壁面積 10.0 m² のれんが壁がある（図(a)）。内面の温度 t_1 が 600 ℃、外面の温度 t_2 が 150 ℃ である。このとき単位時間当たりに壁面から失われる熱量は Φ_1[W] であった。この外面に厚さ 40 mm の保温材を設けたところ（図(b)）、単位時間当たりに保温材表面から失われる熱量 Φ_2 は Φ_1 の 24 % であった。このとき保温材表面の温度 t_3 は何 ℃ か。ただし、れんがおよび保温材の熱伝導率はそれぞれ、1.0 W/(m·K)、0.05 W/(m·K) とする。

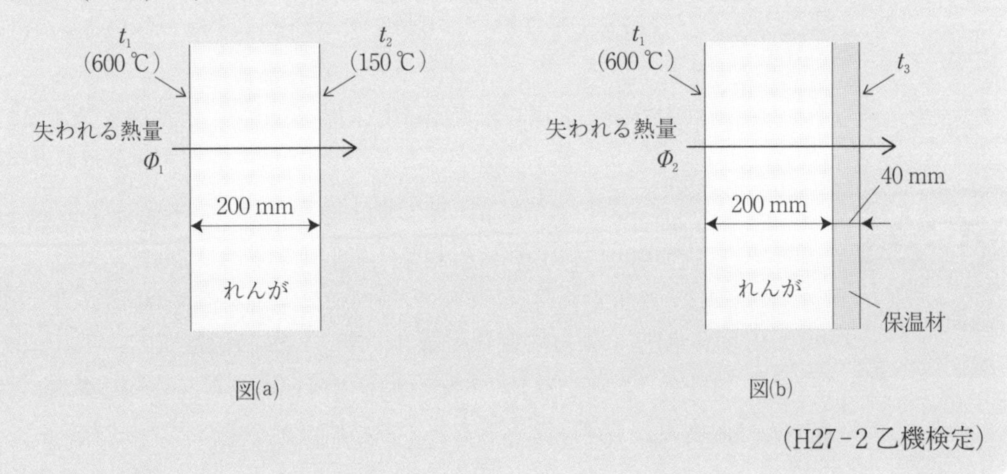

図(a)　　　　図(b)

（H27-2 乙機検定）

解説

まず、図(a)のれんがだけの場合の伝熱速度 Φ_1 を式（7.2 b）で計算する。以下、量記号として、れんがはb、保温材はiの下添字で表す。

$$\Phi_1 = \frac{t_1 - t_2}{\dfrac{l_b}{\lambda_b A_b}} = \frac{600\ ℃ - 150\ ℃}{\dfrac{0.200\ \mathrm{m}}{1.0\ \mathrm{W/(m \cdot K)} \times 10.0\ \mathrm{m^2}}} = \frac{450\ \mathrm{K}}{0.02\ \mathrm{K/W}} = 22500\ \mathrm{W}$$

同様に、図(b)の場合の伝熱速度 Φ_2 は、式（7.2 b）の分母をれんがと保温材の伝熱抵抗の和として

$$\Phi_2 = \frac{t_1 - t_3}{\dfrac{l_b}{\lambda_b A_b} + \dfrac{l_i}{\lambda_i A_i}}$$

保温材表面の温度 t_3 を求める式に変形すると

$$t_3 = t_1 - \Phi_2\left(\frac{l_b}{\lambda_b A_b} + \frac{l_i}{\lambda_i A_i}\right)$$

この式に、$\Phi_2 = 0.24\ \Phi_1 = 0.24 \times 22500\ \mathrm{W} = 5400\ \mathrm{W}$、$l_b/(\lambda_b A_b) = 0.02\ \mathrm{K/W}$ その他既知の数値を代入すると

$$t_3 = 600\ ℃ - 5400\ \mathrm{W} \times \left(0.02\ \mathrm{K/W} + \frac{0.040\ \mathrm{m}}{0.05\ \mathrm{W/(m \cdot K)} \times 10.0\ \mathrm{m^2}}\right)$$

$$= 600\ ℃ - 540\ ℃ = 60\ ℃$$

（答　60 ℃）

演習問題 7.1　丙特

厚さ 3 cm、外表面積 1 $\mathrm{m^2}$ の硬質ウレタンフォーム保冷材で作られた箱の中の 0 ℃ の氷 15 kg が溶けて 0 ℃ の水になるまでの時間はおよそ何時間か。ただし、箱の外面の温度は各面とも 30 ℃、内面の温度は 0 ℃、氷の融解熱は 333 kJ/kg、保冷材の熱伝導率は 0.025 W/(m·K)、すなわち 90 J/(h·m·K) とする。

なお、箱は内外面とも同一の表面積で、均一の厚みをもつものとする。

（H25 丙特国家試験）

演習問題 7.2　丙特

厚さ $l = 100$ mm、壁面積 $A = 4\ \mathrm{m^2}$ の平面壁がある。内面の温度が t [℃] で一定の場合、壁面を通して内面から外面へ移動する単位時間当たりの熱量 Φ は、外面の温度によって変化する。いま、外面の温度が $t_1 = 100$ ℃ のとき $\Phi_1 = 320$ kW、$t_2 = 200$ ℃ のとき $\Phi_2 = 240$ kW であった。この壁の熱伝導率 k は温度によらず一定とすると、その値はおよそ何 W/(m·K) か。

（H30−1 乙機検定）

演習問題 7.3 乙機

図のように伝熱面積および厚さの等しい固体①と固体②が密着した平面壁があり、壁内を定常的に熱が移動している。固体①、②の熱伝導率はそれぞれ $k_1 = 200$ W/(m·K)、$k_2 = 100$ W/(m·K) である。

固体①の表面温度が $T_1 = 130$ ℃、固体②のそれが $T_3 = 40$ ℃ であるとき、固体①と②の境界面の温度 T_2 はおよそ何 ℃ か。　(H23-1 乙機検定)

温度 T_2
固体① k_1
固体② k_2
温度 T_1 (130 ℃)
熱流
温度 T_3 (40 ℃)

(3) 単層円筒壁における定常熱伝導

単層円筒壁における伝熱速度 Q は次のように表すことができる。平面壁の場合と異なり内外面の伝熱面積の違いに留意する必要がある。

$$Q = \frac{\lambda(2\pi L)(T_1 - T_2)}{\ln(r_2/r_1)} \quad \cdots\cdots (7.3\,\mathrm{a})$$

伝熱面積として内壁面積 A_1 と外壁面積 A_2 の対数平均 A_{1m} を用いると、平面壁と類似の次の式で表せる。

$$Q = \lambda A_{1m}\frac{T_1 - T_2}{r_2 - r_1} \quad \cdots\cdots (7.3\,\mathrm{b})$$

ただし、対数平均は次の式で計算した面積（対数平均伝熱面積）である。

$$A_{1m} = \frac{A_2 - A_1}{\ln(A_2/A_1)}$$

また、伝熱抵抗 $R = (r_2 - r_1)/(\lambda A_{1m})$、温度差 $\Delta T = T_1 - T_2$ を用いて、電気におけるオームの法則と類似の次の式で表すことができる。

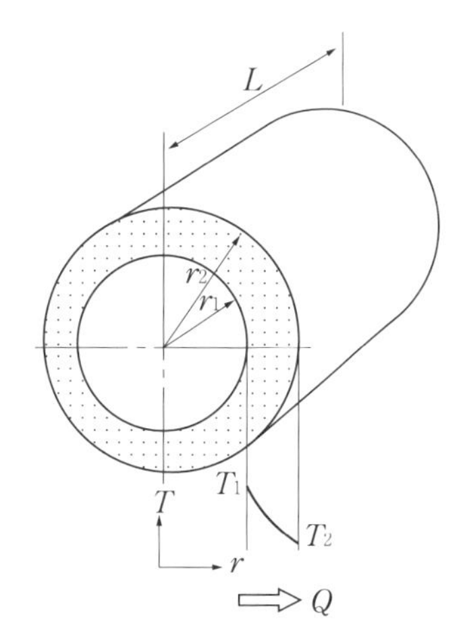

$$Q = \frac{T_1 - T_2}{(r_2 - r_1)/(\lambda A_{1m})} = \frac{\Delta T}{R} \quad \cdots\cdots (7.3\,\mathrm{c})$$

（注）単層円筒壁の伝熱速度の式は理論的に導くことができるが本書では省略する。

なお、$A_2/A_1 < 2$ $(r_2/r_1 < 2)$ の場合は式 (7.3 b) の伝熱面積として算術平均 $(A_1 + A_2)/2$ を用いても誤差は少ない。

例題 7-3

伝熱速度などから円管の熱伝導率を求める　乙機

内径 $D_1 = 0.10$ m、外径 $D_2 = 0.15$ m、長さ $L = 1.00$ m の円管がある。管内面の温度 $t_1 = 600$ ℃、外面の温度 $t_2 = 100$ ℃ であるとき、単位時間当たりに内面から外面へ移

動する熱量 $\Phi = 825\ \mathrm{kW}$ であった。この円管材料の熱伝導率はおよそ何 W/(m·K)か。ここで、$D_2/D_1 < 2$ であるから、伝熱面積は対数平均の代わりに、相加平均（算術平均）を用いてよい。（H28-2 乙機検定）

解説

伝熱面積として算術平均を用いる単層円筒壁の伝熱速度 Q（Φ）は、式（7.3 b）において対数平均面積 A_{lm} の代わりに算術平均面積 A_{av} を用い、その他与えられた記号を用いて表すと

$$Q = \lambda A_{\mathrm{av}} \frac{t_1 - t_2}{(D_2 - D_1)/2}$$

$$= \lambda A_{\mathrm{av}} \frac{2(t_1 - t_2)}{D_2 - D_1}$$

変形すると

$$\lambda = \frac{Q(D_2 - D_1)}{2A_{\mathrm{av}}(t_1 - t_2)}$$

ここで　$Q = 825\ \mathrm{kW}$

$D_1 = 0.10\ \mathrm{m}$　　$D_2 = 0.15\ \mathrm{m}$

$t_1 = 600\ ℃$　　$t_2 = 100\ ℃$

$$A_{\mathrm{av}} = (A_1 + A_2)/2 = (\pi D_1 L + \pi D_2 L)/2 = \pi L(D_1 + D_2)/2$$

$$= 3.14 \times 1.00\ \mathrm{m} \times (0.10\ \mathrm{m} + 0.15\ \mathrm{m})/2 = 0.3925\ \mathrm{m}^2$$

これらの数値を上式に代入すると

$$\lambda = \frac{825\ \mathrm{kW} \times (0.15\ \mathrm{m} - 0.10\ \mathrm{m})}{2 \times 0.3925\ \mathrm{m}^2 \times (600\ ℃ - 100\ ℃)} = 0.105\ \mathrm{kW/(m \cdot K)}$$

$$= 105\ \mathrm{W/(m \cdot K)}$$

（答　105 W/(m·K)）

参考までに、対数平均面積で厳密解を計算してみると

$$A_{\mathrm{lm}} = \frac{\pi D_2 L - \pi D_1 L}{\ln\{(\pi D_2 L)/(\pi D_1 L)\}} = \frac{\pi L(D_2 - D_1)}{\ln(D_2/D_1)}$$

$$= \frac{3.14 \times 1.00\ \mathrm{m} \times (0.15\ \mathrm{m} - 0.10\ \mathrm{m})}{\ln(0.15\ \mathrm{m}/0.10\ \mathrm{m})} = 0.3872\ \mathrm{m}^2$$

$$\lambda = \frac{825\ \mathrm{kW} \times (0.15\ \mathrm{m} - 0.10\ \mathrm{m})}{2 \times 0.3872\ \mathrm{m}^2 \times (600\ ℃ - 100\ ℃)} = 107\ \mathrm{W/(m \cdot K)}$$

内径 0.5 m、外径 0.6 m、長さ 2.0 m の円管がある。円管内面の温度が 200 ℃、外面の温度が 100 ℃であるとき、単位時間当たりに円管壁面から失われる熱量はおよそいくらか。ただし、円管の熱伝導率を 100 W/(m·K) とし、伝熱面積は相加平均（算術平均）を用いるものとする。（H25-2 乙機検定）

7・3 熱伝達

乙機

流体から固体（または、固体から流体）への熱伝達は、流体内の対流伝熱と、温度境膜内の伝導伝熱などから構成されるが、伝熱速度 Q はこれらを包含した次の式で表される。

$$Q = hA(T_1 - T_2) \quad \cdots\cdots(7.4)$$

定数 h は**熱伝達率**であり、A は伝熱面積である。

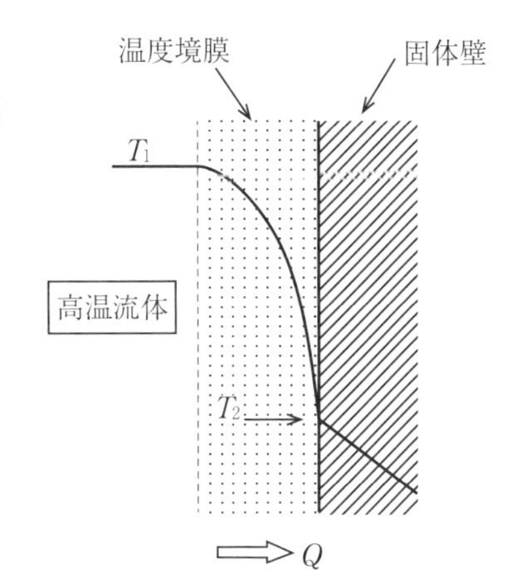

例題 7-4

熱伝達率を用いて管壁から流体への伝熱速度を求める

乙機

図のように高温流体から平面の固体壁を通して熱が移動している。高温流体本体の温度は $T_1 = 150$ ℃、高温流体側の熱伝達係数は $h = 56$ W/(m^2·K)、高温側の固体壁表面温度は $T_2 = 70$ ℃、固体壁の熱伝導率は $k = 15$ W/(m·K) である。低温側の固体壁表面温度が $T_3 = 25$ ℃ のとき、固体壁の厚さ (l) はおよそ何 cm か。

（R3-1 乙機検定）

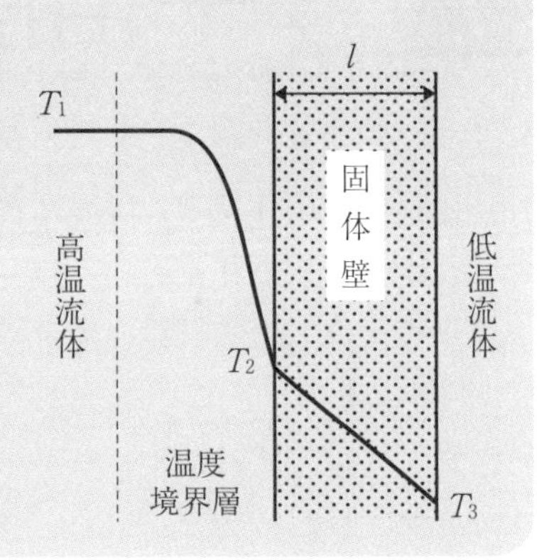

解説

高温流体と固体壁間の熱伝達による伝熱速度と、固体壁の熱伝導による伝熱速度が等しいことから求めることができる。

高温流体と固体壁間の熱伝達による伝熱速度 Q は、伝熱面積を A(m^2) とすると式(7.4)を使って

$$Q = hA\,(T_1 - T_2) = 56\ \mathrm{W/(m^2 \cdot K)} \times A \times (150 - 70)\mathrm{K}$$

$$= 4480\,A\ \mathrm{W/m^2} \quad \cdots\cdots ①$$

また、固体壁の熱伝導による伝熱速度 Q は、式 (7.2 a) を使って

$$Q = hA\frac{T_2 - T_3}{l} = 15\ \mathrm{W/(m \cdot K)} \times A \times \frac{(70-25)\ \mathrm{K}}{l} = \frac{675\ A}{l}\ \mathrm{W/m}$$

……………………………………………………………………………②

式① = 式②とすると

$$4480\ A\ \mathrm{W/m^2} = \frac{675\ A}{l}\ \mathrm{W/m}$$

$\therefore\quad l = 0.15\ \mathrm{m} = 15\ \mathrm{cm}$　　　　　　　　（答　**15 cm**）

伝熱面積を $1\ \mathrm{m^2}$ として計算してもよい。

管壁が一定温度 150 ℃ に保たれた薄肉鋼管に、大気圧、20 ℃ の空気が流れ込み 40 ℃ で出て行く。このときの伝熱面積はおよそいくらか。

ただし、1時間当たりの伝熱量は 2.6×10^4 kJ/h、熱伝達率は 60 W/ ($\mathrm{m^2 \cdot K}$) とせよ。また、管壁と空気の温度差は管出入口の温度差の算術平均値を用いてよい。

(H18-2 乙機検定 類似)

7·4 平面壁の熱貫流

乙機

平板、円管などを通して行われる伝熱は、高温側の熱伝達、固体壁内の伝導伝熱および低温側の熱伝達から構成される。

平面壁を介した熱貫流の場合の伝熱速度は次式で表される。

$$Q = UA\Delta T \quad \cdots\cdots\cdots\cdots (7.5\ \mathrm{a})$$

ただし

$$\frac{1}{U} = \frac{1}{h_1} + \frac{l}{\lambda} + \frac{1}{h_2} \quad \cdots\cdots (7.5\ \mathrm{b})$$

$$\Delta T = T_1 - T_4$$

定数 U は**総括伝熱係数**（または**熱貫流率**）である。

上式は理論的に導くことができるが本書ではその誘導過程は省略する。

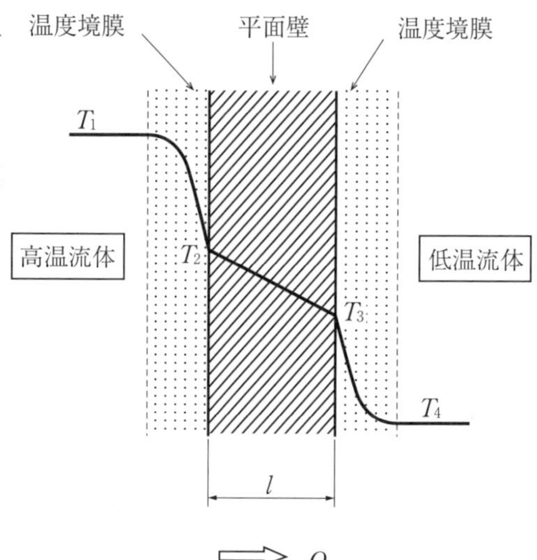

例題 7-5

平面壁の総括伝熱係数を求める

乙機

図のように平板状の固体壁を通して定常伝熱（熱貫流）が生じている。固体壁の厚さは 10 mm、固体壁の熱伝導率は 50 W/(m·K) である。固体壁の表面温度差 $T_2 - T_3 = 3$ K、流体 I、II の本体温度がそれぞれ $T_1 = 60$ ℃、$T_4 = 40$ ℃ のとき、総括伝熱係数（熱貫流率）U はおよそいくらか。

（H26-1 乙機検定）

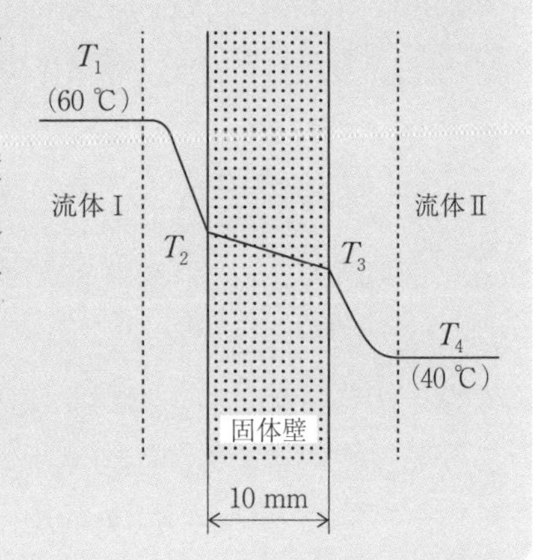

解説

熱貫流による流体 I から流体 II への伝熱速度 Q と、熱伝導による固体壁内の伝熱速度 Q' が等しいことから求める。

Q、Q' は、それぞれ式 (7.5 a)、式 (7.2 a) を使って

$$Q = UA(T_1 - T_4) = UA \times (60 - 40)\,\mathrm{K} = UA \times 20\,\mathrm{K} \quad \cdots\cdots ①$$

$$Q' = \lambda A \frac{T_2 - T_3}{l} = 50\,\mathrm{W/(m \cdot K)} \times A \times \frac{3\,\mathrm{K}}{0.010\,\mathrm{m}} = 15000\,\mathrm{W/m^2} \times A \quad \cdots\cdots ②$$

① = ②から

$$UA \times 20\,\mathrm{K} = 15000\,\mathrm{W/m^2} \times A$$

$$\therefore \quad U = 750\,\mathrm{W/(m^2 \cdot K)}$$

（答　750 W/(m²·K)）

演習問題 7.6 乙機

図のように $T_1 = 715$ ℃ の流体 I と $T_4 = 20$ ℃ の流体 II が厚さ $l = 200$ mm、表面積 10.0 m² のれんが壁で隔てられている。低温側のれんが壁面の温度（T_3）が 150 ℃ で、流体 II とれんが壁間の熱伝達率 h が 16.0 W/(m²·K) である。総括伝熱係数 U はおよそいくらか。　（H29-1 乙機検定）

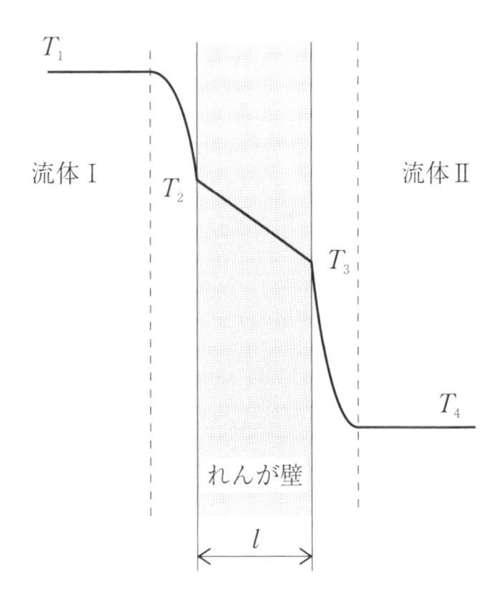

7・5 熱交換器における熱貫流

乙機

熱交換器のように、高温側流体と低温側流体の温度差が位置によって変化する場合、伝熱速度 Q は、総括伝熱係数（熱貫流率）U、伝熱面積 A、対数平均温度差 Δ_{1m} を用いて次式で求める。

$$Q = UA\Delta_{1m} \qquad (7.6)$$

ただし

$$\Delta_{1m} = \frac{\Delta_2 - \Delta_1}{\ln(\Delta_2/\Delta_1)}$$

また、伝熱速度 Q は、低温流体が高温流体から受け取る熱量、または高温流体が低温流体に与える熱量にも等しいから、次式が成立する。

$$Q = WC_p\Delta T = wc_p\Delta t \qquad (7.7)$$

ただし

$$\Delta T = T_1 - T_2 \qquad \Delta t = t_2 - t_1$$

ここで

Q：伝熱速度　　U：総括伝熱係数（熱貫流率）
A：伝熱面積　　Δ_{1m}：対数平均温度差
Δ_1：高温流体の入口側での温度差　　Δ_2：高温流体の出口側での温度差
T_1：高温流体の入口温度　　t_1：低温流体の入口温度
T_2：高温流体の出口温度　　t_2：低温流体の出口温度
W：高温流体の質量流量　　w：低温流体の質量流量
C_p：高温流体の比熱容量　　c_p：低温流体の比熱容量

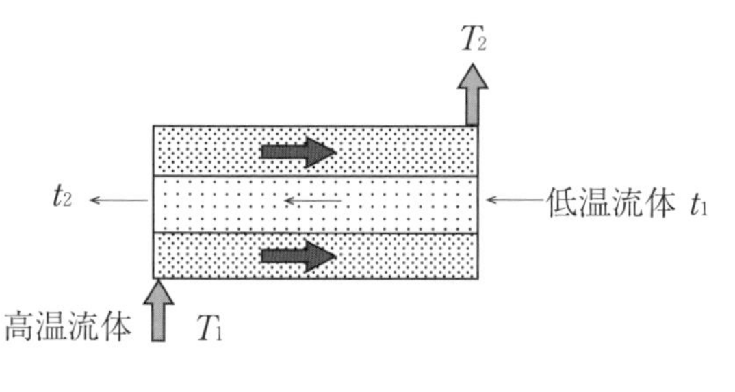

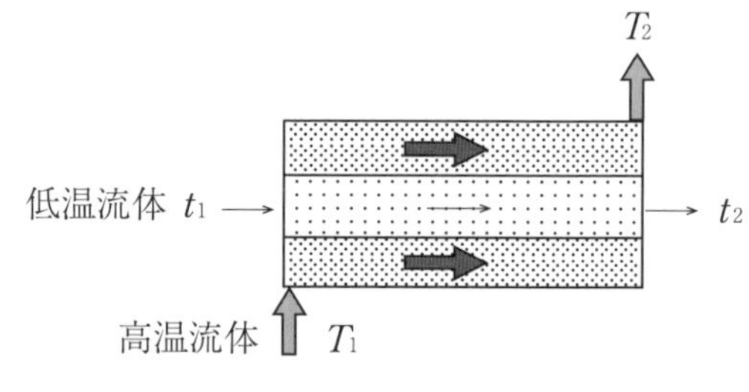

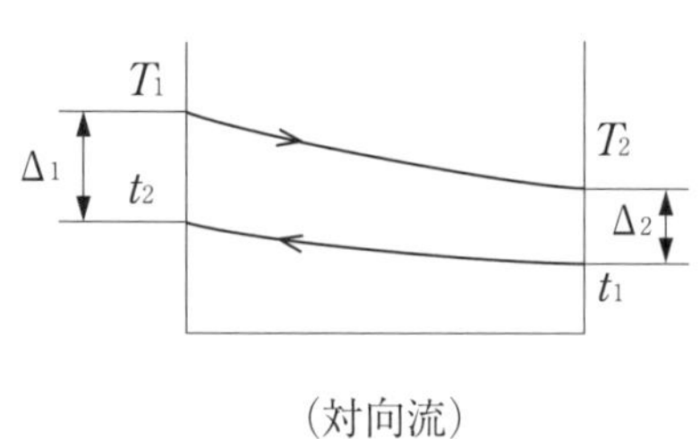

（対向流）

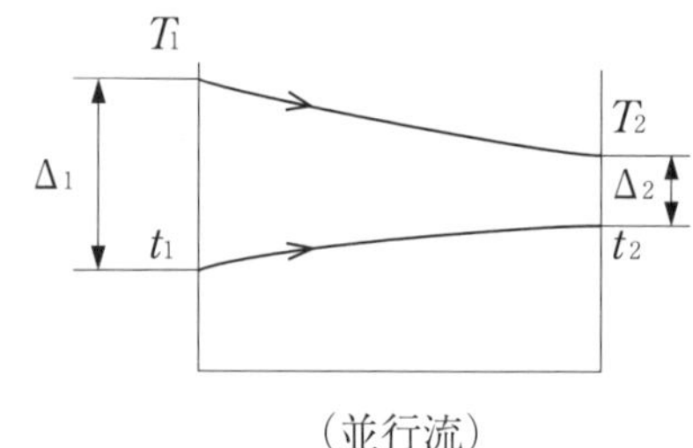

（並行流）

例題 7-6

算術平均温度差を求めて二重管熱交換器の伝熱速度を計算する（乙機）

ある液体を 80 ℃ から 70 ℃ に冷却するのに、冷水を向流で流す伝熱面積 0.3 m^2 の二重管式熱交換器で行いたい。冷水の入口温度 16 ℃、出口温度 30 ℃ のとき、伝熱速度はおよそ何 kW か。ただし、総括伝熱係数 $U = 115$ W/（m^2・K）である。また、2 流体間の平均温度差は相加平均（算術平均）を用いよ。

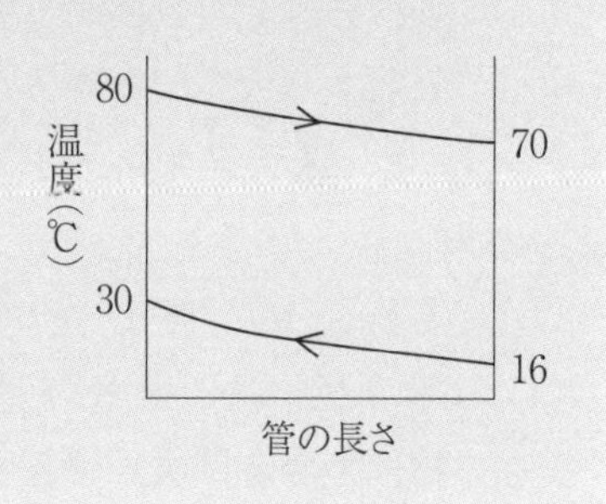

解説

熱交換器内の液体と冷水間の熱貫流であり、式（7.6）を用いる。ただし、題意により対数平均温度差 Δ_{lm} の代わりに相加平均つまり算術平均温度差 Δ_{av} を用いて計算する。

$$Q = UA\Delta_{av} \quad \cdots\cdots ①$$

高温側の液体と低温側の冷水の熱交換器入口、出口温度の関係は図のようになる。

算術平均温度差は

$$\Delta_1 = T_1 - t_2 = (80 - 30)\,\mathrm{K} = 50\,\mathrm{K}$$

$$\Delta_2 = T_2 - t_1 = (70 - 16)\,\mathrm{K} = 54\,\mathrm{K}$$

$$\Delta_{av} = \frac{\Delta_1 + \Delta_2}{2} = \frac{50\,\mathrm{K} + 54\,\mathrm{K}}{2}$$

$$= 52\,\mathrm{K}$$

液体　冷水
$T_1 = 80$℃　$T_2 = 70$℃　Δ_1　Δ_2　$t_2 = 30$℃　$t_1 = 16$℃

式①に、上記の数値、$U = 115$ W/（m^2・K）、$A = 0.3$ m^2 を代入すると

$$Q = 115\,\mathrm{W/(m^2 \cdot K)} \times 0.3\,\mathrm{m^2} \times 52\,\mathrm{K} = 1794\,\mathrm{W} \fallingdotseq 1.79\,\mathrm{kW}$$

（答　**1.79 kW**）

参考までに、以下に対数平均温度差を用いて厳密に計算した結果を示すが、Δ_1 と Δ_2 の比があまり大きくない場合には対数平均温度差の代わりに算術平均温度差を用いることもある。

$$\Delta_{1m} = \frac{\Delta_2 - \Delta_1}{\ln\frac{\Delta_2}{\Delta_1}} = \frac{(54 - 50)\,\mathrm{K}}{\ln\frac{54\,\mathrm{K}}{50\,\mathrm{K}}}$$

$$= \frac{4\,\mathrm{K}}{\ln 1.08} = 51.97\,\mathrm{K}$$

7・6 放射伝熱

乙機

すべての物体はその表面から熱放射エネルギーを放射しているが、黒体（熱放射エネルギーをすべて吸収する仮想的な物体）の単位表面積から単位時間当たりに放射される熱放射エネルギー E_B は、**ステファン－ボルツマンの法則**により絶対温度 T の4乗に比例し、次式で表される。

$$E_B = \sigma T^4 \quad \cdots\cdots (7.8\,a)$$

$\sigma = 5.67 \times 10^{-8}\ \mathrm{W/(m^2 \cdot K^4)}$ はステファン－ボルツマン定数である。

実在の物体の場合は次式で表すことができる。

$$E = \varepsilon \sigma T^4 \quad \cdots\cdots (7.8\,b)$$

ε は熱放射率であり（$0 < \varepsilon < 1$）、黒体の場合は $\varepsilon = 1$ である。

例題 7-7

アルミニウム合金の表面からの熱放射エネルギーを求める

乙機

表面が研磨された温度27℃のアルミニウム合金がある。この単位表面積から単位時間当たりに放射される熱放射エネルギーはおよそいくらか。ただし、このアルミニウム合金表面の熱放射率を0.04、ステファン－ボルツマン定数を $5.67 \times 10^{-8}\ \mathrm{W/(m^2 \cdot K^4)}$ とする。（H24-1 乙機検定）

解説

実在の物体から放射される熱放射エネルギーは式(7.8 b) $E = \varepsilon \sigma T^4$ で計算する。

$\varepsilon = 0.04$、$\sigma = 5.67 \times 10^{-8}\ \mathrm{W/(m^2 \cdot K^4)}$、$T =$（$273 + 27$）$\mathrm{K} = 300\ \mathrm{K}$ を代入すると

$$E = 0.04 \times 5.67 \times 10^{-8}\ \mathrm{W/(m^2 \cdot K^4)} \times (300\ \mathrm{K})^4$$
$$= 0.04 \times 5.67 \times 10^{-8}\ \mathrm{W/(m^2 \cdot K^4)} \times (3^4 \times 10^8\ \mathrm{K^4})$$
$$= 0.04 \times 5.67\ \mathrm{W/(m^2 \cdot K^4)} \times (3^4\mathrm{K^4}) = 18.4\ \mathrm{W/m^2}$$

（**答　18.4 W/m²**）

温度200 Kの黒体の単位表面積から単位時間当たりに放射される全熱放射エネルギーが90.7 W/m²であった。一方、ある物体が温度150 Kの状態にあるとき、放射される全熱放射エネルギーが5.67 W/m²であったとすると、この物体はなにか、表の中から正しいものを1つ選べ。（R2-1 乙機検定）

表　代表的な物体の熱放射率

物体	銅（研磨面）	炭素鋼（研磨面）	コンクリート	土	水
熱放射率 ε	0.03 ～ 0.06	0.06 ～ 0.2	0.88 ～ 0.93	0.93 ～ 0.96	0.96

8章 材料力学

構造物や機械などの設計は材料力学などに基づいて行われるが、この章では、主として応力、圧力容器の強度などについて述べる。乙種機械には必須の知識であるが、丙種では応力およびフックの法則の計算など初歩的な問題が出題されている。

8·1 応力とひずみ

8·1·1 応 力

(1) 垂直応力

図の丸棒の引っ張りの例のように、物体が外力（荷重）を受けると、内部には外力とつり合う形で外力と等しい大きさの内力が発生する。単位断面積当たりの内力を**応力**といい、一様な断面をもつ部材では、外力を F (N)、部材の断面積を A (m^2) とすると応力 σ (Pa) は次式で表される。

$$\sigma = \frac{F}{A} \quad \cdots\cdots (8.1)$$

応力 σ（シグマ）の SI 単位は Pa（= N/m^2）で、圧力と同じであり、N/mm^2 なども使われる。この場合、

$$1\ N/mm^2 = 10^6\ N/m^2 = 1\ MPa$$

である。したがって、F の単位を N、A の単位を mm^2 として計算したときの σ の単位は MPa となる。

σ や F は、引っ張りの場合（引張応力）を正、圧縮の場合（圧縮応力）を負とする。

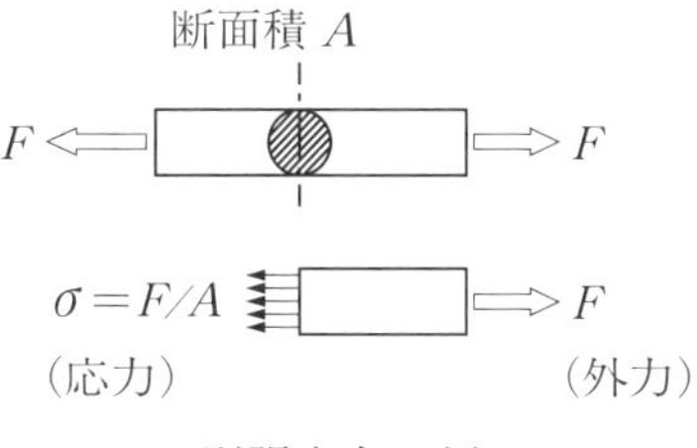

引張応力の例

(2) せん断応力

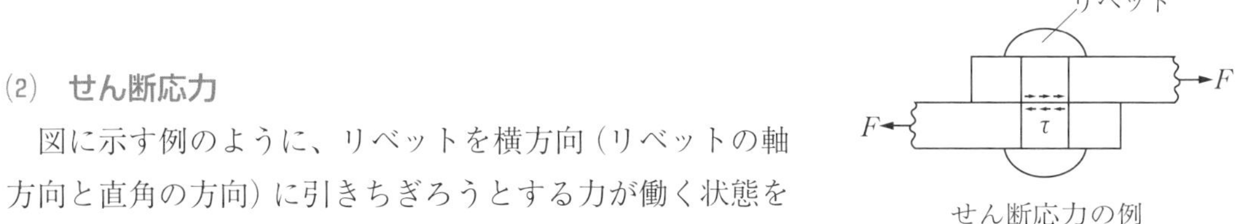

せん断応力の例

図に示す例のように、リベットを横方向（リベットの軸方向と直角の方向）に引きちぎろうとする力が働く状態をせん断といい、この場合は、破壊面はせん断荷重の方向と同じ方向となる。このせん断応力を τ（タウ）、せん断応力の生じている断面の面積を A とすると、垂直応力と同様の次式で表される。

$$\tau = \frac{F}{A} \quad \cdots\cdots (8.2)$$

例題 8-1

引張強さを求める

丙特

直径 14.0 mm の一様な断面をもつ、焼鈍した軟鋼の丸棒試験片を用いて引張試験をしたところ、荷重が 38.0 kN で試験片は降伏し、64.0 kN で最大荷重となった。この軟鋼の引張強さはおよそ何 MPa か。（H30 丙特国家試験）

解説

引張強さは、図のように引張試験において最大荷重点Fの応力（σ_B）で、式（8.1）と同様に最大荷重 F を変形する前の元の断面積 A で除して求められる（8.1.3 項参照）。

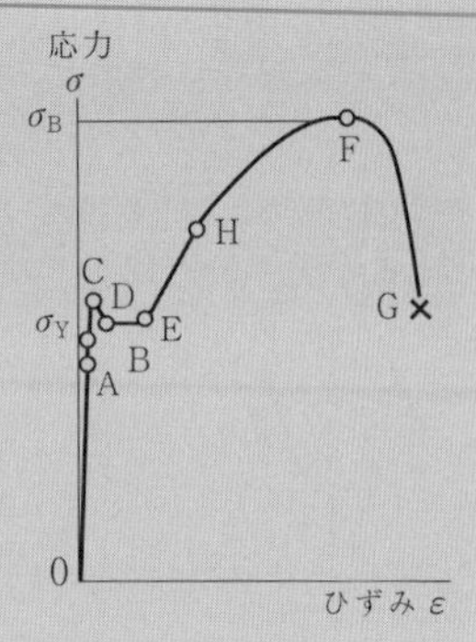

軟鋼の応力－ひずみ線図

まず、丸棒の断面積を求める。円柱の断面積 A は直径を D とすると $\pi D^2/4$ で表せるから

$$A = \frac{\pi \times (14.0\,\text{mm})^2}{4} = 153.9\,\text{mm}^2$$

式（8.1）に、最大荷重 $F = 64.0\,\text{kN} = 64.0 \times 10^3\,\text{N}$、鋼棒の断面積 $A = 153.9\,\text{mm}^2$ を代入する。$1\,\text{N/mm}^2 = 10^6\,\text{N/m}^2 = 1\,\text{MPa}$ であるから

$$\sigma_B = \frac{F}{A} = \frac{64.0 \times 10^3\,\text{N}}{153.9\,\text{mm}^2} = 416\,\text{N/mm}^2 = 416\,\text{MPa}$$

（答　416 MPa）

材料が降伏するときの荷重（引張試験において応力が増加しなくてもひずみが増加し始めるときの荷重）が与えられて降伏点（降伏応力）σ_Y を求める問題も出題されているが、解き方はまったく同じである。

例題 8-2

改造後のボルトの直径を求める

丙特

直径 12 mm のボルト 6 本で締め付けられているフランジがある。このフランジを改造して、ボルト 8 本で締め付けることとした。

改造前と同等以上の強度をもたせるためには、このボルトの直径を少なくとも何 mm とすればよいか。整数で答えよ。ただし、ボルトの材質は同一とする。また、$\sqrt{2} = 1.41$、$\sqrt{3} = 1.73$ とする。（H7-1 丙特検定 類似）

解説

ボルトの材質は同一であり改造前と改造後で引張強さ σ_B は同じであるから、改造前と改造後の強度が同じであるためには、ボルトの断面積の合計が同じであればよい。改造後のボルトの直径を D' とすると

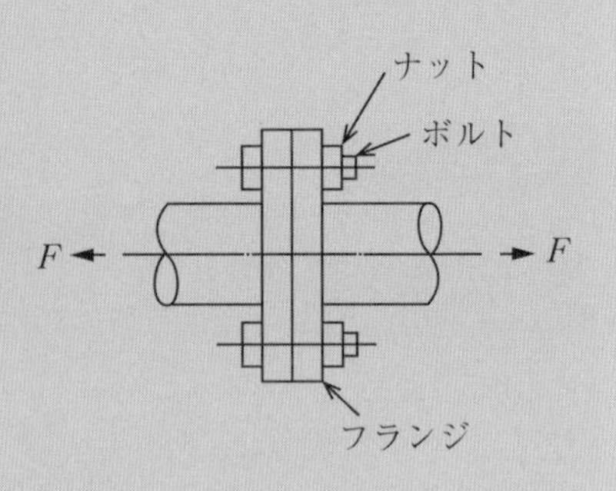

$$\frac{\pi \times (12\,\text{mm})^2}{4} \times 6 = \frac{\pi \times D'^2}{4} \times 8$$

$$(12\,\text{mm})^2 \times 6 = D'^2 \times 8$$

$$\therefore \quad D' = \sqrt{\frac{(12\,\text{mm})^2 \times 6}{8}} = 12\,\text{mm} \times \sqrt{\frac{3}{2^2}} = 12\,\text{mm} \times \frac{\sqrt{3}}{2}$$

$$= 12\,\text{mm} \times \frac{1.73}{2} = 10.4\,\text{mm}$$

この値より大きくなければならないから、答は 11 mm である。　　（答　**11 mm**）

例題 8-3

引張荷重および引張応力が既知であるときの丸棒の直径を求める 丙化

鋼の丸棒に 60000 N の引張荷重をかけたときの応力が 30.6 N/mm² であった。この鋼の丸棒の直径はおよそ何 mm か。　（H16 丙化国家試験）

解説

引張荷重 F と引張応力 σ がわかっているので、式（8.1）から丸棒の断面積 A を求める。応力の単位に合わせ、直径の単位は mm、断面積の単位は mm² として計算する。

$$A = \frac{F}{\sigma} = \frac{60000\,\text{N}}{30.6\,\text{N/mm}^2} = 1961\,\text{mm}^2$$

丸棒の断面積 A と直径 D との関係式 $A = \pi D^2/4$ を変形すると

$$D = \sqrt{\frac{4A}{\pi}} = \sqrt{\frac{4 \times 1961\,\text{mm}^2}{3.14}} \fallingdotseq \sqrt{2500\,\text{mm}^2} = \sqrt{(50.0\,\text{mm})^2} = 50.0\,\text{mm}$$

（答　**50.0 mm**）

例題 8-4

鋼棒を引張強さまで引っ張ったときの荷重を比較する 丙化

引張強さまで軟鋼丸棒を引っ張ると、直径 20 mm のものは、同一材質の直径 5 mm のものに比べておよそ何倍の引張荷重になるか。　（H15-1 丙化検定）

解説

引張強さ（引張試験における最大の応力）σ_B、鋼棒の元の断面積 A および引張荷重 F の関係は、式（8.1）から

$$\sigma_B = \frac{F}{A}$$

この式を引張荷重 F を求める式に変形し、鋼棒の断面積 $A = \pi D^2/4$（D は鋼棒の直径）を代入すると

$$F = \sigma_B A = \frac{\sigma_B \pi D^2}{4}$$

2つの鋼棒は同一材質であるから引張強さ σ_B は同じである。したがって、直径 20 mm の鋼棒に加えられた引張荷重 F_{20} と直径 5 mm の鋼棒に加えられた引張荷重 F_5 の比は、鋼棒の直径の2乗の比に等しい。

$$\frac{F_{20}}{F_5} = \frac{(20\,\text{mm})^2}{(5\,\text{mm})^2} = 16(\text{倍})$$

（答　**16倍**）

例題 8-5

パンチによって板に生じるせん断応力を求める

乙機

図に示すように、厚さ $t = 3.0$ mm の板に、直径 $d = 50$ mm のパンチ（孔あけ機）で荷重 $F = 200$ kN を加えたとき、板に生じるせん断応力 τ はおよそ何 MPa か。

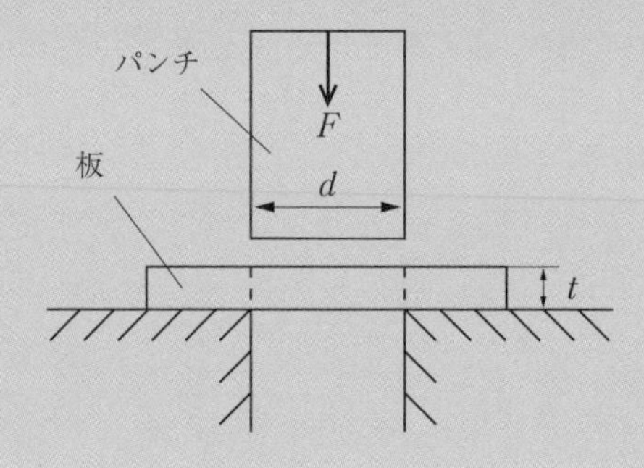

（H25-1 乙機検定）

解説

せん断荷重 F が作用する面積 A は、パンチで打ち抜かれる円形の板の側面積、すなわち、直径 d、長さ（厚さ）t の円筒の側面積 πdt であるから

$$\tau = \frac{F}{\pi dt} = \frac{200 \times 10^3\,\text{N}}{3.14 \times 50\,\text{mm} \times 3.0\,\text{mm}} = 425\,\text{N/mm}^2 = 425\,\text{MPa}$$

（答　**425 MPa**）

演習問題 **8.1** 丙特

直径 20.0 mm の焼鈍した軟鋼の丸棒試験片を用いて引張試験をしたところ、荷重 120 kN で試験片は降伏した。この軟鋼の降伏強さはおよそ何 MPa か。（H27-2 丙特検定）

演習問題 **8.2** 丙特

直径 30 mm の一様な断面をもつ鋼製丸棒に 120 kN の引張荷重をかけたとき、丸棒の断面におよそ何 MPa の応力が生じるか。（R3 丙特国家試験）

直径 25.0 mm の焼なまし（焼鈍）した軟鋼の丸棒試験片を用いて引張試験をしたところ、荷重 118 kN で試験片は降伏し、荷重 197 kN で最大荷重となり、その後まもなく試験片は破断した。この軟鋼の引張強さはおよそ何 MPa か。（R2-1 丙特検定）

一様な断面をもつ丸棒の軸方向に引張荷重をかけた。このときに生ずる応力を、大きいものから小さいものへ順に正しく並べよ。

イ．断面積 300 mm^2 の丸棒に 6 kN の荷重
ロ．断面積 500 mm^2 の丸棒に 15 kN の荷重
ハ．断面積 800 mm^2 の丸棒に 20 kN の荷重
ニ．断面積 1800 mm^2 の丸棒に 27 kN の荷重（H20-1 丙特検定）

直径 40 mm の鋼の丸棒が、30 kN の引張荷重を受けたときに生じる引張応力はおよそ何 N/mm^2 になるか。（H14-2 丙化検定）

図のように、リベットで結合された 2 枚の鋼板に引張荷重 $P = 1585$ N が作用している。このとき、リベットの断面 m − m に生じているせん断応力 τ の大きさが 56 MPa であった。このリベットの直径はおよそ何 mm か。

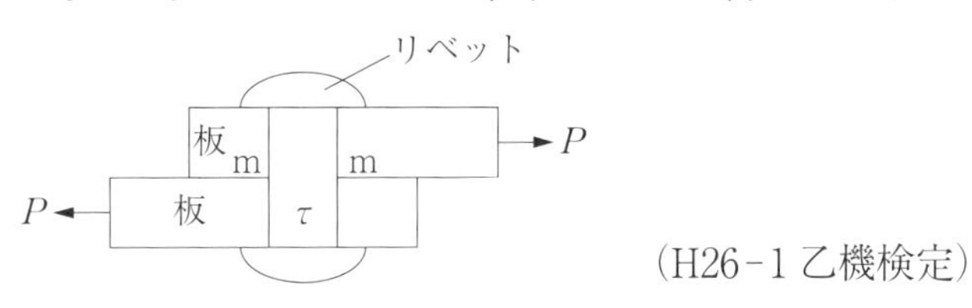

（H26-1 乙機検定）

8·1·2 ひずみ　丙特 乙機

ひずみは、物体の変形の割合を表すもので、物体の単位長さ当たりの変形量である。

図の引っ張りの例では、部材は引張方向には λ（ラムダ）だけ伸び、それに直角な方向には δ（デルタ）だけ縮む。λ を元の長さ l で除した値、δ を元の直径 d で除した値をそれぞれ**縦ひずみ** ε（イプシロン）、**横ひずみ** ε' という。ひずみは、無次元量である。

$$\varepsilon = \frac{\lambda}{l} \quad \cdots\cdots (8.3\ \mathrm{a})$$

$$\varepsilon' = -\frac{\delta}{d} \quad \cdots\cdots (8.3\ \mathrm{b})$$

(a) 引張ひずみ

(b) 圧縮ひずみ

引張荷重が加わる場合は、ε は正、ε' は負の値となる。

また、横ひずみε'と縦ひずみεの比の絶対値を**ポアソン比**といい、材料に固有の値であり、記号ν(ニュー)で表す。

$$\nu=\left|\frac{\varepsilon'}{\varepsilon}\right| \quad \cdots\cdots(8.4)$$

せん断ひずみγ(ガンマ)は図のようにずれた量λを2つのせん断力間の距離lで除した値で表す。

$$\gamma=\frac{\lambda}{l} \quad \cdots\cdots(8.5)$$

(注)絶対値とは、ある数aが正またはゼロのときはa自身、負のときは負号を取り去ったもので、$|a|$で表す。

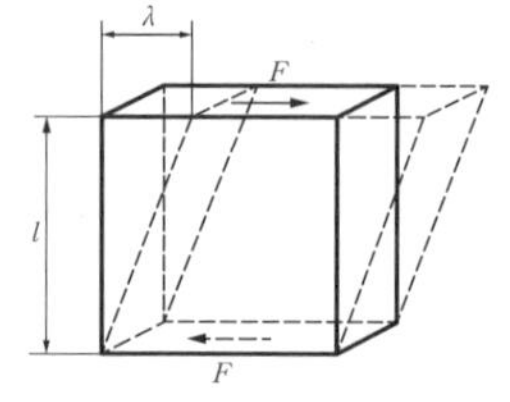

せん断変形とせん断ひずみ

例題 8-6

ひずみおよびポアソン比を求める

乙機

長さ1m、直径20mmの金属の丸棒を9.8kNの力で引っ張ると、棒の長さが0.160mm伸び、また、直径は0.001mm減少した。このときの棒の軸方向のひずみおよび棒の軸と直角方向のひずみはいくらか。また、この棒のポアソン比はいくらか。

(H6 乙機検定 類似)

解説

(1) 軸方向のひずみ

力が作用する方向のひずみであるから、縦ひずみεのことである。式(8.3 a)で求める。

$$\varepsilon=\frac{\lambda}{l}=\frac{0.160\,\text{mm}}{1000\,\text{mm}}=0.000160(\text{または}0.0160\,\%)$$

ひずみは単位をもたない数であり、伸びλと元の長さlの単位は同じ単位で計算する。またひずみを%で表示する場合には100倍すればよい。 (答 **0.000160**)

(2) 軸と直角方向のひずみ

力が作用する方向と直角方向のひずみであるから、横ひずみε'のことである。式(8.3 b)で求める。

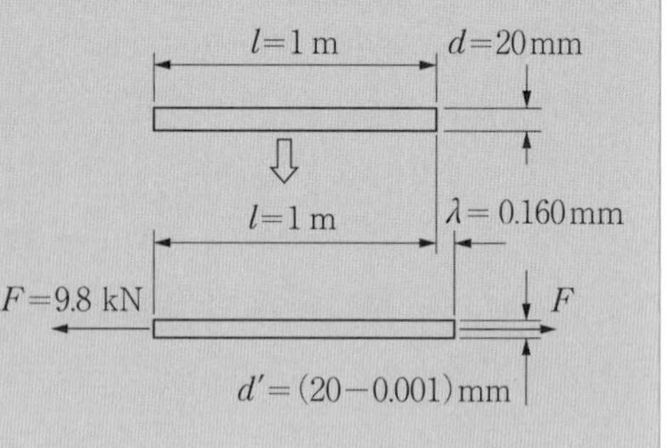

$$\varepsilon'=-\frac{\delta}{d}=-\frac{0.001\,\text{mm}}{20\,\text{mm}}$$

$$=-0.00005=-0.005\,\%$$

(答 **−0.00005**)

(3) ポアソン比

ε' と ε の比を式 (8.4) で求める。

$$\nu = \left| \frac{\varepsilon'}{\varepsilon} \right| = \left| \frac{-0.00005}{0.000160} \right| = 0.313$$

（答　0.313）

この材料の場合は、縦ひずみの約 1/3 が横ひずみである。

長さ 5.0 m、直径 d = 100 mm の棒を引っ張ったとき、伸びが λ = 2.5 mm であった。ポアソン比が 0.30 のとき、横方向の縮みはおよそ何 mm か。

（H23-1 乙機検定）

8·1·3 フックの法則

丙特 乙機

図は軟鋼の応力-ひずみ線図を示す。A 点は**比例限度**で、OA 間では、応力 σ とひずみ ε は比例する。B 点は荷重を取り除くとひずみがなくなる限界の応力で**弾性限度**である。

OA 間において、E を比例定数とすると

$$\sigma = E\varepsilon \quad \cdots\cdots (8.6)$$

の関係があり、これを**フックの法則**という。また、比例定数 E を**縦弾性係数**または**ヤング率**といい、応力-ひずみ線図の OA の傾きに相当する。

せん断の場合は、G を比例定数とすると

$$\tau = G\gamma \quad \cdots\cdots (8.7)$$

の関係があり、比例定数 G を**横弾性係数**という。

縦弾性係数 E、横弾性係数 G、前述のポアソン比 ν は互いに独立ではなく、次の関係がある。

$$E = 2G(1 + \nu) \quad \cdots\cdots (8.8)$$

なお、図において、材料の降伏過程（応力が増加しなくてもひずみが増加する現象）のうち DE 部に相当する応力（下降伏点）を、設計では単に**降伏点**（降伏強さ）、最大荷重を示す点 F に相当する応力を**引張強さ**、また破断する点 G に相当する応力を**破壊応力**という。

また、上記の応力は、いずれも加えた荷重を試験片の変形する前の断面積で除したものである。

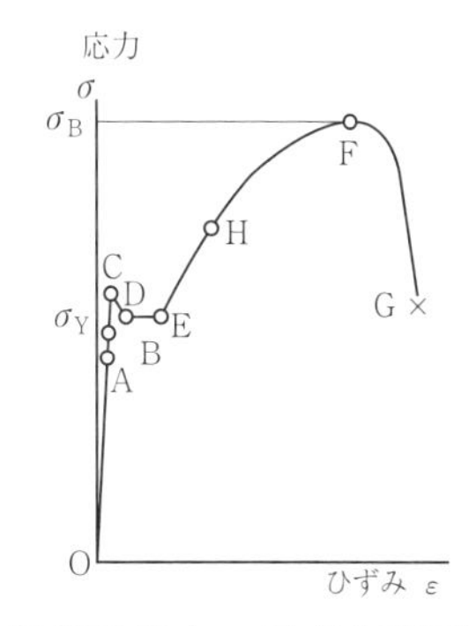

軟鋼の応力－ひずみ線図

例題 8-7

丸棒の伸びを求める

丙特

長さ 4.0 m、直径 100 mm の一様な断面をもつ軟鋼製丸棒に 200 kN の引張荷重をか

けたとき、およそ何 mm の伸びを生じるか。ただし、丸棒の縦弾性係数を 210 GPa とする。 (H27 丙特国家試験)

解説

式 (8.1) から引張応力 σ を求め、次に式 (8.6) により縦ひずみ ε を求め、式 (8.3 a) により伸び λ を計算する。

まず、鋼棒の断面積を求める。円柱の断面積 A は直径を D とすると $\pi D^2/4$ であるから

$$A = \frac{\pi \times (100\ \mathrm{mm})^2}{4} = 7850\ \mathrm{mm}^2$$

式 (8.1) から引張応力 σ は

$$\sigma = \frac{F}{A} = \frac{200 \times 10^3 \mathrm{N}}{7850\ \mathrm{mm}^2} = 25.5\ \mathrm{N/mm^2} = 25.5\ \mathrm{MPa}$$

式 (8.6) から縦ひずみ ε は、1 GPa $= 10^3$ MPa であるから

$$\varepsilon = \frac{\sigma}{E} = \frac{25.5\ \mathrm{MPa}}{210 \times 10^3 \mathrm{MPa}} = 1.21 \times 10^{-4}$$

したがって、伸び λ は式 (8.3 a) から

$$\lambda = \varepsilon l = 1.21 \times 10^{-4} \times 4000\ \mathrm{mm} = 0.48\ \mathrm{mm}$$ (答 **0.48 mm**)

上記の計算をする場合、単位は統一して計算すること。また、1 N/mm^2 = 1 MPa の関係があることを憶えておくとよい。

例題 8-8

直径の減少から引張応力を求める 乙機

長さ 1 m、直径 20 mm の鋼製丸棒の軸方向に引張荷重を作用させたところ、丸棒の直径が 0.01 mm 減少した。引張応力の大きさはおよそ何 MPa か。

ただし、丸棒の縦弾性係数を 210 GPa、ポアソン比を 0.3 とする。(H15-2 乙機検定)

解説

横ひずみ ε' とポアソン比 ν から縦ひずみ ε を求め、次いで、フックの法則 $\sigma = E\varepsilon$ を使って応力 σ を計算する。

丸棒の直径 d とその減少量 δ がわかっているから、まず、横ひずみ ε' を定義式 (8.3 b) を用いて求める。

$$\varepsilon' = -\frac{\delta}{d} = -\frac{0.01\ \mathrm{mm}}{20\ \mathrm{mm}} = -0.0005$$

次に、ポアソン比νの定義式(8.4)を用いて縦ひずみεを求める。

$$\varepsilon = \frac{|\varepsilon'|}{\nu} = \frac{0.0005}{0.3} = 0.001667$$

よって、フックの法則の式(8.6)を用いて引張応力σは次のように計算できる。

$$\sigma = E\varepsilon = 210\ \mathrm{GPa} \times 0.001667 = 210 \times 10^3\ \mathrm{MPa} \times 0.001667 = 350\ \mathrm{MPa}$$

(答　350 MPa)

なお、引張荷重は引張応力に丸棒の断面積を乗じて求めることができる。

例題 8-9

2つの丸棒の伸びから縦弾性係数の比を求める　乙機

直径が同一で材質が異なる、長さが2.0 mの丸棒Aと長さが1.0 mの丸棒Bがある。それぞれの丸棒の軸方向に同一の引張荷重を作用させたところ、丸棒Aの伸びは1.0 mm、丸棒Bの伸びは1.5 mmであった。フックの法則が成り立つとして、丸棒Aの縦弾性係数は丸棒Bの縦弾性係数の何倍か。　(H19-2 乙機検定)

解説

与えられた条件を図にすると次図のようになる(量記号の下添字A、Bはそれぞれ丸棒A、Bを表す)。

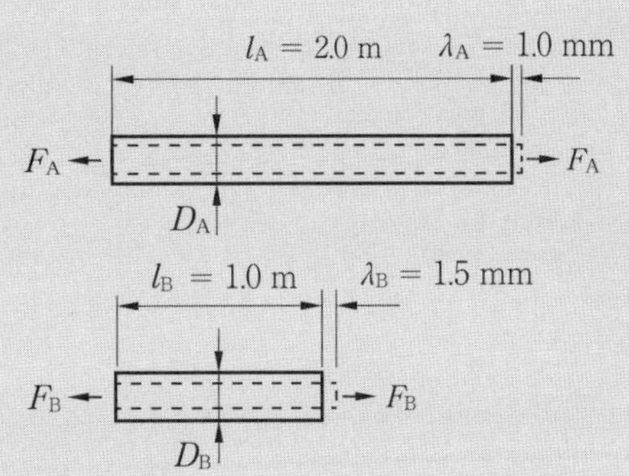

丸棒Aの縦弾性係数E_Aと生じる応力σ_Aの関係は式(8.6)から

$$E_A = \frac{\sigma_A}{\varepsilon_A} \quad \cdots\cdots ①$$

丸棒Bについても同様に

$$E_B = \frac{\sigma_B}{\varepsilon_B} \quad \cdots\cdots ②$$

題意より、$F_A = F_B$、$A_A = A_B$ ($\because\ D_A = D_B$)であるから

$$\sigma_A = \frac{F_A}{A_A} = \frac{F_B}{A_B} = \sigma_B \quad \cdots\cdots ③$$

式③の関係を用いて、式①÷式②を求める。

$$\frac{E_A}{E_B} = \frac{\sigma_A}{\varepsilon_A} \div \frac{\sigma_B}{\varepsilon_B} = \frac{\sigma_A}{\varepsilon_A} \times \frac{\varepsilon_B}{\sigma_B} = \frac{\varepsilon_B}{\varepsilon_A}$$

$$\therefore\ E_A = E_B \frac{\varepsilon_B}{\varepsilon_A} \quad \cdots\cdots ④$$

次に、棒の長さと伸びが与えられているから、ひずみを式(8.3 a)で計算する。

$$\varepsilon_A = \frac{\lambda_A}{l_A} = \frac{1.0\,\text{mm}}{2000\,\text{mm}} = 0.0005$$

$$\varepsilon_B = \frac{\lambda_B}{l_B} = \frac{1.5\,\text{mm}}{1000\,\text{mm}} = 0.0015$$

これらの値を式④に代入すると

$$E_A = E_B \times \frac{0.0015}{0.0005} = 3E_B$$

（答　3倍）

演習問題 8.8 乙機

同一材質の直径 20 mm、長さ 1 m の丸棒 A と、直径 15 mm、長さ 75 cm の丸棒 B がある。この丸棒の一端を固定して吊し、他端に同一の荷重を加えた場合、丸棒 A と丸棒 B の伸びの比（A/B）はいくらか。ただし、丸棒の重量は無視する。　（H8 乙機検定）

演習問題 8.9 乙機

断面積 A が $3.0 \times 10^{-4}\,\text{m}^2$ の丸棒を軸方向に荷重 $F = 60.0\,\text{kN}$ で引っ張るとき、縦ひずみ ε はおよそいくらか。ただし、この棒の横弾性係数 G は 27.0 GPa、ポアソン比 ν は 0.3 であり、変形は弾性変形とする。

（R2−1 乙機検定）

演習問題 8.10 乙機

長さ 2 m の軟鋼丸棒に 94 kN の引張荷重が作用するとき、伸びを 0.3 mm 以下にするためには、断面積の最低値はおよそ何 m^2 にすればよいか。

ただし、この軟鋼の縦弾性係数は、210×10^9 Pa とする。

（H13−2 乙機検定）

演習問題 8.11 乙機

直径 $d = 100$ mm の金属棒を軸方向に引っ張ったところ、直径が 0.036 mm 縮んだ。縦弾性係数 $E = 70$ GPa、ポアソン比 $\nu = 0.3$ とすると、引張荷重はおよそいくらか。　（H25−2 乙機検定）

8·1·4 弾性ひずみエネルギー

乙機

物体に荷重を加えたときに荷重が物体にした仕事は、物体内にひずみエネルギー U として蓄えられ、弾性限度以下の範囲では、外力を取り去るとこのひずみエネルギーはすべて解放される。このひずみエネルギーを**弾性ひずみエネルギー**という。鋼棒のように一様な応力が作用する場合、フックの法則が成り立つ範囲では、単位体積当たりの弾性ひずみエネルギー U_0 は、前項 8.1.3 の記号を用いると次のように表せる。

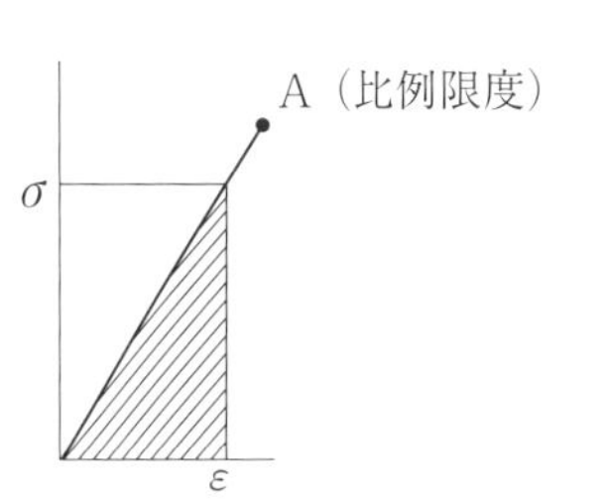

$$U_0 = \frac{1}{2}\sigma\varepsilon = \frac{\sigma^2}{2E} = \frac{E\varepsilon^2}{2} \quad \cdots\cdots\cdots\cdots(8.8)$$

U_0 は右図の応力–ひずみ線図における斜線部の面積に相当し、材料の衝撃に対する強さやばねの性能の指標ともなるものである。

参考

式 (8.8) は次のようにして求めることができる。

図のように荷重が F' のときの伸びを λ' とし、荷重が dF' 増加したことによる伸びの増加を $d\lambda'$ とする。この間の弾性ひずみエネルギーの増加 dU は、荷重の変化 dF' は微小なので F' を一定とすると、式 (3.1 a) から $F'd\lambda'$（斜線部の面積）と表せる。

したがって、荷重 F を加えたときに物体に蓄積される弾性ひずみエネルギー U は弾性ひずみエネルギーの増加 dU を積分すればよく、三角形 ab0 の面積で表される。すなわち

$$U = \frac{1}{2}F\lambda$$

単位体積当たりの弾性ひずみエネルギー U_0 は、上記の式に $F = A\sigma$（式 (8.1)）、$\lambda = l\varepsilon$（式 (8.3 a)）を代入し、物体の体積 (Al) で除して求める。すなわち

$$U_0 = \frac{1}{2}(A\sigma)(l\varepsilon)\frac{1}{Al} = \frac{1}{2}\sigma\varepsilon$$

この式にフックの法則 $(\sigma = E\varepsilon)$ を代入すると、式 (8.8) が得られる。

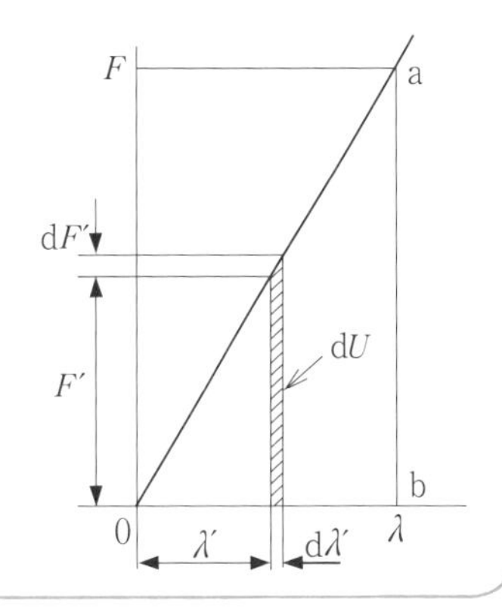

例題 8-10

丸棒の単位体積当たりの弾性ひずみエネルギーを求める 乙機

直径 20 mm、長さ 1 m の真直丸棒の軸方向に引張荷重 5.0 kN を作用させた。この棒に蓄えられる単位体積当たりのひずみエネルギーはおよそ何 J/m^3 か。

ただし、この棒の変形はフックの法則が成り立つ範囲とし、棒の縦弾性係数 $E=200$ GPa とする。（H30－1 乙機検定）

解説

式 (8.8) を使って計算する。答は J/m^3 の単位であることに留意する。ここでは $U_0=\sigma^2/(2E)$ で表される計算式で計算する。

引張応力 σ は

$$\sigma=\frac{F}{A}=\frac{4F}{\pi d^2}=\frac{4\times 5.0\times 10^3\,\mathrm{N}}{3.14\times(20\,\mathrm{mm})^2}=15.9\,\mathrm{N/mm^2}=15.9\,\mathrm{MPa}$$
$$=15.9\times 10^6\,\mathrm{Pa}$$

式 (8.8) にこの値と縦弾性係数 $E=200\times 10^9$ Pa を代入すると

$$U_0=\frac{\sigma^2}{2E}=\frac{(15.9\times 10^6\,\mathrm{Pa})^2}{2\times 200\times 10^9\,\mathrm{Pa}}=\frac{15.9^2\times 10^{12}\,\mathrm{Pa^2}}{2\times 200\times 10^9\,\mathrm{Pa}}$$
$$=0.632\times 10^3\,\mathrm{Pa}=0.632\times 10^3\,\mathrm{J/m^3}=632\,\mathrm{J/m^3}$$

（**答　632 J/m^3**）

（注）上式では指数公式 $(ab)^x=a^xb^x$、$a^x/a^y=a^{x-y}$（付録 I (4)参照）を用いている。また、例題 1-6 の解説で示したように、J = Pa·m^3 であり、したがって、Pa = J/m^3 である。

長さ 5 m、直径 100 mm の鋼棒を荷重 200 kN で引っ張ったとき、鋼棒に蓄えられる単位体積当たりのひずみエネルギーはおよそ何 kJ/m^3 か。

ただし、フックの法則が成り立つものとし、鋼棒の縦弾性係数を 206 GPa とする。（H20－2 乙機検定）

8・2 許容応力と安全率

丙化 丙特 乙機

機械や構造物の破壊に対する安全性の観点から、これらを構成する部材に許容される最大の応力を**許容応力**という。許容応力は、引張強さなどの**基準強さ**を**安全率**で除した値で表される。

$$許容応力=\frac{基準強さ}{安全率}$$

例題 8-11

丸棒の最小断面積を求める

乙機

基準強さを 405 MPa とした材料の丸棒で、安全に 10 kN の引張荷重を支えたい。丸棒の最小断面積はおよそ何 mm² か。安全率を 3 とせよ。（R2-2 乙機検定）

解説

許容応力 σ_a は基準強さを安全率で除したものであるから

$$\sigma_a = \frac{405\,\mathrm{MPa}}{3} = 135\,\mathrm{MPa}$$

題意より、丸棒に生じる引張応力 σ は許容応力以下でなければならないから、式 (8.1) を使って

$$\sigma = \frac{F}{A} = \frac{10 \times 10^3\,\mathrm{N}}{A} \leqq 135\,\mathrm{MPa}\ (= 135\,\mathrm{N/mm^2})$$

$$\therefore \quad A \geqq \frac{10 \times 10^3\,\mathrm{N}}{135\,\mathrm{N/mm^2}} = 74.1\,\mathrm{mm^2} \fallingdotseq 75\,\mathrm{mm^2}$$

（答　**75 mm²**）

8·3 熱応力

乙機

棒部材の温度を ΔT（温度上昇の場合は正、温度低下の場合は負とする）変化させると、棒部材が拘束されていないときは、棒の軸方向の変形の割合を表す縦ひずみ ε は ΔT に比例する。比例定数を α（**線膨張係数**）とすると、次式が成立する。

$$\varepsilon = \frac{\lambda}{l} = \alpha\Delta T \quad または \quad \lambda = \alpha\Delta T l \qquad \cdots\cdots (8.9)$$

ε および λ は、温度上昇の場合は正（膨張）、温度低下の場合は負（収縮）の値となる。

一方、部材が拘束された状態で加熱（または冷却）されると、自由な熱膨張（または熱収縮）が妨げられ次の**熱応力** σ が発生する。

$$\sigma = -\alpha E \Delta T \qquad \cdots\cdots (8.10)$$

σ には符号をもたせてあり、ΔT が正（加熱）なら σ は負（圧縮応力）、また、ΔT が負（冷却）なら σ は正（引張応力）となる。

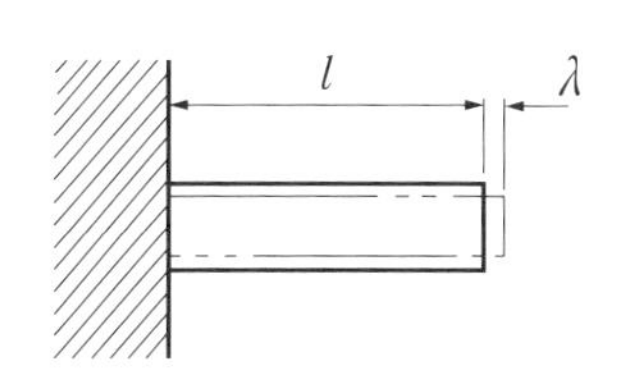

拘束されていないときの熱膨張

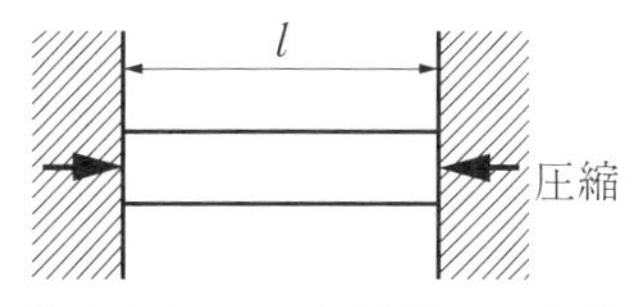

拘束されている状態での加熱

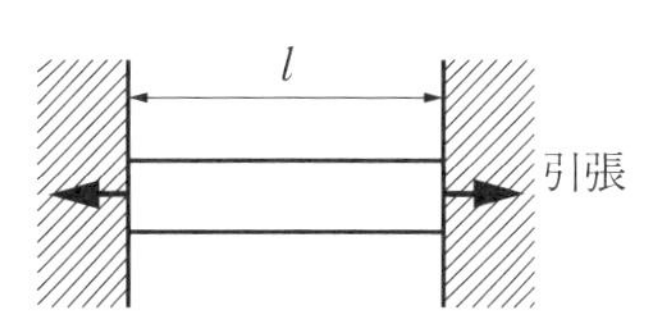

拘束されている状態での冷却

両端が固定された棒の場合は、温度が ΔT 上昇して、長さが $l+\lambda$ に自由に熱膨張した棒を圧縮して元の長さ l にしたのと同じ結果になるので、熱応力はフックの法則の式 (8.6) により

$$\sigma = E\varepsilon = E \times \frac{-\lambda}{l+\lambda}$$

λ は l に対して小さい値なので $l+\lambda \fallingdotseq l$ とすると

$$\sigma \fallingdotseq -\frac{E\lambda}{l}$$

この式に、式 (8.9) の $\lambda = \alpha\Delta Tl$ を代入すると

$$\sigma = -\frac{E\alpha\Delta Tl}{l} = -\alpha E\Delta T$$

あるいは、全体として伸びは 0 であるから、温度変化による伸び $\lambda = \alpha\Delta Tl$ と熱応力による伸び $\lambda' = l\varepsilon = l(\sigma/E) = \sigma l/E$ の和が 0 であるとして、次式から求めることもできる。

$$\alpha\Delta Tl + \frac{\sigma l}{E} = 0$$

例題 8-12

加熱による丸棒の伸びを求める

乙機

長さ 5.0 m の鋼製の丸棒の温度を ΔT だけ上昇させて自由膨張させたときの変形量が 6.0 mm であった。では長さ 4.2 m のアルミニウム合金製の丸棒を同じ温度 ΔT だけ上昇させて自由膨張させたときの変形量はおよそ何 mm か。ただし、鋼の線膨張係数は 12×10^{-6} ℃$^{-1}$、アルミニウム合金の線膨張係数は 24×10^{-6} ℃$^{-1}$ である。

(H27-1 乙機検定)

解説

鋼製丸棒の場合の温度上昇 ΔT を式 (8.9) を用いて計算し、その値を用いてアルミニウム合金の伸び λ を計算する。

式 (8.9) を ΔT を求める式に変形して、与えられた数値を代入する。量記号として、鋼製丸棒の場合に S、アルミニウム合金の場合に A の下添字で表すと

$$\Delta T = \frac{\lambda_S}{\alpha_S l_S} = \frac{0.0060\ \text{m}}{12 \times 10^{-6}\ ℃^{-1} \times 5.0\ \text{m}} = 100\ \text{K}$$ (温度差の場合、℃ = K)

よって、同じ温度だけ上昇した場合のアルミニウム合金の伸び λ_A は

$$\lambda_A = \alpha_A\Delta Tl_A = 24 \times 10^{-6}\ ℃^{-1} \times 100\ \text{K} \times 4200\ \text{mm} = 10\ \text{mm}$$

(答　**10 mm**)

例題 8-13

両端が固定された鋼管が加熱された場合の熱応力を求める　乙機

外径 50 mm、肉厚 6 mm、長さ 600 mm の鋼管が両端固定されている。7 ℃ から 47 ℃ に加熱されたときの熱応力はおよそ何 MPa か。

ただし、鋼の線膨張係数は 1.0×10^{-5}/℃、縦弾性係数は 206 GPa とする。また、引張応力は正の値とし、圧縮応力は負の値とする。　(H10 乙機国家試験 類似)

解説

式 (8.10) を用いて求める。

正、負の符号を明確にする必要があり、また、温度差 ΔT は変化後の温度から変化前の温度を引いて求めることに注意する。

ここでは縦弾性係数の値をいったん、Pa に換算して計算する。

600 mm
7 ℃→47 ℃

$$\sigma = -\alpha E \Delta T$$
$$= -1.0 \times 10^{-5}/℃ \times 206 \times 10^{9}\,\mathrm{Pa} \times (47-7)\,℃$$
$$= -8240 \times 10^{4}\,\mathrm{Pa} = -82.4 \times 10^{6}\,\mathrm{Pa}$$
$$= -82.4\,\mathrm{MPa}$$ (圧縮応力なので、負の値)

両端を拘束して加熱すると、自由膨張が妨げられて圧縮応力が生じることになる。

(答　− 82.4 MPa (圧縮応力))

例題 8-14

棒の冷却による熱応力と引張荷重を加えたときの応力が等しくなる棒の直径を求める　乙機

長さ l、直径 d の丸棒の両端を剛体壁で固定し、この状態で棒を冷却して温度を ΔT (< 0) だけ変化させると棒の内部に引張りの熱応力が発生する。一方、同じ棒を荷重 P で引っ張ると棒の内部に引張応力が生じる。このとき、この 2 つの応力の大きさが等しくなるようにするには、棒の直径をおよそ何 mm にすればよいか。ここで、温度変化を $\Delta T = -22.5$ ℃、引張荷重を $P = 16$ kN、丸棒の縦弾性係数を $E = 206$ GPa、線膨張係数を $\alpha = 11 \times 10^{-6}$/℃ とする。　(H30-2 乙機検定)

解説

丸棒が冷却されたときに生じる熱応力は、式 (8.10) より

$$\sigma = -\alpha E \Delta T$$

丸棒の断面積は $\pi d^2/4$ であり、丸棒に引張荷重が作用したときに生じる引張応力は

$$\sigma = \frac{4P}{\pi d^2}$$

題意により、上記の熱応力と引張応力は等しい。

$$-\alpha E \Delta T = \frac{4P}{\pi d^2}$$

この式を棒の直径 d を求める式に変形し、$E = 206\ \mathrm{GPa} = 206 \times 10^3\ \mathrm{MPa} = 206 \times 10^3\ \mathrm{N/mm^2}$ の関係に留意して数値を代入すると

$$d = \sqrt{\frac{4P}{(-\alpha E \Delta T)\pi}}$$

$$= \sqrt{\frac{4 \times 16 \times 10^3\ \mathrm{N}}{-11 \times 10^{-6}/℃ \times 206 \times 10^3\ \mathrm{N/mm^2} \times (-22.5\ ℃) \times 3.14}}$$

$$= \sqrt{400\ \mathrm{mm^2}} = 20\ \mathrm{mm}$$

（**答　20 mm**）

演習問題 8.13　乙機

真直丸棒の軸方向に圧縮荷重を加えたとき、丸棒に 50 MPa の圧縮応力と 500×10^{-6} の圧縮ひずみが生じた。一方、この丸棒の両端を剛性壁で固定した状態で、丸棒を一様に加熱して温度を ΔT（℃）だけ上昇させたとき、圧縮荷重を加えたときと同じ大きさの圧縮応力が発生した。ΔT はおよそいくらか。ただし、丸棒の線膨張係数を $20 \times 10^{-6}\ ℃^{-1}$ とする。

（H29-1 乙機検定）

演習問題 8.14　乙機

次表のような特性を有する材料Ⅰ、Ⅱがある。

材　料	引張強さ σ_B (MPa)	縦弾性係数 E (GPa)	線膨張係数 α (℃$^{-1}$)
Ⅰ	350	70	24.5×10^{-6}
Ⅱ	500	200	15.0×10^{-6}

材料Ⅰの棒を両端で固定し、温度を 30 ℃ だけ低下させたときに生じる熱応力が材料Ⅰの引張強さの x % であった。次に、材料Ⅱの棒を両端で固定し、温度を低下させたときに生じる熱応力を、材料Ⅰの場合と同様に、材料Ⅱの引張強さの x % とするには、温度をおよそ何 ℃ 低下させればよいか。

（H28-1 乙機検定）

演習問題 8.15　乙機

線膨張係数が α で長さが $l = 1$ m の棒を、$\Delta T = 100$ ℃ だけ温度上昇させて自由に膨張させたときの伸びが 2 mm であった。次に、この棒の両端を固定した状態で、棒を $\Delta T = 50$ ℃ だけ冷却すると棒の内部に引張りの熱応力が発生する。その大きさはおよそ何 MPa か。

ただし、棒の縦弾性係数を $E = 100$ GPa とし、α は一定とする。

（R3-1 乙機検定）

温度 20 ℃ において、直径 20 mm で真直な一様断面の丸棒の両端を剛体壁で固定した。これを加熱して温度 100 ℃ にしたとき、この棒が剛体壁から受ける反力はおよそいくらか。ただし、丸棒の縦弾性係数を 200 GPa、線膨張係数を 11×10^{-6} ℃$^{-1}$ とする。（H21-1 乙機検定）

8・4 円筒胴

8・4・1 内圧を受ける薄肉円筒胴

厚さ t、内径 D_i の比 t/D_i が 1/4 以下の内圧を受ける薄肉円筒胴には、円周方向（接線方向）に作用する**円周応力** σ_θ、軸方向に作用する**軸応力** σ_z および半径方向に作用する**半径応力** σ_r の 3 つの主応力が生じる。

σ_θ、σ_z は厚さ方向に対して変化が少ないので一様とみなし、また、内圧を p とすると σ_r は $-p$（内壁）から大気圧 0（外壁）へと変化するが σ_θ、σ_z に比べてはるかに小さいので 0 とみなす。

各方向の応力は以下の式で表される。

円周応力 $$\sigma_\theta = \frac{pD_i}{2t} \quad \cdots\cdots (8.11\ \mathrm{a})$$

軸応力 $$\sigma_z = \frac{pD_i}{4t} = \frac{\sigma_\theta}{2} \quad \cdots\cdots (8.11\ \mathrm{b})$$

半径応力 $$\sigma_r = 0 \quad \cdots\cdots (8.11\ \mathrm{c})$$

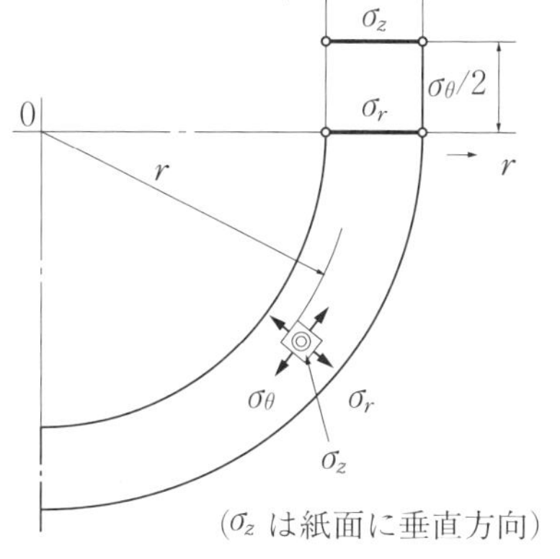

（σ_z は紙面に垂直方向）

また、3 つの主応力の大きさは、$\sigma_\theta > \sigma_z\ (= \sigma_\theta/2) > \sigma_r\ (= 0)$ であるから、最大主応力は円周応力 σ_θ である。

なお、以降の計算においては、内圧は容器外部の圧力（大気圧）を基準としたゲージ圧力である。

参考

主応力

物体が外力を受けた場合に、その内部の微小要素に生じる応力は、xyz 直交座標系で表すと、図に示すように一般にこれら3軸に垂直な面（x 面、y 面、z 面）に生じる3個の垂直応力（σ_x、σ_y、σ_z）と6個のせん断応力（τ_{xy}、……）となるが、直交3軸を適当に選ぶと、x 面、y 面、z 面では、垂直応力が最大値、最小値および中間値を示し、かつ、せん断応力がすべてゼロで垂直応力のみとなる。このときの垂直応力を主応力という。

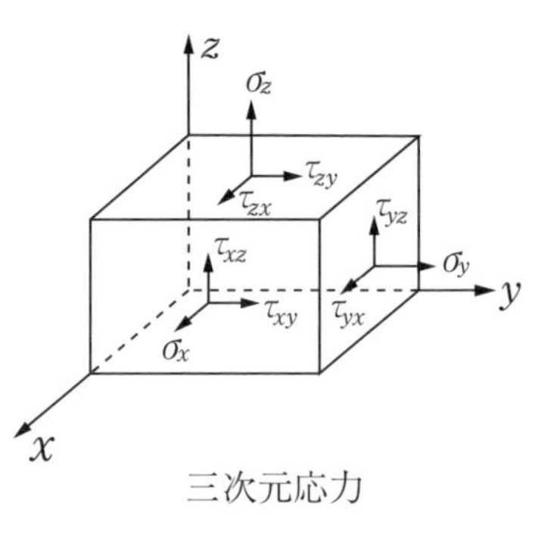

三次元応力

また、薄肉円筒胴に生じる3つの主応力は次のように導くことができる。

① 円周応力 σ_θ

内圧 p により図 (a) の半円筒の内面に作用する力は、左右方向についてはその対称性から相殺されるので、鉛直方向にのみ圧力 p が作用したのと同じである。

この力は、半円筒の長さを L とすると圧力 p の作用面積（投影面積）は D_iL であるから、pD_iL である。また、この力が左右の切断面（面積 $2tL$）に加わり円周応力 σ_θ を生じているから、次式が成立する。

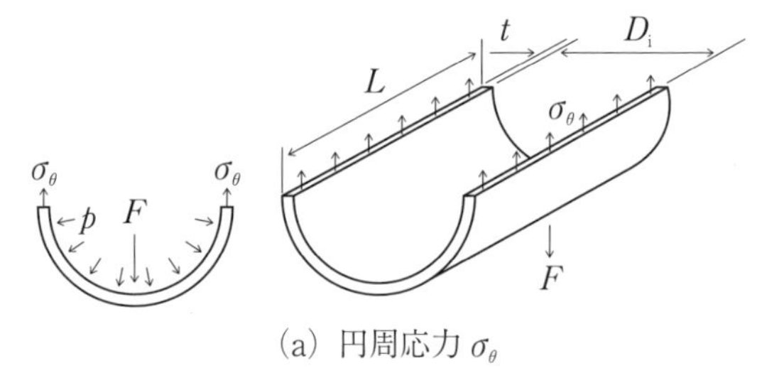

(a) 円周応力 σ_θ

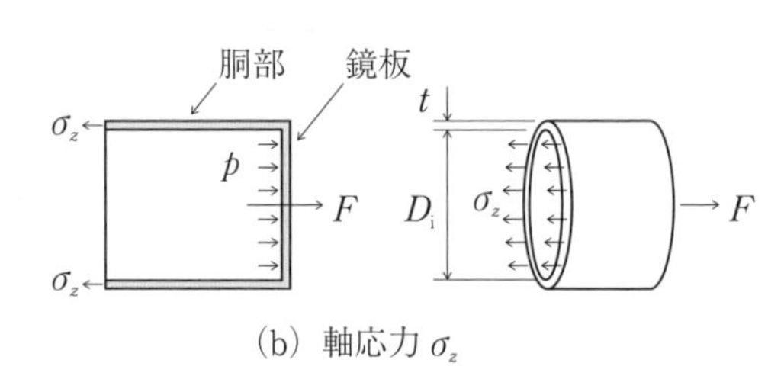

(b) 軸応力 σ_z

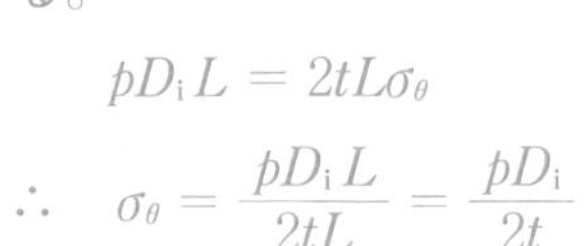

$$pD_iL = 2tL\sigma_\theta$$

$$\therefore \quad \sigma_\theta = \frac{pD_iL}{2tL} = \frac{pD_i}{2t}$$

② 軸応力 σ_z

内圧 p により図 (b) の円筒胴の内面に作用する力は、円筒部分についてはその対称性から相殺されるので、水平方向にのみ圧力 p が作用したのと同じである。この力は、作用面積（投影面積）が $\pi D_i^2/4$ であるから、$(\pi D_i^2/4)p$ である。

また、この力が切断面（作用面積は、肉厚が薄いので内径を用いて近似的に πD_it）に加わり軸応力 σ_z を生じているから、次式が成立する。

$$(\pi D_i^2/4)p = (\pi D_it)\sigma_z$$

$$\therefore \quad \sigma_z = \frac{\pi D_i^2 p}{4} \cdot \frac{1}{\pi D_i t} = \frac{pD_i}{4t} = \frac{\sigma_\theta}{2}$$

③ 半径応力 σ_r

前述したように、半径応力 σ_r は、内圧を p とすると $-p$（内壁）から大気圧0（外壁）へと変化するが σ_θ、σ_z に比べてはるかに小さいので0とみなす。

例題 8-15

鋼管の耐圧力を比較する－1

丙化

次表の鋼管を耐圧力の大きいものから小さいものへ順に正しく並べてあるものはどれか。

ただし、使用する材質は同じものとする。

鋼　管	内径 (mm)	肉厚 (mm)
イ	25.0	4.5
ロ	49.5	5.5
ハ	143.2	11.0

（H11-2 丙化検定）

解説

いずれの鋼管も $t/D_{\mathrm{i}} < 1/4$ であり、薄肉円筒胴として計算する。内圧が加わったときに生じる最大の応力は円周応力であるので、式 (8.11 a) を用いて

$$\sigma_\theta = \frac{pD_{\mathrm{i}}}{2t}$$

内圧 p を求める式に変形すると

$$p = \frac{2t\sigma_\theta}{D_{\mathrm{i}}}$$

この式に、鋼管に生じる最大の応力である引張強さを σ_{B} として、肉厚 t、内径 D_{i} の値を代入すると、耐圧力 p が求められる。

鋼管イ　$$p = \frac{2 \times 4.5\,\mathrm{mm} \times \sigma_{\mathrm{B}}}{25.0\,\mathrm{mm}} = 0.360\sigma_{\mathrm{B}}$$

鋼管ロ　$$p = \frac{2 \times 5.5\,\mathrm{mm} \times \sigma_{\mathrm{B}}}{49.5\,\mathrm{mm}} = 0.222\sigma_{\mathrm{B}}$$

鋼管ハ　$$p = \frac{2 \times 11.0\,\mathrm{mm} \times \sigma_{\mathrm{B}}}{143.2\,\mathrm{mm}} = 0.154\sigma_{\mathrm{B}}$$

題意により鋼管イ、ロ、ハは同一材質であるから引張強さ σ_{B} は同じ値であり、よって耐圧力の大きさの順番は、イ ＞ ロ ＞ ハとなる。　　　　**（答　イ ＞ ロ ＞ ハ）**

このように、耐圧力は、肉厚 t および引張強さ σ_{B} が大きいほど大きく、また、内径 D_{i} が小さいほど大きい。

例題 8-16

鋼管の耐圧力を比較する－2

丙化

次表の鋼管イ、ロ、ハを耐圧力が大きいものから小さいものへ順に正しく並べよ。

鋼管	内半径（mm）	肉厚（mm）	引張強さ（N/mm^2）
イ	40	3	600
ロ	35	4	500
ハ	30	4	400

（H21－1 丙化検定）

解 説

いずれの鋼管も $t/D_i < 1/4$ であり、薄肉円筒胴として計算する。例題8－15と同様に、耐圧力は式（8.11 a）で求める。r_i を内半径とすると、$D_i = 2r_i$ であるから

$$p = \frac{2t\sigma_B}{D_i} = \frac{2t\sigma_B}{2r_i} = \frac{t\sigma_B}{r_i}$$

この式に与えられた数値を代入すると

鋼管イ　$p = \dfrac{3\,mm \times 600\,N/mm^2}{40\,mm} = 45.0\,N/mm^2 = 45.0\,MPa$

鋼管ロ　$p = \dfrac{4\,mm \times 500\,N/mm^2}{35\,mm} = 57.1\,N/mm^2 = 57.1\,MPa$

鋼管ハ　$p = \dfrac{4\,mm \times 400\,N/mm^2}{30\,mm} = 53.3\,N/mm^2 = 53.3\,MPa$

（答　ロ＞ハ＞イ）

例題 8-17

薄肉円筒の強度などに関する文章形式の問題を解く

丙化

次のイ、ロ、ハ、ニの記述のうち、薄肉円筒の強度について正しいものはどれか。

イ．内圧の作用により円筒が破壊されるときは、円筒の軸線に平行に割れる。

ロ．材質、肉厚が同じであれば、外径の大小にかかわらず薄肉円筒の耐圧力は変わらない。

ハ．内圧を受ける薄肉円筒に発生する円周方向応力と軸方向応力は、引張応力である。

ニ．内圧が作用している薄肉円筒の軸方向と円周方向の応力を比較すると、軸方向応力は円周方向応力の 1/2 倍の大きさである。

（R2 丙化国家試験）

解説

薄肉円筒に内圧が加わった場合に生じる応力は式(8.11 a)、式(8.11 b)から

円周応力(円周方向の引張応力) $\sigma_\theta = \dfrac{pD_i}{2t}$

軸応力(軸方向の引張応力) $\sigma_z = \dfrac{pD_i}{4t} = \dfrac{\sigma_\theta}{2}$

イ.(○)円周応力が最大の応力となるので、軸線に平行に割れる(下図)。

ロ.(×)材質、肉厚が同じであれば外径が変わると、内径も変わり強度は変わる。例えば、内径 D_i が小さくなると、最大の応力である円周応力 σ_θ は小さくなり、強度は増す。

ハ.(○)上式のとおりである。

ニ.(○)上式のとおりである。

(答 イ、ハ、ニ)

例題 8-18

薄肉円筒に生じる応力を求める

乙機

次のイ、ロ、ハ、ニの記述のうち、内径 D、肉厚 t の両端閉じ薄肉円筒胴に内圧 p(ゲージ圧力)が作用した場合に生じる円周応力 σ_θ、軸応力 σ_z および半径応力 σ_r について正しいものはどれか。

イ. σ_θ は、近似的に厚さ方向に一様に分布すると考えてよく、$\sigma_\theta = pD/2t$ である。

ロ. σ_z は、厚さ方向に一様に分布し、σ_θ の 1/2 である。

ハ. σ_r は、σ_θ より小さく、σ_z より大きい。

ニ. $D = 200$ mm、$t = 5$ mm、$p = 1$ MPa のとき、$\sigma_\theta = 10$ MPa となる。

(H28 乙機国家試験)

解説

内圧を受ける薄肉円筒に生じる応力は、次式(8.11 a)~式(8.11 c)のとおりである。

$\sigma_\theta = pD/2t \qquad \sigma_z = pD/4t = \sigma_\theta/2 \qquad \sigma_r = 0$

イ.(○)上式のとおりである。

ロ.(○)上式のとおりである。

ハ.(×)$\sigma_\theta > \sigma_z > \sigma_r$ である。

ニ.(×)上式に与えられた数値を代入すると

$\sigma_\theta = pD/2t = 1\,\text{MPa} \times 200\,\text{mm}/(2 \times 5\,\text{mm}) = 20\,\text{MPa}$ (答 イ、ロ)

例題 8-19

薄肉円筒に生じる円周応力を求める

乙機

内径 100 mm、板厚 5 mm の薄肉円筒胴をもつ圧力容器に内圧 4 MPa（ゲージ圧力）が作用しているとき、円筒胴に生じる接線応力は何 MPa か。（H12-1 乙機検定）

解説

接線応力（円周応力）の式（8.11 a）に、$p = 4\,\mathrm{MPa}$、$D_\mathrm{i} = 100\,\mathrm{mm}$、$t = 5\,\mathrm{mm}$ を代入する。

$$\sigma_\theta = \frac{pD_\mathrm{i}}{2t} = \frac{4\,\mathrm{MPa} \times 100\,\mathrm{mm}}{2 \times 5\,\mathrm{mm}} = 40\,\mathrm{MPa}$$

（**答　40 MPa**）

計算する際は、内径と肉厚は同じ単位とすると、応力は内圧と同じ単位となる。

例題 8-20

薄肉円筒の肉厚を求める

乙機

内径 400 mm の薄肉円筒形圧力容器に 2.5 MPa（ゲージ圧力）の内圧をかけたとき、円筒壁に生ずる最大応力が 100 MPa になった。このときの円筒壁の肉厚はおよそ何 mm か。（H16-2 乙機検定）

解説

円筒壁に生ずる最大応力は、円周応力 σ_θ である。円周応力の式（8.11 a）は次のとおりである。

$$\sigma_\theta = \frac{pD_\mathrm{i}}{2t}$$

この式を肉厚 t を求める式に変形し、$p = 2.5\,\mathrm{MPa}$、$D_\mathrm{i} = 400\,\mathrm{mm}$、$\sigma_\theta = 100\,\mathrm{MPa}$ を代入する。

$$t = \frac{pD_\mathrm{i}}{2\sigma_\theta} = \frac{2.5\,\mathrm{MPa} \times 400\,\mathrm{mm}}{2 \times 100\,\mathrm{MPa}} = 5.0\,\mathrm{mm}$$

（**答　5.0 mm**）

8.17 同一の材料を使用した次の鋼管のうち、同一内圧に対して最も強度の大きいものはどれか。

	鋼管の内半径（mm）	鋼管の肉厚（mm）
(1)	100	4
(2)	120	5
(3)	140	6
(4)	160	7
(5)	180	8

（H13-1 丙化検定）

8.18 次の表の鋼管イ、ロ、ハを内圧に対する強度が高いものから順に並べよ。ただし、肉厚はいずれも 3 mm とする。

鋼　管	内半径（mm）	引張強さ（N/mm^2）
イ	20	300
ロ	30	400
ハ	40	500

（H24 丙化国家試験）

8.19 次のイ、ロ、ハ、ニの記述のうち、内径 D、肉厚 t の両端閉じ薄肉円筒胴に内圧が作用した場合に生じる円周応力 σ_θ および軸応力 σ_z について正しいものはどれか。

イ．円周応力 σ_θ と軸応力 σ_z は引張応力で、厚さ方向に一様に分布すると考えてよい。

ロ．円周応力 σ_θ と軸応力 σ_z は、ともに内径 D に反比例する。

ハ．円周応力 σ_θ と軸応力 σ_z は、ともに肉厚 t に正比例する。

ニ．円周応力 σ_θ と軸応力 σ_z の関係は、$\sigma_\theta = 2\sigma_z$ である。

（R1 乙機国家試験）

内径 $D = 2$ m、肉厚 $t = 15$ mm の両端閉じ薄肉円筒容器に内圧 $p = 600$ kPa（ゲージ圧力）でガスが封入されている。胴部に生じる周方向応力 σ_θ および軸方向応力 σ_z は何 MPa か。（H16 乙機国家試験）

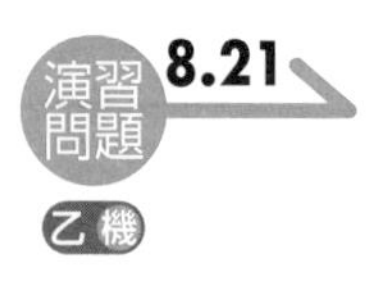

最大使用圧力 $p = 1.25$ MPa（ゲージ圧力）、円筒胴の厚さ $t = 1.5$ mm の薄肉円筒形圧力容器の円筒胴に生じる最大主応力が 100 MPa 以下になるようにするには、内径 D を最大でおよそ何 mm にすればよいか。

（H24-2 乙機検定）

8·4·2 内圧を受ける厚肉円筒胴 乙機

厚肉円筒胴の場合、軸応力は部材内部で一様と考えるが、円周応力と半径応力は、部材内部で一様ではない。

図に示すように、円周応力 σ_θ が最大となるのは内壁、また、最小となるのは外壁である。

半径応力（絶対値）についても同様である。

軸応力は、半径位置に関係なく一定値である。

また、これら3つの応力間には次の関係がある。

$$\sigma_z = \frac{\sigma_\theta + \sigma_r}{2} \quad \cdots\cdots (8.12)$$

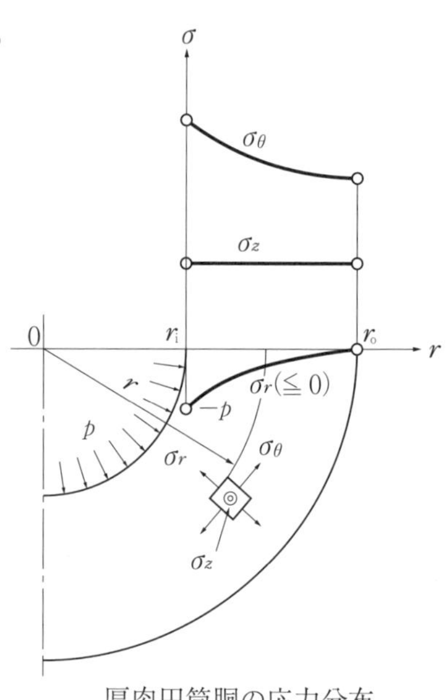

厚肉円筒胴の応力分布

内圧を p、内径を D_i、外径を D_o、また、外径 D_o と内径 D_i の比を K（$= D_o/D_i$）とすると、任意の直径 D における応力は、以下のように表すことができる。

円周応力 $$\sigma_\theta = p\frac{(D_0/D)^2 + 1}{K^2 - 1}$$

半径応力 $$\sigma_r = -p\frac{(D_0/D)^2 - 1}{K^2 - 1}$$

軸応力 $$\sigma_z = p\frac{1}{K^2 - 1}$$

円周応力 σ_θ と半径応力 σ_r の和を求めてみると

$$\sigma_\theta + \sigma_r = p\frac{(D_0/D)^2+1}{K^2-1} - p\frac{(D_0/D)^2-1}{K^2-1} = \frac{2p}{K^2-1} = 2\sigma_z$$

したがって、次の関係がある。

$$\sigma_z = \frac{\sigma_\theta + \sigma_r}{2}$$

なお、これらの応力の式は、微小部分の力の釣合いを考えることにより理論的に導くことができるが、本書ではその誘導過程は省略する。

例題 8-21

厚肉円筒胴に生じる応力に関する文章形式の問題を解く－1 乙機

端部を鏡板で閉じた内半径 r_1、外半径 r_2 の厚肉円筒胴に内圧 p が作用したとき、その任意の点における半径 r の部分に生じる軸応力を σ_z、接線応力を σ_θ、半径応力を σ_r とすれば、次の記述のうち正しいものはどれか。

イ．σ_z は、r に関係なく一定となる。

ロ．σ_θ は、半径 r に関係する。

ハ．σ_θ は、$r = r_2$ において最大値を示す。

ニ．σ_r は、圧縮応力である。

ホ．σ_z、σ_θ、σ_r の3応力のうち、σ_z が最大である。　(H8 乙機講習検定)

解説

前掲の図を理解していれば、複雑な計算式を覚えていなくても解ける問題である。

イ．(○) 前掲の図および参考で示したように、σ_z は K (外径 D_2 と内径 D_1 の比) と p (内圧) だけで定まり、r ($= D/2$) に関係なく一定である。

ロ．(○) σ_θ は、半径 r によって変わる。半径 r_1 で最大値を、半径 r_2 で最小値をとる。

ハ．(×) σ_θ は、$r = r_2$ において最小値を示す。

ニ．(○) 前掲の図で σ_r は負の値であり、圧縮応力である。その値は、半径 r_1 では内圧 p により圧縮されるから $-p$、半径 r_2 では大気圧 (ゲージ圧力でゼロ) に等しい。

ホ．(×) $\sigma_\theta > \sigma_z > \sigma_r$ の関係になる。　(答　イ、ロ、ニ)

例題 8-22

厚肉円筒胴に生じる応力に関する文章形式の問題を解く－2　乙機

内圧を受ける厚肉円筒胴（両端閉じ）に関する次の記述のうち正しいものはどれか。

イ．軸応力は引張応力で、半径 r に無関係に一定となる。

ロ．半径応力は圧縮応力で、円筒外面で 0（ゼロ）である。

ハ．接線応力は、引張応力で、円筒内面で最小になる。　（H12-1 乙機検定 類似）

解説

イ．（○）前掲の図に示したように、軸応力は引張応力（正の値）で、半径 r に無関係に一定となる。

ロ．（○）半径応力は、円筒内面で内圧と等しい圧縮応力であり、また、円筒外面で大気圧（ゼロ）に等しい。

ハ．（×）接線応力（円周応力）は引張応力であり、円筒内面で最大になる。

（答　イ、ロ）

乙機

両端を閉じた厚肉円筒胴に内圧が作用する場合、円筒の両端から十分に離れた円筒胴に生じる応力に関する次の記述のうち正しいものはどれか。

イ．接線応力の大きさは、円筒の厚さ方向に沿って一様である。

ロ．軸応力の大きさは、円筒内面で大きく、円筒の厚さ方向に小さくなる。

ハ．半径応力の大きさは、内面ではゼロ、外面では内圧の大きさに等しい。

ニ．円筒胴に生じる最大応力は、円筒の内面に生じる接線応力である。

（H14-1 乙機検定）

8・5 薄肉球形胴　乙機

薄肉球形胴は、球の中心に関して対称形であるので、内圧 p が作用する場合に生じる主応力は直交する 2 方向の接線応力 σ_θ と半径応力 σ_r である。

薄肉球形胴の場合は肉厚が薄いので、接線応力 σ_θ は胴部の半径位置に関係なく一様であり、また、半径応力 σ_r は接線応力 σ_θ に比べてはるかに小さいので $\sigma_r = 0$ とみなす。

薄肉球形胴に生じる応力は以下の式で表される。

接線応力　$\sigma_\theta = \dfrac{pD_i}{4t}$ ……(8.13 a)

半径応力　$\sigma_r = 0$ ……(8.13 b)

最大主応力　$\sigma_{max} = \sigma_\theta$ ……(8.13 c)

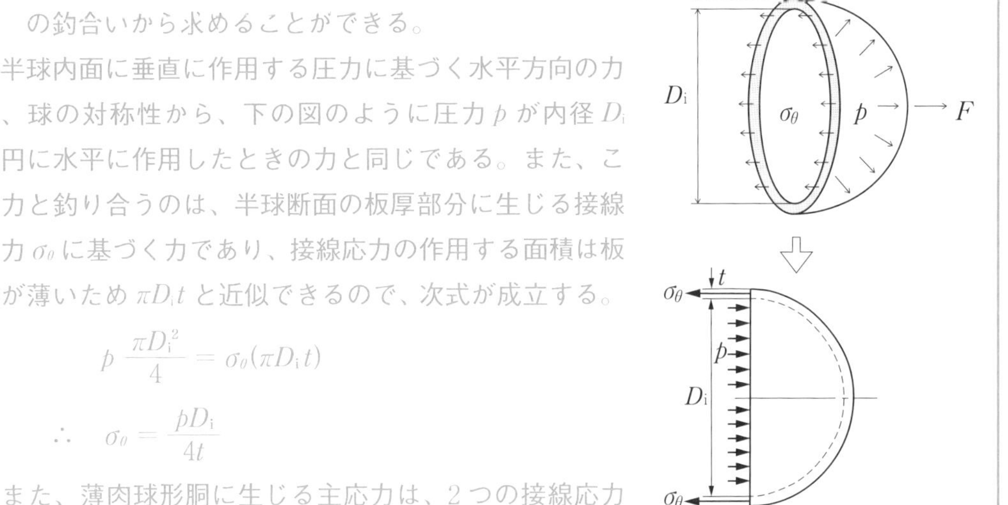

接線応力は、図の半球断面における水平方向の力の釣合いから求めることができる。

半球内面に垂直に作用する圧力に基づく水平方向の力は、球の対称性から、下の図のように圧力 p が内径 D_i の円に水平に作用したときの力と同じである。また、この力と釣り合うのは、半球断面の板厚部分に生じる接線応力 σ_θ に基づく力であり、接線応力の作用する面積は板厚が薄いため $\pi D_i t$ と近似できるので、次式が成立する。

$$p\,\frac{\pi D_i^2}{4} = \sigma_\theta(\pi D_i t)$$

$$\therefore\quad \sigma_\theta = \frac{pD_i}{4t}$$

また、薄肉球形胴に生じる主応力は、2つの接線応力 σ_θ および半径応力 σ_r であり $\sigma_r = 0$ であるから、最大主応力は接線応力 σ_θ である。

なお、厚肉球形胴は、薄肉球形胴と異なり接線応力 σ_θ だけでなく半径応力 σ_r も半径位置によって変化する。本書では記述を省略する。

例題 8-23

薄肉球形胴に生じる応力などに関する文章形式の問題を解く　乙機

次のイ、ロ、ハ、ニの記述のうち、内径 D、肉厚 t の薄肉球形胴の圧力容器に内圧 p（ゲージ圧力）を加えた場合に生じる円周応力 σ_θ と半径応力 σ_r について正しいものはどれか。

イ．円周応力 σ_θ は、引張応力である。

ロ．円周応力 σ_θ は、$pD/(2t)$ で表される。

ハ．半径応力 σ_r は、引張応力である。

ニ．半径応力 σ_r の大きさは、円周方向に比べて小さい。　(R2 乙機国家試験)

解説

イ．(○) 記述は正しい。

ロ．(×) 円周（接線）応力 σ_θ は、$pD/(4t)$ で表される。

ハ．(×) 半径応力 σ_r は、厳密には内面で $-p$(負の値)、外面で0の圧縮応力である。

ニ.（○）記述は正しい。半径応力は、円周応力に比べて小さいので、薄肉球形胴では0とみなす。（答　イ、ニ）

例題 8-24

薄肉球形容器の許容応力を超えない内圧の最大値を求める　乙機

内径（直径）480 mm、肉厚 10 mm の薄肉球形容器に内圧をかけるとき、容器に生ずる最大応力が許容応力を超えない内圧（ゲージ圧力）の最大値はおよそ何 MPa か整数値で答えよ。

ただし、容器の材料の引張強さを 400 MPa、安全率を 4 として計算せよ。

（H17-2 乙機検定 類似）

解説

許容応力 σ_{al} は、8.2 節で解説したように引張強さを安全率で除したものであるから

$$\sigma_{al} = 400\ \mathrm{MPa} \div 4 = 100\ \mathrm{MPa}$$

また、薄肉球形胴に生じる最大の応力は式 (8.13 a) で表される接線応力 σ_θ である。

$$\sigma_\theta = \frac{pD_i}{4t} \quad \cdots\cdots ①$$

式①を内圧 p を求める式に変形し、$\sigma_\theta = \sigma_{al} = 100\ \mathrm{MPa}$ とし、その他の与えられた数値を代入する。

$$p = \frac{4t\sigma_{a1}}{D_i} = \frac{4 \times 10\ \mathrm{mm} \times 100\ \mathrm{MPa}}{480\ \mathrm{mm}} = 8.33\ \mathrm{MPa} \quad （最大）$$

この値を超えてはならないから、答は 8 MPa である。（答　**8 MPa**）

8.23　円筒部の内径 240 mm で肉厚 10 mm の両端閉じ薄肉円筒形圧力容器に、ある大きさの内圧をかけたとき、円筒部に生じる最大応力が 12 MPa であった。これと同じ大きさの内圧を、内径 480 mm、肉厚 10 mm の薄肉球形圧力容器にかけたとき、その容器に生じる最大応力はおよそ何 MPa か。

（H27-2 乙機検定）

8.24　内径 $D = 4$ m、肉厚 $t = 20$ mm が同一の両端閉じ薄肉円筒容器および薄肉球形容器に内圧 $p = 400$ kPa（ゲージ圧力）でガスが封入されている。円筒容器の胴部に生じる周方向応力 σ_θ と軸方向応力 σ_z および球形容器に生じる周方向応力 σ_t はおよそ何 MPa か。（H18 乙機国家試験）

演習問題の解答

1 章の演習問題の解答

《演習問題 1.1》

イ．（○）SI 基本単位は、熱力学温度（K）および物質量（mol）を含めて 7 個ある。（ロの説明を参照）

ロ．（×）SI 基本単位は、この節の説明文の表に示した 5 個に電流のアンペア（A）と光度のカンデラ（cd）の計 7 個である。設問の記述には、物質量（mol）とカンデラ（cd）が欠落している。

ハ．（○）Pa（= N/m^2）は、固有の名称（パスカル）をもつ SI 組立単位である。接頭語メガ（M）を使って、1 メガニュートン（1 MN）の力が面積 1 m^2 にかかるときの圧力が 1 MPa であるから

$$1\ \mathrm{MPa} = 1\ \mathrm{MN/m^2} = 10^6\ \mathrm{N/m^2}$$

となる。

ニ．（○）W は固有の名称をもつ組立単位である。伝熱速度、動力などの単位に使われる。

（答　イ、ハ、ニ）

《演習問題 1.2》

イ．（×）時間の時（h）、分（min）は、10 進法ではなく SI の原則から外れているので SI 単位ではない。広い領域で使用されているので、SI と併用することが認められている単位である。

ロ．（○）粘度の P（ポアズ）をはじめ、記述の過去に使われた単位は、SI 単位と併用することが認められていない。SI 単位は、粘度は Pa･s、圧力は Pa、熱量は J である。

ハ．（×）13.2 MPa を 10 の累乗を用いて kPa で表す。1 MPa = 10^3 kPa であるから

$$13.2\ \mathrm{MPa} = 13.2 \times 10^3\ \mathrm{kPa} = 1.32 \times 10^4\ \mathrm{kPa}$$

ニ．（○）MPa は 10^3 kPa であるので

$$1\ \mathrm{MPa^2} = 1 \times (10^3\ \mathrm{kPa})^2 = 10^6\ \mathrm{kPa^2}$$

ホ．（○）mm^2 などの指数は接頭語にも及ぶ（ニと同様）。題意のとおりである。

（答　ロ、ニ、ホ）

《演習問題 1.3》

イ．（○）絶対温度 T とセルシウス温度 t の関係は

$$T = t + 273.15 \quad \cdots\cdots ①$$

であり、記述のとおりである。

ロ．（×）設問は －10℃ が沸点（231 K）以下の温度であるかどうかを問うている。イの式①を変形して、沸点のセルシウス温度（t）は

演習問題の解答

$t = T - 273 = (231 - 273)(℃) = -42$ ℃

後述の蒸気圧の節で説明のとおり、その圧力下での沸点より高い温度では液体は気体になる。この場合は、沸点が -42 ℃であるので、それより高い温度の -10 ℃では液体として貯蔵できない。

ハ. (×) 冷却水の出口と入口の温度差 ΔT は

$\Delta T = (22 - 7)$ ℃ $= 15$ ℃

温度差はセルシウス温度で表しても絶対温度で表してもその数値は変わらない。すなわち

$\Delta T = 15$ ℃ $= 15\ \mathrm{K}$

であり、記述のように温度差に 273 を加えてはならない。

ニ. (×) 式 (1.1) を変形して、絶対温度(熱力学温度)からセルシウス温度を求める。$273.15 \fallingdotseq 273$ として、$T = 420\ (\mathrm{K})$ を代入すると

$t = T - 273 = (420 - 273)(℃) = 147$ ℃ **(答 イ)**

《演習問題 1.4》

イ. (○) 力を F、質量を m として、力の定義式 (1.2) を変形すると、加速度 α は

$$\alpha = \frac{F}{m}$$

ここで、力の単位を N、質量を kg とすると、加速度 α は $\mathrm{m/s^2}$ となるので

$$\alpha = \frac{F}{m} = \frac{1\ \mathrm{N}}{1\ \mathrm{kg}} = 1\ \mathrm{m/s^2} \qquad (\because\ \mathrm{N} = \mathrm{kg \cdot m/s^2})$$

ロ. (×) 貯槽内が気相のみであれば、すべての方向に同じ力が作用するが、図のように液体の部分(液相)には深さに応じた質量に重力の加速度が作用して力が加わる。したがって、気相の圧力による力はすべての位置にかかり、さらに液体の重力が加算されるので底に近いほど圧力は大きくなる。すなわち、液体のある貯槽内の圧力は均一ではない。

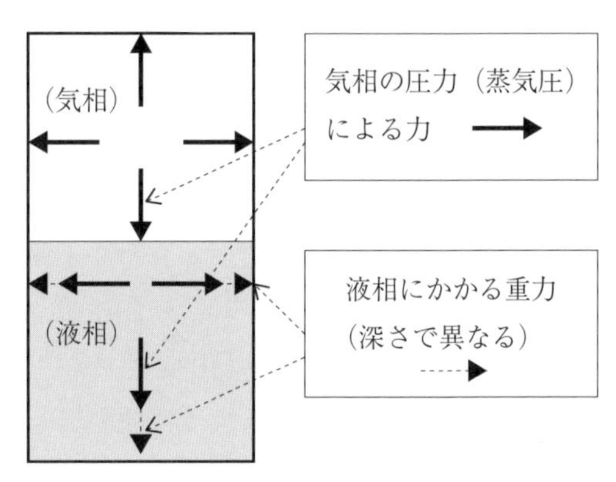

厳密には、気体のみの場合も同様であるが、気体の質量が小さいので、貯槽などの中では重力は無視できる。

ハ. (○) 絶対圧力 p とゲージ圧力 p_g の関係は、大気圧を p_a として式 (1.4) を変形すると

$p = p_g + p_a$ ……………………………… ①

ここで

$p_a = 980\ \mathrm{hPa} = 980 \times 10^2\ \mathrm{Pa} = 0.098 \times 10^6\ \mathrm{Pa} = 0.098\ \mathrm{MPa}$

$p_g = 0.245\ \mathrm{MPa}$ (ゲージ圧力)

式①に代入して

$$p = p_g + p_a = (0.245 + 0.098)\,\text{MPa} = 0.343\,\text{MPa}（絶対圧力）$$

ニ．（×）1 m^2 当たり 3 N の力が作用するのであるから、圧力 p は

$$p = \frac{力(N)}{面積(m^2)} = \frac{3\,N}{1\,m^2} = 3\,N/m^2 = 3\,Pa(絶対圧力)$$

となり、誤りである。　　　　　　　　　　　　　　　　　　　**（答　イ、ハ）**

《演習問題 1.5》

イ．（○）電熱ヒータの 1.0 kW は 1 秒間（s）に 1.0 kJ の熱量が発生することを意味する仕事率である。1 分間（min）は 60 秒（s）であるから、30 分間（min）で発生する熱量 Q は

$$Q = 1.0\,kJ/s \times 30\,min \times 60\,s/min = 1800\,kJ = 1.8\,MJ$$

ロ．（×）仕事（熱量）W の単位であるジュール（J）は力と移動距離の積である。したがって、記述のように $W = Fl = 1\,N\cdot m\ (= 1\,J)$ の関係は正しいが、ニュートン（N）は組立単位であり基本単位ではない。$1\,J = (1\,N\cdot m) = 1\,kg\cdot m^2\cdot s^{-2}$ となっていると説明文として正しくなる。

ハ．（○）仕事の単位のジュール（J）は式（1.5）のとおりであり、記述は正しい。

ニ．（○）ワット（W）についての説明のとおりである。　　　　**（答　イ、ハ、ニ）**

《演習問題 1.6》

イ．（○）$1\,cm^2 = 10^{-4}\,m^2$ である。したがって

$$圧力 = \frac{力}{面積} = \frac{1\,N}{1\,cm^2} = \frac{1\,N}{10^{-4}\,m^2} = 10^4\,N/m^2 = 10 \times 10^3\,Pa = 10\,kPa$$

ロ．（○）仕事の単位 J は N·m であり、力と移動距離のかけ算である。基本単位で表すと

$$J = N\cdot m = (kg\cdot m\cdot s^{-2}) \times m = kg\cdot m^2\cdot s^{-2}$$

ハ．（×）Pa と J の関係は $Pa\cdot m^3 = J$ であるので

$$Pa = J/m^3 = J\cdot m^{-3}$$

ニ．（○）Pa を基本単位で表す。

$$Pa = N/m^2 = \frac{kg\cdot m\cdot s^{-2}}{m^2} = kg\cdot m^{-1}\cdot s^{-2} = kg/(m\cdot s^2)$$

ホ．（×）前段は正しいが、後段が誤りである。

Pa は 1 m^2 当たりの力（N）であるから

$$1\,Pa = 1\,N/m^2$$

である。

1 N/mm^2 を Pa になおすと、$1\,mm^2 = 10^{-3}\,m \times 10^{-3}\,m = 10^{-6}\,m^2$ であるから

$$1\,N/mm^2 = \frac{1\,N}{10^{-6}\,m^2} = 10^6\,N/m^2 = 10^6\,Pa = 1\,MPa \quad \cdots\cdots ①$$

となる。この単位は応力の単位などによく用いられるので、①の関係を記憶しておく

と便利である。　　　　　　　　　　　　　　　　　　　　　　**（答　イ、ロ、ニ）**

《演習問題 1.7》

イ．（○）$\mathrm{Pa = N/m^2 = (kg \cdot m \cdot s^{-2}) \times m^{-2} = kg \cdot m^{-1} \cdot s^{-2} = kg/(m \cdot s^2)}$

ロ．（×）$\mathrm{1\,W = 1\,J/s = 1\,(N \cdot m) \times s^{-1} = 1\,(kg \cdot m \cdot s^{-2}) \cdot m \cdot s^{-1} = 1\,kg \cdot m^2/s^3}$

ハ．（×）$\mathrm{1\,J = 1\,N \cdot m = 1\,(m \cdot kg \cdot s^{-2}) \cdot m = 1\,m^2\,kg \cdot s^{-2}}$

ニ．（○）力の定義から $\mathrm{1\,N = 1\,kg \cdot m \cdot s^{-2}}$　　　　　　　　**（答　イ、ニ）**

《演習問題 1.8》

イ．（○）$\mathrm{N \cdot m = J}$ を用いて Pa を J で表す。

$$\mathrm{Pa = N \cdot m^{-2} = N \cdot m \times m^{-3} = J \times m^{-3}}$$

このように、体積当たりのエネルギーと圧力の単位は同じになる。

ロ．（○）$\mathrm{J = N \cdot m = (N \cdot m^{-2}) \times m^2 \cdot m = Pa \cdot m^3}$

ハ．（×）J と Pa の関係は

$$\mathrm{J = N \cdot m = (N \cdot m^{-2}) \times m^2 \times m = Pa \cdot m^3}$$

ニ．（×）$\mathrm{Pa = N \cdot m^{-2}}$ から、N を Pa で表すと、$\mathrm{N = Pa \cdot m^2}$

ホ．（○）$\mathrm{W = J \cdot s^{-1}}$ であるから

$$\mathrm{1\,W = 1\,J \cdot s^{-1} = 1\,(N \cdot m) \cdot s^{-1} = 1\,N \cdot m \cdot s^{-1}}$$

（答　イ、ロ、ホ）

2章の演習問題の解答

《演習問題 2.1》

イ．（×）酸素（O）の原子量は16、アルゴン（Ar）の原子量は40であるのでアルゴンのほうが大きい。アルゴンは溶接などで身近に使用されるガスである。

このように、元素の原子量を比較する問題はよく出題されているので、酸素（O）、アルゴン（Ar）のほかに原子量を説明した表の元素の原子量は覚えておくとよい。

ロ．（○）炭素の元素記号はC、窒素はN、硫黄はSである。

ハ．（×）原子量は炭素原子（^{12}C）の質量を12として基準とし、他の元素の原子の質量と比較した数値（相対質量）で表す。窒素（N）が基準ではない。

ニ．（○）分子量は、その分子を構成する原子の原子量の総和である。分子式を書いてそれぞれを計算すると

一酸化炭素（CO）の分子量 $= 12 + 16 = 28$

窒素（N_2）の分子量 $= 14 \times 2 = 28$

したがって、題意のとおりCOとN_2の分子量は28で同じである。

（答　ロ、ニ）

《演習問題 2.2》

イ．（○）モル質量をg/molの単位で表した数値と分子量の数値は等しい。なお、SI基本単位で表したkg/molの数値は分子量の1/1000の数値であるが、計算には便利でありよく用いられる。

ロ．（○）アボガドロの法則は、「同じ温度、同じ圧力で同じ体積中に含まれる気体の分子数は同じ」という理由から、実用的には、1 molの気体は標準状態でおよそ22.4 Lの体積を占める、といい表すこともできる。

ハ．（×）理想気体にはアボガドロの法則が成り立つ。したがって、同温度、同圧力における一定体積中の気体の分子数は、気体種が異なっても同じである。また。この条件における同体積の気体の物質量も定義により等しいことが理解できる。

ニ．（○）分子の集団1 molは6.02×10^{23}個（アボガドロ定数）の分子の集合体であるが、質量で表すと分子量にg（グラム）をつけた値に相当する。プロパン（C_3H_8）の分子量は44、水（H_2O）は18であるから、1 molはそれぞれ44 g、18 gとなる。

（答　イ、ロ、ニ）

《演習問題 2.3》

アボガドロの法則を用いて各気体の物質量nを計算し、モル質量Mを乗じて質量mを計算する。

(1)二酸化炭素 (CO_2) 200 L の質量 (m_{CO_2}) の計算

二酸化炭素の物質量 n_{CO_2}、体積 V_{CO_2}、モル体積 V_m ($V_m = 22.4$ L/mol(標準状態)) の関係は、式 (2.1 b) から

$$n_{CO_2} = \frac{V_{CO_2}}{V_m} = \frac{200\ \text{L}}{22.4\ \text{L/mol}} = 8.93\ \text{mol}$$

二酸化炭素の分子量は 44 であるから、そのモル質量 M_{CO_2} は 44 g/mol である。

したがって、式 (2.1 a) から

$$m_{CO_2} = n_{CO_2} M_{CO_2} = 8.93\ \text{mol} \times 44\ \text{g/mol} = 393\ \text{g}$$

順を追って計算したが、これを 1 本の式にして計算すると

$$m_{CO_2} = n_{CO_2} M_{CO_2} = \frac{V_{CO_2}}{V_m} \cdot M_{CO_2} = \frac{200\ \text{L}}{22.4\ \text{L/mol}} \times 44\ \text{g/mol} = 393\ \text{g}$$

(2)プロパン (C_3H_8) 150 L の質量 (m_P) の計算

(1)の後段と同様に、1 本の式で計算する。物質量を n_P、体積を V_P、モル質量を M_P として

$$m_P = n_P M_P = \frac{V_P}{V_m} \cdot M_P = \frac{150\ \text{L}}{22.4\ \text{L/mol}} \times 44\ \text{g/mol} = 295\ \text{g}$$

(答　$m_{CO_2} = 393$ g、$m_P = 295$ g)

《別解》

CO_2 と C_3H_8 の分子量が 44 で同じであるので、質量は体積に比例する (同じ気体として取り扱える)。

$$m_P = m_{CO_2} \cdot \frac{V_P}{V_{CO_2}} = 393\ \text{g} \times \frac{150\ \text{L}}{200\ \text{L}} = 295\ \text{g}$$

《演習問題 2.4》

物質量 n、質量 m、モル質量 M、標準状態における体積 V およびモル体積 V_m について、次の関係を用いて計算する (式 (2.1 a)、(2.1 b))。また、$V_m = 22.4 \times 10^{-3}\ \text{m}^3/\text{mol}$ である。

$$n = \frac{m}{M} \quad \cdots\cdots ①$$

$$n = \frac{V}{V_m} \quad \cdots\cdots ②$$

イ．酸素 (O_2) の物質量 n_{O_2} は式①から

$$n_{O_2} = \frac{m_{O_2}}{M_{O_2}} = \frac{4\ \text{kg}}{32 \times 10^{-3}\ \text{kg/mol}} = 125\ \text{mol}$$

ロ．二酸化炭素 (CO_2) の物質量 n_{CO_2} は式②から

$$n_{CO_2} = \frac{V_{CO_2}}{V_m} = \frac{3\ \text{m}^3}{22.4 \times 10^{-3}\ \text{m}^3/\text{mol}} = 134\ \text{mol}$$

ハ．窒素 (N_2) の物質量 (n_{N_2}) は式①から

$$n_{N_2} = \frac{m_{N_2}}{M_{N_2}} = \frac{3\,\text{kg}}{28 \times 10^{-3}\,\text{kg/mol}} = 107\,\text{mol}$$

ニ．エチレン（C_2H_4）の物質量（$n_{C_2H_4}$）は式①から

$$n_{C_2H_4} = \frac{m_{C_2H_4}}{M_{C_2H_4}} = \frac{4\,\text{kg}}{28 \times 10^{-3}\,\text{kg/mol}} = 143\,\text{mol}$$

物質量の大きい順に　ニ＞ロ＞イ＞ハ　となる。　（**答　ニ＞ロ＞イ＞ハ**）

《演習問題 2.5》

気体の体積を V、物質量を n、質量を m、モル質量を M、モル体積を V_m とし、式（2.1 a）、（2.1 b）を用いて

$$V = nV_m = \frac{m}{M} \cdot V_m \quad \cdots\cdots ①$$

ここで

$$m = 11.6\,\text{kg} \qquad M = 44 \times 10^{-3}\,\text{kg/mol} \qquad V_m = 22.4\,\text{L/mol}$$

であるので、式①に代入する。

$$V = \frac{m}{M} \cdot V_m = \frac{11.6\,\text{kg}}{44 \times 10^{-3}\,\text{kg/mol}} \times 22.4\,\text{L/mol} = 5905\,\text{L}$$

（**答　5905 L**）

《演習問題 2.6》

ボイル-シャルルの法則を用いて計算する。

もとの状態を 1、変化後の状態を 2 の添字で表す。圧力を p、体積を V、温度を T として、式（2.4 b）から

$$\frac{p_1 V_1}{T_1} = \frac{p_2 V_2}{T_2}$$

容器の内容積は変わらない（$V_1 = V_2$）ので V は消去され、p_2 を求める形にして

$$p_2 = \frac{T_2}{T_1} \cdot p_1 \quad \cdots\cdots ①$$

示された条件を整理すると

$$p_1 = 6.25\,\text{MPa（ゲージ圧力）} \fallingdotseq 6.35\,\text{MPa（絶対圧力）}$$

$$T_1 = 10.0\,℃ = 283\,\text{K}$$

$$T_2 = 45.0\,℃ = 318\,\text{K}$$

式①に代入して

$$p_2 = \frac{T_2}{T_1} \cdot p_1 = \frac{318\,\text{K}}{283\,\text{K}} \times 6.35\,\text{MPa} = 7.14\,\text{MPa（絶対圧力）}$$

圧力の増加分（Δp）を要求しているので、絶体圧力の差をとって

$$\Delta p = p_2 - p_1 = (7.14 - 6.35)\,\text{MPa} = 0.79\,\text{MPa}$$

（**答　0.79 MPa**）

なお、圧力差は絶対圧力で計算してもゲージ圧力で求めても同じである。

《演習問題 2.7》

イ．（○）ボイル-シャルルの法則を用いる。変化前を1、変化後を2として添字で表し、圧力をp、体積をV、温度をTとすると、式（2.4 b）は

$$\frac{p_1 V_1}{T_1} = \frac{p_2 V_2}{T_2}$$

体積は変化がないので消去され、圧力の比を求める形にして計算すると

$$\frac{p_2}{p_1} = \frac{T_2}{T_1} = \frac{(117 + 273)\,\mathrm{K}}{(27 + 273)\,\mathrm{K}} = 1.3\,(\text{倍})$$

ロ．（×）気体の体積は圧力に反比例し、熱力学温度に正比例する。したがって、圧力を0.5倍（1/2）にすると体積は2倍になり、熱力学温度を2倍にすると体積はさらに2倍になるので、2×2＝4倍になる。式（2.4 b）からV_2/V_1を求める形にして確かめると

$$\frac{V_2}{V_1} = \frac{p_1}{p_2} \cdot \frac{T_2}{T_1} = \frac{p_1}{0.5\,p_1} \times \frac{2T_1}{T_1} = 4\,(\text{倍})$$

ハ．（×）気体定数Rは物理定数であり、変化するものではない。

ニ．（○）標準状態を0の添字で表すと、式（2.4 b）を変形して

$$V_0 = \frac{p}{p_0} \cdot \frac{T_0}{T} \cdot V \quad \cdots\cdots ①$$

示されたp、V、Tと標準状態の値を式①に代入して

$$V_0 = \frac{p}{p_0} \cdot \frac{T_0}{T} \cdot V = \frac{15\,\mathrm{MPa}}{0.101\,\mathrm{MPa}} \times \frac{273\,\mathrm{K}}{293\,\mathrm{K}} \times 4.7 \times 10^{-2}\,\mathrm{m^3} = 6.5\,\mathrm{m^3}$$

（答　イ、ニ）

《演習問題 2.8》

圧力p、温度T、体積Vが既知であるので、理想気体の状態方程式を用いて残ガスの質量mを求めることができる。モル質量をMとして、式（2.5 c）を変形すると

$$m = \frac{pVM}{RT} \quad \cdots\cdots ①$$

ここで

$p = 0.60\,\mathrm{MPa}$（ゲージ圧力）$= 0.701\,\mathrm{MPa} = 0.701 \times 10^6\,\mathrm{Pa}$（絶対圧力）

$V = 118\,\mathrm{L} = 118 \times 10^{-3}\,\mathrm{m^3}$

$T = 25\,℃ = 298\,\mathrm{K}$

$M = 44 \times 10^{-3}\,\mathrm{kg/mol}$

式①に代入して

$$m = \frac{pVM}{RT} = \frac{0.701 \times 10^6\,\mathrm{Pa} \times 118 \times 10^{-3}\,\mathrm{m^3} \times 44 \times 10^{-3}\,\mathrm{kg/mol}}{8.31\,\mathrm{Pa \cdot m^3/(mol \cdot K)} \times 298\,\mathrm{K}}$$

$$= 1.47\,\mathrm{kg} \fallingdotseq 1.5\,\mathrm{kg}$$

（答　1.5 kg）

《演習問題 2.9》

各成分の物質量の合計を n_{mix} とすると、理想気体の状態方程式はガス種を問わず成り立つので、次の式が書ける。圧力を p、体積（容器の容積）を V、温度を T として

$$pV = n_{mix}RT$$

p を求める形にすると

$$p = \frac{n_{mix}RT}{V} \quad \cdots\cdots ①$$

成分 i の物質量 n_i は、質量を m_i、モル質量を M_i として

$$n_i = \frac{m_i}{M_i} \quad \cdots\cdots ②$$

気体 A、B、C を添字で表し、各成分の値を式②に代入して n_{mix} を計算すると

$$n_{mix} = n_A + n_B + n_C = \frac{25.5\ \text{g}}{17\ \text{g/mol}} + \frac{61.6\ \text{g}}{28\ \text{g/mol}} + \frac{105.6\ \text{g}}{44\ \text{g/mol}} = 6.1\ \text{mol}$$

式①に値を代入して圧力 p を求める。

$$p = \frac{n_{mix}RT}{V} = \frac{6.1\ \text{mol} \times 8.31\ \text{Pa·m}^3/(\text{mol·K}) \times (500 + 273)\ \text{K}}{2.0 \times 10^{-3}\ \text{m}^3}$$

$$= 19.6 \times 10^6\ \text{Pa} = 19.6\ \text{MPa}$$

（答　**19.6 MPa**）

《演習問題 2.10》

図に示すように、状態 0、状態 1、状態 2 の変化をボイル-シャルル則の式を用いて表すと

$$\frac{p_0V_0}{T_0} = \frac{p_1V_1}{T_1} = \frac{p_0V_1}{T_1} \quad \cdots\cdots ①$$

$$\frac{p_0V_0}{T_0} = \frac{p_2V_2}{T_2} = \frac{p_2V_1}{T_0} \quad \cdots\cdots ②$$

状態 1、状態 2 はともに状態 0 からの変化であるから、① ＝ ②も成り立つ。V_1 は消去されて

$$p_2 = \frac{T_0}{T_1} \times p_0 = \frac{300\ \text{K}}{400\ \text{K}} \times 6.0\ \text{MPa} =$$

4.5 MPa（絶対圧力）　（答　**4.5 MPa**）

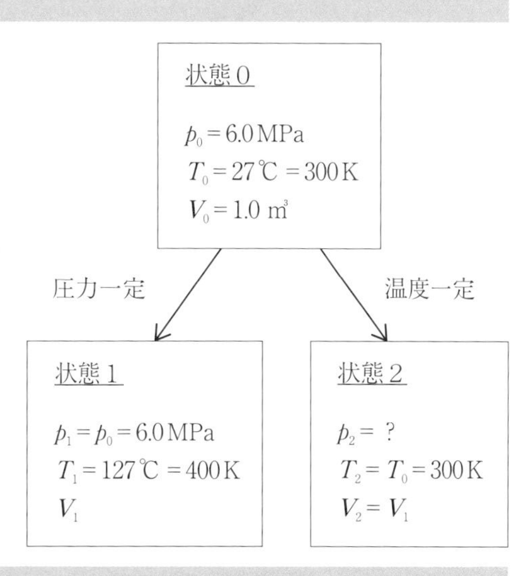

《別解》

1) 状態 0 →状態 1（シャルル則）

$$V_1 = \frac{T_1}{T_0} \cdot V_0 = \frac{400\ \text{K}}{300\ \text{K}} \times 1.0\ \text{m}^3 = \frac{4}{3}\text{m}^3\ (= V_2)$$

2) 状態 0 →状態 2（ボイル則）。$V_2 = V_1$ として

$$p_2 = \frac{V_0}{V_2} \cdot p_0 = \frac{1.0\ \text{m}^3}{\frac{4}{3}\text{m}^3} \times 6.0\ \text{MPa} = 4.5\ \text{MPa}$$

また、状態方程式を用いても計算できる。

《演習問題 2.11》

理想気体の状態方程式を用いる。圧力を p、体積を V、質量を m、モル質量を M、温度を T として、式 (2.5 c) は

$$pV = \frac{m}{M}RT$$

圧力 p を求める形にして、数値を代入する。

$$p = \frac{m}{M} \cdot \frac{RT}{V} = \frac{1.0\,\text{kg}}{28 \times 10^{-3}\,\text{kg/mol}} \times \frac{8.31\,\text{Pa}\cdot\text{m}^3/(\text{mol}\cdot\text{K}) \times (450 + 273)\,\text{K}}{1.0\,\text{m}^3}$$

$$= 214.6 \times 10^3\,\text{Pa} = 214.6\,\text{kPa}\ (\text{絶対圧力})$$

ゲージ圧力 p' になおして（大気圧を p_a）

$$p' = p - p_a = (214.6 - 101.3)\,\text{kPa} = 113.3\,\text{kPa} \fallingdotseq 113\,\text{kPa}\ (\text{ゲージ圧力})$$

（答　113 kPa（ゲージ圧力））

《演習問題 2.12》

定圧変化において、物質量 n、定圧モル熱容量 $C_{m,p}$、温度差 ΔT と熱量 Q の関係は、式(2.6 b)のとおり

$$Q = nC_{m,p}\Delta T \quad \cdots\cdots ①$$

温度差 ΔT は

$$\Delta T = (50 - 20)\,℃ = 30\,℃ = 30\,\text{K}$$

式①を変形して $C_{m,p}$ を求めると

$$C_{m,p} = \frac{Q}{n\Delta T} = \frac{4200\,\text{J}}{4.0\,\text{mol} \times 30\,\text{K}} = 35.0\,\text{J}/(\text{mol}\cdot\text{K})$$

（答　35.0 J/(mol·K)）

《演習問題 2.13》

定圧の条件下で熱量 Q を加えるので、定圧比熱容量 (c_p) をそのまま用いることができる。温度上昇（温度差）を ΔT、気体の質量を m とすると、式 (2.6 a) から

$$Q = mc_p\Delta T = 1\,\text{kg} \times 5\,\text{kJ}/(\text{kg}\cdot\text{K}) \times 100\,\text{K} = 500\,\text{kJ}$$

（答　500 kJ）

《演習問題 2.14》

イ．（×）単位質量（1 kg、1 g）の物質の温度を単位温度（1 K、1 ℃）上昇させるのに必要な熱量が比熱（比熱容量）である。また、単位物質量に対する熱容量（モル熱容量）も併せて理解をしておく。

ロ．（○）同じ条件下にある同じ気体の定圧比熱 c_p は、定容比熱 c_V よりも必ず大きな値になる。c_p には膨張のためのエネルギーが含まれているからである。

ハ．（○）熱容量 C の説明のとおりである。単位質量当たりの熱容量が比熱容量（比熱）c

であり、定義から C はその質量 m に c を乗じたものに等しい ($C = mc$)。

式 (2.6 a) を利用すると

$$Q = C\Delta T = mc\Delta T$$

ニ. (○) 理想気体について、定圧モル熱容量 $C_{m,p}$ と定容モル熱容量 $C_{m,V}$ の差は、気体定数 R に等しく、マイヤーの関係として計算によく使われる (式 (2.7 a))。また、定圧比熱 c_p と定容比熱 c_V の差の関係 (式 (2.7 b) も併せて理解をしておく。

(答　ロ、ハ、ニ)

《演習問題 2.15》

比熱容量の比の定義とマイヤーの関係から、定圧モル熱容量 $C_{m,p}$ を気体定数 R を用いて表す。

$$\frac{C_{m,p}}{C_{m,V}} = \gamma$$

$$\therefore \quad C_{m,V} = \frac{C_{m,p}}{\gamma} \quad \cdots\cdots ①$$

式 (2.7 a) (マイヤーの関係) は

$$C_{m,p} - C_{m,V} = R \quad \cdots\cdots ②$$

式①、②から

$$C_{m,p} = \frac{\gamma}{\gamma - 1} \cdot R \quad \cdots\cdots ③$$

題意により

$$\gamma = \frac{7}{5} = 1.4$$

であるから、式③は

$$C_{m,p} = \frac{\gamma}{\gamma - 1} \cdot R = \frac{1.4}{1.4 - 1} R = 3.5\,R$$

すなわち、$C_{m,p}$ は気体定数 R の 3.5 倍である。　**(答　3.5 倍)**

《演習問題 2.16》

定圧変化の熱量計算に用いる定圧モル熱容量 $C_{m,p}$ が与えられていないが、理想気体のマイヤーの関係からそれを計算できることに気がつく。

問題文前段の定容変化の初期温度を T_0、加熱後を T_1 とすると、後段の定圧変化の初期温度も T_0 と書ける。定容、定圧変化の熱量 Q は、題意により等しいから、式 (2.6 b) を応用して

$$Q = nC_{m,V}(T_1 - T_0) = nC_{m,p}(T - T_0) \quad \cdots\cdots ①$$

$C_{m,p}$ を求めるため、マイヤーの関係の式 (2.7 a) から

$$C_{m,p} - C_{m,V} = R \quad (R \text{ は気体定数}) \quad \cdots\cdots ②$$

$$\therefore \quad C_{m,p} = C_{m,V} + R = (27.2 + 8.31)\,\mathrm{J/(mol \cdot K)} = 35.51\,\mathrm{J/(mol \cdot K)}$$

式①を変形して、温度差 $T - T_0$ を求めると

$$T - T_0 = \frac{C_{m,V}}{C_{m,p}}(T_1 - T_0) = \frac{27.2\ \mathrm{J/(mol \cdot K)}}{35.51\ \mathrm{J/(mol \cdot K)}} \times (430 - 300)\ \mathrm{K} = 99.6\ \mathrm{K}$$

$$\therefore \quad T = (99.6 + T_0)(\mathrm{K}) = (99.6 + 300)\ \mathrm{K} = 399.6\ \mathrm{K} \fallingdotseq 400\ \mathrm{K}$$

また、式①と②から $C_{m,p}$ を消去し、T を求める式を導いて一気に計算すると

$$T = \frac{C_{m,V}}{C_{m,V} + R}(T_1 - T_0) + T_0$$

$$= \frac{27.2\ \mathrm{J/(mol \cdot K)}}{(27.2 + 8.31)\ \mathrm{J/(mol \cdot K)}} \times (430 - 300)\ \mathrm{K} + 300\ \mathrm{K} = 399.6\ \mathrm{K}$$

（答　400 K）

《演習問題 2.17》

各物質 1 mol について式（2.9 b）を用い、モル質量を M（kg/mol）、モル体積を V_m（m³/mol）として密度 ρ を計算する。

$$\rho = \frac{M}{V_m}$$

V_m は標準状態であるから各物質ともに $V_m = 22.4 \times 10^{-3}\ \mathrm{m^3/mol}$ を用いる。

酸素　$$\rho_{O_2} = \frac{32 \times 10^{-3}\ \mathrm{kg/mol}}{22.4 \times 10^{-3}\ \mathrm{m^3/mol}} = 1.43\ \mathrm{kg/m^3}$$（標準状態）

メタン　$$\rho_{CH_4} = \frac{16 \times 10^{-3}\ \mathrm{kg/mol}}{22.4 \times 10^{-3}\ \mathrm{m^3/mol}} = 0.714\ \mathrm{kg/m^3}$$（標準状態）

ブタン　$$\rho_{C_4H_{10}} = \frac{58 \times 10^{-3}\ \mathrm{kg/mol}}{22.4 \times 10^{-3}\ \mathrm{m^3/mol}} = 2.59\ \mathrm{kg/m^3}$$（標準状態）

プロパン　$$\rho_{C_3H_8} = \frac{44 \times 10^{-3}\ \mathrm{kg/mol}}{22.4 \times 10^{-3}\ \mathrm{m^3/mol}} = 1.96\ \mathrm{kg/m^3}$$（標準状態）

（答　$\rho_{O_2} = 1.43\ \mathrm{kg/m^3}$　$\rho_{CH_4} = 0.714\ \mathrm{kg/m^3}$　$\rho_{C_4H_{10}} = 2.59\ \mathrm{kg/m^3}$　$\rho_{C_3H_8} = 1.96\ \mathrm{kg/m^3}$）

なお、式（2.10）のように、分子量を 22.4 で割って ρ（kg/m³）を求める方法もある。

《演習問題 2.18》

二酸化炭素（CO_2）（モル質量 $M = 44 \times 10^{-3}\ \mathrm{kg/mol}$）の 20 ℃ におけるモル体積 V_m を求め、式（2.9 b）を適用する。密度を ρ として

$$\rho = \frac{M}{V_m} \quad \cdots\cdots ①$$

0.1013 MPa、0 ℃ におけるモル体積は 22.4 L/mol であるから、20 ℃ における V_m はシャルル則を用い

$$V_m = 22.4 \times 10^{-3}\ \mathrm{m^3/mol} \times \frac{(273 + 20)\ \mathrm{K}}{273\ \mathrm{K}} = 24.04 \times 10^{-3}\ \mathrm{m^3/mol}$$

式①より

$$\rho = \frac{M}{V_m} = \frac{44 \times 10^{-3}\ \mathrm{kg/mol}}{24.04 \times 10^{-3}\ \mathrm{m^3/mol}} = 1.83\ \mathrm{kg/m^3}$$

（答 1.83 kg/m³）

《別解》

式 (2.5 c) の状態方程式を$\dfrac{m}{V}$ ($=\rho$) を求める形にする。

$$\frac{m}{V}=\frac{pM}{RT}=\rho$$

値を代入して

$$\rho=\frac{pM}{RT}=\frac{101.3\times10^{3}\,\mathrm{Pa}\times44\times10^{-3}\,\mathrm{kg/mol}}{8.31\,\mathrm{Pa\cdot m^3/(mol\cdot K)}\times293\,\mathrm{K}}=1.83\,\mathrm{kg/m^3}$$

《演習問題 2.19》

イ．(○) プロパンの常温での液密度 ρ はおよそ 0.5 kg/L である。したがって、液比体積 v は液密度の逆数であるので

$$v=\frac{1}{\rho}=\frac{1}{0.5\,\mathrm{kg/L}}=2\,\mathrm{L/kg}$$

液密度は計算で求めることができないので、LP に関する資格試験などでは、記憶しておくとよい。

ロ．(○) 1 mol のブタンについて、比体積 v はモル体積 V_{m} とモル質量 M の比であるから、標準状態では

$$v=\frac{V_{\mathrm{m}}}{M}=\frac{22.4\times10^{-3}\,\mathrm{m^3/mol}}{58\times10^{-3}\,\mathrm{kg/mol}}=0.386\,\mathrm{m^3/kg}\fallingdotseq0.4\,\mathrm{m^3/kg}\ (\text{標準状態})$$

ハ．(○) 容器内の液体の LP ガスは、温度が上昇すると膨張し、気相部分を押しのけて体積が増加するので密度は低下する。液の比体積の場合は逆に増加する。押しのける気相部分が液の膨張により少なくなると、圧力が急激に上昇して容器を破壊する液封事故につながるので注意が必要である (2.3.3 節)。

ニ．(×) 記述は、ガスの比重の基準になる気体を標準状態ではなく 15 ℃、標準大気圧の空気といっているので誤りである。なお、ガス比重はある気体の密度と標準状態の空気の密度の比で表されるが、同体積 ($V=V_{\mathrm{air}}$) の場合では次のように質量比でも表すことができるので理解をしておく。

$$\text{ガス比重}=\frac{\rho}{\rho_{\mathrm{air}}}=\frac{m/V}{m_{\mathrm{air}}/V_{\mathrm{air}}}=\frac{m}{m_{\mathrm{air}}}$$

(答　イ、ロ、ハ)

《演習問題 2.20》

プロパンとブタンの物質量 (それぞれ n_{P}、n_{B}) の合計 n を計算し、標準状態におけるモル体積 V_{m} を乗じて気体の合計の体積 V を計算する。質量 m の合計は既知であるから密度 ρ が求められる。モル質量を M として

$$\text{プロパン}\quad n_{\mathrm{P}}=\frac{m_{\mathrm{P}}}{M_{\mathrm{P}}}=\frac{35\,\mathrm{kg}}{44\times10^{-3}\,\mathrm{kg/mol}}=0.795\times10^{3}\,\mathrm{mol}$$

$$\text{ブタン}\quad n_{\mathrm{B}}=\frac{m_{\mathrm{B}}}{M_{\mathrm{B}}}=\frac{15\,\mathrm{kg}}{58\times10^{-3}\,\mathrm{kg/mol}}=0.259\times10^{3}\,\mathrm{mol}$$

$$\text{合計} \quad n = n_P + n_B = (0.795 + 0.259) \times 10^3\ \text{mol} = 1.054 \times 10^3\ \text{mol}$$

LP ガスの体積 V は

$$V = nV_m = 1.054 \times 10^3\ \text{mol} \times 22.4 \times 10^{-3}\ \text{m}^3/\text{mol} = 23.61\ \text{m}^3$$

密度 ρ は

$$\rho = \frac{m}{V} = \frac{(35 + 15)\ \text{kg}}{23.61\ \text{m}^3} = 2.12\ \text{kg/m}^3 \quad (\text{標準状態})$$

（答　2.12 kg/m³）

《別解》

分子量を A として、後述する LP ガスの平均分子量 A_{mix} から ρ を算出する。

各成分の質量を 1 /1000 にして（g 単位）、モル分率 x_P、x_B を計算する（単位は省略）。

$$x_P = \frac{n_P}{n_P + n_B} = \frac{\dfrac{m_P}{M_P}}{\dfrac{m_P}{M_P} + \dfrac{m_B}{M_B}} = \frac{\dfrac{35}{44}}{\dfrac{35}{44} + \dfrac{15}{58}} = 0.755$$

$$x_B = 1 - 0.755 = 0.245$$

$$\text{平均分子量}\ A_{mix} = A_P x_P + A_B x_B = 44 \times 0.755 + 58 \times 0.245 = 47.43$$

式 (2.10) から

$$\rho = \frac{A_{mix}}{22.4}\ (\text{kg/m}^3) = \frac{47.43}{22.4}\ \text{kg/m}^3 = 2.12\ \text{kg/m}^3 \quad (\text{標準状態})$$

《演習問題 2.21》

設問の図（グラフ）は、液体のプロパンの比体積 v と温度の関係を示しているので、充満するときの比体積 v がわかると、そのときの温度が得られることに着目する。

質量 (m) 21 kg の液化プロパンが容器に充満するときの体積 (V) は、容器の容積に一致するので 47 L である。すなわち、m と V が既知となるので v が計算できる。

式 (2.12) から

$$v = \frac{V}{m} = \frac{47\ \text{L}}{21\ \text{kg}} = 2.24\ \text{L/kg} \quad \cdots\cdots\cdots\text{①}$$

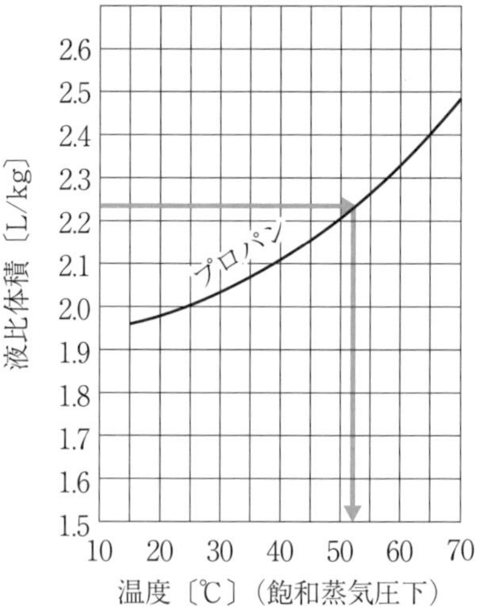

プロパンの液比体積と温度の関係

図のように比体積の値から温度を読み取ると、約 52℃ となる。　**（答　52℃）**

液化プロパンの過充てんを続けると、式①から充満時の比体積が小さくなり、図からそのときの温度も低下するので、気温の変化による容器の破裂（液封事故）の危険性も高くなる。

《演習問題 2.22》

体積分率とモル分率は等しいので、式 (2.21 a) を用いて平均分子量を求めると、混合気体のモル質量 M_{mix} が決まる。これをモル体積 V_m で割るとガス密度 ρ が得られる。

成分の分子量を　$N_2 = 28$、$O_2 = 32$、$CO_2 = 44$、$H_2 = 2$ として、式 (2.21 a) は

$$平均分子量 = 0.38 \times 28 + 0.12 \times 32 + 0.22 \times 44 + 0.28 \times 2 = 24.72$$

したがって、そのモル質量 M_{mix} は　$M_{mix} = 24.72 \times 10^{-3}$ kg/mol である。

標準状態におけるガス密度 ρ は、式 (2.9 b) から

$$\rho = \frac{M_{mix}}{V_m} = \frac{24.72 \times 10^{-3}\,\text{kg/mol}}{22.4 \times 10^{-3}\,\text{m}^3\text{/mol}} = 1.10\,\text{kg/m}^3 \quad (標準状態)$$

（答　**1.10 kg/m³**）

《別解》

混合気体 1 m³ 中の各成分 i の質量 m_i を計算し、その合計 m_{mix} を 1 m³ で割るとガス密度 ρ が得られる。質量 m、体積 V、モル質量 M、モル体積 V_m の次の関係を用いて

$$m = \frac{V}{V_m} M$$

$$N_2: \quad m_{N_2} = \frac{1\,\text{m}^3 \times 0.38}{22.4 \times 10^{-3}\,\text{m}^3\text{/mol}} \times 28 \times 10^{-3}\,\text{kg/mol} = 0.475\,\text{kg}$$

$$O_2: \quad m_{O_2} = \frac{1\,\text{m}^3 \times 0.12}{22.4 \times 10^{-3}\,\text{m}^3\text{/mol}} \times 32 \times 10^{-3}\,\text{kg/mol} = 0.171\,\text{kg}$$

$$CO_2: \quad m_{CO_2} = \frac{1\,\text{m}^3 \times 0.22}{22.4 \times 10^{-3}\,\text{m}^3\text{/mol}} \times 44 \times 10^{-3}\,\text{kg/mol} = 0.432\,\text{kg}$$

$$H_2: \quad m_{H_2} = \frac{1\,\text{m}^3 \times 0.28}{22.4 \times 10^{-3}\,\text{m}^3\text{/mol}} \times 2 \times 10^{-3}\,\text{kg/mol} = 0.025\,\text{kg}$$

$$\therefore \quad m_{mix} = m_{N_2} + m_{O_2} + m_{CO_2} + m_{H_2} = (0.475 + 0.171 + 0.432 + 0.025)\,\text{kg} = 1.103\,\text{kg}$$

ガス密度 ρ は

$$\rho = \frac{m_{mix}}{1\,\text{m}^3} = \frac{1.103\,\text{kg}}{1\,\text{m}^3} = 1.103\,\text{kg/m}^3 \fallingdotseq 1.10\,\text{kg/m}^3 \quad (標準状態)$$

《演習問題 2.23》

モル分率を質量分率になおして計算する。

LP ガス 1 mol について、質量を m、モル質量を M とし、プロパンを P、ブタンを B の添字で表すとプロパンの質量分率は式 (2.20) から

$$プロパンの質量分率 = \frac{m_P}{m_P + m_B} = \frac{n_P M_P}{n_P M_P + n_B M_B}$$

$$= \frac{1\,\text{mol} \times 0.70 \times 44\,\text{g/mol}}{1\,\text{mol} \times 0.70 \times 44\,\text{g/mol} + 1\,\text{mol} \times 0.30 \times 58\,\text{g/mol}} = 0.639$$

したがって

$$プロパンの質量 = 50\,\text{kg} \times 0.639 = 31.95\,\text{kg} \fallingdotseq 32.0\,\text{kg}$$

（答　**32.0 kg**）

《別解》

LP ガスのモル質量 M_{mix} を平均分子量から計算する。式 (2.21 a) から

$$\text{混合ガスの平均分子量} = 0.70 \times 44 + 0.30 \times 58 = 48.2$$

$$\therefore \quad M_{mix} = 48.2 \times 10^{-3}\ \text{kg/mol}$$

混合ガス 50 kg の物質量 n_{mix} は

$$n_{mix} = \frac{m_{mix}}{M_{mix}} = \frac{50\ \text{kg}}{48.2 \times 10^{-3}\ \text{kg/mol}} = 1.037 \times 10^{3}\ \text{mol}$$

$$\therefore \quad \text{プロパンの質量} = n_{mix} x_P M_P = 1.037 \times 10^{3}\ \text{mol} \times 0.70 \times 44 \times 10^{-3}\ \text{kg/mol} = 31.94\ \text{kg}$$

ここで、x_P はプロパンのモル分率である。

《演習問題 2.24》

イ. (○) 各成分の質量 m から物質量を計算し、その体積 V を求めて密度 ρ_{mix} を計算する。プロパンを P、ブタンを B の添字で表す。

$$\text{プロパンの体積}\ V_P = \frac{m_P}{M_P} \cdot V_m = \frac{45\ \text{kg}}{44 \times 10^{-3}\ \text{kg/mol}} \times 22.4 \times 10^{-3}\ \text{m}^3/\text{mol} = 22.91\ \text{m}^3$$

$$\text{ブタンの体積}\ V_B = \frac{m_B}{M_B} \cdot V_m = \frac{5\ \text{kg}}{58 \times 10^{-3}\ \text{kg/mol}} \times 22.4 \times 10^{-3}\ \text{m}^3/\text{mol} = 1.93\ \text{m}^3$$

$$\text{混合ガスの体積}\ V_{mix} = V_P + V_B = (22.91 + 1.93)\ \text{m}^3 = 24.84\ \text{m}^3$$

したがって、混合ガスの密度 ρ_{mix} は

$$\rho_{mix} = \frac{m_P + m_B}{V_{mix}} = \frac{(45 + 5)\ \text{kg}}{24.84\ \text{m}^3} = 2.01\ \text{kg/m}^3 \fallingdotseq 2.0\ \text{kg/m}^3 \quad (\text{標準状態})$$

《別解》

記述の質量の 1 /1000 の量(g 単位になる)についてモル分率 x を求め(単位は分子、分母ともに $\frac{\text{g}}{\text{g/mol}}$ になるので省略)、平均分子量を計算する。

$$x_P = \frac{n_P}{n_P + n_B} = \frac{\frac{m_P}{M_P}}{\frac{m_P}{M_P} + \frac{m_B}{M_B}} = \frac{\frac{45}{44}}{\frac{45}{44} + \frac{5}{58}} = 0.922$$

$$x_B = 1 - x_P = 1 - 0.922 = 0.078$$

$$\therefore \quad \text{平均分子量} = 0.922 \times 44 + 0.078 \times 58 = 45.09$$

密度 ρ_{mix} は、式 (2.10) から

$$\rho_{mix} = \frac{45.09}{22.4}\,\mathrm{kg/m^3} = 2.01\,\mathrm{kg/m^3} \quad (標準状態)$$

ロ．（×）理想気体の全圧と分圧の関係は、式（2.18）のとおり、全圧とその成分のモル分率の積がその成分の分圧となる。

ハ．（○）理想気体では、式 (2.19) のとおり各成分の体積分率とモル分率は等しい。

ニ．（×）質量 m、物質量 n、モル質量 M の関係式

$$m \quad nM$$

を用いて、混合ガス 100 mol について質量分率を計算する。エチレンを E、プロパンを P、ブタンを B の添字で表すと（単位は分子、分母ともに mol・g/mol になるので省略）

$$ブタンの質量分率 = \frac{m_B}{m_E + m_P + m_B} = \frac{n_B M_B}{n_E M_E + n_P M_P + n_B M_B}$$

$$= \frac{30 \times 58}{20 \times 28 + 50 \times 44 + 30 \times 58} = 0.387$$

（答　イ、ハ）

《演習問題 2.25》

物質量を n、質量を m、体積を V、モル質量を M、モル体積を V_m、モル分率を x とし、プロパンを P、ブタンを B、混合ガスを mix の添字で表す。

標準状態の混合ガスの体積 $V_{mix} = 2016\,\mathrm{L}$ の物質量 n_{mix} は、アボガドロの法則から

$$n_{mix} = \frac{V_{mix}}{V_m} = \frac{2016\,\mathrm{L}}{22.4\,\mathrm{L/mol}} = 90.0\,\mathrm{mol}$$

この物質量の質量が示されているので、モル質量 M_{mix} がわかり、分子量が決まる。平均分子量の式（2.21 a）を用いてブタンのモル分率 x_B が計算できるので、混合ガス中のブタンの物質量 n_B は式 (2.17) のとおり

$$n_B = n_{mix} x_B \quad \cdots\cdots ①$$

で求めることができる。計算を進めると

$$M_{mix} = \frac{m_{mix}}{n_{mix}} = \frac{4520\,\mathrm{g}}{90.0\,\mathrm{mol}} = 50.22\,\mathrm{g/mol}$$

平均分子量は 50.22 であるから、$x_P = 1 - x_B$ として、式 (2.21 a) から

$$(1 - x_B) \times 44 + x_B \times 58 = 50.22$$

$$\therefore \quad x_B = 0.444$$

求めるブタンの物質量 n_B は、式①から

$$n_B = n_{mix} x_B = 90.0\,\mathrm{mol} \times 0.444 = 39.96\,\mathrm{mol} \fallingdotseq 40.0\,\mathrm{mol}$$

（答　40.0 mol）

《別解》

物質量 n (mol) と質量 m（g）について、次の連立方程式を立てて、ブタンの物質量 n_B を直接計算する。

$$\begin{cases} n_P + n_B = 90.0\ (\text{mol}) \\ m_P + m_B = n_P M_P + n_B M_B = 4520\ (\text{g}) \end{cases}$$

n_B について解くと

$$n_B = \frac{4520 - 90.0\ M_P}{M_B - M_P} = \frac{4520\ (\text{g}) - 90.0\ (\text{mol}) \times 44\ (\text{g/mol})}{(58 - 44)\ (\text{g/mol})} = 40.0\ \text{mol}$$

また、別の方法として、混合ガスの密度がわかるので、純プロパン、純ブタンのガス密度との関係（式 (2.21 d)）を用いて x_B を求めることもできる。

《演習問題 2.26》

物質量を n とし、理想気体 A、B をそれぞれ A、B の添字で表す。

設問では、全圧 p と A の分圧 p_A が示されているので、ドルトンの分圧の法則（式 (2.16)）により気体 B の分圧 p_B は

$$p_B = p - p_A = (100 - 40)\ \text{kPa} = 60\ \text{kPa}$$

気体 A と B の物質量（n_A、n_B）と分圧（p_A、p_B）の関係は、状態方程式から導かれる式 (2.14) のとおり比例関係にあるので

$$\frac{n_B}{n_A} = \frac{p_B}{p_A} \quad \cdots\cdots ①$$

ここで

$$n_A = \frac{17.6\ \text{g}}{44\ \text{g/mol}} = 0.40\ \text{mol}$$

$$p_A = 40\ \text{kPa} \quad p_B = 60\ \text{kPa}$$

であるから、式①を変形して

$$n_B = n_A \cdot \frac{p_B}{p_A} = 0.40\ \text{mol} \times \frac{60\ \text{kPa}}{40\ \text{kPa}} = 0.60\ \text{mol}$$

気体 B のモル質量 M_B は 28 g/mol であるから、その質量 m_B は

$$m_B = n_B M_B = 0.60\ \text{mol} \times 28\ \text{g/mol} = 16.8\ \text{g}$$

（答 16.8 g）

《別解》

気体 A の分圧 p_A と全圧 p の関係から式を導く。式 (2.18) のとおり

$$p_A = \frac{n_A}{n_A + n_B} \cdot p$$

変形して

$$n_B = n_A \left(\frac{p}{p_A} - 1 \right) \quad \cdots\cdots ②$$

既に計算したように $n_A = 0.40$ mol であるから

演習問題の解答

$$n_B = 0.40\,\mathrm{mol} \times \left(\frac{100\,\mathrm{kPa}}{40\,\mathrm{kPa}} - 1\right) = 0.60\,\mathrm{mol}$$

$$\therefore \quad m_B = 0.60\,\mathrm{mol} \times 28\,\mathrm{g/mol} = 16.8\,\mathrm{g}$$

《演習問題 2.27》

分圧の定義とボイル則を適用して方程式を書く。初期の気体 A、B の状態を「状態 A」、「状態 B」とし、変化後の混合した状態を「状態 C」とする。圧力を p、体積を V、温度を T とし、変化後の分圧を A、B について p_{CA}、p_{CB} として図のような状態変化とする。

温度一定なので、A、B ともにボイル則が適用できる。すなわち、分圧の定義から、A および B の変化前の圧力と体積の積は変化後の分圧と全体積の積に等しい。また、変化後の分圧は、ドルトンの分圧則が適用できることに着目して、次の連立方程式が書ける。

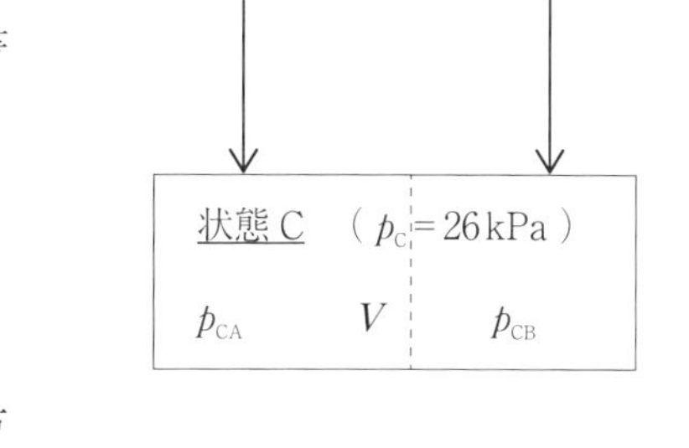

$$\begin{cases} p_A V_A = p_{CA} V \\ p_B V_B = p_{CB} V \\ p_{CA} + p_{CB} = p_C \end{cases}$$

圧力の単位を kPa、体積を L として V について方程式を解くと（単位は省略）

$$V = \frac{p_A V_A + p_B V_B}{p_C} = \frac{50 \times 10 + 82 \times 5}{26} = 35\,(\mathrm{L}) \quad \cdots\cdots ① \qquad \text{（答　35 L）}$$

《別解》

題意から状態方程式を用いて

$$\begin{cases} p_A V_A = n_A RT & \cdots\cdots ② \\ p_B V_B = n_B RT & \cdots\cdots ③ \\ p_C V = (n_A + n_B) RT & \cdots\cdots ④ \end{cases}$$

が成り立つ。式④を変形し、式②、③の関係を使って V を求めると

$$V = \frac{(n_A + n_B) RT}{p_C} = \frac{n_A RT + n_B RT}{p_C} = \frac{p_A V_A + p_B V_B}{p_C} \quad \cdots\cdots ⑤$$

となり、式①と同じものが得られる。

なお、温度 T が与えられているので、n_A と n_B の数値を計算し、式⑤の前段から V を求めることもできる。

《演習問題 2.28》

質量 $m = 280\,\mathrm{kg}$、体積 $V = 1.0\,\mathrm{m^3}$、モル質量 $M = 28 \times 10^{-3}\,\mathrm{kg/mol}$ であるので、充てんした窒素の物質量 n およびモル体積 V_m は

$$n = \frac{m}{M} = \frac{280\,\mathrm{kg}}{28 \times 10^{-3}\,\mathrm{kg/mol}} = 10^4\,\mathrm{mol}$$

$$V_\mathrm{m} = \frac{V}{n} = \frac{1.0\,\mathrm{m}^3}{10^4\,\mathrm{mol}} = 10^{-4}\,\mathrm{m}^3/\mathrm{mol}$$

与えられたファン・デル・ワールス式にこの値および a、b を代入すると

$$\left(p + \frac{0.1369\,\mathrm{Pa \cdot m^6/mol^2}}{(10^{-4}\,\mathrm{m^3/mol})^2}\right) \times (10^{-4} - 38.6 \times 10^{-6})\,\mathrm{m^3/mol} = 8.31\,\mathrm{Pa \cdot m^3/(mol \cdot K)} \times 200\,\mathrm{K}$$

これを解いて

$$p = 13.4 \times 10^6\,\mathrm{Pa} = 13.4\,\mathrm{MPa}$$

（答　**13.4 MPa**）

《演習問題 2.29》

圧力を p、体積を V、物質量を n、温度を T とし、圧縮係数 z を用いた状態方程式 (2.24 b) は

$$pV = nzRT$$

$$\therefore \quad z = \frac{pV}{nRT} \quad \cdots\cdots ①$$

ここで

$p = 30\,\mathrm{MPa} = 30 \times 10^6\,\mathrm{Pa}$　　$V = 2.0 \times 10^{-4}\,\mathrm{m}^3$

$n = 3\,\mathrm{mol}$　　$T = 0\,℃ = 273\,\mathrm{K}$

を式①に代入して

$$z = \frac{pV}{nRT} = \frac{30 \times 10^6\,\mathrm{Pa} \times 2.0 \times 10^{-4}\,\mathrm{m}^3}{3\,\mathrm{mol} \times 8.31\,\mathrm{Pa \cdot m^3/(mol \cdot K)} \times 273\,\mathrm{K}} = 0.88$$

（答　**0.88**）

《演習問題 2.30》

対臨界値を求める。

$$T_\mathrm{r} = \frac{T}{T_\mathrm{c}} = \frac{(38 + 273)\,\mathrm{K}}{282.34\,\mathrm{K}} = 1.10$$

$$p_\mathrm{r} = \frac{p}{p_\mathrm{c}} = \frac{10.1\,\mathrm{MPa}}{5.04\,\mathrm{MPa}} = 2.0$$

z 線図の $T_\mathrm{r} = 1.10$ の曲線と $p_\mathrm{r} = 2.0$ の垂直線の交差から z を読み取る。

$$z = 0.40$$

状態方程式を変形して、エチレンの物質量 n は

$$n = \frac{pV}{zRT} = \frac{10.1 \times 10^6\,\mathrm{Pa} \times 50.0 \times 10^{-3}\,\mathrm{m}^3}{0.40 \times 8.31\,\mathrm{Pa \cdot m^3/(mol \cdot K)} \times 311\,\mathrm{K}} = 0.489 \times 10^3\,\mathrm{mol}$$

エチレンのモル質量 $M = 28 \times 10^{-3}\,\mathrm{kg/mol}$ であるから、質量 m は

$$m = nM = 0.489 \times 10^3\,\mathrm{mol} \times 28 \times 10^{-3}\,\mathrm{kg/mol} = 13.7\,\mathrm{kg}$$

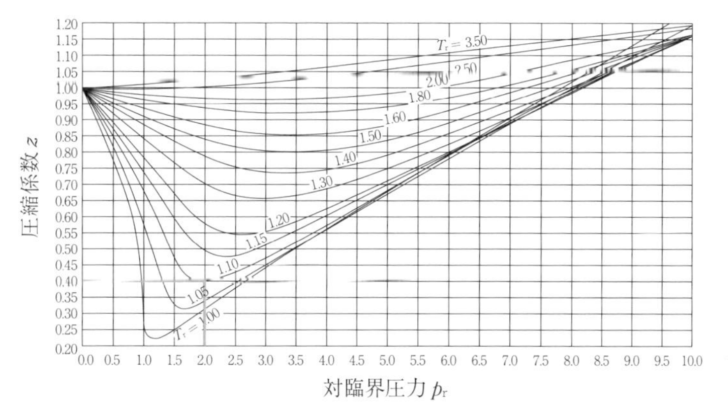

（答　**13.7 kg**）

《演習問題 2.31》

一般化 z 線図を用いるために、対臨界値（p_r、T_r）を求める。

温度 T は、$(-5.7+273.15)$ K ≒ 267.5 K であるから

$$T_r = \frac{T}{T_c} = \frac{267.5\ \mathrm{K}}{191\ \mathrm{K}} = 1.40$$

$$p_r = \frac{p}{p_c} = \frac{8.3\ \mathrm{MPa}}{4.6\ \mathrm{MPa}} = 1.80$$

z 線図の横軸 $p_r = 1.80$ と T_r の曲線の $T_r = 1.40$ との交点から、図のように z を読み取る。

$z = 0.8$

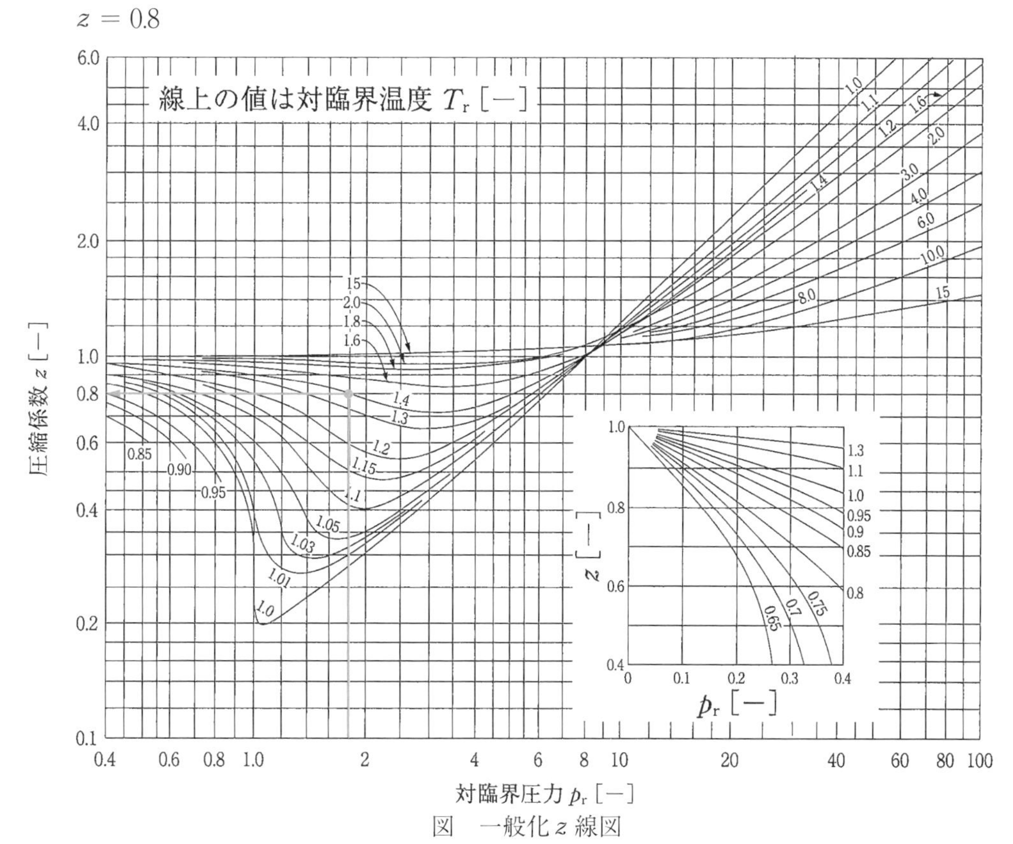

図　一般化 z 線図

示された状態方程式を変形して、体積 V を求める。

$$V=\frac{nzRT}{p}=\frac{3.0\,\mathrm{mol}\times 0.8\times 8.314\,\mathrm{Pa\cdot m^3/(mol\cdot K)}\times 267.5\,\mathrm{K}}{8.3\times 10^6\,\mathrm{Pa}}$$

$$=643\times 10^{-6}\,\mathrm{m^3}\fallingdotseq 6.4\times 10^{-4}\,\mathrm{m^3}$$ （答　**$6.4\times 10^{-4}\,\mathrm{m^3}$**）

《演習問題 2.32》

標準大気圧下の水の沸点は 100 ℃ である。30 ℃ から 100 ℃ まで加熱するのに要する顕熱を Q_1、気化するときの潜熱を Q_2 として、その合計 (Q_1+Q_2) を計算する。

質量を m、比熱容量を c、温度差を ΔT、蒸発潜熱を λ とする。

$$Q_1=mc\Delta T=20.0\,\mathrm{kg}\times 4.19\,\mathrm{kJ/(kg\cdot K)}\times 70\,\mathrm{K}=5866\,\mathrm{kJ}$$

$$Q_2=m\lambda=20.0\,\mathrm{kg}\times 2260\,\mathrm{kJ/kg}=45200\,\mathrm{kJ}$$

合計熱量 Q は

$$Q=Q_1+Q_2=(5866+45200)\,\mathrm{kJ}=51066\,\mathrm{kJ}\fallingdotseq 51.1\,\mathrm{MJ}$$ （答　**51.1 MJ**）

《演習問題 2.33》

モル蒸発熱を λ_{m}、物質量を n とすると、必要な蒸発潜熱 Q は、式 (2.26 b) のとおり

$$Q=n\lambda_{\mathrm{m}} \quad \cdots\cdots ①$$

モル質量 M と質量 m の値が示されているので

$$n=\frac{m}{M}=\frac{0.1\,\mathrm{kg}}{18\times 10^{-3}\,\mathrm{kg/mol}}\quad (=5.56\,\mathrm{mol})$$

式①に代入して

$$Q=n\lambda_{\mathrm{m}}=\frac{0.1\,\mathrm{kg}}{18\times 10^{-3}\,\mathrm{kg/mol}}\times 40.7\,\mathrm{kJ/mol}=226.1\,\mathrm{kJ}\fallingdotseq 226\,\mathrm{kJ}$$ （答　**226 kJ**）

《演習問題 2.34》

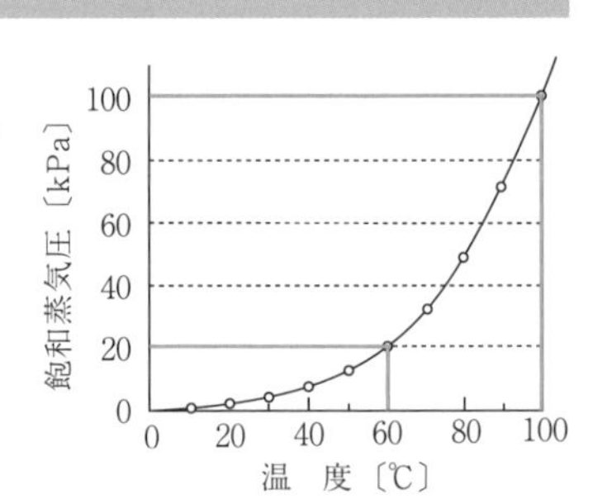

1）　100 ℃ における各成分の分圧

空気の分圧を p_{air}、水蒸気の分圧を p_{w}、全圧を p として

$p_{\mathrm{w}}=$ 水の飽和蒸気圧 $=100\,\mathrm{kPa}$（図から読み取る）

ドルトンの分圧の法則から

$$p_{\mathrm{air}}=p-p_{\mathrm{w}}=400\,\mathrm{kPa}-100\,\mathrm{kPa}=300\,\mathrm{kPa}$$

2）　60 ℃ における各成分の分圧および全圧

空気の分圧を p'_{air}、水蒸気の分圧を p'_{w} として

$p'_{\mathrm{w}}=$ 水の飽和蒸気圧 $=20\,\mathrm{kPa}$（図から読み取る）

非凝縮性の空気はボイル-シャルルの法則に従うので（$V=$ 一定）

$$p'_{\mathrm{air}}=p_{\mathrm{air}}\times\frac{(60+273)\mathrm{K}}{(100+273)\mathrm{K}}=300\,\mathrm{kPa}\times\frac{333\,\mathrm{K}}{373\,\mathrm{K}}=268\,\mathrm{kPa}$$

したがって、求める全圧 p' は分圧の法則により

$$p'=p'_{\mathrm{air}}+p'_{\mathrm{w}}=268\,\mathrm{kPa}+20\,\mathrm{kPa}=288\,\mathrm{kPa}$$ （答　**288 kPa**）

《演習問題 2.35》

イ．(○) 純物質の飽和蒸気圧は温度によって決まり、液量の多少には無関係である。また、各温度における飽和蒸気圧はその物質に固有のものである。

ロ．(○) 相変化（固体⇔液体、液体⇔気体、気体⇔固体）にはそれぞれ名称がついた潜熱がある。液体⇔気体の相変化では、蒸発熱（気化熱）と凝縮熱の値は同一温度において等しく、熱の方向（吸収または放出）が逆になる。他の相変化でも同様である。

ハ．(○) 大気は非凝縮成分の空気と凝縮成分の水蒸気の混合気体と考えることができ、これを冷却していく過程で、凝縮成分の水蒸気の分圧が飽和水蒸気圧と等しくなると、それ以上気体の状態が保てなくなり、一部が凝縮して液体の露を結ぶ。この温度が露点である。この結露による設備の腐食などが問題になることもあり、知識として理解しておくことも重要である。

ニ．(×) 沸点は、液面に作用する圧力と飽和蒸気圧が等しくなる温度であり、液面の圧力（全圧）が上昇するとその全圧と同じ蒸気圧になる温度である沸点も上昇する。前段は正しいが、後段が誤りである。なお、沸点は物質に固有の値（物性定数）であり、物質を特定する（同定する）ときなどに用いられることも理解しておく。

ホ．(×) 三重点は、気相、液相、固相が共存している状態のことであるが、この状態においても液相から気相に変化するときには蒸発熱が必要である。なお、臨界点においては、液相、気相の区別がなくなるので蒸発熱もなくなる（ゼロになる）。

（答　イ、ロ、ハ）

《演習問題 2.36》

設問にある式①は、化学熱力学の中で導かれる式（クラウジウス－クラペイロンの式）であるが、ここでは、物質の蒸気圧と温度からモル蒸発熱を計算するものであるので、この章で取り上げている。

式①を変形して λ_V を求める形にすると

$$\lambda_V = R\ln\left(\frac{p_2}{p_1}\right) \times \frac{1}{\left(\frac{1}{T_1} - \frac{1}{T_2}\right)} \quad \cdots\cdots ②$$

100 ℃ の状態を 1、105 ℃ の状態を 2 として添字で表すと

状態 1　：　$T_1 = 100$ ℃ $= 373$ K　　$p_1 = 101.3$ kPa

状態 2　：　$T_2 = 105$ ℃ $= 378$ K　　$p_2 = 120.5$ kPa

式②の対数項は、表を用いて

$\ln\left(\frac{p_2}{p_1}\right) = \ln\left(\frac{120.5 \text{ kPa}}{101.3 \text{ kPa}}\right) = \ln 1.190 = 0.174$　（表の上欄の $A = 1.190$ の下欄の数値）

式②の温度の項は

$$\frac{1}{T_1}-\frac{1}{T_2}=\frac{1}{373\,\mathrm{K}}-\frac{1}{378\,\mathrm{K}}=3.55\times10^{-5}\,\mathrm{K}^{-1}$$

式②は

$$\lambda_V = R\ln\left(\frac{p_2}{p_1}\right)\times\frac{1}{\left(\frac{1}{T_1}-\frac{1}{T_2}\right)}=\frac{8.31\,\mathrm{J/(mol\cdot K)}\times0.174}{3.55\times10^{-5}\,\mathrm{K}^{-1}}$$

$$=40.7\times10^{3}\,\mathrm{J/mol}=40.7\,\mathrm{kJ/mol}$$ （**答　40.7 kJ/mol**）

《演習問題 2.37》

理想溶液の問題なので、ラウールの法則を適用する。

液相の成分のモル分率を x、全圧（全蒸気圧）を p、i 成分の分圧を p_i、純物質の蒸気圧を p^*で表し、プロパンを P、n- ブタンを B の添字で表す。

分圧の法則から

$$p_P + p_B = p \quad \cdots\cdots ①$$

ラウール則の式 (2.27 a) を用い、$p_P = x_P p^*{}_P$、$p_B = x_B p^*{}_B$ であるから、式①は

$$x_P p^*{}_P + x_B p^*{}_B = p \quad \cdots\cdots ②$$

x_P と x_B の関係式　$x_P + x_B = 1$　を式②に適用し、x_P を求める形にして値を代入する。全圧 p を絶対圧力になおし、$p = 0.90$ MPa として

$$x_P = \frac{p - p^*{}_B}{p^*{}_P - p^*{}_B} = \frac{(0.90-0.28)\,\mathrm{MPa}}{(1.07-0.28)\,\mathrm{MPa}} = 0.785 = 78.5\,\mathrm{mol\%}$$ （**答　78.5 mol %**）

《演習問題 2.38》

液相のモル分率が示されていないので、ラウール則と分圧則からそれを算出してベンゼンの分圧を求めると、全圧との関係から気相のモル分率が得られる。

気相の全圧（混合気体の蒸気圧）を p、i 成分の分圧を p_i、液相、気相のモル分率をそれぞれ x_i、y_i および純物質の蒸気圧を $p^*{}_i$ とし、ベンゼンを B、トルエンを T の添字で表す。

ラウール則と分圧則から

$$p = p_B + p_T = x_B p^*{}_B + x_T p^*{}_T = x_B p^*{}_B + (1 - x_B)\,p^*{}_T$$

$$\therefore\quad x_B = \frac{p - p^*{}_T}{p^*{}_B - p^*{}_T} = \frac{(101.3-57.5)\,\mathrm{kPa}}{(143.5-57.5)\,\mathrm{kPa}} = 0.5093$$

ベンゼンの液相のモル分率 x_B が得られたので、ベンゼンの気相分圧 p_B は

$$p_B = x_B p^*{}_B = 0.5093\times143.5\,\mathrm{kPa} = 73.08\,\mathrm{kPa}$$

気相中のベンゼンのモル分率 y_B は、分圧と全圧の関係（式 (2.19)）から

$$y_B = \frac{p_B}{p} = \frac{73.08\,\mathrm{kPa}}{101.3\,\mathrm{kPa}} = 0.721$$ （**答　0.721**）

《演習問題 2.39》

標準大気圧の状態を 1、加圧した状態を 2 の添字で表す。

求める圧力 p_2 のときの水 0.1 m^3 に溶解している CO_2 (0.5 m^3、20 ℃、0.101 MPa) の物質量 n_2 は、状態方程式から

$$n_2 = \frac{pV}{RT} = \frac{0.101 \times 10^6\,\mathrm{Pa} \times 0.5\,\mathrm{m^3}}{8.31\,\mathrm{Pa \cdot m^3/(mol \cdot K)} \times 293\,\mathrm{K}} = 20.74\,\mathrm{mol}\ (0.1\,\mathrm{m^3}\text{の水中})$$

状態 1 ($p_1 = 0.101$ MPa) において、0.1 m^3 の水に溶解している CO_2 の物質量 n_1 は

$$n_1 = 39\,\mathrm{mol/m^3}\,(\text{水}) \times 0.1\,\mathrm{m^3}\,(\text{水}) = 3.9\,\mathrm{mol}$$

ヘンリーの法則では、溶解量は分圧（この場合は全圧）に比例するので

$$\frac{p_2}{p_1} = \frac{n_2}{n_1}$$

すなわち、求める圧力 p_2 は

$$p_2 = \frac{n_2}{n_1} \times p_1 = \frac{20.74\,\mathrm{mol}}{3.9\,\mathrm{mol}} \times 0.101\,\mathrm{MPa} = 0.537\,\mathrm{MPa} \fallingdotseq 0.54\,\mathrm{MPa}$$

（答　0.54 MPa）

《演習問題 2.40》

イ．（○）理想溶液にはラウールの法則が適用でき、式 (2.27 a) の説明のとおりである。

ロ．（×）混合溶液中の低沸点成分(ここではプロパン)が多くなれば全蒸気圧は高くなり、少なくなれば低くなる。低沸点成分は高沸点成分より蒸気圧が高く、ラウール則の説明の圧力と組成の説明図からも理解できる。

ハ．（×）ヘンリーの法則では、溶媒に溶解する気体の濃度とその分圧は正比例関係にある。したがって、分圧が高くなると溶解する気体の濃度は上昇し、その質量は増加する。

ニ．（×）溶質、溶媒が同じでも、ヘンリー定数は温度によって変化する。これは、温度が上昇すると、気体の溶解度が減少することからも理解できる。すなわち、i 成分について、分圧を p_i、液中の濃度を c_i、ヘンリー定数を H として、式 (2.28) を変形すると

$$H = \frac{p_i}{c_i}$$

この式について、分圧 p_i 一定で温度を上昇させると溶解している気体の濃度 c_i が減少する（分母が小さくなる）ので、ヘンリー定数 H は大きくなることがわかる。

なお、ヘンリー定数は、温度が一定であれば、組成、圧力が変化しても一定となる性質がある。

ホ．（×）ヘンリーの法則は、溶解する気体の濃度（分圧）および溶液中の濃度の低いときによく成り立つ。したがって、気体中の溶解成分の高い場合や溶解度の高い気体の場合などではかい離が大きくなる。　**（答　イ）**

《演習問題 2.41》

体積 V、体積の変化 ΔV、温度差 Δt および体積膨張係数 α_V の関係は、式 (2.29 a) のとおり

$$\frac{\Delta V}{V} = \alpha_V \Delta t$$

これを変形して

$$\alpha_V = \frac{\Delta V}{V} \cdot \frac{1}{\Delta t} \quad \cdots\cdots ①$$

ここで、ΔV は V の 10 % であるから

$$\frac{\Delta V}{V} = \frac{0.1\,V}{V} = 0.1$$

また、Δt は

$$\Delta t = (90 - 20)\,℃ = 70\,℃ = 70\,\mathrm{K}$$

式①から体積膨張係数 α_V は

$$\alpha_V = \frac{\Delta V}{V} \cdot \frac{1}{\Delta t} = 0.1 \times \frac{1}{70\,\mathrm{K}} = 0.00143\,\mathrm{K}^{-1} = 1.43 \times 10^{-3}\,\mathrm{K}^{-1}$$

（答　**$1.43 \times 10^{-3}\,\mathrm{K}^{-1}$**）

《演習問題 2.42》

与えられた式を変形すると

$$\Delta p = \frac{\left(\frac{-\Delta V}{V}\right)}{\kappa} \quad \cdots\cdots ①$$

もとの水の量 40 L に 200 mL (0.2 L) を加えると、同温、同圧では全水量 V は

$$V = (40.0 + 0.2)\,\mathrm{L} = 40.2\,\mathrm{L}$$

これに圧力を加えて 40 L にすると考えると (∵　容器の内容積は変わらない)

$$-\Delta V = 0.20\,\mathrm{L}$$

$$\kappa = 0.45 \times 10^{-9}\,\mathrm{Pa}^{-1}$$

であるから、式①は

$$\Delta p = \frac{\frac{0.2\mathrm{L}}{40.2\mathrm{L}}}{0.45 \times 10^{-9}\,\mathrm{Pa}^{-1}} = 0.0111 \times 10^{9}\,\mathrm{Pa} = 11.1\,\mathrm{MPa}$$

もとの圧力は 0.10 MPa であるから、圧入後の圧力 p は

$$p = (11.1 + 0.1)\,\mathrm{MPa} = 11.2\,\mathrm{MPa}$$

（答　**11.2 MPa**）

《演習問題 2.43》

イ．(○) 体積膨張係数は体膨張率ともいわれ、特に LP の資格ではこれが使われている。体積膨張係数 α_V は式 (2.29 b) を変形して

$$\alpha_V = \frac{\Delta V}{V}\left(\frac{1}{\Delta t}\right)$$

であり、これは 1 ℃ (K) 変化したときの体積変化の割合を表している。

ロ．(○) 液体のプロパンの体膨張率は、20 ℃ で水の約 20 倍の値であり極めて大きい。

この数値はLP関係の資格試験、検定によく出題されている。容器や配管にこの液体が充満していると、温度上昇により膨張して容器や配管を破壊する液封事故の危険が生じる。容器の場合には適切な気相部分を確保し、配管の場合はチェック弁などで遮断されないように安全弁（逃し弁）などを設けて液封事故を防ぐ。

ハ．（×）代表的な例として、水とエタノールの α_V と κ_T を表で比べてみよう。どちらも α_V は κ_T より桁が 10^6 も大きく、単位温度上昇による膨張のほうが単位圧力上昇による収縮より大きいことを示している。一般の液体も同様である。

液体名	α_V [K^{-1}]	κ_T [Pa^{-1}]	備考
水	0.21×10^{-3}	0.45×10^{-9}	20 ℃、0.101 MPa
エタノール	1.08×10^{-3}	1.11×10^{-9}	20 ℃、0.101 MPa

ニ．（○）式（2.29 a）である次式は設問の記述のとおりである。

$$\frac{\Delta V}{V} = \alpha_V \Delta t$$

（答　イ、ロ、ニ）

《演習問題 2.44》

温度上昇 ΔT によって体積（容器の容積）V の液体が自由に膨張して $V + \Delta V$ になったとして、式（2.29 a）から

$$\frac{\Delta V}{V} = \alpha_V \Delta T \quad \cdots\cdots ①$$

その体積（$V + \Delta V$）が加圧（Δp）によって ΔV だけ「減少する」とすると、式（2.30 a）を応用し、符号は変わって

$$\frac{\Delta V}{V + \Delta V} \fallingdotseq \frac{\Delta V}{V} = \kappa_T \Delta p \quad \cdots\cdots ②$$

ここでは、分母は $V + \Delta V \fallingdotseq V$ として近似している。

式①と②は等しいので

$$\alpha_V \Delta T = \kappa_T \Delta p$$

ΔT を求める形にして値を代入すると

$$\Delta T = \frac{\kappa_T}{\alpha_V} \Delta p = \frac{0.6 \times 10^{-9}\,\mathrm{Pa}^{-1}}{6.0 \times 10^{-4}\,\mathrm{K}^{-1}} \times 5.0 \times 10^6\,\mathrm{Pa} = 5.0\,\mathrm{K}$$

（答　5.0 K）

3章の演習問題の解答

《演習問題 3.1》

かくはん翼から水が受けた仕事と水の温度上昇に使われる熱量が等しいことから求める。

かくはん翼から水が受ける仕事 W は、かくはん翼の出力 100 W（1 章の式 (1.6) から 100 J/s に等しく、1 s 間に 100 J の仕事をすることを意味している。）に、かくはんを行った時間 10 分（ = 600 s）を乗じて求められる。すなわち

$$W = 100\ \mathrm{J/s} \times 600\ \mathrm{s} = 60000\ \mathrm{J} \quad \cdots\cdots ①$$

一方、水が得た熱量 Q (J) は、水の質量を m (kg)、水の比熱容量（比熱）を c [J/(kg・K)]、水の温度上昇を ΔT (K) として 2 章の式 (2.6 a) を使うと、水 1 kg について

$$Q = mc\Delta T = 1\ \mathrm{kg} \times 4.2 \times 10^3\ \mathrm{J/(kg{\cdot}K)} \times \Delta T$$
$$= 4200\ \mathrm{J/K} \times \Delta T \quad \cdots\cdots ②$$

①と②は等しいから

$$4200\ \mathrm{J/K} \times \Delta T = 60000\ \mathrm{J}$$

$$\therefore \quad \Delta T = 14.3\ \mathrm{K}$$

（答　**14.3 K**）

《演習問題 3.2》

例題 3-1 と同様にして解く。水の質量を m とすると

$$80.0\ \mathrm{kg} \times 9.81\ \mathrm{m/s^2} \times 4.0\ \mathrm{m} = m \times 4.19 \times 10^3\ \mathrm{J/(kg{\cdot}K)} \times 0.3\ \mathrm{K}$$

$$\therefore \quad m = \frac{80.0\ \mathrm{kg} \times 9.81\ \mathrm{m/s^2} \times 4.0\ \mathrm{m}}{4.19 \times 10^3\ \mathrm{J/(kg{\cdot}K)} \times 0.3\ \mathrm{K}} = 2.50\ \mathrm{kg}$$

（答　**2.50 kg**）

《演習問題 3.3》

定圧下での仕事を求め、次いで熱力学の第一法則を使って内部エネルギーの増加量を求める。定圧下の仕事の計算は、後述する式 (3.8 c) $W_{12} = p\Delta V$ による。ここではエネルギーの単位を kJ に統一して計算する。

$$W_{12} = p\Delta V = 2.0 \times 10^3\ \mathrm{kPa} \times 0.1\ \mathrm{m^3} = 200\ \mathrm{kJ}$$

$$\therefore \quad \Delta U = Q_{12} - W_{12} = 500\ \mathrm{kJ} - 200\ \mathrm{kJ} = 300\ \mathrm{kJ}$$

（答　**300 kJ**）

《演習問題 3.4》

式 (3.3 b) を使って

$$p_2 V_2 = \Delta H - \Delta U + p_1 V_1$$
$$= 3.5\ \mathrm{MJ} - 2.1\ \mathrm{MJ} + 0.3\ \mathrm{MPa} \times 2.0\ \mathrm{m^3} = 2.0\ \mathrm{MJ}$$

（答　**2.0 MJ**）

《演習問題 3.5》

定容モル熱容量 $C_{m,V}$ を用いて式 (3.4) で計算する。

$$\Delta U = nC_{m,V}\,\Delta T = 1\ \mathrm{mol} \times 20.3\ \mathrm{J/(mol\cdot K)} \times (350 - 300)\ \mathrm{K} = 1015\ \mathrm{J} \fallingdotseq 1.02\ \mathrm{kJ}$$

（答　**1.02 kJ**）

《演習問題 3.6》

定容下で加えた熱量 Q は $Q = nC_{m,V}\,\Delta T$ であるから、温度変化 ΔT は

$$\Delta T = \frac{Q}{nC_{m,V}} = \frac{0.50 \times 10^6\ \mathrm{J}}{200\ \mathrm{mol} \times 13.9\ \mathrm{J/(mol\cdot K)}} = 179.9\ \mathrm{K}$$

エンタルピー変化 ΔH は、マイヤーの関係を使って

$$\Delta H = nC_{m,p}\,\Delta T = n(C_{m,V} + R)\Delta T$$
$$= 200\ \mathrm{mol} \times (13.9 + 8.31)\ \mathrm{J/(mol\cdot K)} \times 179.9\ \mathrm{K} = 0.80 \times 10^6\ \mathrm{J} = 0.80\ \mathrm{MJ}$$

（答　**0.80 MJ**）

《演習問題 3.7》

蒸発は一定温度下で進行するので、式 (3.6 b) に与えられた数値を代入して計算する。系が受け取った熱量 Q_{12} は蒸発潜熱に等しいから

$$\Delta S = \frac{Q_{12}}{T} = \frac{2260\ \mathrm{kJ\cdot kg^{-1}}}{(100 + 273)\ \mathrm{K}} = 6.06\ \mathrm{kJ\cdot kg^{-1}\cdot K^{-1}}$$

（答　**6.06 kJ・kg⁻¹・K⁻¹**）

《演習問題 3.8》

問題で与えられた等温変化の場合の仕事の式は、状態方程式 (2.5 a) $nRT_1 = p_1V_1$ の関係から次のように変形できる。

$$W = nRT_1 \ln(V_2/V_1) = p_1V_1 \ln(V_2/V_1)$$

$V_2 = 10V_1$ の関係および与えられた数値を代入すると

$$W = 100 \times 10^3\ \mathrm{Pa} \times 1\ \mathrm{m^3} \times \ln(10V_1/V_1)$$
$$= 100 \times 10^3\ \mathrm{Pa} \times 1\ \mathrm{m^3} \times \ln 10$$
$$= 230 \times 10^3\ \mathrm{Pa\cdot m^3} = 230 \times 10^3\ \mathrm{J} = 0.230\ \mathrm{MJ}$$

（答　**0.230 MJ**）

このように、式 (3.7 c) は $W_{12} = p_1V_1 \ln(p_1/p_2)$ のように表すこともできる。出題内容によって使い分けると解くのが容易である。

また、$\mathrm{Pa\cdot m^3} = \mathrm{J}$、$1\ \mathrm{kPa} = 10^3\ \mathrm{Pa}$、$1\ \mathrm{MPa} = 10^6\ \mathrm{Pa}$ の関係も理解しておく必要がある。

《演習問題 3.9》

まず、理想気体が外部にした仕事 W_{12} を式 (3.8 c) で計算する。

$$W_{12} = p\Delta V = 100\ \mathrm{kPa} \times (2.00\ \mathrm{m^3} - 5.00\ \mathrm{m^3}) = -300\ \mathrm{kPa\cdot m^3} = -300\ \mathrm{kJ}$$

熱力学の第一法則の式 (3.2 a) を使って

$$\Delta U = Q_{12} - W_{12} = -1000\ \mathrm{kJ} - (-300\ \mathrm{kJ}) = -700\ \mathrm{kJ}$$

（答　**−700 kJ**）

《演習問題 3.10》

定圧下の仕事 W_{12} は、例題3-12と同様に

$$W_{12} = p\Delta V = \Delta(pV) = \Delta(nRT) = nR\Delta T = nR(T_2 - T_1)$$
$$= 2.0\,\mathrm{mol} \times 8.31\,\mathrm{J/(mol \cdot K)} \times (50 - 27)\,\mathrm{K} = 382\,\mathrm{J}$$

なお、加えた熱量 Q_{12} を $Q_{12} = nC_{m,p}\Delta T$ で、また、内部エネルギー増加 ΔU を $\Delta U = nC_{m,V}\Delta T = n(C_{m,p} - R)\Delta T$ で計算し、仕事 W_{12} を、熱力学の第一法則 $W_{12} = Q_{12} - \Delta U$ より求めることもできる。　　**（答　382 J）**

《演習問題 3.11》

定圧下で気体が得た熱量 Q は、エンタルピー変化 ΔH に等しい。n mol の気体については

$$\Delta H = Q = nC_{m,p}\Delta T$$

上式中の温度変化 ΔT は、定圧変化の式 (3.8 a) を使って計算する。

$V_2 = 2V_1$ であるから

$$T_2 = T_1\frac{V_2}{V_1} = T_1\frac{2V_1}{V_1} = 2T_1 = 2 \times 320\,\mathrm{K} = 640\,\mathrm{K}$$

$$\therefore\quad \Delta H = nC_{m,p}\Delta T = nC_{m,p}(T_2 - T_1)$$
$$= 7.0\,\mathrm{mol} \times 29.0\,\mathrm{J/(mol \cdot K)} \times (640 - 320)\,\mathrm{K} = 65000\,\mathrm{J} = 65.0\,\mathrm{kJ}$$

（答　65.0 kJ）

《演習問題 3.12》

定圧変化では次式が成立する。

$$W = p\Delta V = \Delta(pV) = \Delta(nRT) = nR\Delta T$$
$$Q = nC_{m,p}\Delta T$$
$$\therefore\quad \frac{W}{Q} = \frac{nR\Delta T}{nC_{m,p}\Delta T} = \frac{R}{C_{m,p}} = \frac{8.31\,\mathrm{J/(mol \cdot K)}}{29.0\,\mathrm{J/(mol \cdot K)}} = 0.287$$

（答　0.287）

《演習問題 3.13》

(1) 加えられた熱量 Q_{12}

定容変化であるから式 (2.6 b) を使って

$$Q_{12} = nC_{m,V}(T_2 - T_1)$$
$$= 1\,\mathrm{mol} \times 20.8\,\mathrm{J/(mol \cdot K)} \times (600\,\mathrm{K} - 300\,\mathrm{K}) = 6240\,\mathrm{J} = 6.24\,\mathrm{kJ}$$

（答　$Q_{12} = 6.24$ kJ）

(2) 内部エネルギー変化 ΔU

定容変化では体積変化がなく $\Delta V = 0$ であるから

$$W_{12} = 0$$

第一法則から

$$\Delta U = Q_{12} - W_{12} = Q_{12} = 6.24\ \mathrm{kJ}$$

定容変化では、体積変化がなく外部への仕事 W_{12} はゼロであり、加えられた熱量 Q_{12} はすべて内部エネルギーの増加となる　　**(答　$\Delta U = 6.24$ kJ)**

《演習問題 3.14》

2 章の式 (2.8) を使って比熱容量の比 γ を計算する。

$$\gamma = \frac{C_{\mathrm{m},p}}{C_{\mathrm{m},V}} = \frac{37.2\ \mathrm{J/(mol \cdot K)}}{28.9\ \mathrm{J/(mol \cdot K)}} = 1.29$$

式 (3.10 a) を使って

$$p_2 = p_1\left(\frac{V_1}{V_2}\right)^{\gamma} = 0.5\ \mathrm{MPa} \times \left(\frac{10\ \mathrm{m}^3}{5\ \mathrm{m}^3}\right)^{1.29} = 0.5\ \mathrm{MPa} \times 2^{1.29} = 0.5\ \mathrm{MPa} \times 2.45$$
$$= 1.225\ \mathrm{MPa}$$

大気圧 (0.1013 MPa) を引いてゲージ圧力に換算する。

$$1.225\ \mathrm{MPa} - 0.1013\ \mathrm{MPa} = 1.12\ \mathrm{MPa}$$

(答　1.12 MPa)

《演習問題 3.15》

式 (3.10 e) を使って計算する。

$$T_2 = T_1\left(\frac{p_2}{p_1}\right)^{\frac{\gamma-1}{\gamma}} = 298\ \mathrm{K} \times \left(\frac{0.5\ \mathrm{MPa}}{16\ \mathrm{MPa}}\right)^{\frac{1.4-1}{1.4}} = 298\ \mathrm{K} \times 0.0313^{0.286}$$
$$= 298\ \mathrm{K} \times 0.371 = 111\ \mathrm{K}$$

(答　111 K)

《演習問題 3.16》

内部エネルギー変化 ΔU は断熱変化の場合でも式 (3.4) $\Delta U = nC_{\mathrm{m},V}\,\Delta T$ で計算できる。また、式 (3.4) 中の定容モル熱容量 $C_{\mathrm{m},V}$ はマイヤーの関係 $C_{\mathrm{m},p} - C_{\mathrm{m},V} = R$ から計算する。

$$\Delta U = nC_{\mathrm{m},V}\,\Delta T = n\,(C_{\mathrm{m},p} - R)\,\Delta T$$
$$= 1\ \mathrm{mol} \times (29.1 - 8.31)\ \mathrm{J/(mol \cdot K)} \times (200 - 25)\ \mathrm{K}$$
$$= 1\ \mathrm{mol} \times 20.79\ \mathrm{J/(mol \cdot K)} \times 175\ \mathrm{K}$$
$$= 3640\ \mathrm{J} = 3.64\ \mathrm{kJ}$$

(答　3.64 kJ)

《演習問題 3.17》

式 (3.10 c) で計算する。このとき、状態方程式を用い、式中の p_1V_1 を nRT_1 に置き換えて計算する。

$$W_{12} = \frac{nRT_1}{\gamma - 1}\left\{1 - \left(\frac{p_2}{p_1}\right)^{\frac{\gamma-1}{\gamma}}\right\}$$

$$= \frac{1\,\mathrm{mol} \times 8.31\,\mathrm{J/(mol \cdot K)} \times 400\,\mathrm{K}}{1.5 - 1} \times \left\{1 - \left(\frac{0.1\,\mathrm{MPa}}{0.8\,\mathrm{MPa}}\right)^{\frac{1.5-1}{1.5}}\right\}$$

$$= 6648\,\mathrm{J} \times \left\{1 - \left(\frac{1}{2^3}\right)^{\frac{1}{3}}\right\} = 6648\,\mathrm{J} \times \left(1 - \frac{1}{2}\right) = 3320\,\mathrm{J} = 3.32\,\mathrm{kJ}$$

（答　**3.32 kJ**）

《別解》

式 (3.10 e) を使って断熱膨張後の温度 T_2 を計算する。

$$T_2 = T_1\left(\frac{p_2}{p_1}\right)^{\frac{\gamma-1}{\gamma}} = 400\,\mathrm{K} \times \left(\frac{0.1\,\mathrm{MPa}}{0.8\,\mathrm{MPa}}\right)^{\frac{1.5-1}{1.5}} = 400\,\mathrm{K} \times \left(\frac{1}{2^3}\right)^{\frac{1}{3}}$$

$$= 400\,\mathrm{K} \times \frac{1}{2} = 200\,\mathrm{K}$$

次に式 (3.10 d) を使って断熱膨張仕事 W_{12} を計算する。

$$W_{12} = \frac{nR}{\gamma - 1}(T_1 - T_2) = \frac{1\,\mathrm{mol} \times 8.31\,\mathrm{J/(mol \cdot K)}}{1.5 - 1} \times (400\,\mathrm{K} - 200\,\mathrm{K})$$

$$= 3320\,\mathrm{J} = 3.32\,\mathrm{kJ}$$

《演習問題 3.18》

式 (3.11 d) を使って

$$\varepsilon_c = \frac{T_1}{T_3 - T_1} = \frac{250\,\mathrm{K}}{300\,\mathrm{K} - 250\,\mathrm{K}} = 5$$

（答　**5**）

《演習問題 3.19》

式 (3.11 b) の仕事の効率と熱源温度の関係を使う。

$$\eta = \frac{W}{Q_2} = 1 - \frac{T_1}{T_2} \rightarrow \frac{30\,\mathrm{kJ}}{40\,\mathrm{kJ}} = 1 - \frac{T_1}{(760 + 273)\,\mathrm{K}} \rightarrow 0.75 = 1 - \frac{T_1}{1033\,\mathrm{K}}$$

$$T_1 = 258\,\mathrm{K}$$

$$\therefore \quad t_1 = (258 - 273)\,℃ = -15\,℃$$

（答　**−15 ℃**）

《演習問題 3.20》

式 (3.11 b) を使って計算する。

$$\eta = \frac{W}{Q_2} = 1 - \frac{T_1}{T_2}$$

既知の数値を代入すると

$$\frac{15\,\mathrm{kJ}}{Q_2} = 1 - \frac{(127 + 273)\,\mathrm{K}}{(527 + 273)\,\mathrm{K}} = 0.5$$

この方程式を解く。

$$Q_? = 15\,\mathrm{kJ}/0.5 = 30\,\mathrm{kJ}$$ **（答　30 kJ）**

《演習問題 3.21》

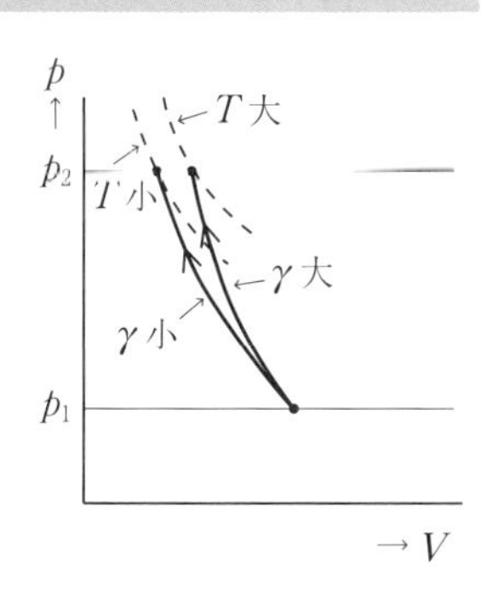

- - - - 等温線
—— 断熱線

イ．（○）遠心圧縮機についてもシリンダにすき間のない往復圧縮機と同様のサイクルを描くことができる。
図のように比熱容量の比 γ が大きいほど断熱圧縮線の勾配が急になるので、吐出しガス温度は高くなる。

ロ．（○）開いた系である圧縮機の理論軸動力は、圧縮線の左側の面積で表される。よって、図からわかるように比熱容量の比が大きいほど、理論軸動力は大きくなる。

ハ．（×）ロと同様の理由で、炭酸ガスより比熱容量の比が大きい空気用に転用する場合、駆動電動機が過負荷になるおそれがある。

《参考》

式 (3.15 a) を n 倍すると、n mol についての理論断熱圧縮動力の計算式が得られるが、この式中の $nRT_1 = p_1V_1$ とし、さらに、V_1 を吸込みガスの体積流量 q_V に置き換えると次式が得られる。

$$P_{\mathrm{ad}} = \frac{\gamma}{\gamma - 1} p_1 q_V \left\{ \left(\frac{p_2}{p_1} \right)^{\frac{\gamma - 1}{\gamma}} - 1 \right\}$$

この式からわかるように、設問の場合、動力は分子量に関係せず、q_V、p_1、p_2 が同じなら比熱容量の比で決まることになる。 **（答　イ、ロ）**

《演習問題 3.22》

気体を圧縮する場合の断熱ヘッドとは、単位重量（単位質量の気体に作用する重力）の気体を理論断熱圧縮するために必要な仕事であり、式 (3.15 b) で表される単位質量当たりの仕事 (J/kg) を重力加速度で除して求められる。圧縮条件を変更後の量記号に「′」を付けて表すと、圧縮条件変更前後で断熱指数（比熱容量の比）γ は同じであるから、断熱ヘッドは、それぞれ次のようになる。

$$h_{\mathrm{ad}} = \frac{\gamma}{\gamma - 1} \frac{RT_1}{Mg} \left\{ \left(\frac{p_2}{p_1} \right)^{\frac{\gamma-1}{\gamma}} - 1 \right\} \cdots\cdots ①$$

$$h_{\mathrm{ad}}' = \frac{\gamma}{\gamma - 1} \frac{RT_1'}{M'g} \left\{ \left(\frac{p_2'}{p_1'} \right)^{\frac{\gamma-1}{\gamma}} - 1 \right\} \cdots\cdots ②$$

変更前後で圧力比は同じであるから、式②　÷　式①として、与えられた数値を代入すると

$$\frac{h_{\mathrm{ad}}'}{h_{\mathrm{ad}}} = \frac{T_1'M}{M'T_1} = \frac{200\,\mathrm{K} \times 0.028\,\mathrm{kg/mol}}{0.032\,\mathrm{kg/mol} \times 300\,\mathrm{K}} = 0.5833$$

$$\therefore \quad h_{\mathrm{ad}}' = 0.5833 \times 11730\,\mathrm{m} = 6840\,\mathrm{m}$$ **（答　6840 m）**

《演習問題 3.23》

式 (3.17 b) を使って

$$P_{\mathrm{sh}} = q_m g(h_{\mathrm{is}}/\eta) + P_{\mathrm{m}} = 8\,\mathrm{kg/s} \times 9.81\,\mathrm{m/s^2} \times (10000\,\mathrm{m}/0.80) + 20\,\mathrm{kW}$$

$$= 981000\,\mathrm{W} + 20\,\mathrm{kW} = 981\,\mathrm{kW} + 20\,\mathrm{kW} \fallingdotseq 1000\,\mathrm{kW}$$

(答　1000 kW)

《演習問題 3.24》

図のように、ピストン行程容積を V_s、すき間容積を V_c とし、C → D の行程ですき間の残留気体が断熱膨張し体積が ΔV だけ増加したとすると

$$p_1(V_c + \Delta V)^{\gamma} = p_2 V_c^{\gamma}$$

両辺を p_1 で割った後 $1/\gamma$ 乗し、$V_c = \varepsilon_0 V_s$、$\Delta V = V_s - V_a$ の関係を代入すると

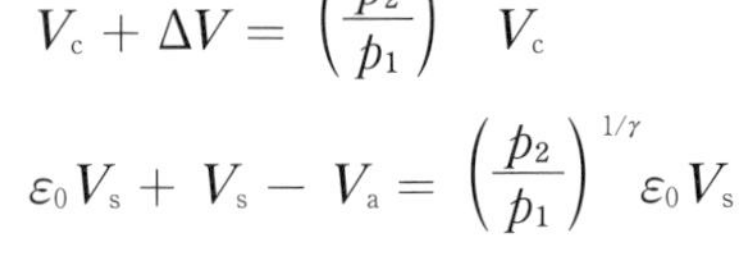

$$V_c + \Delta V = \left(\frac{p_2}{p_1}\right)^{1/\gamma} V_c$$

$$\varepsilon_0 V_s + V_s - V_a = \left(\frac{p_2}{p_1}\right)^{1/\gamma} \varepsilon_0 V_s$$

両辺を V_s で割り、体積効率 $\eta_v = V_a/V_s$ とすると

$$\varepsilon_0 + 1 - \eta_v = \left(\frac{p_2}{p_1}\right)^{1/\gamma} \varepsilon_0$$

$$\therefore \quad \eta_v = 1 - \varepsilon_0\left\{\left(\frac{p_2}{p_1}\right)^{1/\gamma} - 1\right\} = 1 - 0.050 \times \left\{\left(\frac{0.80\,\mathrm{MPa}}{0.10\,\mathrm{MPa}}\right)^{1/1.5} - 1\right\}$$

$$= 1 - 0.050 \times (8^{2/3} - 1) = 1 - 0.050 \times (4 - 1) = 0.85$$

(注) $8^{2/3} = (2^3)^{2/3} = 2^{3 \times 2/3} = 2^2 = 4$

(答　0.85)

《演習問題 3.25》

式 (3.17) を使って計算する。圧力は絶対圧力に換算して計算することに注意する。

$$\pi = \sqrt{\frac{p_2}{p_0}} = \sqrt{\frac{(1720 + 101)\,\mathrm{kPa}}{(101 + 101)\,\mathrm{kPa}}} = \sqrt{9.01} \fallingdotseq \sqrt{3.0^2} = 3.0$$

(答　各段ともに 3.0)

4章の演習問題の解答

《演習問題 4.1》

両辺の原子の種類と数が等しいとして、等式から係数を求める。

C：　$2 \times 3 =$ ロ $\times 1$ → ロ $= 6$

H：　$2 \times 6 =$ ハ $\times 2$ → ハ $= \dfrac{2 \times 6}{2} = 6$

O：　イ $\times 2 =$ ロ $\times 2 +$ ハ $\times 1$ → イ $= \dfrac{6 \times 2 + 6 \times 1}{2} = 9$

（答　イ = 9、ロ = 6、ハ = 6）

《演習問題 4.2》

各原子について等式を書き、連立方程式を解く。

Cについて：　$2 = a + b$ ……①

Hについて：　$1 = c$ ……②

Fについて：　$3 = 4a + c$ ……③

式②を式③に代入して

$3 = 4a + 1$

$\therefore \quad a = \dfrac{3-1}{4} = \dfrac{1}{2}$

aの値を式①に代入してbを求める。

$b = 2 - a = 2 - \dfrac{1}{2} = \dfrac{3}{2}$　　**（答　$a = \dfrac{1}{2}$、$b = \dfrac{3}{2}$、$c = 1$）**

《演習問題 4.3》

燃焼反応式から、対象物質と燃焼用酸素の物質量の関係（倍数）を把握する。各物質1 gの物質量にその倍数を乗じて酸素量を計算して比較する。物質1 gの燃焼用酸素の物質量をn_{O_2}、物質のモル質量をMで表す。

(1) メタン CH_4　　$M = 16$ g/mol

$CH_4 + 2\,O_2 \rightarrow CO_2 + 2\,H_2O$　（n_{O_2}はCH_4の物質量の2倍）

$n_{O_2} = \dfrac{1\text{ g}}{16\text{ g/mol}} \times 2\,(\text{倍}) = 0.125\text{ mol}$

(2) メタノール CH_3OH（簡単な分子式表示　CH_4O）　$M = 32$ g/mol

$CH_4O + 1.5\,O_2 \rightarrow CO_2 + 2\,H_2O$　（n_{O_2}はCH_4Oの物質量の1.5倍）

$n_{O_2} = \dfrac{1\text{ g}}{32\text{ g/mol}} \times 1.5\,(\text{倍}) = 0.047\text{ mol}$

(3) ジメチルエーテル CH_3OCH_3（簡単な分子式表示　C_2H_6O）　$M = 46$ g/mol

$C_2H_6O + 3\,O_2 \rightarrow 2\,CO_2 + 3\,H_2O$ （n_{O_2} は C_2H_6O の物質量の 3 倍）

$$n_{O_2} = \frac{1\,g}{46\,g/mol} \times 3\,(倍) = 0.065\,mol$$

(4) エタン C_2H_6　$M = 30\,g/mol$

$C_2H_6 + 3.5\,O_2 \rightarrow 2\,CO_2 + 3\,H_2O$ （n_{O_2} は C_2H_6 の物質量の 3.5 倍）

$$n_{O_2} = \frac{1\,g}{30\,g/mol} \times 3.5\,(倍) = 0.117\,mol$$

(5) エチレン C_2H_4　$M = 28\,g/mol$

$C_2H_4 + 3\,O_2 \rightarrow 2\,CO_2 + 2\,H_2O$ （n_{O_2} は C_2H_4 の物質量の 3 倍）

$$n_{O_2} = \frac{1\,g}{28\,g/mol} \times 3\,(倍) = 0.107\,mol$$

n_{O_2} の数値を比較して、(2) メタノール CH_3OH が最も少ない。　**（答　(2) メタノール）**

なお、メタン（CH_4）とメタノール（CH_4O）、エタン（C_2H_6）とジメチルエーテル（C_2H_6O）のようにCとHの数が等しく分子中に酸素（O）の入っているほうの物質は、既に一部酸化されていることから、燃焼に必要な酸素 n_{O_2} は他方に比べて少なくなる。したがって、この場合は、CH_4 と C_2H_6 の計算は省略できる。

《演習問題 4.4》

イ．（×）プロパンの燃焼方程式は

$C_3H_8 + 5\,O_2 \rightarrow 3\,CO_2 + 4\,H_2O$

であるから、プロパンの 4 倍モルの水が生成する。質量を m、モル質量を M として、1 kg のプロパンから生成する H_2O の質量 m_{H_2O} は

$$m_{H_2O} = \frac{m_{C_3H_8}}{M_{C_3H_8}} \times 4 \times M_{H_2O} = \frac{1\,kg}{44 \times 10^{-3}\,kg/mol} \times 4 \times 18 \times 10^{-3}\,kg/mol = 1.64\,kg$$

ロ．（×）プロピレンの燃焼方程式は

$C_3H_6 + 4.5\,O_2 \rightarrow 3\,CO_2 + 3\,H_2O$

モル体積を用いて、イと同様の考え方から

$$m_{CO_2} = \frac{1\,m^3}{22.4 \times 10^{-3}\,m^3/mol} \times 3\,(倍) \times 44 \times 10^{-3}\,kg/mol = 5.9\,kg$$

ハ．（○）n−ブタンの燃焼方程式は

$C_4H_{10} + 6.5\,O_2 \rightarrow 4\,CO_2 + 5\,H_2O$

ブタン 1 mol に対して 4 mol の CO_2 と 5 mol の H_2O が生成する。H_2O 5 mol を質量 m_{H_2O} になおして

$$m_{H_2O} = 5\,mol \times 18\,g/mol = 90\,g$$

ニ．（×）イの燃焼方程式から、生成する CO_2 1 mol に対して燃焼する C_3H_8 は $\frac{1}{3}$ mol である。CO_2 1.5 kg を物質量 n_{CO_2} になおすと

$$n_{CO_2} = \frac{1.5\,kg}{44 \times 10^{-3}\,kg/mol} = 34.1\,mol$$

したがって、燃焼した C_3H_8 の物質量 $n_{C_3H_8}$ は

$$n_{C_3H_8} = \frac{34.1\,\mathrm{mol}}{3} = 11.4\,\mathrm{mol}$$

（**答　ハ**）

《演習問題 4.5》

両辺の原子の種類と数が等しいかどうか確認する。

		左辺	右辺	
イ.（○）	C：	7	7	
	H：	8	$4 \times 2 = 8$	
	O：	$9 \times 2 = 18$	$7 \times 2 + 4 = 18$	
ロ.（×）	C：	2	2	
	H：	$6 + 1 = 7$	$\frac{7}{2} \times 2 = 7$	
	O：	$\frac{7}{2} \times 2 = 7$	$2 \times 2 + \frac{7}{2} = 7.5$	（×）
	N：	1	$\frac{1}{2} \times 2 = 1$	
ハ.（○）	C：	1	1	
	H：	$3 + 3 = 6$	6	
	Si：	1	1	
	F：	$7 \times 2 = 14$	$4 + 6 + 4 = 14$	
ニ.（×）	C：	6	6	
	H：	12	$6 \times 2 = 12$	
	N：	9	$\frac{9}{2} \times 2 = 9$	
	O：	$6 + 9 \times 2 = 24$	$6 \times 2 + 6 = 18$	（×）

（**答　イ、ハ**）

《演習問題 4.6》

メタンの燃焼方程式を書くと

$$CH_4 + 2\,O_2 \rightarrow CO_2 + 2\,H_2O$$

メタンと酸素の完全燃焼組成は、メタン 1 体積に対し酸素 2 体積であることがわかる。

酸素 2 体積を含む空気の体積は

$$\text{空気の体積} = \frac{\text{酸素の体積}}{\text{空気中の酸素含有率}} = \frac{2\,\text{体積}}{0.21} = 9.52\,\text{体積}$$

したがって、完全燃焼組成中のメタンの体積割合は

$$CH_4\text{の割合} = \frac{CH_4\text{の体積}}{CH_4\text{の体積} + \text{空気の体積}} = \frac{1\,\text{体積}}{(1 + 9.52)\,\text{体積}}$$

$$= 0.095 \rightarrow 9.5\ \mathrm{vol\%}$$

（**答　9.5 vol%**）

《演習問題 4.7》

アンモニア（NH_3）中の窒素は燃焼によって窒素分子になるから、その燃焼方程式を原子数の関係を使って書くと

$$NH_3 + \frac{3}{4}O_2 \rightarrow \frac{1}{2}N_2 + \frac{3}{2}H_2O$$

NH_3 4.0 mol について生成するする N_2 の物質量 n_{N_2} は

$$n_{N_2} = 4.0\ \text{mol} \times \frac{1}{2} = 2.0\ \text{mol}$$

その質量 m_{N_2} はモル質量（28 g/mol）を用いて

$$m_{N_2} = 2.0\ \text{mol} \times 28\ \text{g/mol} = 56\ \text{g}$$

（答　56 g）

《別解》

NH_3 中の窒素原子はすべて N_2 になるので、NH_3 4.0 mol 中の N の質量を計算するとよい。

NH_3 分子中に占める N の質量分率は、原子量の割合から$\frac{14}{17}$である。したがって、4.0 mol 中の窒素 N の質量 m_N は、NH_3 の質量を m_{NH_3} として

$$m_N = m_{NH_3} \times \frac{14}{17} = 4.0\ \text{mol} \times 17\ \text{g/mol} \times \frac{14}{17} = 56\ \text{g}$$

《演習問題 4.8》

2 mol の C_4H_8 と 1 mol の C_8H_{16} がそれぞれ完全燃焼により放出する熱量および二量化反応の反応熱 Q との関係は、関係する原子の種類と数が同じなので次の図のようになる。すなわち、ヘスの法則から、イソブチレン C_4H_8(g) 2 mol が燃焼するときに放出する熱量は、ジイソブチレン C_8H_{16}(l) 1 mol の燃焼時のそれよりも多く、その差は二量化反応時に放出した熱量 Q ということになる。

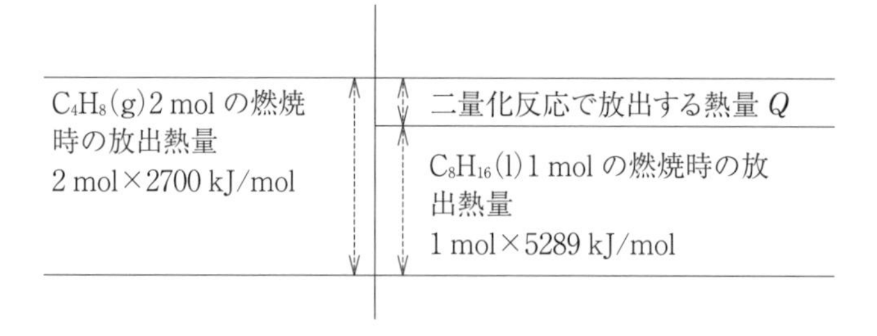

式を書くと

$$2\ \text{mol} \times 2700\ \text{kJ/mol} = Q + 1\ \text{mol} \times 5289\ \text{kJ/mol}$$

$$\therefore\quad Q = (5400 - 5289)\ \text{kJ} = 111\ \text{kJ}\ (\text{発熱})$$

（答　111 kJ（発熱））

《別解》

各物質の燃焼の熱化学方程式を書くと（記号 (g)、(l) は省略）

$$C_4H_8 + 6\,O_2 = 4\,CO_2 + 4\,H_2O + 2700\,\mathrm{kJ} \quad \cdots\cdots ①$$

$$C_8H_{16} + 12\,O_2 = 8\,CO_2 + 8\,H_2O + 5289\,\mathrm{kJ} \quad \cdots\cdots ②$$

①×2－②を計算すると

$$2\,C_4H_8 - C_8H_{16} + (12-12)\,O_2 = (8-8)\,CO_2 + (8-8)\,H_2O + (5400-5289)\,\mathrm{kJ}$$

整理して、記号 (g)、(l) を書き入れると

$$2\,C_4H_8\,(g) = C_8H_{16}\,(l) + 111\,\mathrm{kJ} \quad \cdots\cdots ③$$

式③を設問の二量化反応式と比較して

反応熱 $Q = 111\,\mathrm{kJ}$（発熱）

《演習問題 4.9》

アセチレンの燃焼方程式を書く。

$$C_2H_2 + 2.5\,O_2 \rightarrow 2\,CO_2 + H_2O$$

発熱量 Q の計算は $\Delta H_f{}^\circ{}_{298}$ を用いて、式 (4.2 b) と燃焼方程式から

$$Q = \Delta H_f{}^\circ{}_{C_2H_2} - (2 \times \Delta H_f{}^\circ{}_{CO_2} + \Delta H_f{}^\circ{}_{H_2O}) \quad \cdots\cdots ①$$

総発熱量 Q_1 はその定義から、生成水の標準生成エンタルピーには液体 ($\Delta H_f{}^\circ{}_{H_2O(l)}$) を使用し、真発熱量 Q_2 は同様にその定義から気体 ($\Delta H_f{}^\circ{}_{H_2O(g)}$) を用いて計算する。

式①にそれぞれの値を代入して

$$Q_1 = 227\,\mathrm{kJ/mol} - \{2\times(-394) + (-286)\}\,\mathrm{kJ/mol} = 1301\,\mathrm{kJ/mol}$$

$$Q_2 = 227\,\mathrm{kJ/mol} - \{2\times(-394) + (-242)\}\,\mathrm{kJ/mol} = 1257\,\mathrm{kJ/mol}$$

（答　総発熱量 $Q_1 = 1301\,\mathrm{kJ/mol}$　真発熱量 $Q_2 = 1257\,\mathrm{kJ/mol}$）

なお、総発熱量から真発熱量（またはその逆）を計算するときに、水の蒸発潜熱 44 kJ/mol がよく使われるが、この場合は生成水が 1 mol なので

$$Q_2 = Q_1 - 1\times \text{蒸発潜熱} = (1301 - 44)\,\mathrm{kJ/mol} = 1257\,\mathrm{kJ/mol}$$

と計算できる。

《演習問題 4.10》

プロピレンの燃焼方程式を書く。

$$C_3H_6 + 4.5\,O_2 = 3\,CO_2 + 3\,H_2O\,(l)$$

反応のエンタルピー変化 ΔH°（ここでは燃焼のエンタルピー変化 $\Delta H_c{}^\circ$）と反応系物質の標準生成エンタルピーの関係式 (4.2 a) を用いて

$$\Delta H_c{}^\circ = (3 \times \Delta H_f{}^\circ{}_{CO_2}) + 3 \times \Delta H_f{}^\circ{}_{H_2O}) - \Delta H_f{}^\circ{}_{C_3H_6}$$

$\Delta H_f{}^\circ{}_{C_3H_6}$ を求める形にして

$$\Delta H_f{}^\circ{}_{C_3H_6} = (3 \times \Delta H_f{}^\circ{}_{CO_2} + 3 \times \Delta H_f{}^\circ{}_{H_2O}) - \Delta H_c{}^\circ \quad \cdots\cdots ①$$

ここで

$\Delta H_c{}^\circ = -Q = -2060\,\mathrm{kJ/mol}$　　$\Delta H_f{}^\circ{}_{CO_2} = -394\,\mathrm{kJ/mol}$　　$\Delta H_f{}^\circ{}_{H_2O} = -286\,\mathrm{kJ/mol}$

を式①に代入して（単位は省略）

演習問題の解答

$$\Delta H_f{}^\circ{}_{C_3H_6} = \{3 \times (-394) + 3 \times (-286)\} - (-2060) = 20\ (\mathrm{kJ/mol})$$

(答　20 kJ/mol)

このように、プロピレンはエチレンと同様に正の標準生成エンタルピーを持つ。

《演習問題 4.11》

化合物 1 mol の燃焼で CO_2 が 3 mol、H_2O が 3 mol 生成するという条件から、その化合物は分子中に C を 3 個、H を 6 個持っていることがわかる。したがって、(1) エタンと (3) プロパンは対象外となる。式 (4.2 b) を用い、燃焼熱 Q_c と標準生成エンタルピーとの関係から対象化合物の標準生成エンタルピー $\Delta H_f{}^\circ{}_{化合物}$ を計算する。

生成系は $3\,CO_2 + 3\,H_2O$ であるので、式 (4.2 b) は

$$Q_c = \Delta H_f{}^\circ{}_{化合物} - 3\,(\Delta H_f{}^\circ{}_{CO_2} + \Delta H_f{}^\circ{}_{H_2O}) \quad \cdots\cdots ①$$

$$\therefore \quad \Delta H_f{}^\circ{}_{化合物} = Q_c + 3\,(\Delta H_f{}^\circ{}_{CO_2} + \Delta H_f{}^\circ{}_{H_2O}) \quad \cdots\cdots ②$$

$Q_c = 1945$ kJ/mol として式②を計算すると

$$\Delta H_f{}^\circ{}_{化合物} = 1945\ \mathrm{kJ/mol} + 3 \times \{(-394) + (-286)\}\mathrm{kJ/mol} = -95\ \mathrm{kJ/mol}$$

示された表の値と比較して、この値が一致するのは (4) 酸化プロピレンである。

(答　酸化プロピレン)

別の方法として、式①を用い各化合物の Q_c を計算し、Q_c が 1945 kJ/mol の値と一致するものを選択してもよい。

《演習問題 4.12》

メタノールの燃焼方程式を書く (液体の記号 l は省略)。

$$CH_3OH + 1.5\,O_2 = CO_2 + 2\,H_2O$$

式 (4.2 a) から、メタノールの標準燃焼エンタルピー $\Delta H_c{}^\circ$ は

$$\Delta H_c{}^\circ = (\Delta H_f{}^\circ{}_{CO_2} + 2 \times \Delta H_f{}^\circ{}_{H_2O}) - \Delta H_f{}^\circ{}_{CH_3OH} \quad \cdots\cdots ①$$

式①にそれぞれの値を代入して (単位は省略)

$$\Delta H_c{}^\circ = \{(-394) + 2 \times (-286)\} - (-239) = -727\ (\mathrm{kJ/mol}) \quad (発熱)$$

なお、この場合、生成水の標準生成エンタルピーに液体のものを使用しているので、$\Delta H_c{}^\circ$ は総発熱量に対応するものである。　**(答　− 727 kJ/mol)**

《演習問題 4.13》

熱化学方程式の読み方およびル・シャトリエの法則の理解を問う問題である。

イ. (○) ル・シャトリエの法則に当てはめる。この熱化学方程式は発熱反応であることを示している。温度を高くすると、温度上昇を和らげる方向、すなわち、吸熱反応である生成系 → 原系に平衡は移動するので、メタノールの平衡濃度は低くなる。

ロ. (×) 圧力を低くすると、圧力低下を和らげる方向、すなわち、物質量が増加する方

向である生成系 → 原系に平衡は移動するので、メタノールの平衡濃度は低くなる。

ハ.（×）この熱化学方程式は、メタノール 1 mol が生成するとき、91.0 kJ の熱を発生する発熱反応であることを示している。 **（答　イ）**

《演習問題 4.14》

イ.（×）ル·シャトリエの法則を適用する。正反応が発熱反応であるとき温度を上げると、温度上昇を和らげる方向である吸熱側に平衡は移動する。すなわち、逆反応である生成系から原系へ移動する。また、記述にある（正反応の）反応速度の増減で平衡移動の判断はできない。

ロ.（○）K_c、K_p などの平衡定数は、温度が一定であれば一定の値になる性質を有するので、成分濃度や分圧を用いて平衡移動などの計算に使われる。記述のように、K_p は温度が一定のとき、圧力によって変化しない。なお、K_c も温度一定で濃度にはよらない。

ハ.（○）圧力を高くすると、それを和らげる方向、すなわち、物質量（体積も物質量に比例する）の減少する方向に平衡は移動する。

ニ.（×）燃焼のような不可逆反応は、平衡が大きく生成系に片寄った可逆反応として考えることができる。すなわち、平衡定数が非常に大きいものとして、化学平衡を取り扱うことができる。 **（答　ロ、ハ）**

《演習問題 4.15》

反応（1）、（2）の圧力変化および温度変化による平衡の移動を、ル・シャトリエの法則に基づいて図を観察する。

① 温度 500 K における圧力変化

両反応とも物質量が増加する反応であるので、圧力が上昇すると平衡はそれを吸収する方向、すなわち、物質量が減少する方向（生成系 → 原系）に移動する。その結果、反応（2）では ClF_3 が増加し、さらにそれが反応（1）で原系の方向に移動するので、ClF_5 のモル分率が増加する。

図を見ると、B（＝ ClF_3）は圧力の上昇で一時的に増加しているが、10^6 Pa 付近から減少に転じ、10^9 Pa でモル分率は 0.1 以下になり D が 0.9 以上に増加している。したがって、D ＝ ClF_5 と考えられる。

また、低圧域での圧力の上昇によって、D（＝ ClF_5）≒ 0 である中で C が減少し B が増加している。これは（2）の生成系 → 原系の反応の結果であり、C ＝ ClF と考えられる。残りの A は F_2 であり、10^3 ～ 10^5 Pa で B（＝ ClF_3）と A（＝ F_2）の等モル混合組成のものが、圧力上昇とともに A も B も一緒に減少し、D（＝ ClF_5）が増加していく過程はル・シャトリエの法則に合致している（（1）の生成系 → 原系の反応）。

② 全圧 100 kPa における温度変化

両反応ともに吸熱反応であるので、温度の上昇により平衡は吸熱する方向、すなわち、原系→生成系の方向に移動する。その結果、ClF_5は分解して中間的に$B = ClF_3$とF_2を生成し、さらに$B = ClF_3$が分解してF_2とClFのモル分率が増加する。

図をみると、温度上昇とともにDが減少して$B = ClF_3$が増加し、高温域ではD≒0となることから、$D = ClF_5$であることがわかる。

また、500～600 Kでは、AとBのモル分率がそれぞれおよそ0.5であり、これが700～800 KになるとBの減少とともにAが増加し、Cも0から増加を始め、$D = ClF_5$≒0であるので、(2)の反応が顕著になった結果と判断できる。反応式から$ClF \leqq F_2$であるので、$A = F_2$および$C = ClF$となり、①の結果が裏付けられる。

(答　$A = F_2$、$C = ClF$、$D = ClF_5$)

《演習問題 4.16》

CH_4、H_2O (g)、CO、H_2の分圧をそれぞれ、p_{CH_4}、p_{H_2O}、p_{CO}、p_{H_2}で表すと、式(4.3 b)から圧平衡定数K_pは

$$K_p = \frac{p_{CO} \cdot p_{H_2}^3}{p_{CH_4} \cdot p_{H_2O}}$$

$$\therefore \quad p_{CH_4} = \frac{p_{CO} \cdot p_{H_2}^3}{p_{H_2O}} \cdot \frac{1}{K_p} \quad \cdots\cdots ①$$

ここで

$$K_p = 9.31\ \mathrm{MPa}^2 \qquad p_{H_2O} = 0.077\ \mathrm{MPa} \qquad p_{CO} = 0.22\ \mathrm{MPa} \qquad p_{H_2} = 0.63\ \mathrm{MPa}$$

であるから、式①に代入すると

$$p_{CH_4} = \frac{p_{CO} \cdot p_{H_2}^3}{p_{H_2O}} \cdot \frac{1}{K_p} = \frac{0.22\ \mathrm{MPa} \times (0.63\ \mathrm{MPa})^3}{0.077\ \mathrm{MPa}} \times \frac{1}{9.31\ \mathrm{MPa}^2} = 0.0767\ \mathrm{MPa}$$

$$\fallingdotseq 0.077\ \mathrm{MPa}$$

(答　0.077 MPa)

《演習問題 4.17》

反応速度式が与えられているので、条件の変化によって水素分圧p_Pが何倍になったかを計算すると、反応速度定数kは一定なので反応速度の変化が計算できる。

H_2/COのモル比1/1の状態を1、3/1の状態を2の添字で表すと、全圧pに対し水素分圧p_Pは、H_2とCOのみの原料ガスなので

$$p_{P,1} = \frac{1}{1+1}p = \frac{1}{2}p \quad \cdots\cdots ①$$

$$p_{P,2} = \frac{3}{3+1}p = \frac{3}{4}p \quad \cdots\cdots ②$$

この式を与えられた速度式に入れてr_2/r_1の値を求める。

演習問題の解答

$$r_1 = kp_{P,1} = \frac{1}{2}kp$$

$$r_2 = kp_{P,2} = \frac{3}{4}kp$$

$$\frac{r_2}{r_1} = \frac{\frac{3}{4}kp}{\frac{1}{2}kp} = \frac{6}{4} = 1.5\ (倍)$$

（答　1.5 倍）

もちろん、全圧 $p = 10$ MPa が与えられているので、式①、②に代入しても同じ結果である。

《演習問題 4.18》

イ．（○）反応式 $aA + bB \rightarrow cC + dD$ において、物質 A に α 次、B に β 次の反応であるとき、この反応の反応次数は $(\alpha + \beta)$ 次である。ここではベンゼン（C_6H_6 (g)）に 1 次、塩化メチル（CH_3Cl (g)）に 1 次であるから、反応次数は 2 次 $(1 + 1 = 2)$ となる。

反応速度を r'、速度定数を k_p、分圧を p で表すと、この速度式は式（4.7 b）のように

$$r' = k_p p_{C_6H_6}\, p_{CH_3Cl}$$

と書ける。

ロ．（×）反応速度は式（4.5 a、b）のように表され、通常、反応物の濃度（または分圧）のべき乗の関数になる。記述のような関係にはならない。

ハ．（○）題意のとおりであり、一般に反応速度定数の温度依存性を計算するときには、頻度因子 A は定数として扱う。

ニ．（○）触媒表面の吸着、脱着の影響などで、反応速度は反応物濃度（分圧）の整数値ではないべき指数になることが多い。高圧におけるメタノールやアンモニア合成反応などがよい例である。

（答　イ、ハ、ニ）

《演習問題 4.19》

式①の両辺の自然対数 $(\log_e = \ln)$ をとると

$$\ln k = \ln A - \frac{E_a}{RT} \quad (\because \quad \ln e = 1) \quad \cdots\cdots ②$$

500 K および 625 K の状態を 500 および 625 の添字で表すと、式②は

$$\ln k_{500} = \ln A - \frac{E_a}{RT_{500}} \quad \cdots\cdots ③$$

$$\ln k_{625} = \ln A - \frac{E_a}{RT_{625}} \quad \cdots\cdots ④$$

④－③として $\ln A$ を消去すると

$$\ln \frac{k_{625}}{k_{500}} = \frac{E_a}{R}\left(\frac{1}{T_{500}} - \frac{1}{T_{625}}\right)$$

$$\therefore \quad E_a = \frac{R\ln\dfrac{k_{625}}{k_{500}}}{\dfrac{1}{T_{500}} - \dfrac{1}{T_{625}}} \quad \cdots\cdots ⑤$$

自然対数の値を先に表を用いて求めると（単位は省略）

$$\ln\frac{k_{625}}{k_{500}} = \ln\frac{9.11\times 10^{-7}}{2.39\times 10^{-10}} = \ln(3.81\times 10^{3}) = 8.245$$

$\log_e y$	8.245 ↑
y	3.81×10^{3}

式⑤にそれぞれの値を代入して

$$E_a = \frac{8.31\ \mathrm{J/(mol\cdot K)}\times 8.245}{\dfrac{1}{500\ \mathrm{K}} - \dfrac{1}{625\ \mathrm{K}}} = \frac{8.31\ \mathrm{J/(mol\cdot K)}\times 8.245}{0.0004\ \mathrm{K^{-1}}}$$

$$= 171\times 10^{3}\ \mathrm{J/mol} = 171\ \mathrm{kJ/mol}$$

（答　**171 kJ/mol**）

《演習問題 4.20》

図を見ると、速度定数 k の対数は温度 T の逆数（$1000/T$）と直線の関係になっている（縦軸は対数目盛）。これは対数で表したアレニウスの式（式 (4.8) の対数形）

$$\ln k = \ln A - \frac{E}{RT}$$

に従った温度依存性であることが理解できる。

$T_1 = 500$ K と $T_2 = 555.6$ K のときの k を図から読み取ることができればこの問題は解ける。

T_1 と T_2 の横軸の数値を計算する。

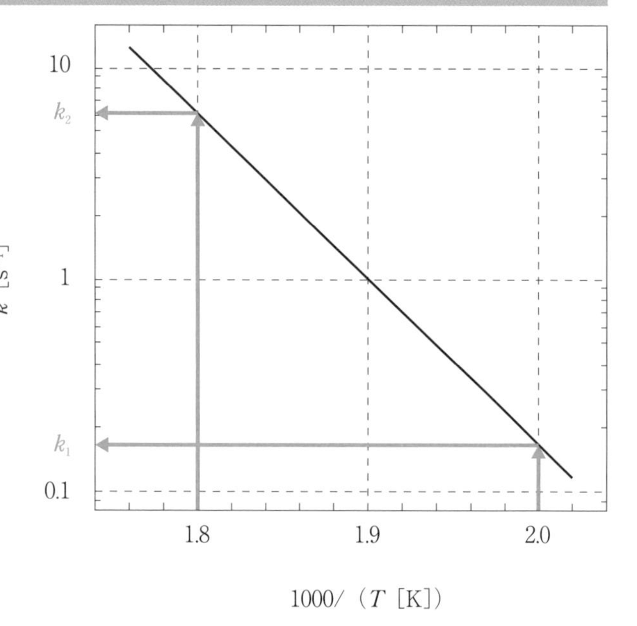

$$T_1 = 500\ \mathrm{K} \rightarrow \frac{1000}{T_1} = \frac{1000}{500\ \mathrm{K}} = 2.0\ \mathrm{K^{-1}}$$

$$T_2 = 555.6\ \mathrm{K} \rightarrow \frac{1000}{T_2} = \frac{1000}{555.6\ \mathrm{K}} = 1.8\ \mathrm{K^{-1}}$$

図のように k_1、k_2 を読み取る。

$$k_1 = 0.17\ \mathrm{s^{-1}} \qquad k_2 = 6.0\ \mathrm{s^{-1}}$$

$$\therefore \quad \frac{k_2}{k_1} = \frac{6.0\ \mathrm{s^{-1}}}{0.17\ \mathrm{s^{-1}}} = 35.3\,(倍) \fallingdotseq 35\ 倍$$

（答　**35 倍**）

5 章の演習問題の解答

《演習問題 5.1》

1 m^3 当たりの発熱量を q、モル分率（= 体積分率）を x とし、プロパン、ブタンおよび混合気体をそれぞれ P、B、mix の添字で表すと、式 (5.1) およびモル分率の関係から

$$q_{\mathrm{mix}} = x_{\mathrm{P}}q_{\mathrm{P}} + x_{\mathrm{B}}q_{\mathrm{B}} \quad \cdots\cdots ①$$

$$x_{\mathrm{P}} + x_{\mathrm{B}} = 1 \quad \cdots\cdots ②$$

式①、②から

$$q_{\mathrm{mix}} = q_{\mathrm{P}} + x_{\mathrm{B}}(q_{\mathrm{B}} - q_{\mathrm{P}})$$

$$\therefore \quad x_{\mathrm{B}} = \frac{q_{\mathrm{mix}} - q_{\mathrm{P}}}{q_{\mathrm{B}} - q_{\mathrm{P}}} \qquad x_{\mathrm{P}} = 1 - x_{\mathrm{B}} \quad \cdots\cdots ③$$

ここで

$$q_{\mathrm{P}} = 99\ \mathrm{MJ/m^3}$$

$$q_{\mathrm{B}} = 128\ \mathrm{MJ/m^3}$$

$$q_{\mathrm{mix}} = 116\ \mathrm{MJ/m^3}$$

の値を式③に代入して

$$x_{\mathrm{B}} = \frac{(116 - 99)\mathrm{MJ/m^3}}{(128 - 99)\mathrm{MJ/m^3}} = 0.586$$

$$x_{\mathrm{P}} = 1 - x_{\mathrm{B}} = 0.414$$

（**答　プロパン 41.4 vol %、ブタン 58.6 vol %**）

《別解》

右図のように x_{P} と発熱量の比例関係に着目して

$$\frac{1 - x_{\mathrm{P}}}{116 - 99} = \frac{1}{128 - 99}$$

$$1 - x_{\mathrm{P}} = x_{\mathrm{B}} = 0.586$$

$$x_{\mathrm{P}} = 0.414$$

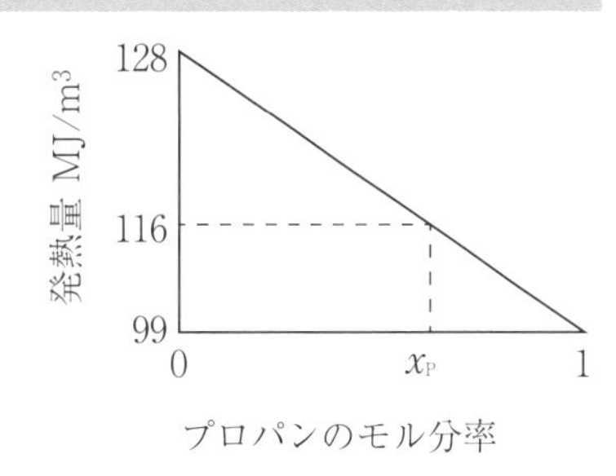

《演習問題 5.2》

水の質量を m、温度差を ΔT とする。設問は LP ガスの全消費量 m_{LP} を要求しているので、式 (5.2) は次のように書くことができる。

$$m_{\mathrm{LP}}q_{\mathrm{c}}\eta = mc\Delta T \qquad (\because \quad m_{\mathrm{LP}} = m_{\mathrm{f}}t)$$

$$\therefore \quad m_{\mathrm{LP}} = \frac{mc\Delta T}{q_{\mathrm{c}}\eta} \quad \cdots\cdots ①$$

ここで

$$m = 300\ \mathrm{kg} \qquad c = 4.18\ \mathrm{kJ/(kg \cdot K)} \qquad \Delta T = (45 - 20)\ ℃ = 25\ ℃ = 25\ \mathrm{K}$$

$q_c = 50\,\mathrm{MJ/kg} = 50 \times 10^3\,\mathrm{kJ/kg} \qquad \eta = 0.70$

式①にこれらの値を代入して

$$m_{LP} = \frac{mc\Delta T}{q_c\eta} = \frac{300\,\mathrm{kg} \times 4.18\,\mathrm{kJ/(kg \cdot K)} \times 25\,\mathrm{K}}{50 \times 10^3\,\mathrm{kJ/kg} \times 0.70} = 0.90\,\mathrm{kg}$$

（答　**0.90 kg**）

《演習問題 5.3》

水の得た熱量と発生熱量の 70 % が等しいとして方程式を立てる。水の質量を m（kg)、比熱を c（kJ/（kg･K))、温度差を ΔT（K、℃）とし、LP ガスの消費量を m_{LP}（kg)、発熱量を q_c（kJ/kg)、湯沸器の熱効率を η で表し、式 (5.2) を応用して

$$mc\Delta T = m_{LP}q_c\eta$$

$$\therefore \quad \Delta T = \frac{m_{LP}q_c\eta}{mc} \quad \cdots\cdots ①$$

なお、LP ガスの消費量 m_{LP} は、式 (5.2) の中の $m_f \times t$ に相当する。

単位を合わせて、題意により

$m = 300\,\mathrm{kg} \qquad c = 4.18\,\mathrm{kJ/(kg \cdot K)} \qquad m_{LP} = 0.80\,\mathrm{kg}$

$q_c = 50 \times 10^3\,\mathrm{kJ/kg} \qquad \eta = 0.70$

式①に代入して

$$\Delta T = \frac{0.80\,\mathrm{kg} \times 50 \times 10^3\,\mathrm{kJ/kg} \times 0.70}{300\,\mathrm{kg} \times 4.18\,\mathrm{kJ/(kg \cdot K)}} = 22.3\,\mathrm{K} = 22.3\,℃$$

水の温度（℃）を加熱前 t_1、加熱後 t_2 として

$t_2 = t_1 + \Delta T = (20 + 22.3)\,℃ = 42.3\,℃$　（答　**42.3 ℃**）

《演習問題 5.4》

ブタン $1\,\mathrm{m^3}$ に対する希釈用空気を $x\,\mathrm{m^3}$ とすると、式 (5.3 c) より

$$1\,\mathrm{m^3} \times 128\,\mathrm{MJ/m^3} = (1 + x)\,\mathrm{m^3} \times 32.0\,\mathrm{MJ/m^3}$$

$$1 + x = \frac{128\,\mathrm{MJ/m^3}}{32.0\,\mathrm{MJ/m^3}} \times 1\,\mathrm{m^3} = 4.0\,\mathrm{m^3}$$

$$\therefore \quad x = (4.0 - 1)\,\mathrm{m^3} = 3.0\,\mathrm{m^3}$$

したがって

$$\text{空気の混合割合} = \frac{x}{1+x} \times 100 = \frac{3.0\,\mathrm{m^3}}{4.0\,\mathrm{m^3}} \times 100 = 75.0\,\mathrm{vol\%}$$

（答　**75.0 vol %**）

《演習問題 5.5》

混合 LP ガスの発熱量を求めると

$$128\,\mathrm{MJ/m^3} \times 0.7 + 99\,\mathrm{MJ/m^3} \times 0.3 = 119.3\,\mathrm{MJ/m^3}$$

ダイリュートガスの発熱量を q とし、希釈空気は LP ガス $1\,\mathrm{m^3}$ 当たり 2.5 倍（$= 2.5\,\mathrm{m^3}$）であるので、式 (5.3 c) を用いて

$$119.3\,\mathrm{MJ/m^3} \times 1\,\mathrm{m^3} = q\,(1 + 2.5)\,\mathrm{m^3}$$

$$q = \frac{119.3\,\mathrm{MJ}}{(1 + 2.5)\,\mathrm{m^3}} = 34.1\,\mathrm{MJ/m^3}$$

（答　**34.1 MJ/m³**）

《演習問題 5.6》

燃焼反応式を書く。

$$C_3H_8 + 5\,O_2 = 3\,CO_2 + 4\,H_2O$$

プロパン 1 mol に対して、酸素は 5 mol 必要である。

プロパン 5 kg を mol になおして、一気に理論空気量を計算すると

$$\text{理論空気量} = \frac{5\,\mathrm{kg}}{44 \times 10^{-3}\,\mathrm{kg/mol}} \times 5\,(\text{倍}) \times 22.4 \times 10^{-3}\,\mathrm{m^3/mol} \times \frac{1}{0.21}$$

$$= 60.6\,\mathrm{m^3} \fallingdotseq 61\,\mathrm{m^3}$$

（答　**61 m³**）

《演習問題 5.7》

燃焼反応式を書く。

$$C_3H_8 + 5\,O_2 \rightarrow 3\,CO_2 + 4\,H_2O$$

プロパン 1 mol に対して酸素は 5 mol 必要である。同温度、同圧力の理想気体のモル比は体積比に等しいので、プロパン 1 m³ に対して酸素は 5 倍の 5 m³ が必要となる。

したがって、プロパン 2.0 m³ の燃焼に必要な空気量（理論空気量）は、式（5.4）から

$$\text{理論空気量} = \frac{2.0\,\mathrm{m^3} \times 5\,(\text{倍})}{0.21} = 47.6\,\mathrm{m^3}$$

（答　**47.6 m³**）

《演習問題 5.8》

C_2H_6O 1 mol の燃焼により、燃焼用の空気中の窒素も含めて火炎中には

CO_2：$n_{CO_2} = 2\,\mathrm{mol}$　　　H_2O：$n_{H_2O} = 3\,\mathrm{mol}$

N_2　：$n_{N_2} = 3\,\mathrm{mol} \times \dfrac{79}{21}\,(\text{倍}) = 11.29\,\mathrm{mol}$

の化学種があることを反応式から知ることができる。

各成分 i の定圧モル熱容量を $C_{m,pi}$、真発熱量を q、上昇温度差を ΔT として、熱バランスをとって数値を入れると（分母の単位は簡素化表示）

$$\Delta T = \frac{1\,\mathrm{mol} \times q}{n_{CO_2} C_{m,pCO_2} + n_{H_2O} C_{m,pH_2O} + n_{N_2} C_{m,pN_2}}$$

$$= \frac{1\,\mathrm{mol} \times 1328 \times 10^3\,\mathrm{J/mol}}{(2 \times 55 + 3 \times 50 + 11.29 \times 35)\,\mathrm{J/K}} = 2027\,\mathrm{K} = 2027\,℃$$

初期温度 $t_1 = 25\,℃$ であるので、断熱火炎温度は

$$\text{断熱火炎温度} = (25 + 2027)\,℃ = 2052\,℃$$

（答　**2052 ℃**）

演習問題の解答

《演習問題 5.9》

室内容積 $= 3.5\ \mathrm{m} \times 4\ \mathrm{m} \times 5\ \mathrm{m} = 70\ \mathrm{m}^3$

シャルル則から常温(25℃)、大気圧の気体のモル体積 $= 24.45 \times 10^{-3}\ \mathrm{m}^3/\mathrm{mol}$

n-ブタンの爆発範囲は 1.8 ~ 8.4 vol % であるので

$$\text{下限界におけるn-ブタンの質量} = \frac{70\ \mathrm{m}^3 \times 0.018}{24.45 \times 10^{-3}\ \mathrm{m}^3/\mathrm{mol}} \times 58 \times 10^{-3}\ \mathrm{kg/mol} = 2.99\ \mathrm{kg}$$

$$\text{上限界におけるn-ブタンの質量} = \frac{70\ \mathrm{m}^3 \times 0.084}{24.45 \times 10^{-3}\ \mathrm{m}^3/\mathrm{mol}} \times 58 \times 10^{-3}\ \mathrm{kg/mol} = 13.95\ \mathrm{kg}$$

したがって、2.99 kg ~ 13.95 kg の範囲に入る選択肢は、ロ(5.5 kg)、ハ(8.3 kg)、ニ(12.9 kg)である。

(答　ロ、ハ、ニ)

《演習問題 5.10》

濃度を C (vol %)、爆発下限界を L (vol %) で表し、メタン、エタン、プロパンをそれぞれ M、E、P の添字で表すと、ル・シャトリエの法則から

$$L_{\mathrm{mix}} = \frac{100}{\dfrac{C_{\mathrm{M}}}{L_{\mathrm{M}}} + \dfrac{C_{\mathrm{E}}}{L_{\mathrm{E}}} + \dfrac{C_{\mathrm{P}}}{L_{\mathrm{P}}}} \quad \cdots\cdots ①$$

ここで

$C_{\mathrm{M}} = 25$ vol %　　$L_{\mathrm{M}} = 5.0$ vol %

$C_{\mathrm{E}} = 25$ vol %　　$L_{\mathrm{E}} = 3.0$ vol %

$C_{\mathrm{P}} = 50$ vol %　　$L_{\mathrm{P}} = 2.1$ vol %

を式①に代入して(単位省略)

$$L_{\mathrm{mix}} = \frac{100}{\dfrac{25}{5.0} + \dfrac{25}{3.0} + \dfrac{50}{2.1}} = 2.69 \fallingdotseq 2.7(\mathrm{vol\%})$$

(答　2.7 vol %)

《演習問題 5.11》

それぞれの濃度(vol %)について、アンモニアを C_{A}、ブタンを C_{B} で表し、爆発下限界を同様に L_{A}、L_{B} および混合ガスは L_{mix} で表す。この混合ガスは2成分系であるので

$$C_{\mathrm{B}} = 100 - C_{\mathrm{A}}$$

となり、ル・シャトリエ則の式(5.6)は

$$L_{\mathrm{mix}} = \frac{100}{\dfrac{C_{\mathrm{A}}}{L_{\mathrm{A}}} + \dfrac{C_{\mathrm{B}}}{L_{\mathrm{B}}}} = \frac{100}{\dfrac{C_{\mathrm{A}}}{L_{\mathrm{A}}} + \dfrac{100 - C_{\mathrm{A}}}{L_{\mathrm{B}}}} \quad \cdots\cdots ①$$

式①を変形して C_{A} を求める形にする(式中の「vol %」は省略)。

$$\frac{C_{\mathrm{A}}}{L_{\mathrm{A}}} - \frac{C_{\mathrm{A}}}{L_{\mathrm{B}}} = \frac{100}{L_{\mathrm{mix}}} - \frac{100}{L_{\mathrm{B}}}$$

$$\therefore \quad C_A = \frac{100 \times \left(\frac{1}{L_{mix}} - \frac{1}{L_B}\right)}{\frac{1}{L_A} - \frac{1}{L_B}} = \frac{100 \times \left(\frac{1}{5.1} - \frac{1}{1.8}\right)}{\frac{1}{15.0} - \frac{1}{1.8}} = 73.5\ (\text{vol\%})$$

（答　73.5 vol %）

また、式①はアンモニアの C_A 以外は既知であるので、その数値を代入して C_A を求めることもできる（式中の「vol %」は省略）。

$$5.1 = \frac{100}{\frac{C_A}{15.0} + \frac{100 - C_A}{1.8}}$$

これを解いて

$$C_A = 73.5\ \text{vol\%}$$

《演習問題 5.12》

数値の位置を図に書き入れて判断するとよい。

イ．（○）n–ブタンの空気中の爆発範囲は、不活性ガスが 0 のときの縦軸にある限界点である。図の点イ－1 が下限界（約 1.8）、点イ－2 が上限界（約 8.4）と読める。

ロ．（×）設問の濃度は図の点ロである。N_2 の曲線の外側にあるので爆発範囲外である。

ハ．（○）設問の濃度は図の点ハである。CO_2 の曲線の内側にあるので爆発範囲内である。

ニ．（×）設問の濃度は点ニであり、CO_2 でも N_2 でも曲線の外側に位置する。いずれも爆発範囲外であり、その気体にエネルギーを与えても爆発しない。

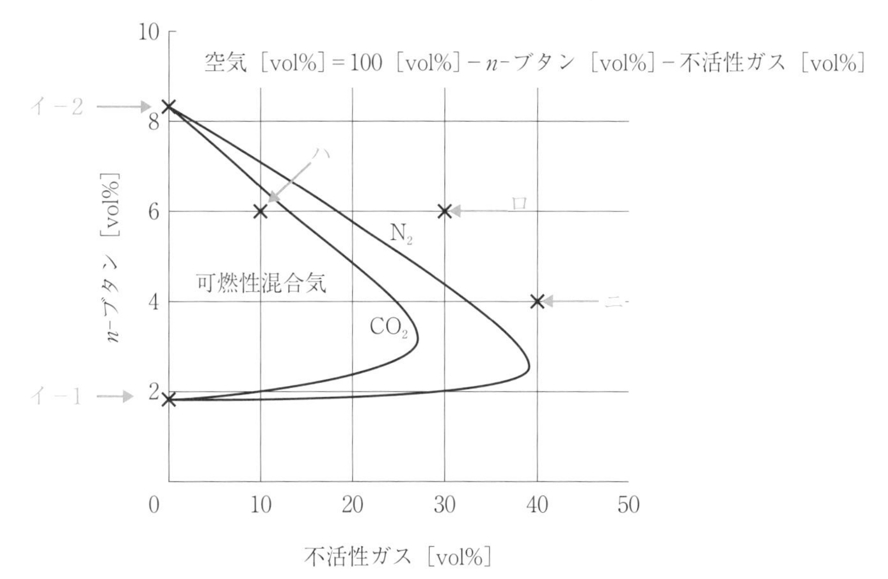

（答　イ、ハ）

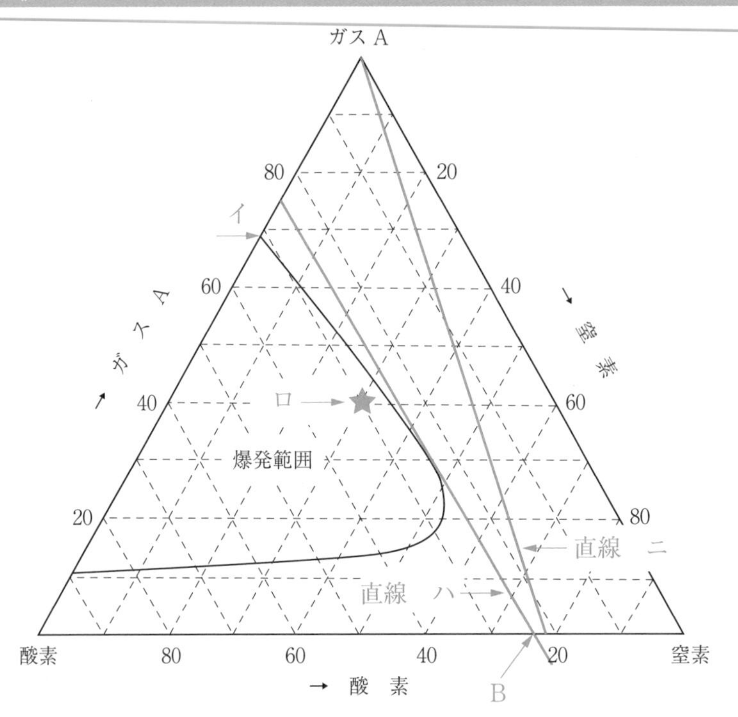

イ．（×）酸素中の爆発上限界は、左辺と爆発範囲の曲線が交わる点のうちガス A の濃度の大きいほうの値である。この場合は、図中の点イの位置の値であり約 69 vol % である。

ロ．（○）題意の混合ガスは図中の点ロの位置で表され、これは爆発範囲の中にある。

ハ．（×）限界酸素濃度は、爆発範囲の曲線に接する右辺に平行な直線ハが底辺を横切る点 B の酸素濃度である。約 24 vol % と読める。

ニ．（○）ガス A を空気で希釈していくと、空気の組成（酸素 21 vol %、窒素 79 vol %）に向かって直線ニのように組成は変化する。この直線は、爆発範囲の曲線と交わらない。すなわち、空気中での爆発範囲（燃焼範囲）はないので、空気中では可燃性ではないといえる。

（答　ロ、ニ）

《演習問題 5.14》

イ．（○）図の点イの位置は 83 vol % 位と読める。常温の一酸化炭素の爆発上限界は 74 vol % であるが、ここでは温度が高い（200 ℃）ので、上限界が高くなっている。

ロ．（×）図の点ロの位置は曲線の内側にあるので、爆発範囲に入っている。

ハ．（×）右辺と平行な接線ハの空気軸（底辺）を横切る点ハの値を 17 vol % と読むと、限界酸素濃度は

17 vol % × 0.21 ≒ 3.6 vol %

となる。

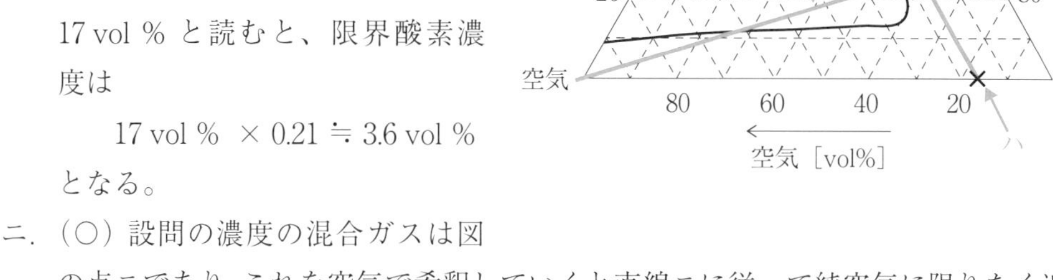

ニ．（○）設問の濃度の混合ガスは図の点ニであり、これを空気で希釈していくと直線ニに従って純空気に限りなく近づく。爆発範囲を横切るのがわかる。

（答　イ、ニ）

《演習問題 5.15》

爆心からの距離を R、爆発物の質量を M とし、最初の爆発を 1、後の爆発を 2 の添字で表すと、換算距離 λ は等しいので、式 (5.7) から

$$\frac{R_1}{\sqrt[3]{M_1}} = \frac{R_2}{\sqrt[3]{M_2}} \ (= \lambda) \quad \cdots\cdots ①$$

式①は両辺を 3 乗しても成り立つので

$$\frac{R_1{}^3}{M_1} = \frac{R_2{}^3}{M_2}$$

M_2 を求める式に変形して、値を代入すると

$$M_2 = \left(\frac{R_2}{R_1}\right)^3 M_1 = \left(\frac{200\,\mathrm{m}}{100\,\mathrm{m}}\right)^3 \times 10000\,\mathrm{kg} = 8 \times 10000\,\mathrm{kg} = 80000\,\mathrm{kg}$$

（答　80000 kg）

《演習問題 5.16》

爆発物の質量を M、爆心からの距離を R、換算距離を λ とし、$M = 20\,\mathrm{t}$ のときを 1、$M = 100\,\mathrm{t}$ のときを 2 の添字で表す。同じ爆発物でピーク過圧も等しいので λ は等しい。式 (5.7) から

$$\lambda = \frac{R_1}{M_1{}^{\frac{1}{3}}} = \frac{R_2}{M_2{}^{\frac{1}{3}}}$$

演習問題の解答

$$\therefore \quad R_2 = \left(\frac{M_2}{M_1}\right)^{\frac{1}{3}} \cdot R_1 \cdots\cdots ①$$

先に指数項を計算する。$M_1 = 20\,\mathrm{t}$、$M_2 = 100\,\mathrm{t}$ であるから

$$\left(\frac{M_2}{M_1}\right)^{\frac{1}{3}} = \left(\frac{100\,\mathrm{t}}{20\,\mathrm{t}}\right)^{\frac{1}{3}} = 5^{\frac{1}{3}} = 1.710$$ （設問中の数値 $\sqrt[3]{5} = 1.710$ を利用）

$R_1 = 1000\,\mathrm{m}$ と指数項の値を式①に代入して

$$R_2 = \left(\frac{M_2}{M_1}\right)^{\frac{1}{3}} \cdot R_1 = 1.710 \times 1000\,\mathrm{m} = 1710\,\mathrm{m}$$

（**答　1710 m**）

《演習問題 5.17》

爆発物の質量を M、距離を R および比例定数を K とすると、ホプキンソンの三乗根法則では

$$R = KM^{\frac{1}{3}} \cdots\cdots ①$$

の関係にある。

爆発物 A、B について、それぞれ A、B の添字で表すと、設問の前段により式①から

$$R_A = K_A M_A^{\frac{1}{3}} \cdots\cdots ②$$

$$R_B = K_B M_B^{\frac{1}{3}} \cdots\cdots ③$$

式②、③に与えられた数値を代入して K_A、K_B を求めると

$$K_A = \frac{R_A}{M_A^{\frac{1}{3}}} = \frac{100\,\mathrm{m}}{(1000\,\mathrm{kg})^{\frac{1}{3}}} = \frac{100\,\mathrm{m}}{(10^3)^{\frac{1}{3}}\,\mathrm{kg}^{\frac{1}{3}}} = 10\,\mathrm{m/kg}^{\frac{1}{3}}$$

$$K_B = \frac{R_B}{M_B^{\frac{1}{3}}} = \frac{100\,\mathrm{m}}{(125\,\mathrm{kg})^{\frac{1}{3}}} = \frac{100\,\mathrm{m}}{(5^3)^{\frac{1}{3}}\,\mathrm{kg}^{\frac{1}{3}}} = 20\,\mathrm{m/kg}^{\frac{1}{3}}$$

K_A、K_B の値が決まったので、爆発物の質量が等しい場合（$M_A = M_B$）について R_A/R_B は、②/③より

$$\frac{R_A}{R_B} = \frac{K_A M_A^{\frac{1}{3}}}{K_B M_B^{\frac{1}{3}}} = \frac{K_A}{K_B} = \frac{10\,\mathrm{m/kg}^{\frac{1}{3}}}{20\,\mathrm{m/kg}^{\frac{1}{3}}} = \frac{1}{2}$$

（**答　1/2**）

6章の演習問題の解答

《演習問題 6.1》

単位に注意して式 (6.5 a) で求める。

$$q_V = \frac{\pi D^2}{4}\bar{u} = \frac{\pi \times (0.100\,\mathrm{m})^2}{4} \times 2.0\,\mathrm{m/s} \times 3600\,\mathrm{s/h} = 56.5\,\mathrm{m^3/h}$$

（答　**56.5 m³/h**）

《演習問題 6.2》

円管の断面積 $A\,[\mathrm{m^2}]$ は内径を $D\,[\mathrm{m}]$ とすると

$$A = \frac{\pi D^2}{4} = \frac{\pi \times (0.100\,\mathrm{m})^2}{4} = 0.007850\,\mathrm{m^2}$$

設問の圧力・温度条件下での体積流量 q_V は式 (6.5 a) を使って

$$q_V = A\bar{u} = 0.007850\,\mathrm{m^2} \times 15\,\mathrm{m/s} = 0.1178\,\mathrm{m^3/s}$$

次にこの流量を標準状態における流量 q_V' に換算する。

$$q_V' = 0.1178\,\mathrm{m^3/s} \times \frac{2.0\,\mathrm{MPa}}{0.1013\,\mathrm{MPa}} \times \frac{273\,\mathrm{K}}{(273+27)\,\mathrm{K}} \times 3600\,\mathrm{s/h} = 7620\,\mathrm{m^3/h}$$

（答　**7620 m³/h**）

《演習問題 6.3》

管路Aと管路Bの体積流量 q_V、断面積 A、平均流速 $\bar{u}$ を、それぞれ添字A、Bで表すと、体積流量は式 (6.5 a) を使って

$$q_{V,\mathrm{A}} = A_\mathrm{A}\bar{u}_\mathrm{A} = (15\,\mathrm{cm} \times 25\,\mathrm{cm}) \times \bar{u}_\mathrm{A} = 375\,\mathrm{cm^2} \times \bar{u}_\mathrm{A} \quad \cdots\cdots ①$$

$$q_{V,\mathrm{B}} = A_\mathrm{B}\bar{u}_\mathrm{B} = (20\,\mathrm{cm} \times 30\,\mathrm{cm}) \times \bar{u}_\mathrm{B} = 600\,\mathrm{cm^2} \times \bar{u}_\mathrm{B} \quad \cdots\cdots ②$$

②/①とすると、題意より $\bar{u}_\mathrm{A} = \bar{u}_\mathrm{B}$ であるから

$$\frac{q_{V,\mathrm{B}}}{q_{V,\mathrm{A}}} = \frac{600\,\mathrm{cm^2} \times \bar{u}_\mathrm{B}}{375\,\mathrm{cm^2} \times \bar{u}_\mathrm{A}} = 1.6$$

（答　**1.6 倍**）

《演習問題 6.4》

断面が円形でないので、相当直径を D_e とすると式 (6.6 a) を使って

$$D_\mathrm{e} = \frac{Re\mu}{\bar{u}\rho} = \frac{1.3 \times 10^5 \times 1.7 \times 10^{-5}\,\mathrm{Pa\cdot s}}{8\,\mathrm{m/s} \times 1.3\,\mathrm{kg/m^3}} = 0.213\,\mathrm{m}$$

ダクトの縦の長さを x とすると、題意から横の長さは $2x$ となる。式 (6.6 c) を使って

$$D_\mathrm{e} = \frac{4A}{L_\mathrm{p}} = \frac{4 \times (x \times 2x)}{2(x+2x)} = \frac{8x^2}{6x} = \frac{4x}{3} = 0.213\,\mathrm{m}$$

$$\therefore \quad x = 0.16\,\mathrm{m} = 16\,\mathrm{cm}$$

（答　**16 cm**）

《演習問題 6.5》

Re の定義式に$\bar{u} = 4q_V/\pi D^2$ の関係を代入すると

$$Re = \frac{D\bar{u}\rho}{\mu} = \frac{4q_V D\rho}{\mu \times \pi D^2} = \frac{4q_V\rho}{\pi\mu D}$$

q_V、ρ、μ は一定であり、上式の D を $(3/4)D$ に置き換えると

$$Re' = \frac{4q_V\rho}{\pi\mu\left(\frac{3}{4}D\right)} = \frac{4}{3}\frac{4q_V\rho}{\pi\mu D} = \frac{4}{3}Re = \frac{4}{3} \times 5000 \fallingdotseq 6700$$

（答　6700）

《演習問題 6.6》

管路の形状が異なるだけで、例題 6-12 と同様に解くことができる。

$$\bar{u}_1 = \bar{u}_2 \frac{D_2{}^2}{D_1{}^2} = 10\,\mathrm{m/s} \times \frac{(0.10\,\mathrm{m})^2}{(1.5\,\mathrm{m})^2} = 0.044\,\mathrm{m/s} = 4.4\,\mathrm{cm/s}$$

（答　4.4 cm/s）

《演習問題 6.7》

例題 6-14 と同様に、トリチエリの定理により

$$\bar{u} = \sqrt{2g(h_1 - h_2)}$$
$$= \sqrt{2 \times 9.8\,\mathrm{m/s^2} \times (3.8\,\mathrm{m} - 0.5\,\mathrm{m})} = \sqrt{64.7\,\mathrm{m^2/s^2}} \fallingdotseq \sqrt{(8.0\,\mathrm{m/s})^2} = 8.0\,\mathrm{m/s}$$

（答　8.0 m/s）

《演習問題 6.8》

イ．（○）密度の変化は無視できるので、連続の式（6.7 b）により

$$A_A\bar{u}_A = A_B\bar{u}_B$$

$$\bar{u}_B = \bar{u}_A \times \frac{A_A}{A_B}$$

図より断面積の比 A_A/A_B は 1 より大きいから、流速は、A 点よりも B 点のほうが大きい。

ロ．（×）この問題では A 点と B 点の高さは等しいから、ベルヌーイの定理により「動圧 $(\rho\bar{u}^2/2)$ ＋ 静圧(p)＝一定」である。イの解説で示したように、$\bar{u}_B > \bar{u}_A$ であるから動圧（$\rho\bar{u}^2/2$）は B 点のほうが A 点よりも大きい。したがって、静圧は A 点より B 点のほうが小さい。

ハ．（○）$q_V = (\pi D^2/4)\bar{u}$ より、$\bar{u} = 4q_V/(\pi D^2)$ であり、この関係を $Re = D\bar{u}\rho/\mu$ に代入すると

$$Re = \frac{D\bar{u}\rho}{\mu} = \frac{D\rho}{\mu} \cdot \frac{4q_V}{\pi D^2} = \frac{4\rho q_V}{\pi\mu D}$$

となり、レイノルズ数 Re は D に反比例する。よって、$Re_A < Re_B$ であり A 点が乱流なら B 点も乱流である。

（答　イ、ハ）

《演習問題 6.9》

例題 6-14 で示したように、ノズルから流出する速度 $\bar{u}$ はトリチェリの定理により計算できる。

$$\bar{u} = \sqrt{2gh} = \sqrt{2 \times 9.8\,\mathrm{m/s^2} \times 2.5\,\mathrm{m}} = \sqrt{49\,\mathrm{m^2/s^2}} = 7.0\,\mathrm{m/s}$$

したがって、流入する（流出する）水の流量（体積流量）q_V は、ノズルの内径を D として式 (6.5 a) により

$$q_V = A\bar{u} = \frac{\pi D^2}{4}\,\bar{u} = \frac{\pi \times (0.10\,\mathrm{m})^2}{4} \times 7.0\,\mathrm{m/s} = 0.00785\,\mathrm{m^2} \times 7.0\,\mathrm{m/s}$$

$$= 5.5 \times 10^{-2}\,\mathrm{m^3/s}$$

（**答　5.5×10^{-2} m³/s**）

《演習問題 6.10》

よどみ点の影響を受けない上流の点①とよどみ点②にベルヌーイの定理を適用する。

水面からよどみ点までの水深を H、大気圧を p_a とすると、点①とよどみ点②の位置エネルギーは同じであり、よどみ点②の流速はゼロであるから

$$\frac{\rho u^2}{2} + (p_a + \rho g H) = p_a + \rho g(\Delta h + H)$$

$$\therefore \quad \Delta h = \frac{u^2}{2g} = \frac{(3.0\,\mathrm{m/s})^2}{2 \times 9.81\,\mathrm{m/s^2}} = 0.46\,\mathrm{m}$$

（**答　0.46 m**）

《演習問題 6.11》

式 (6.11 c) で計算する。

$$A_0 = \frac{\pi D^2}{4} = \frac{3.14 \times (0.04\,\mathrm{m})^2}{4} = 0.001256\,\mathrm{m^2}$$

$$q_V = CA_0\sqrt{2g\left(\frac{\rho_s}{\rho} - 1\right)\Delta h}$$

$$= 0.6 \times 0.001256\,\mathrm{m^2} \times \sqrt{2 \times 9.81\,\mathrm{m/s^2} \times (711 - 1) \times 0.115\,\mathrm{m}}$$

$$= 0.6 \times 0.001256\,\mathrm{m^2} \times \sqrt{1602\,\mathrm{m^2/s^2}} \fallingdotseq 0.6 \times 0.001256\,\mathrm{m^2} \times 40\,\mathrm{m/s} = 0.0301\,\mathrm{m^3/s}$$

（**答　0.0301 m³/s**）

《演習問題 6.12》

レイノルズ数の定義式 $Re = D\bar{u}\rho/\mu$ の中で、題意により D、ρ、μ は流量が増えても変わらない。平均流速 $\bar{u}$ については、$\bar{u} = q_V/A = 4q_V/(\pi D^2)$ の関係から、流量 q_V が 1.1 倍になると $\bar{u}$ も 1.1 倍となる。よって

$$Re' = D(1.1\bar{u})\rho/\mu = 1.1\,(D\bar{u}\rho/\mu) = 1.1Re$$

また、$Re > 4000$ であり流れは乱流であるから、圧力損失の計算式 $\Delta p_f = 4f\,(\rho\bar{u}^2/2)\,(l/D)$ の中で、題意により f、ρ、l、D は流量が増えても変わらない。よって

$$\Delta p_f' = 4f\{\rho(1.1\bar{u})^2/2\}(l/D) = 1.21 \times 4f(\rho\bar{u}^2/2)\,(l/D) = 1.21\Delta p_f \fallingdotseq 1.2\Delta p_f$$

（**答　*Re*：1.1 倍、圧力損失：1.2 倍**）

演習問題の解答

《演習問題 6.13》

層流の場合は、$f = 16/Re$ の関係があるから管路 A の圧力損失は

$$\Delta p_A = 4\frac{16}{Re_A}\frac{\rho_A \bar{u}_A^2}{2}\frac{L}{D_A} = 4\frac{16\mu_A}{D_A\bar{u}_A\rho_A}\frac{\rho_A\bar{u}_A^2}{2}\frac{L}{D_A} = \frac{32\mu_A\bar{u}_A L}{D_A^2}$$

題意より、$\mu_B = \mu_A$、$D_B = 2D_A$、また、体積流量は同じであるから

$$(\pi D_B^2/4)\bar{u}_B = (\pi D_A^2/4)\bar{u}_A$$

$$\bar{u}_B = (D_A/D_B)^2\bar{u}_A = (D_A/2D_A)^2\bar{u}_A = \bar{u}_A/4$$

$$\therefore \quad \Delta p_B = \frac{32\mu_B\bar{u}_B L}{D_B^2} = \frac{32\mu_A(\bar{u}_A/4)L}{(2D_A)^2} = \frac{1}{16}\cdot\frac{32\mu_A\bar{u}_A L}{D_A^2} = \frac{\Delta p_A}{16}$$

すなわち、$\Delta p_A/\Delta p_B = 16$ である。　　　　**(答　16)**

《演習問題 6.14》

$Re = 1600 < 2100$ で流れは層流である。乱流の場合の圧力損失の計算式 (6.12 c) 中の管摩擦係数 f を $16/Re$ に置き換えると層流の場合の圧力損失の式が得られる。

$$\Delta p = 4\frac{16}{Re}\frac{\rho\bar{u}^2}{2}\frac{l}{D} = \frac{4\times 16\times 1040\,\mathrm{kg/m^3}\times(0.12\,\mathrm{m/s})^2\times 50\,\mathrm{m}}{1600\times 2\times 0.05\,\mathrm{m}} = 300\,\mathrm{Pa}$$

(答　300 Pa)

《演習問題 6.15》

式 (6.14 a)、式 (6.14 c) を組み合わせると

$$P_s = \frac{P_{th}}{\eta} = \frac{q_V\rho g h}{\eta}$$

吐出し量 q_V を求める式に変形し、数値を代入する。答は $\mathrm{m^3/min}$ に換算することに注意する。

$$q_V = \frac{P_s\eta}{\rho g h} = \frac{300\times 10^3\,\mathrm{W}\times 0.71}{1000\,\mathrm{kg/m^3}\times 9.8\,\mathrm{m/s^2}\times 20\,\mathrm{m}} = 1.09\,\mathrm{m^3/s}$$

$$= 1.09\,\mathrm{m^3/s}\times 60\,\mathrm{s/min} = 65\,\mathrm{m^3/min}$$

(答　65 m³/min)

《演習問題 6.16》

体積流量 q_V は

$$q_V = \frac{\pi D^2 L}{4}N = \frac{3.14\times(0.100\,\mathrm{m})^2\times 0.200\,\mathrm{m}}{4}\times(600/60)\,\mathrm{s^{-1}}$$

$$= 0.0157\,\mathrm{m^3/s}$$

仕事の出入り、管路の摩擦損失を考慮したエネルギー保存の法則式 (6.9 c) において、題意により $\bar{u}_1 = \bar{u}_2$、$h_1 = h_2$、また、$\Delta p_f = 0$ とすると、全圧 P は

$$P = p_2 - p_1 = (0.5 - 0.1)\,\mathrm{MPa} = 0.4\,\mathrm{MPa}$$

所要動力は、式 (6.14 b)、式 (6.14 c) を使って

$$P_s = \frac{q_V P}{\eta} = \frac{0.0157\ \mathrm{m^3/s} \times 0.4\ \mathrm{MPa}}{0.75} = 0.0084\ \mathrm{MJ/s} = 8.4\ \mathrm{kJ/s} = 8.4\ \mathrm{kW}$$

（答　**8.4 kW**）

7章の演習問題の解答

《演習問題 7.1》

「伝熱速度 × 伝熱時間 = 氷が水になるために必要な熱量」の関係から求める。求める時間を t(h)、氷の質量を m、氷の融解熱を λ_{melt} とすると

$$Qt = \left(\lambda A \frac{T_1 - T_2}{l}\right)t = m\lambda_{\mathrm{melt}}$$

$$Q = \lambda A \frac{T_1 - T_2}{l} = 90\,\mathrm{J/(h\cdot m\cdot K)} \times 1\,\mathrm{m}^2 \times \frac{(30-0)\,\mathrm{K}}{0.03\,\mathrm{m}} = 90000\,\mathrm{J/h} = 90\,\mathrm{kJ/h}$$

$$m\lambda_{\mathrm{melt}} = 15\,\mathrm{kg} \times 333\,\mathrm{kJ/kg} = 4995\,\mathrm{kJ}$$

$$\therefore \quad t = \frac{m\lambda_{\mathrm{melt}}}{Q} = \frac{4995\,\mathrm{kJ}}{90\,\mathrm{kJ/h}} = 55.5\,\mathrm{h} \fallingdotseq 56\,\mathrm{h}$$

（答　56 時間）

《演習問題 7.2》

題意の量記号を式 (7.2 a) に代入すると

$$\Phi_1 = kA\frac{t - t_1}{l} \quad \cdots\cdots ① \qquad \Phi_2 = kA\frac{t - t_2}{l} \quad \cdots\cdots ②$$

式①と式②から得られる t は等しいので

$$\frac{\Phi_1 l}{kA} + t_1 = \frac{\Phi_2 l}{kA} + t_2$$

両辺に kA を掛けて k を求める。

$$\Phi_1 l + kAt_1 = \Phi_2 l + kAt_2$$

$$k = \frac{(\Phi_1 - \Phi_2)\,l}{A\,(t_2 - t_1)} = \frac{(320-240)\,\mathrm{kW} \times 0.100\,\mathrm{m}}{4\,\mathrm{m}^2 \times (200-100)\,\mathrm{K}} = 0.02\,\mathrm{kW/(m\cdot K)} = 20\,\mathrm{W/(m\cdot K)}$$

（答　20 W/(m・K)）

《演習問題 7.3》

熱伝導による固体①と固体②の伝熱速度が等しいことから求める。

固体①と固体②の伝熱面積を A、厚さを l とすると

$$Q = k_1 A\frac{T_1 - T_2}{l} = k_2 A\frac{T_2 - T_3}{l} \quad \rightarrow \quad k_1(T_1 - T_2) = k_2(T_2 - T_3)$$

与えられた数値を代入すると

$$200\,\mathrm{W/(m\cdot K)} \times (130\,℃ - T_2) = 100\,\mathrm{W/(m\cdot K)} \times (T_2 - 40\,℃)$$

$$2 \times (130\,℃ - T_2) = T_2 - 40\,℃$$

$$\therefore \quad T_2 = 100\,℃$$

（答　100 ℃）

演習問題の解答

《演習問題 7.4》

算術平均伝熱面積 A_{av} を用いると平面壁と同様の式で計算できる。

$$A_{av} = \frac{A_1 + A_2}{2} = \frac{\pi D_1 L + \pi D_2 L}{2} = \frac{\pi L(D_1 + D_2)}{2}$$

$$= \frac{\pi \times 2.0\,\mathrm{m} \times (0.5\,\mathrm{m} + 0.6\,\mathrm{m})}{2} = 3.45\,\mathrm{m}^2$$

$$Q = \lambda A_{av} \frac{T_1 - T_2}{r_2 - r_1} = 100\,\mathrm{W/(m\cdot K)} \times 3.45\,\mathrm{m}^2 \times \frac{(200 - 100)\,\mathrm{K}}{(0.6/2 - 0.5/2)\,\mathrm{m}}$$

$$= 690000\,\mathrm{W} = 690\,\mathrm{kW}$$

(答　690 kW)

《演習問題 7.5》

管壁（固体）から、空気（流体）への熱伝達の問題である。図のように、管の位置によって管壁と空気との温度差が変化するので、平均の温度差（算術平均）Δt_m を求める。

$$\Delta t_m = \frac{(\text{入口での温度差}) + (\text{出口での温度差})}{2}$$

$$= \frac{(150 - 20)\,\mathrm{K} + (150 - 40)\,\mathrm{K}}{2} = 120\,\mathrm{K}$$

式 (7.4) の $T_1 - T_2$ の代りに Δt_m を用い既知の数値を代入すると

$$\frac{2.6 \times 10^4 \times 10^3\,\mathrm{J/h}}{3600\,\mathrm{s/h}} = 60\,\mathrm{W/(m^2\cdot K)} \times A \times 120\,\mathrm{K}$$

$$\therefore \quad A = 1.0\,\mathrm{m}^2$$

（注）　この問題では熱伝達率の単位は $\mathrm{W/(m^2\cdot K)}$、また、伝熱量の単位は kJ/h であるから、式(7.4)を使う場合、式の左辺と右辺を同じ次元にするために、伝熱量の単位 kJ/h を J/s（= W）に換算している。

(答　1.0 m²)

《演習問題 7.6》

熱貫流による流体Ⅰから流体Ⅱへの伝熱速度と、熱伝達による低温側のれんが壁面から流体Ⅱへの伝熱速度が等しいことから求める。

$$Q = UA(T_1 - T_4) = hA(T_3 - T_4)$$

$$\therefore \quad U = \frac{h(T_3 - T_4)}{T_1 - T_4} = \frac{16.0\,\mathrm{W/(m^2\cdot K)} \times (150 - 20)℃}{(715 - 20)℃} = 2.99\,\mathrm{W/(m^2\cdot K)}$$

(答　2.99 W/(m²·K))

《演習問題 7.7》

題意の数値、量記号を式 (7.8 a)、式 (7.8 b) に代入すると

$$E_b = 90.7\,\mathrm{W/m^2} = \sigma \times (200\,\mathrm{K})^4 \quad \cdots\cdots ①$$

$$E = 5.67\,\mathrm{W/m^2} = \varepsilon\sigma \times (150\,\mathrm{K})^4 \quad \cdots\cdots ②$$

式②　÷　式①とすると

$$\frac{5.67\ \mathrm{W/m^2}}{90.7\ \mathrm{W/m^2}} = \frac{\varepsilon\sigma \times (150\ \mathrm{K})^4}{\sigma \times (200\ \mathrm{K})^4}$$

$$\therefore\quad \varepsilon = \frac{5.67\ \mathrm{W/m^2}}{90.7\ \mathrm{W/m^2}} \times \frac{(200\ \mathrm{K})^4}{(150\ \mathrm{K})^4} = 0.198$$

式①からステファン－ボルツマン定数σを求め、この値を式②に代入して熱放射率εを計算することもできる。σの値を覚えていれば式②のみで計算することもできる。

この熱放射率の値が該当するのは炭素鋼（研磨面）である。　**（答　炭素鋼（研磨面））**

8章の演習問題の解答

《演習問題 8.1》

降伏強さ（降伏点）σ_Y は引張試験において材料が降伏したときの荷重 F を変形する前の元の断面積 A で除して求められる。

$$A = \frac{\pi \times (20.0\,\text{mm})^2}{4} = 314\,\text{mm}^2$$

$$\therefore \quad \sigma_Y = \frac{F}{A} = \frac{120 \times 10^3\,\text{N}}{314\,\text{mm}^2} = 382\,\text{N/mm}^2 = 382\,\text{MPa}$$

（**答　382 MPa**）

《演習問題 8.2》

加えられた荷重 F を断面積 A で除して求める。

$$A = \frac{\pi \times (30\,\text{mm})^2}{4} = 707\,\text{mm}^2$$

$$\therefore \quad \sigma = \frac{F}{A} = \frac{120 \times 10^3\,\text{N}}{707\,\text{mm}^2} = 170\,\text{N/mm}^2 = 170\,\text{MPa}$$

（**答　170 MPa**）

《演習問題 8.3》

例題 8-1 で示したように、引張強さは最大荷重を元の断面積で割って得られる。

$$\sigma_B = \frac{F}{\pi D^2/4} = \frac{4 \times 197000\,\text{N}}{3.14 \times (25.0\,\text{mm})^2} = 402\,\text{N/mm}^2 = 402\,\text{MPa}$$

（**答　402 MPa**）

《演習問題 8.4》

荷重を断面積で除して求める。

	断面積 A (mm²)	荷重 F (N)	応力 $\sigma = F/A$ (N/mm² = MPa)
イ	300	6×10^3	20
ロ	500	15×10^3	30
ハ	800	20×10^3	25
ニ	1800	27×10^3	15

（**答　ロ ＞ ハ ＞ イ ＞ ニ**）

《演習問題 8.5》

まず、丸棒の断面積 A を計算する。

$$A = \frac{\pi D^2}{4} = \frac{\pi \times (40\,\text{mm})^2}{4} = 1260\,\text{mm}^2$$

式 (8.1) を使って

$$\sigma = \frac{F}{A} = \frac{30 \times 10^3\,\mathrm{N}}{1260\,\mathrm{mm}^2} = 23.8\,\mathrm{N/mm^2} \fallingdotseq 24\,\mathrm{N/mm^2}$$

（答　**24 N/mm²**）

《演習問題 8.6》

リベットの直径を d とすると、せん断応力 τ が作用する面積は $\pi d^2/4$ であるから

$$\tau = \frac{P}{\pi d^2/4} = \frac{4P}{\pi d^2}$$

$$\therefore\ d = \sqrt{\frac{4P}{\pi\tau}} = \sqrt{\frac{4 \times 1585\,\mathrm{N}}{3.14 \times 56\,\mathrm{N/mm^2}}} = \sqrt{36.06\,\mathrm{mm}^2} \fallingdotseq 6\,\mathrm{mm}$$

（答　**6 mm**）

《演習問題 8.7》

縦ひずみ　$\varepsilon = \dfrac{\lambda}{l} = \dfrac{2.5\,\mathrm{mm}}{5000\,\mathrm{mm}} = 0.0005$

横ひずみ　$\varepsilon' = -\dfrac{\delta}{d} = -\nu\varepsilon = -0.30 \times 0.0005 = -0.00015$

$\therefore\ \delta = 0.00015d = 0.00015 \times 100\,\mathrm{mm} = 0.015\,\mathrm{mm}$　（答　**0.015 mm**）

《演習問題 8.8》

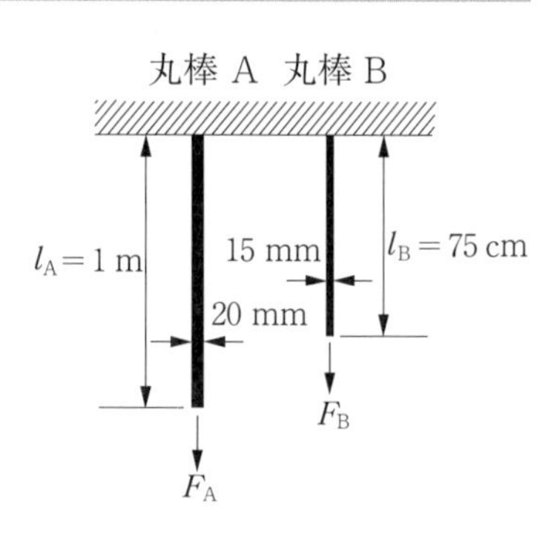

式 (8.1) と式 (8.6) から

$$\sigma = \frac{F}{A} = E\varepsilon$$

この式に、縦ひずみ ε の定義式 (8.3 a) を代入すると

$$\frac{F}{A} = E\frac{\lambda}{l}$$

したがって、伸び λ は次式で表せる。

$$\lambda = \frac{Fl}{AE} \quad \cdots\cdots ①$$

λ などの量記号に下添字 A、B を付けて、それぞれ丸棒 A、丸棒 B の伸びなどを表すことにすると

$$F_A = F_B = F\,(\mathrm{N})、l_A = 1000\,\mathrm{mm}、l_B = 750\,\mathrm{mm}、E_A = E_B = E\,(\mathrm{N/mm^2})$$

断面積は

$$A_A = \frac{\pi \times (20\,\mathrm{mm})^2}{4} = 314\,\mathrm{mm}^2 \qquad A_B = \frac{\pi \times (15\,\mathrm{mm})^2}{4} = 177\,\mathrm{mm}^2$$

これらの値を式①に代入すると、伸び λ (mm) は

$$\lambda_A = \frac{Fl_A}{A_A E} = \frac{1000F}{314E} = 3.18\frac{F}{E} \quad \cdots\cdots ②$$

$$\lambda_B = \frac{Fl_B}{A_B E} = \frac{750F}{177E} = 4.24\frac{F}{E} \quad \cdots\cdots ③$$

②／③として

$$\frac{\lambda_A}{\lambda_B} = \frac{3.18}{4.24} = 0.75$$

（答　**0.75**）

《演習問題 8.9》

式 (8.8) より

$$E = 2G(1+\nu) = 2 \times 27.0\,\text{GPa} \times (1+0.3) = 70.2\,\text{GPa}$$

ひずみεは、式 (8.6) を使って

$$\varepsilon = \frac{\sigma}{E} = \frac{F}{AE} = \frac{60.0 \times 10^3\,\text{N}}{3.0 \times 10^{-4}\,\text{m}^2 \times 70.2 \times 10^9\,\text{Pa}} = 2.8 \times 10^{-3}$$

（答　**2.8 × 10⁻³**）

《演習問題 8.10》

式 (8.1) と式 (8.6) から

$$\sigma = \frac{F}{A} = E\varepsilon$$

この式に、縦ひずみεの定義式 (8.3 a) を代入すると次の関係が得られる。

$$\frac{F}{A} = E\frac{\lambda}{l}$$

したがって、伸びλは

$$\lambda = \frac{Fl}{AE}$$

この式に与えられた値および伸びλが 0.3 mm 以下である条件を代入すると

$$\frac{94 \times 10^3\,\text{N} \times 2\,\text{m}}{A \times 210 \times 10^9\,\text{N/m}^2} \leqq 0.3 \times 10^{-3}\,\text{m}$$

両辺に$\dfrac{A}{0.3 \times 10^{-3}\,\text{m}}$をかけると

$$\frac{94 \times 10^3\,\text{N} \times 2\,\text{m}}{210 \times 10^9\,\text{N/m}^2 \times 0.3 \times 10^{-3}\,\text{m}} \leqq A$$

$$\therefore\ A \geqq 2.98 \times 10^{-3}\,\text{m}^2 \ \rightarrow\ 3.0 \times 10^{-3}\,\text{m}^2$$

（答　**$3.0 \times 10^{-3}\,\text{m}^2$**）

《演習問題 8.11》

横ひずみ　$\varepsilon' = -\dfrac{\delta}{d} = -\dfrac{0.036\,\text{mm}}{100\,\text{mm}} = -0.00036$

縦ひずみ　$\varepsilon = \dfrac{|\varepsilon'|}{\nu} = \dfrac{0.00036}{0.3} = 0.0012$

$$\therefore\ F = \sigma A = (\varepsilon E)A = \varepsilon E\frac{\pi d^2}{4} = 0.0012 \times 70 \times 10^3\,\text{N/mm}^2 \times \frac{3.14 \times (100\,\text{mm})^2}{4}$$

$$= 659400\,\text{N} \fallingdotseq 660\,\text{kN}$$

（答　**660 kN**）

演習問題の解答

《演習問題 8.12》

鋼棒の断面積 A は鋼棒の直径を D とすると

$$A = \frac{\pi D^2}{4} = \frac{3.14 \times (0.1\,\mathrm{m})^2}{4} = 0.007850\,\mathrm{m}^2$$

式 (8.1) にこの値と荷重 $F = 200\,\mathrm{kN} = 200 \times 10^3\,\mathrm{N}$ を代入すると

$$\sigma = \frac{F}{A} = \frac{200 \times 10^3\,\mathrm{N}}{0.007850\,\mathrm{m}^2} = 25.48 \times 10^6\,\mathrm{N/m^2} = 25.48 \times 10^6\,\mathrm{Pa}$$

式 (8.8) $U_0 = \sigma^2/(2E)$ にこの値と縦弾性係数 $E = 206\,\mathrm{GPa}$ を代入すると

$$U_0 = \frac{\sigma^2}{2E} = \frac{(25.48 \times 10^6\,\mathrm{Pa})^2}{2 \times 206\,\mathrm{GPa}} = \frac{(25.48 \times 10^6\,\mathrm{Pa})^2}{2 \times 206 \times 10^9\,\mathrm{Pa}}$$

$$= \frac{25.48^2 \times 10^{12}\,\mathrm{Pa}^2}{2 \times 206 \times 10^9\,\mathrm{Pa}} = 1.58 \times 10^3\,\mathrm{Pa} = 1.58 \times 10^3\,\mathrm{J/m^3} = 1.58\,\mathrm{kJ/m^3}$$

（答　**1.58 kJ/m³**）

《演習問題 8.13》

式 (8.6) から、この丸棒の縦弾性係数 E は

$$E = \sigma/\varepsilon = -50\,\mathrm{MPa}/(-500 \times 10^{-6}) = 10^5\,\mathrm{MPa}$$

式 (8.10) を使って

$$\Delta T = -\sigma/(\alpha E) = -(-50\,\mathrm{MPa})/(20 \times 10^{-6}\,℃^{-1} \times 10^5\,\mathrm{MPa}) = 25\,℃$$

（答　**25 ℃**）

《演習問題 8.14》

量記号として、材料Ⅰの場合にⅠ、材料Ⅱの場合にⅡの下添字で表す。式 (8.10) から

$$\sigma_{\mathrm{I}} = -\alpha_{\mathrm{I}} E_{\mathrm{I}} \Delta T_{\mathrm{I}} = \sigma_{\mathrm{BI}} \times (x/100) \quad \cdots\cdots ①$$

$$\sigma_{\mathrm{II}} = -\alpha_{\mathrm{II}} E_{\mathrm{II}} \Delta T_{\mathrm{II}} = \sigma_{\mathrm{BII}} \times (x/100) \quad \cdots\cdots ②$$

② ÷ ①とすると、負号と $(x/100)$ が消去され

$$\frac{\alpha_{\mathrm{II}} E_{\mathrm{II}} \Delta T_{\mathrm{II}}}{\alpha_{\mathrm{I}} E_{\mathrm{I}} \Delta T_{\mathrm{I}}} = \frac{\sigma_{\mathrm{BII}}}{\sigma_{\mathrm{BI}}}$$

$$\therefore \quad \Delta T_{\mathrm{II}} = \frac{\sigma_{\mathrm{BII}} \alpha_{\mathrm{I}} E_{\mathrm{I}} \Delta T_{\mathrm{I}}}{\sigma_{\mathrm{BI}} \alpha_{\mathrm{II}} E_{\mathrm{II}}} = \frac{500\,\mathrm{MPa} \times 24.5 \times 10^{-6}\,℃^{-1} \times 70\,\mathrm{GPa} \times 30\,℃}{350\,\mathrm{MPa} \times 15.0 \times 10^{-6}\,℃^{-1} \times 200\,\mathrm{GPa}}$$

$$= 24.5\,℃$$

（答　**24.5 ℃**）

《演習問題 8.15》

式 (8.9) を使って線膨張係数 α を求め、この値を用いて式 (8.10) より熱応力を求める。

$$\alpha = \frac{\lambda}{\Delta T l} = \frac{2 \times 10^{-3}\,\mathrm{m}}{100\,℃ \times 1\,\mathrm{m}} = 2 \times 10^{-5}/℃$$

$$\sigma = -\alpha E \Delta T = -2 \times 10^{-5}/℃ \times 100\,\mathrm{GPa} \times (-50\,℃) = 10^{-1}\,\mathrm{GPa} = 100\,\mathrm{MPa}$$

（答　**100 MPa**）

《演習問題 8.16》

まず、式 (8.10) を用いて熱応力 σ を求める。

$$\sigma = -\alpha E \Delta T = -11 \times 10^{-6}\,℃^{-1} \times 200\,\mathrm{GPa} \times (100 - 20)\,℃$$

$$= -11 \times 10^{-6}\,℃^{-1} \times 200 \times 10^{3}\,\mathrm{MPa} \times 80\,℃ = -176\,\mathrm{MPa} = -176\,\mathrm{N/mm^2}$$

反力は、式 (8.1) で求める。

$$F = \sigma A = \frac{\pi D^2 \sigma}{4} = \frac{\pi \times (20\,\mathrm{mm})^2 \times (-176\,\mathrm{N/mm^2})}{4} = -55300\,\mathrm{N}$$

$$= -55.3\,\mathrm{kN}\ (\text{圧縮荷重})$$

問題では反力の値を要求しており、正負の区別は要求していないので、答は 55.3 kN である。

（**答　55.3 kN**）

《演習問題 8.17》

内圧が加わったときに生じる最大の応力は円周応力であるので、次の式 (8.11 a) を用いて計算する。内半径を r_{i} とすると $D_{\mathrm{i}} = 2r_{\mathrm{i}}$ であるから

$$\sigma_\theta = \frac{pD_{\mathrm{i}}}{2t} = \frac{p(2r_{\mathrm{i}})}{2t} = \frac{pr_{\mathrm{i}}}{t}$$

この式に、内圧は題意から一定値 p とし、与えられた内半径 r_{i}、肉厚 t の値を代入すると円周応力 σ_θ が求められるので、生じる円周応力 σ_θ の値が小さいものが強度が大きいことになる。

鋼管 (1)　$\sigma_\theta = \dfrac{p \times 100\,\mathrm{mm}}{4\,\mathrm{mm}} = 25.0p$

鋼管 (2)　$\sigma_\theta = \dfrac{p \times 120\,\mathrm{mm}}{5\,\mathrm{mm}} = 24.0p$

鋼管 (3)　$\sigma_\theta = \dfrac{p \times 140\,\mathrm{mm}}{6\,\mathrm{mm}} = 23.3p$

鋼管 (4)　$\sigma_\theta = \dfrac{p \times 160\,\mathrm{mm}}{7\,\mathrm{mm}} = 22.9p$

鋼管 (5)　$\sigma_\theta = \dfrac{p \times 180\,\mathrm{mm}}{8\,\mathrm{mm}} = 22.5p$

上記の計算結果から、同一内圧 p の場合に生じる円周応力 σ_θ の値が最も小さいのは鋼管 (5) であり、したがって、同一の材料の場合は同一内圧に対して最も余裕があることがわかる。

（**答　(5)**）

《演習問題 8.18》

鋼管に引張強さが生じるときの圧力（耐圧力）を式 (8.11 a) で求め、比較する。

$$p = \frac{2t\sigma_B}{D_i} = \frac{2t\sigma_B}{2r_i} = \frac{t\sigma_B}{r_i}$$

鋼管イ　$p = \frac{3\,\mathrm{mm} \times 300\,\mathrm{N/mm^2}}{20\,\mathrm{mm}} = 45.0\,\mathrm{N/mm^2} = 45.0\,\mathrm{MPa}$

鋼管ロ　$p = \frac{3\,\mathrm{mm} \times 400\,\mathrm{N/mm^2}}{30\,\mathrm{mm}} = 40.0\,\mathrm{N/mm^2} = 40.0\,\mathrm{MPa}$

鋼管ハ　$p = \frac{3\,\mathrm{mm} \times 500\,\mathrm{N/mm^2}}{40\,\mathrm{mm}} = 37.5\,\mathrm{N/mm^2} = 37.5\,\mathrm{MPa}$　　**（答　イ ＞ ロ ＞ ハ）**

《演習問題 8.19》

イ．（○）記述は正しい。

ロ．（×）$\sigma_\theta = pD/2t$、$\sigma_z = pD/4t$ であり、ともに内径 D に比例する。

ハ．（×）ロで示した計算式のように、σ_θ と σ_z は、ともに肉厚 t に反比例する。

ニ．（○）ロで示した計算式のように、記述は正しい。　　**（答　イ、ニ）**

《演習問題 8.20》

周方向応力（円周応力）σ_θ、軸方向応力（軸応力）σ_z は、式（8.11 a）、（8.11 b）により計算する。

$$\sigma_\theta = \frac{pD}{2t} = \frac{600\,\mathrm{kPa} \times 2\,\mathrm{m}}{2 \times 0.015\,\mathrm{m}} = 40000\,\mathrm{kPa} = 40 \times 10^3\,\mathrm{kPa} = 40\,\mathrm{MPa}$$

$$\sigma_z = \frac{pD}{4t} = \frac{\sigma_\theta}{2} = \frac{40\,\mathrm{MPa}}{2} = 20\,\mathrm{MPa}$$

（答　$\sigma_\theta = 40\,\mathrm{MPa}$、$\sigma_z = 20\,\mathrm{MPa}$）

《演習問題 8.21》

与えられた条件を式にすると

$$\sigma_{max} = \sigma_\theta = \frac{pD}{2t} \leqq 100\,\mathrm{MPa}$$

$$\therefore\quad D \leqq \frac{2t \times 100\,\mathrm{MPa}}{p} = \frac{2 \times 1.5\,\mathrm{mm} \times 100\,\mathrm{MPa}}{1.25\,\mathrm{MPa}} = 240\,\mathrm{mm}$$

（答　240 mm）

《演習問題 8.22》

イ．（×）接線応力（円周応力）の大きさは、円筒の内面で最大値を、また円筒の外面で最小値を示し、厚さ方向、すなわち、半径方向に一様ではない。

ロ．（×）軸応力の大きさは、厚さ方向、すなわち、半径方向に一様である。

ハ．（×）記述が逆である。半径応力の大きさは、内面では内圧の大きさに等しく、外面ではゼロ（大気圧）である。

ニ．（○）記述は正しい。　　**（答　ニ）**

《演習問題 8.23》

$\sigma_{max} = \sigma_\theta$であるから、式 (8.11 a) を変形して薄肉円筒に作用する内圧を求めると

$$p = \frac{2t\sigma_\theta}{D_i} = \frac{2 \times 10\,\text{mm} \times 12\,\text{MPa}}{240\,\text{mm}} = 1\,\text{MPa}$$

式 (8.13 a) から

$$\sigma_{max} = \sigma_\theta = \frac{pD_i}{4t} = \frac{1\,\text{MPa} \times 480\,\text{mm}}{4 \times 10\,\text{mm}} = 12\,\text{MPa}$$

（答　12 MPa）

《演習問題 8.24》

(1)　円筒容器に生じる周方向応力（円周応力）σ_θ

$$\sigma_\theta = \frac{pD}{2t} = \frac{0.400\,\text{MPa} \times 4\,\text{m}}{2 \times 0.020\,\text{m}} = 40\,\text{MPa}$$

(2)　円筒容器に生じる軸方向応力（軸応力）σ_z

$$\sigma_z = \frac{\sigma_\theta}{2} = \frac{40\,\text{MPa}}{2} = 20\,\text{MPa}$$

(3)　球形容器に生じる周方向応力（接線応力）σ_t

$$\sigma_t = \frac{pD}{4t} = \frac{0.400\,\text{MPa} \times 4\,\text{m}}{4 \times 0.020\,\text{m}} = 20\,\text{MPa}$$

（答　$\sigma_\theta = 40$ MPa、$\sigma_z = 20$ MPa、$\sigma_t = 20$ MPa）

D、t、p が同じ場合、$\sigma_z = \sigma_t = \dfrac{\sigma_\theta}{2}$ の関係がある。

付　録

付録1 よく使われる数学の公式

(1) 四則計算

① $a + b = b + a$　　$ab = ba$ （交換の法則）

② $(ab)c = a(bc)$ （結合の法則）

③ $(a + b)c = ac + bc$ （分配の法則）

④ $a + b = c \rightarrow a = c - b$、$b = c - a$、$a + b - c = 0$ （移項）

⑤ $ab = c \rightarrow a = \frac{c}{b}$、$b = \frac{c}{a}$

(2) 方程式の解

① 一次方程式　$ax + b = 0$

$$x = -\frac{b}{a}$$

② 二次方程式　$ax^2 + bx + c = 0$

$$x = \frac{-b \pm \sqrt{b^2 - 4ac}}{2a}$$

(3) 平方根

① $(\sqrt{a})^2 = \sqrt{a^2} = a$

② $\sqrt{a} \times \sqrt{b} = \sqrt{ab}$、$\frac{\sqrt{a}}{\sqrt{b}} = \sqrt{\frac{a}{b}}$

③ $\frac{\sqrt{a}}{\sqrt{b}} = \frac{\sqrt{a} \times \sqrt{b}}{\sqrt{b} \times \sqrt{b}} = \frac{\sqrt{ab}}{b}$ （分母の有理化）

(4) 指数 （a、b は定数）

① $a \times a \times a \times \cdots \times a$ （n 個の a） $= a^n$

② $a^x a^y = a^{x+y}$

③ $\frac{a^x}{a^y} = a^{x-y}$

④ $a^0 = 1$

⑤ $\frac{1}{a^x} = a^{-x}$

⑥ $(a^x)^y = a^{xy}$

⑦ $(ab)^x = a^x \cdot b^x$

⑧ $a^{\frac{1}{2}} = \sqrt{a}$、$a^{\frac{1}{3}} = \sqrt[3]{a}$、$a^{\frac{x}{y}} = \sqrt[y]{a^x}$

付録

(5) **対数**（a、b は定数）

① $\log_a x = y \longleftrightarrow x = a^y$

（y を対数、x を真数、a を底という）

② $\log_{10} x$ （単に $\log x$ と書く場合がある）を常用対数という。

③ $\log_e x = \ln x$ を自然対数という。底の e は 2.718 … の値。

④ $\log xy = \log x + \log y$

⑤ $\log \dfrac{x}{y} = \log x - \log y$

⑥ $\log x^a = a \log x$

⑦ $\log_e x = \ln x = 2.303 \log_{10} x$ （自然対数から常用対数に変換）

⑧ $\log_a a = 1$

⑨ $\log_a 1 = 0$

⑩ $\log_a x = \dfrac{\log_b x}{\log_b a}$（底の変換）

(6) **微分**（a は定数、f、g は x の関数）

① $\dfrac{\mathrm{d}(a+f)}{\mathrm{d}x} = \dfrac{\mathrm{d}f}{\mathrm{d}x}$

② $\dfrac{\mathrm{d}(af)}{\mathrm{d}x} = a\dfrac{\mathrm{d}f}{\mathrm{d}x}$

③ $\dfrac{\mathrm{d}(f+g)}{\mathrm{d}x} = \dfrac{\mathrm{d}f}{\mathrm{d}x} + \dfrac{\mathrm{d}g}{\mathrm{d}x}$

④ $\dfrac{\mathrm{d}x^a}{\mathrm{d}x} = ax^{a-1}$

⑤ $\dfrac{\mathrm{d}\ln x}{\mathrm{d}x} = \dfrac{1}{x}$

(7) **積分**（a は定数、f、g は x の関数）

① $\displaystyle\int af\,\mathrm{d}x = a\int f\,\mathrm{d}x$

② $\displaystyle\int (f+g)\,\mathrm{d}x = \int f\,\mathrm{d}x + \int g\mathrm{d}x$

③ $\displaystyle\int x^a\mathrm{d}x = \frac{x^{a+1}}{a+1}$ （$a \neq -1$）

④ $\displaystyle\int \frac{\mathrm{d}x}{x} = \ln x$

付録

(8) 図形の周囲、面積、体積

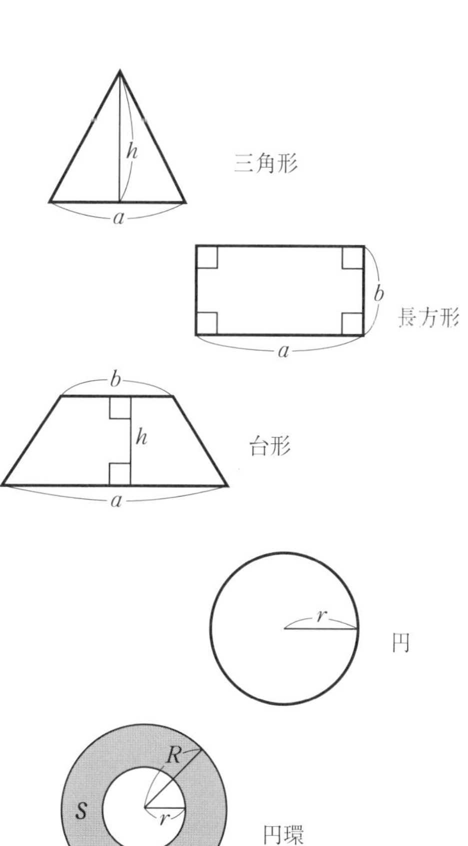

① 三角形

面積　$S = \frac{1}{2}ah$

② 長方形

面積　$S = ab$

③ 台形

面積　$S = \frac{1}{2}(a + b)h$

④ 円 （半径 r、直径 d）

円周　$l = 2\pi r = \pi d$

面積　$S = \pi r^2 = \frac{\pi}{4}d^2$

⑤ 円環 （内半径 r、外半径 R、$d = 2r$、$D = 2R$）

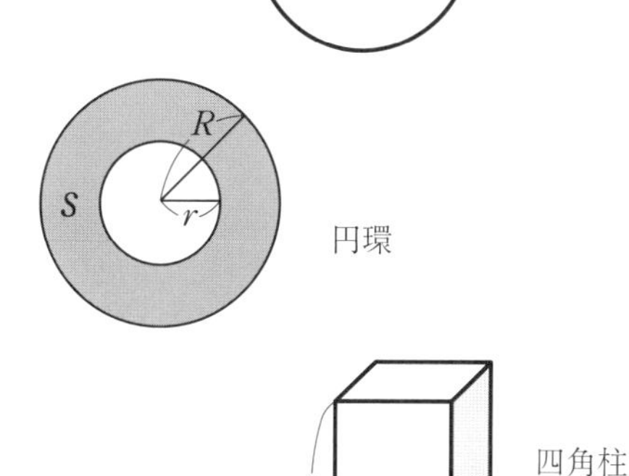

環周　$l = \pi(d + D)$

環面積　$S = \frac{\pi}{4}(D^2 - d^2)$

⑥ 直角四角柱 （底面積 S）

体積　$V = Sh$

⑦ 円柱 （半径 r、直径 d）

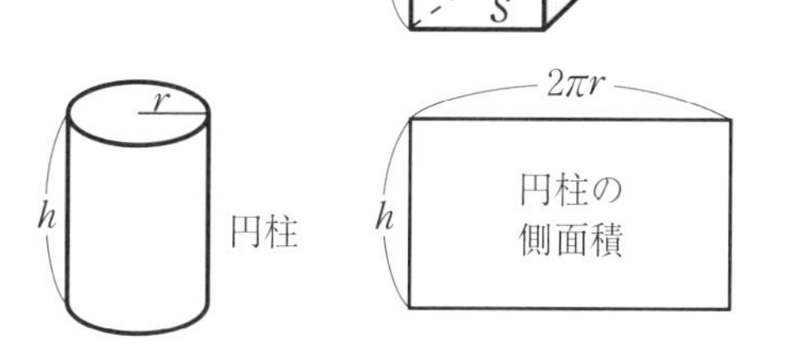

側面積　$S' = 2\pi rh = \pi dh$

体積　$V = \pi r^2 h = \frac{\pi}{4}d^2 h$

⑧ 球 （半径 r、直径 d）

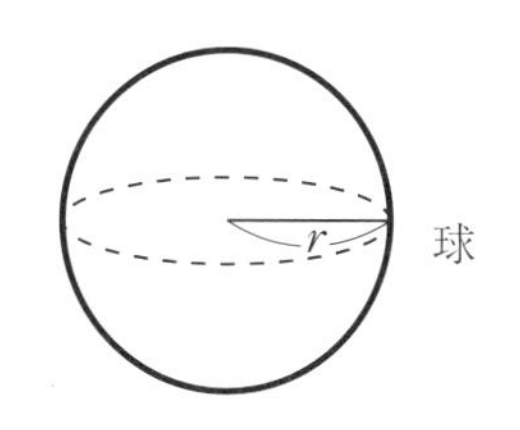

表面積　$S = 4\pi r^2 = \pi d^2$

体積　$V = \frac{4}{3}\pi r^3 = \frac{1}{6}\pi d^3$

付録2 対数尺の使い方 －対数尺を使って常用対数で計算する方法

対数尺は常用対数を使っているので、自然対数の場合は常用対数に直す必要がある。

自然対数（$\ln x = \log_e x$）と常用対数（$\log x = \log_{10} x$）の関係は、

$$\ln x = 2.303 \log x \quad \cdots\cdots ①$$

対数尺の上の数値 x（真数）は1から10までの数値を示し、下はそれに対応する $\log x$（常用対数）の数値を示している。

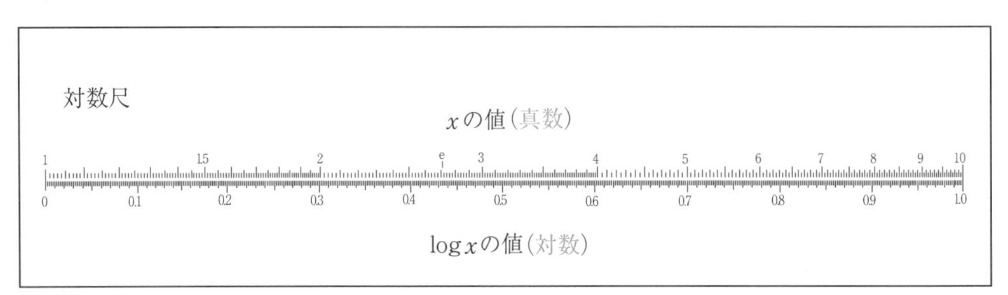

(1)　ln 3.5の値を求めてみよう。

式①を用いて常用対数に直すと

$$\ln 3.5 = 2.303 \log 3.5$$

である。

ここで、真数3.5の対数 log 3.5の値は、対数尺の上の数字3.5の下の数字であるから、0.544と読み取れる。

すなわち

$$\log 3.5 = 0.544$$

式①から

$$\ln 3.5 = 2.303 \log 3.5 = 2.303 \times 0.544 = 1.253$$

となる。

(2)　反応速度定数 k のアレニウスの式を用いる指数計算の例

乙化で出題されている計算例として、ある反応の活性化エネルギー $E_a = 275 \times 10^3$ J/mol である場合の温度 $T_2 = 1000$ K での速度定数 k_2 は、$T_1 = 800$ K での k_1 の何倍になるか、対数尺を用いて計算する。

アレニウスの式は

$$k = Ae^{-\frac{E_a}{RT}} \quad (A\text{は頻度因子で定数})$$

で表されるので、$\dfrac{k_2}{k_1}$ を y として、単位を合わせて値を代入すると（単位は省略）

$$y = \frac{k_2}{k_1} = \frac{Ae^{-\frac{E_a}{RT_2}}}{Ae^{-\frac{E_a}{RT_1}}} = e^{\frac{E_a}{R}\left(\frac{1}{T_1}-\frac{1}{T_2}\right)} = e^{\frac{275 \times 10^3}{8.31}\left(\frac{1}{800}-\frac{1}{1000}\right)} = e^{8.27} \quad \cdots\cdots\cdots (A)$$

式（A）の両辺の常用対数をとって

$$\log y = \log e^{8.27} = 8.27 \times \log e$$

対数尺の上にある e（＝ 2.718…）の数値（真数）に対する下の数値（対数）を読み取ると

$$\log e = 0.434$$

したがって

$$\log y = 8.27 \times \log e = 8.27 \times 0.434 = 3.59$$

（なお、別の方法として、式（A）の両辺の自然対数をとり、式①を用いて、$\log y$ の値 3.59 を求めることができる。）

対数尺の対数は 0 ～ 1.0 の範囲で示されているので、対数の性質を利用してその範囲の数値に導く。

$$\log y = 3.59 = 3 + 0.59 = \log 10^3 + 0.59$$

$$\therefore \quad \log y - \log 10^3 = \log \frac{y}{10^3} = 0.59 \quad \cdots\cdots\cdots\cdots\cdots\cdots (B)$$

対数尺から対数 0.59 の真数 3.88 を読み取る。これは、式（B）から $\dfrac{y}{10^3} = 3.88$ のことであるから

$$\frac{k_2}{k_1} = y = 3.88 \times 10^3 = 3880 \fallingdotseq 3900 \quad （倍）$$

となる。

対数値がマイナスの場合も同様の方法で計算できる。

(3) 断熱圧縮による温度変化の指数計算の例

乙機で出題されている計算例として、温度 $T_1 = 298\,\mathrm{K}$、圧力 $p_1 = 0.1013\,\mathrm{MPa}$ の空気（$\gamma = 1.4$）を $p_2 = 1\,\mathrm{MPa}$ まで断熱圧縮したときの温度 T_2 を計算尺を用いて計算する。

断熱変化後の温度 T_2 は

$$T_2 = T_1 \left(\frac{p_2}{p_1} \right)^{\frac{r-1}{r}}$$

で表されるので、その値を代入すると

$$T_2 = 298\,\mathrm{K} \times \left(\frac{1\,\mathrm{MPa}}{0.1013\,\mathrm{MPa}} \right)^{\frac{1.4-1}{1.4}} \cdots\cdots\cdots\cdots\cdots\cdots (C)$$

対数尺を使う項は指数項の $\left(\dfrac{1\,\mathrm{MPa}}{0.1013\,\mathrm{MPa}} \right)^{\frac{1.4-1}{1.4}} = 9.87^{0.286}$ である。

$$x = 9.87^{0.286}$$

として、両辺の常用対数をとる。

$$\log x = \log 9.87^{0.286} = 0.286 \log 9.87$$

ここで $\log 9.87$ を対数尺で求める。尺の上の 9.87 の下の数字が $\log 9.87$ の値であり、0.99 を読み取り

$$\log 9.87 = 0.99$$

付録

$\therefore \quad \log x = 0.286 \times 0.99 = 0.283$

0.283 は x の対数の値であるから、x の値は尺の下側の 0.283 の値の上の数値 1.92 である。

$\therefore \quad x = 1.92$

式 (C) に代入して計算すると

$$T_2 = 298\,\text{K} \times 9.87^{0.286} = 298\,\text{K} \times 1.92 = 572\,\text{K}$$

となる。

《別解》

式 (C) をそのまま対数に変換する。

式 (C) の両辺の対数をとる。

$$\log T_2 = \log (298 \times 9.87^{0.286}) = \log 298 + 0.286 \log 9.87 \quad \cdots\cdots\cdots\cdots\cdots\cdots \text{(D)}$$

対数尺は、真数が 1 ～ 10 の間の数値に対数しているので、log 298 には工夫が必要である。

$$\log 298 = \log (2.98 \times 10^2) = \log 2.98 + \log 10^2 = \log 2.98 + 2$$

対数尺を用いて

$$\log 2.98 = 0.474$$

$$\therefore \quad \log 298 = 0.474 + 2 = 2.474$$

同様に

$$\log 9.87 = 0.99$$

したがって、式 (D) は

$$\log T_2 = \log 298 + 0.286 \log 9.87 = 2.474 + 0.286 \times 0.99 = 2.757$$

対数尺の対数値は 0～1 の間であるので

$$\log T_2 = 2.757 = 0.757 + 2 = 0.757 + \log 10^2$$

$$\therefore \quad \log T_2 - \log 100 = \log \frac{T_2}{100} = 0.757$$

これは、対数値 0.757 の真数が $\frac{T_2}{100}$ であるので、対数尺から読み取ると

$$\frac{T_2}{100} = 5.72$$

$$\therefore \quad T_2 = 5.72 \times 100 = 572\,\text{K}$$

このように対数尺は、1～10 に対する対数の値を示しているので、10 以上または 1 以下の真数の場合には、1～10 の範囲に入るように対数の性質を理解し、整理する訓練をしておく。

よくわかる計算問題の解き方（高圧ガス丙種・乙種）
法則・原理を実例で理解する

2008年4月4日　初版発行
2015年3月24日　第2次改訂版発行
2019年3月5日　第3次改訂版発行
2023年3月7日　第4次改訂版発行

著　者——宇野　洋
　　　　　田中　豊

発行者——近藤　賢二
発行者——高圧ガス保安協会

〒105-8447　東京都港区虎ノ門4丁目3番13号　ヒューリック神谷町ビル
電　話　03(3436)6102　FAX　03(3459)6613
https://www.khk.or.jp
正誤表は、随時、高圧ガス保安協会のwebサイトに掲載する予定です。

印刷・製本　大日本法令印刷株式会社

ISBN 978-4-906542-26-0